成都东华门明代蜀王府遗址出土动物遗存研究

成都文物考古研究院
山东大学历史文化学院 编著

科学出版社
北京

内 容 简 介

本书以明蜀王府遗址水池（C4）和水道（G4）出土的68978件动物遗存为研究对象，通过对动物遗存出土背景、种属分布、死亡年龄、病理现象、数量统计、测量数据、保存部位、表面痕迹和相关历史文献等的综合分析，认为这些遗存有可能是在蜀王府遭受大规模毁坏和废弃阶段（张献忠政权占据王府时期），短时间内倾倒生活垃圾形成的。处于上层的动物遗存多具灰、白、黑等程度较深的烧痕，这一现象很可能与张献忠政权撤离前焚烧蜀王府的历史事件有关。

本书可供从事中国考古学、历史学研究的学者阅读、参考。

图书在版编目（CIP）数据

成都东华门明代蜀王府遗址出土动物遗存研究 / 成都文物考古研究院，山东大学历史文化学院编著 . —北京：科学出版社，2022.12

ISBN 978-7-03-074091-5

Ⅰ.①成… Ⅱ.①成… ②山… Ⅲ.①动物－骨骼－出土文物－研究－成都－明代Ⅳ.① Q915

中国版本图书馆 CIP 数据核字（2022）第 231382 号

责任编辑：柴丽丽 / 责任校对：王晓茜
责任印制：肖 兴 / 封面设计：美光设计

科 学 出 版 社 出版
北京东黄城根北街16号
邮政编码：100717
http://www.sciencep.com

中国科学院印刷厂 印刷
科学出版社发行 各地新华书店经销

*

2022 年 12 月第 一 版 开本：889×1194 1/16
2022 年 12 月第一次印刷 印张：34 插页：48
字数：700 000
定价：398.00 元
（如有印装质量问题，我社负责调换）

目　　录

插 图 目 录

插 表 目 录

图 版 目 录

第一章 绪 论

    动物考古学是研究古代遗址中出土动物遗存的科学，通过对考古遗址中出土的动物遗存等进行科学和系统的采集，开展鉴定、观察、测量、测试及各种统计分析，结合考古学的文化背景进行探讨，认识古代动物的种类、古代的自然环境和古代人类与动物的各种关系及古代人类的行为，从特定角度来研究古代社会的经济生活和文化生活，探讨人类文明演进的历史[①]。

    从现有的学科发展情况来看，我国动物考古研究的时间范围多集中于先秦时期（此处的先秦时期指新石器时代和夏商周时期）[②]，对于历史时期（秦汉以后）的研究比较少且多集中于汉代墓葬出土动物研究方面[③]，关于明代的动物考古研究就更少了。而从动物遗存的出土背景来看，以往的研究均以日常生活区和墓葬中出土动物为研究对象，很少涉及园林遗址中的动物遗存。因此，对于成都东华门明代蜀王府遗址出土动物遗存的研究，既是对西南地区动物考古研究资料的补充，也是对明清时期动物考古研究资料的补充，更是大型园林遗址动物考古研究不可多得的重要资料。

第一节 明代蜀王府的历史背景与建置沿革

    明洪武三年（1370年），太祖朱元璋深感"天下之大，必建藩屏"[④]，始立封建诸王制度。首代蜀王朱椿，系太祖朱元璋第十一皇子，洪武十一年（1378年）受封，洪武十八年（1385年）驻中都凤阳，洪武二十三年（1390年）就藩成都府。洪武十五年（1382年），朱元璋正式下达了在成都修建蜀王宫殿的诏令，"敕谕四川都指挥使司及成都护卫指挥使司……蜀王宫殿

---

    ① 袁靖：《中国动物考古学》，文物出版社，2015年，第4页。

    ② 据统计，目前已发表的国内动物考古研究文章有1000余篇，其中上千篇都属先秦时期。

    ③ 据统计，目前已发表的国内动物考古研究文章中只有约60篇属历史时期，这60篇中有一半以上都是关于墓葬（或陪葬坑）出土动物的研究，如宋艳波、张琪伟、朱晓晴等：《辛置墓地出土动物的鉴定与分析》，《昌邑辛置——2010～2013年墓葬发掘报告（一）》第八章，文物出版社，2021年，第1347～1380页。

    ④ 《明太祖实录》卷五十一，洪武三年四月辛酉，"中央研究院"历史语言研究所校印本，1962年。

俟云南师还，乃可兴工，以蜀先主旧城水绕处为外垣，中筑王城，敕至，徐图之，勿亟也"①。洪武十八年（1385 年），又诏谕景川侯曹震"蜀之为邦，在西南一隅，羌戎所瞻仰，非壮丽无以示威仪"②。洪武十九年（1386 年），"赐蜀府营造军士万七千九百六十人，米八千九百七十九石，盐八万九千七百斤，钞各一锭"③。洪武二十二年（1389 年），又"赐蜀府营造工匠钞，人各十锭，有死亡者给其家"④。因其工程量太过浩大，对四川地方造成了沉重的经济负担，曹震上疏言道："四川之民，自国初创置贵州、黄平、松茂等卫，营造蜀府，征讨云南，禄肇诸处，积年劳役，请从末减。"⑤后出于稳定西南统治的考虑，明太祖不得不答应减免赋税。洪武二十三年（1390 年），王府竣工，"蜀王府城垣宫室成，成都中护卫具图以进"⑥。从洪武二十三年（1390 年）至崇祯十七年（1644 年），在蜀王府先后生活过的蜀藩王共计十世十三王。

终明一代，蜀王府在使用过程中尤其是明代中晚期，虽曾出现火灾、宫墙颓坏等多次不同程度的损毁，如嘉靖十七年（1538 年），"蜀王府第火，奏乞重修，许之"⑦；嘉靖二十六年（1547 年），"蜀（成）王让栩以本府城垣顽坏，欲自备物料请给工匠修理，诏下抚按官勘明，量给工价助之"⑧；万历三十六年（1608 年），"东府尽焚，至是门殿皆毁"⑨；万历三十九年（1611 年），"蜀世子府灾"⑩；万历四十一年（1613 年），"蜀王府承运殿灾"⑪；万历四十三年（1615 年），"蜀府殿庭灾毁"⑫，但总体尚未遭受根本性破坏。崇祯十七年（1644 年），张献忠攻占成都，末代蜀王朱至澍投井自尽。张氏一度据蜀王府为宫，建立大西政权，改元大顺，并将原来的藩府正殿——承运殿改建为承天殿，府门外廊改建为朝房，作为新朝处理政务的场所。当年冬至，张献忠大宴百官，"列筵丰美，堪比王家，宾客众多，难以尽计"，宴会设于"宫内正厅，此厅广阔，有七十二柱分两行对立，足壮观瞻"⑬，表明此时的蜀王府经过政权易手后，依然恢宏堂皇，旧貌犹存。

清顺治三年（1646 年）七月，大西政权在四川的局势已岌岌可危，即将撤离成都的张献

———————————

① 《明太祖实录》卷一百四十八，洪武十五年九月丁未，"中央研究院"历史语言研究所校印本，1962 年。

② （明）熊相纂：《正德四川志》卷四《藩封·蜀府》（据明正德刻嘉靖增补本抄录），姚乐野、王晓波主编：《四川大学图书馆馆藏珍稀四川地方志丛刊续编》，四川大学出版社，2015 年，第 209 页。

③ 《明太祖实录》卷一百七十七，洪武十九年三月壬午，"中央研究院"历史语言研究所校印本，1962 年。

④ 《明太祖实录》卷一百九十六，洪武二十二年六月壬寅，"中央研究院"历史语言研究所校印本，1962 年。

⑤ 《明太祖实录》卷二百二十二，洪武二十五年十一月丙戌，"中央研究院"历史语言研究所校印本，1962 年。

⑥ 《明太祖实录》卷二百，洪武二十三年三月癸未，"中央研究院"历史语言研究所校印本，1962 年。

⑦ 《明世宗实录》卷二百一十五，嘉靖十七年八月乙巳，"中央研究院"历史语言研究所校印本，1962 年。

⑧ 《明世宗实录》卷三百三十一，嘉靖二十六年十二月甲寅，"中央研究院"历史语言研究所校印本，1962 年。

⑨ 《明神宗实录》卷五百一十四，万历四十一年十一月癸酉，"中央研究院"历史语言研究所校印本，1962 年。

⑩ （明）冯任修，（清）张世雍等纂：《中国地方志集成·四川府县志辑①：天启新修成都府志》卷二，巴蜀书社，1992 年，第 39 页。

⑪ （明）冯任修，（清）张世雍等纂：《中国地方志集成·四川府县志辑①：天启新修成都府志》卷二，巴蜀书社，1992 年，第 39 页。

⑫ 《明神宗实录》卷五百三十一，万历四十三年四月辛卯，"中央研究院"历史语言研究所校印本，1962 年。

⑬ 古洛东：《圣教入川记》，四川人民出版社，1981 年，第 22 页。

忠竟然下令将王宫焚毁，明末及清代的大量史料或由作者亲身所历，或根据前辈传言，都证实了蜀王府及其宫苑建筑在这场旷世劫难中所遭遇的灭顶之灾。例如，《明史·张献忠传》载"尽焚成都宫殿庐舍，夷其城"[①]；法人古洛东（François Marie Joseph Gourdon）《圣教入川记》是据葡萄牙传教士安文思（Gabriel de Magalhães）所著《张献忠传》（*Relação das tyranias obradas por Cang-hien chungo famoso ladrão da China, em e anno 1651*）而成，保存了大西政权在川活动的第一手资料，其书亦载"大明历代各王所居之宫殿，与及民间之房屋财产均遭焚如"[②]；沈荀蔚《蜀难叙略》谓"贼自出屯以后，日惟焚毁城内外民居及各府署、寺观，火连夜不绝。惟蜀府数殿，累日不能焚，后以诸发火具充实之，乃就烬。其宫墙甚坚，欲坏之，工力与砌筑等，不能待而止"[③]；彭遵泗《蜀碧》又云"贼毁藩府……又尽毁宫殿，坠砌埋井，焚市肆而逃。时府殿下有盘龙石柱二，亦名擎天柱。贼行，取纱罗等物杂裹数十层，以油侵之，三日后举火，烈焰冲天，竟一昼夜而柱枯折"[④]；费密在《荒书》中则称："焚蜀王宫室并未尽之物，凡石柱庭栏皆毁，大不能毁者则聚火烧裂之。成都一空，悉成焦土。"[⑤]清初人士吕潜夫面对蜀王故宫遗迹，追忆蜀府往事，不胜唏嘘："边徼锡封怜少子，蜀王台殿独崔嵬。谁从辇路鸣鞭过，犹记宫门拜刺来"[⑥]，字里行间透露出当时的荒芜凄惨之状。另一位清代诗人葛峻起在《过明蜀王故宫》中写道："宫墙遗址郁嵯峨，回首风烟感逝波……参差碧瓦留残照，寂寞荒榛带女萝"[⑦]，亦是对蜀王府逝去辉煌的一丝哀叹。

自顺治三年（1646年）成都全城被焚毁后，省治暂设保宁（阆中），直到顺治十六年（1659年）始由川陕总督李国英、四川巡抚高民瞻等人迁回成都，葺城楼以作官署。康熙四年（1665年），四川巡抚张刘格（后改名张德地）向清廷建议，在明蜀王府宫城旧址上改建贡院，并题写贡院门额，这就是后来清代四川贡院的来历[⑧]。

第二节　东华门明代蜀王府遗址的发掘概况与建筑性质

蜀王府位于成都旧城中部的武担山之阳（南），一改过去历代成都城市轴线北偏东30°的斜向布局，首次确立了正南北的中轴线。平面呈纵向的回字形，双重城垣，分为内城和外城两

① （清）张廷玉等：《明史》卷一百九十七，中华书局，1974年，第7969页。

② 古洛东：《圣教入川记》，四川人民出版社，1981年，第40页。

③ （清）沈荀蔚：《蜀难叙略》，何锐等校点：《张献忠剿四川实录》，巴蜀书社，2002年，第107页。

④ （清）彭遵泗：《蜀碧》卷三，北京古籍出版社，2002年，第57页。

⑤ （清）费密：《荒书》，浙江古籍出版社，1985年，第162页。

⑥ （清）吕潜夫：《悼蜀王故宫》，《同治重修成都县志》卷十一，成都市地方志编纂委员会、四川大学历史地理研究所整理：《成都旧志丛书》（11），成都时代出版社，2008年，第544页。

⑦ （清）葛峻起：《过明蜀王故宫》，《同治重修成都县志》卷十一，成都市地方志编纂委员会、四川大学历史地理研究所整理：《成都旧志丛书》（11），成都时代出版社，2008年，第551页。

⑧ 四川省文史研究馆：《成都城坊古迹考》（修订版），成都时代出版社，2006年，第339、340页。

个部分。外城的城垣又称萧墙，东起今顺城大街，西至今东城根上街，北抵今羊市街和西玉龙街，南至今西御街和东御街，萧墙内分布山川社稷坛、旗纛庙、宗庙、驾阁库、典宝所、典膳所、典服所、良医所、承奉司、义学等机构，萧墙外南设金水河，东西向穿流而过，"（河面）并设三桥，桥洞各三，桥之南设石狮、石表柱各二"[①]。内城又称宫城，宫墙东起今东华门街，西至今西华门街，北抵今东御河沿街和西御河沿街，南至今人民东路和人民西路，"周围五里，高三丈五尺，外设四门，南曰端礼，北曰广智，东曰体仁，西曰遵义"[②]，城垣外设御河环绕一周。宫城的中轴线设三大殿，由南往北分别为承运殿、圜殿、存心殿，两侧配置东府、西府、斋寝、凉殿、纪善所、广备库等设施，存心殿后为王宫门和王室寝宫。

2013～2019 年，成都文物考古研究院为配合"成都体育中心升级改造项目"的建设，在东华门街一带连续开展了多年的城市考古工作，清理揭露出大面积的明代蜀王府建筑群。该组建筑群位于蜀王府的宫城东北部，东临宫城东墙，西临宫城次级干道，由水道、月台、踏道、拱桥、木构建筑、水池、台榭、码头等多类设施组成，占地范围南北长约 240、东西宽约 100 米，总面积超过 24000 平方米。它们在平面布局、形制与构筑方式、出土遗物等方面都表现出较强的一致性和关联性，因此具有相同的功能和性质[③]。其中，水道 G4 和水池 C4 是该组建筑群的主体，水道 G4 分作东、南两段，相接处呈直角，平面近"L"形，南段全长 85.3、宽 10.3～12.7、残深 3.5 米，保存临水月台 2 座、拱桥 1 座（仅存南、北桥墩）、踏道 3 处；东段的大部分叠压于现代建筑之下，未揭露完整，残长 22.3、宽 8、残深 3.5 米，保存木构建筑 1 座。水道的修筑方式是先在地表开挖长条土圹，底部直接下挖至砂石层形成河床面。土圹剖面呈口大底小的倒梯形，圹壁砌筑长方形青砖，以石灰勾缝，青砖外垒筑红砂石条作为护堤。石条接触水体一面经过细凿加工，表面较平整，局部刻有"左""右"等字，以"右"字居多。水池 C4 平面似回字形，池体东西长 44.5、南北宽 39.8、残深 2.4 米，中部为台榭，平面近长方形，东西长 27.4、南北宽 22.8、残高 2 米，台榭四周环以水道，宽 8.1 米，底部河床为砂石面。台榭南侧中部的堡坎有一长 6.4、进深 1.4、残高 0.5 米的凸出部分，残存阶梯式的踩踏面，可能为步道或码头之类的设施，用以停泊小船或人员上下。

从建筑群的构成要素看，如水道、水池、台榭、拱桥、码头等，多带有明显的水体景观性质，休闲游赏的功能显得十分突出。明《嘉靖四川总志》曾提到"诸葛祠在蜀府右花园西"[④]，并且早在 20 世纪 50 年代，成都西郊发掘了嘉靖二十一年（1542 年）"明蜀中贵丁公墓"，据

---

① （明）刘大谟、杨慎等：《嘉靖四川总志》卷一，北京图书馆古籍出版编辑组：《北京图书馆古籍珍本丛刊》，书目文献出版社，1988 年，第 42 册，第 22 页。

② （明）刘大谟、杨慎等：《嘉靖四川总志》卷一，北京图书馆古籍出版编辑组：《北京图书馆古籍珍本丛刊》，书目文献出版社，1988 年，第 42 册，第 22 页。

③ 成都文物考古研究院：《四川成都东华门明蜀王府宫城苑囿建筑群发掘简报》，《文物》2020 年第 3 期；易立：《成都东华门明蜀王府苑囿建筑群的发现与相关问题研究》，《南方民族考古》（第十六辑），科学出版社，2018 年，第 285～310 页。

④ （明）刘大谟、杨慎等：《嘉靖四川总志》卷三，北京图书馆古籍出版编辑组：《北京图书馆古籍珍本丛刊》，书目文献出版社，1988 年，第 42 册，第 70 页。

志文载，墓主人丁祥幼年进入蜀府担任宦官，先后侍奉蜀惠王、蜀昭王、蜀成王三代，"屡命于琉璃厂董督陶冶"，并且在蜀昭王在位期间（1494～1508年），"擢于迎晖附郭左花园，经理四时进贡朝廷水土方物，制备庶品御需之类"①。综合考虑，这组建筑群在性质上，应属于具有水体或园林景观功能的宫苑单元，并且以王府中轴线道路为参照物，采取了东（左）、西（右）对称的布局模式，很可能即与文献所载之"左（右）花园"。另外，这一区域还时常被冠以"内园"或"内苑"之名，出现在多位蜀王的个人文集中，如蜀定王文集——《定园睿制集·冬晴》"云散天开曙色晴，内园风景悦人情"②，《定园睿制集·尝新樱桃次杜甫韵》"内苑樱桃颗颗红，中官初荐满纱笼"③；蜀成王文集——《长春竞辰稿·长春苑记》"形胜佳丽，内苑之地也"④，《长春竞辰余稿·齐天乐·夜景即事》"内苑揽胜，楼中试看沉醉倒"⑤。

蜀府为西南巨藩，素为明廷中央所倚重，新建蜀王府时，太祖朱元璋曾诏谕景川侯曹震"非壮丽无以示威仪"⑥，其财力亦十分雄厚，明人陆釴《病逸漫记》言："天下王府，惟蜀府最富，楚、秦次之。"⑦张瀚《松窗梦语》亦云："（蜀王）富厚甲于诸王，以一省税银皆供蜀府，不输天储也。"⑧在此背景下，蜀王府之内修建规模宏大的宫苑园林区，自当是合乎常理的。

第三节 关于明代蜀王府动物资源的史料信息

关于蜀王府内部的动物资源，在明代四川地方文献尤其是各代蜀王的诗词、散文、笔记里，有着十分丰富的记载，兹按动物种类分别罗列如下。

1. 乌鸦

《定园睿制集·月夜乌》："君不见慈乌……忽闻枝上啼……禽乌尚知孝……人类反不如"⑨；

---

① 四川省文物管理局编：《四川文物志》，巴蜀书社，2005年，第356页。

② （明）朱友垓：《定园睿制集》（明成化五年刊本）卷五，胡开全主编：《明蜀王文集五种》（二），巴蜀书社，2018年，第159页。

③ （明）朱友垓：《定园睿制集》（明成化五年刊本）卷五，胡开全主编：《明蜀王文集五种》（二），巴蜀书社，2018年，第167页。

④ （明）朱让栩：《长春竞辰稿》（明嘉靖二十八年蜀藩刻本）卷一，胡开全主编：《明蜀王文集五种》（四），巴蜀书社，2018年，第80页。

⑤ （明）朱让栩：《长春竞辰余稿》（明嘉靖二十八年蜀藩刻本）卷二，胡开全主编：《明蜀王文集五种》（四），巴蜀书社，2018年，第458页。

⑥ （明）熊相纂：《正德四川志》卷四《藩封·蜀府》（据明正德刻嘉靖增补本抄录），姚乐野、王晓波主编：《四川大学图书馆馆藏珍稀四川地方志丛刊续编》，四川大学出版社，2015年，第209页。

⑦ （明）陆釴：《病逸漫记》，（明）沈节甫：《纪录汇编》卷二百一，中华书局，1985年，第12页。

⑧ （明）张瀚著，盛冬玲点校：《松窗梦语》卷二，中华书局，1985年，第40页。

⑨ （明）朱友垓：《定园睿制集》（明成化五年刊本）卷一，胡开全主编：《明蜀王文集五种》（二），巴蜀书社，2018年，第52页。

《定园睿制集·围炉小酌》："酒酣一曲阳春调，不觉琼林噪暮鸦"①；《定园睿制集·鸦》："成群结阵过空城，风外横斜噪晚晴"②；《定园睿制集·啼乌》："万年枝上噪寒鸦……乌鸦啼在夜深时"③；《怀园睿制集·栖鸦》："倦飞归宿在高林，梦稳身安月有阴"④；《惠园睿制集·灵乌》："灵乌复灵乌，栖息托佳树"⑤；《惠园睿制集·东白轩》："乌鸟惊飞鸡振羽，一观天下喜开晴"⑥；《惠园睿制集·朝回清兴》："龙旗影动阳乌出，宝殿光浮冻雪消"⑦；《长春竞辰稿·井》："城鸦睥睨集，时听辘轳声"⑧；《长春竞辰稿·舟中》："远树归鸦集，维舟近晚凉"⑨；《长春竞辰稿·仲春晚眺克慎轩前树构鹊巢偶作》："渐看将暝色，数点宿鸦归"⑩；《长春竞辰稿·锦城落日斜》："鸦阵归林早，虫声倚砌吟"⑪；《长春竞辰稿·密雾隔朝阳》："鸦乱东隅白"⑫；《长春竞辰稿·空山湿翠衣》："鸦噪仍停树"⑬；《长春竞辰稿·秋塘清兴十绝》："暮鸦喧作阵，错落乱交翰"⑭；《长春竞辰稿·杂兴十首》："落日乱鸦归"⑮；《长春竞辰稿·枯木寒鸦》："垒石巉岩木

---

① （明）朱友垓：《定园睿制集》（明成化五年刊本）卷五，胡开全主编：《明蜀王文集五种》（二），巴蜀书社，2018 年，第 158 页。

② （明）朱友垓：《定园睿制集》（明成化五年刊本）卷九，胡开全主编：《明蜀王文集五种》（二），巴蜀书社，2018 年，第 280 页。

③ （明）朱友垓：《定园睿制集》（明成化五年刊本）卷五，胡开全主编：《明蜀王文集五种》（二），巴蜀书社，2018 年，第 287 页。

④ （明）朱申鈘：《怀园睿制集》（明成化十一年刊本）卷六，胡开全主编：《明蜀王文集五种》（二），巴蜀书社，2018 年，第 509 页。

⑤ （明）朱申凿：《惠园睿制集》（明弘治十四年刊本）卷一，胡开全主编：《明蜀王文集五种》（三），巴蜀书社，2018 年，第 94 页。

⑥ （明）朱申凿：《惠园睿制集》（明弘治十四年刊本）卷六，胡开全主编：《明蜀王文集五种》（三），巴蜀书社，2018 年，第 291 页

⑦ （明）朱申凿：《惠园睿制集》（明弘治十四年刊本）卷七，胡开全主编：《明蜀王文集五种》（三），巴蜀书社，2018 年，第 321 页。

⑧ （明）朱让栩：《长春竞辰稿》（明嘉靖二十八年蜀藩刻本）卷三，胡开全主编：《明蜀王文集五种》（四），巴蜀书社，2018 年，第 129 页。

⑨ （明）朱让栩：《长春竞辰稿》（明嘉靖二十八年蜀藩刻本）卷三，胡开全主编：《明蜀王文集五种》（四），巴蜀书社，2018 年，第 130 页。

⑩ （明）朱让栩：《长春竞辰稿》（明嘉靖二十八年蜀藩刻本）卷三，胡开全主编：《明蜀王文集五种》（四），巴蜀书社，2018 年，第 128 页。

⑪ （明）朱让栩：《长春竞辰稿》（明嘉靖二十八年蜀藩刻本）卷四，胡开全主编：《明蜀王文集五种》（四），巴蜀书社，2018 年，第 145 页。

⑫ （明）朱让栩：《长春竞辰稿》（明嘉靖二十八年蜀藩刻本）卷四，胡开全主编：《明蜀王文集五种》（四），巴蜀书社，2018 年，第 151 页。

⑬ （明）朱让栩：《长春竞辰稿》（明嘉靖二十八年蜀藩刻本）卷四，胡开全主编：《明蜀王文集五种》（四），巴蜀书社，2018 年，第 156 页。

⑭ （明）朱让栩：《长春竞辰稿》（明嘉靖二十八年蜀藩刻本）卷四，胡开全主编：《明蜀王文集五种》（四），巴蜀书社，2018 年，第 163 页。

⑮ （明）朱让栩：《长春竞辰稿》（明嘉靖二十八年蜀藩刻本）卷四，胡开全主编：《明蜀王文集五种》（四），巴蜀书社，2018 年，第 168 页。

乱横，萧条清夜已三更"[1]；《长春竞辰稿·春晚偶成》："归鸦影里带斜阳"[2]；《长春竞辰稿·幽居自乐》："露湿萤光过薜砌，风惊鸦阵起孤岑"[3]；《长春竞辰稿·香奁八咏·黛眉颦色》："夕阳半落天之西，城头哑哑乌乱啼"[4]；《长春竞辰余稿·拟古宫词》："目断行云天杳杳，黄昏时节见归鸦"[5]；《长春竞辰余稿·拟古宫词》："睥睨鸦喧曙色明，丽谯隐隐尽钟声"[6]；《长春竞辰余稿·拟古宫词》："低檐雾锁黄昏后，投宿寒乌尚对喧"[7]；《长春竞辰余稿·拟古宫词》："宫墙西望对残霞，结阵翩飞远暮鸦"[8]；《长春竞辰余稿·拟古宫词》"寒鸦斗阵舞风低"[9]。

2. 鹰

《定园睿制集·题鹰》："君不见韝上鹰，一饱则飞掣"[10]；《定园睿制集·闻鹰》："鹰阵结成群，御芦度海门"[11]；《怀园睿制集·鹰》："猛气正横秋，雄姿孰与俦"[12]；《怀园睿制集·见鹰》："北去复南翔，飞飞道路长"[13]；《惠园睿制集·芦林鹰集》："岸畔芦花白，芦林有鹰藏"[14]；《惠

① （明）朱让栩:《长春竞辰稿》（明嘉靖二十八年蜀藩刻本）卷六,胡开全主编:《明蜀王文集五种》（四）,巴蜀书社,2018年,第185页。

② （明）朱让栩:《长春竞辰稿》（明嘉靖二十八年蜀藩刻本）卷六,胡开全主编:《明蜀王文集五种》（四）,巴蜀书社,2018年,第191页。

③ （明）朱让栩:《长春竞辰稿》（明嘉靖二十八年蜀藩刻本）卷十,胡开全主编:《明蜀王文集五种》（四）,巴蜀书社,2018年,第291页。

④ （明）朱让栩:《长春竞辰稿》（明嘉靖二十八年蜀藩刻本）卷十三,胡开全主编:《明蜀王文集五种》（四）,巴蜀书社,2018年,第376页。

⑤ （明）朱让栩:《长春竞辰余稿》（明嘉靖二十八年蜀藩刻本）卷一,胡开全主编:《明蜀王文集五种》（四）,巴蜀书社,2018年,第427页。

⑥ （明）朱让栩:《长春竞辰余稿》（明嘉靖二十八年蜀藩刻本）卷一,胡开全主编:《明蜀王文集五种》（四）,巴蜀书社,2018年,第434页。

⑦ （明）朱让栩:《长春竞辰余稿》（明嘉靖二十八年蜀藩刻本）卷一,胡开全主编:《明蜀王文集五种》（四）,巴蜀书社,2018年,第443页。

⑧ （明）朱让栩:《长春竞辰余稿》（明嘉靖二十八年蜀藩刻本）卷一,胡开全主编:《明蜀王文集五种》（四）,巴蜀书社,2018年,第447页。

⑨ （明）朱让栩:《长春竞辰余稿》（明嘉靖二十八年蜀藩刻本）卷一,胡开全主编:《明蜀王文集五种》（四）,巴蜀书社,2018年,第451页。

⑩ （明）朱友垓:《定园睿制集》（明成化五年刊本）卷一,胡开全主编:《明蜀王文集五种》（二）,巴蜀书社,2018年,第53页。

⑪ （明）朱友垓:《定园睿制集》（明成化五年刊本）卷二,胡开全主编:《明蜀王文集五种》（二）,巴蜀书社,2018年,第73页。

⑫ （明）朱申鈘:《怀园睿制集》（明成化十一年刊本）卷二,胡开全主编:《明蜀王文集五种》（二）,巴蜀书社,2018年,第422页。

⑬ （明）朱申鈘:《怀园睿制集》（明成化十一年刊本）卷二,胡开全主编:《明蜀王文集五种》（二）,巴蜀书社,2018年,第422页。

⑭ （明）朱申凿:《惠园睿制集》（明弘治十四年刊本）卷二,胡开全主编:《明蜀王文集五种》（三）,巴蜀书社,2018年,第113页。

园睿制集·同心堂》:"鸿鹰天边影自随"①;《惠园睿制集·芦林鹰集》:"南来鸿鹰集芦林,寄迹江天足快心"②;《惠园睿制集·西楼》:"阑干独倚双眸豁,鸿鹰拖秋落远汀"③;《长春竞辰稿·鹰》:"万里长空晓雾清,翱翔征鹰度边城"④。

3. 鸂鶒

《定园睿制集·南园春日》:"一双鸂鶒依芳渚"⑤;《长春竞辰稿·长春赋》:"文鸳、锦鶒、花鸭、白鹅,右军书而笼易,子美对而吟哦"⑥。

4. 鸂鶒

《定园睿制集·南园春日》:"几个鸂鶒浴浅沙"⑦。

5. 鸳鸯

《定园睿制集·夏日写怀》:"凭雕栏而观玩,见荷沼之鸳鸯"⑧;《定园睿制集·冬晴》:"翡翠双飞琼树小,鸳鸯群浴碧波轻"⑨;《长春竞辰稿·长春赋》:"文鸳、锦鶒、花鸭、白鹅,右军书而笼易,子美对而吟哦"⑩;《长春竞辰余稿·新春纪兴》:"斜浒狎鸳眠燠隈"⑪;《长春竞辰

---

① (明)朱申凿:《惠园睿制集》(明弘治十四年刊本)卷四,胡开全主编:《明蜀王文集五种》(三),巴蜀书社,2018年,第197页。

② (明)朱申凿:《惠园睿制集》(明弘治十四年刊本)卷五,胡开全主编:《明蜀王文集五种》(三),巴蜀书社,2018年,第253页。

③ (明)朱申凿:《惠园睿制集》(明弘治十四年刊本)卷七,胡开全主编:《明蜀王文集五种》(三),巴蜀书社,2018年,第313页。

④ (明)朱让栩:《长春竞辰稿》(明嘉靖二十八年蜀藩刻本)卷六,胡开全主编:《明蜀王文集五种》(四),巴蜀书社,2018年,第190页。

⑤ (明)朱友垓:《定园睿制集》(明成化五年刊本)卷一,胡开全主编:《明蜀王文集五种》(二),巴蜀书社,2018年,第64页。

⑥ (明)朱让栩:《长春竞辰稿》(明嘉靖二十八年蜀藩刻本)卷一,胡开全主编:《明蜀王文集五种》(四),巴蜀书社,2018年,第90页。

⑦ (明)朱友垓:《定园睿制集》(明成化五年刊本)卷一,胡开全主编:《明蜀王文集五种》(二),巴蜀书社,2018年,第64页。

⑧ (明)朱友垓:《定园睿制集》(明成化五年刊本)卷一,胡开全主编:《明蜀王文集五种》(二),巴蜀书社,2018年,第68页。

⑨ (明)朱友垓:《定园睿制集》(明成化五年刊本)卷五,胡开全主编:《明蜀王文集五种》(二),巴蜀书社,2018年,第159页。

⑩ (明)朱让栩:《长春竞辰稿》(明嘉靖二十八年蜀藩刻本)卷一,胡开全主编:《明蜀王文集五种》(四),巴蜀书社,2018年,第90页。

⑪ (明)朱让栩:《长春竞辰余稿》(明嘉靖二十八年蜀藩刻本)卷十一,胡开全主编:《明蜀王文集五种》(四),巴蜀书社,2018年,第339页。

余稿·拟古宫词》："画长日影恍鸳鸯"①；《长春竞辰余稿·拟古宫词》："鸳鸯波里漾天光"②；《长春竞辰余稿·拟古宫词》："永日凝空火伞张，碧波游泳两鸳鸯"③。

6. 鹭

《定园睿制集·鹭鸶》："窥鱼偏得意，伫立夕阳斜"④；《怀园睿制集·鹭鸶》："铁为双足雪为衣，常傍荷池柳岸飞"⑤；《惠园睿制集·溪山小隐》："联拳影照波心鹭，馥郁香分谷口兰"⑥；《惠园睿制集·芦轩》："难寻玉鹭应无迹"⑦；《长春竞辰稿·夏景》："楝花飘落来庭院，浴鹭联翩下渚塘"⑧。

7. 杜鹃

《定园睿制集·杜鹃》："何处子规声，空庭月正明"⑨；《怀园睿制集·送春》："风光别去杜鹃催，断送东皇酒一杯"⑩；《怀园睿制集·杜鹃》："知而前身是帝魂，花枝啼处血留痕"⑪；《长春竞辰稿·幽居自乐》："杜鹃声老藏荒树，属玉行斜过古釜"⑫；《长春竞辰余稿·拟古宫词》：

---

① （明）朱让栩：《长春竞辰余稿》（明嘉靖二十八年蜀藩刻本）卷一，胡开全主编：《明蜀王文集五种》（四），巴蜀书社，2018年，第424页。

② （明）朱让栩：《长春竞辰余稿》（明嘉靖二十八年蜀藩刻本）卷一，胡开全主编：《明蜀王文集五种》（四），巴蜀书社，2018年，第454页。

③ （明）朱让栩：《长春竞辰余稿》（明嘉靖二十八年蜀藩刻本）卷一，胡开全主编：《明蜀王文集五种》（四），巴蜀书社，2018年，第455页。

④ （明）朱友垓：《定园睿制集》（明成化五年刊本）卷二，胡开全主编：《明蜀王文集五种》（二），巴蜀书社，2018年，第78页。

⑤ （明）朱申鈘：《怀园睿制集》（明成化十一年刊本）卷六，胡开全主编：《明蜀王文集五种》（二），巴蜀书社，2018年，第507页。

⑥ （明）朱申凿：《惠园睿制集》（明弘治十四年刊本）卷四，胡开全主编：《明蜀王文集五种》（三），巴蜀书社，2018年，第214页。

⑦ （明）朱申凿：《惠园睿制集》（明弘治十四年刊本）卷七，胡开全主编：《明蜀王文集五种》（三），巴蜀书社，2018年，第303页。

⑧ （明）朱让栩：《长春竞辰稿》（明嘉靖二十八年蜀藩刻本）卷十一，胡开全主编：《明蜀王文集五种》（四），巴蜀书社，2018年，第318页。

⑨ （明）朱友垓：《定园睿制集》（明成化五年刊本）卷二，胡开全主编：《明蜀王文集五种》（二），巴蜀书社，2018年，第96页。

⑩ （明）朱申鈘：《怀园睿制集》（明成化十一年刊本）卷四，胡开全主编：《明蜀王文集五种》（二），巴蜀书社，2018年，第463页。

⑪ （明）朱申鈘：《怀园睿制集》（明成化十一年刊本）卷六，胡开全主编：《明蜀王文集五种》（二），巴蜀书社，2018年，第508页。

⑫ （明）朱让栩：《长春竞辰稿》（明嘉靖二十八年蜀藩刻本）卷十，胡开全主编：《明蜀王文集五种》（四），巴蜀书社，2018年，第293页。

"碧桃花外杜鹃啼"①；《长春竞辰余稿·拟古宫词》："却恨夭桃开树遍，枝头又引杜鹃声"②。

8. 莺

《定园睿制集·初夏即景》："日丽江山景物多，黄莺啼处好音和"③；《定园睿制集·早春闻莺》："正值春光荏苒时，早莺啼在小桥西"④；《怀园睿制集·莺梭》："北枝飞度南枝去，巧舌关关杂凤笙"⑤；《怀园睿制集·闻莺》："春暮嘤嘤求友切，风前巧舌宛如笙"⑥；《长春竞辰稿·幽居自乐》："风静林莺歌露柳，日融海燕舞云峦"⑦；《长春竞辰稿·幽居自乐》："娇莺乍出煌煌色，新燕初来呢呢音"⑧；《长春竞辰稿·和瞿存斋四时词·春》："朝暾初上消残雪，谷口新声莺弄舌"⑨；《长春竞辰余稿·拟古宫词》："却恨莺声柳外忙"⑩；《长春竞辰余稿·拟古宫词》："乱莺啼彻篆香残，柳外轻风射小寒"⑪。

9. 鸠

《定园睿制集·书怀》："忽闻林外锦鸠啼，唤起西山雨一犁"⑫；《长春竞辰稿·双鸠》："相

① （明）朱让栩：《长春竞辰余稿》（明嘉靖二十八年蜀藩刻本）卷一，胡开全主编：《明蜀王文集五种》（四），巴蜀书社，2018年，第435页。

② （明）朱让栩：《长春竞辰余稿》（明嘉靖二十八年蜀藩刻本）卷一，胡开全主编：《明蜀王文集五种》（四），巴蜀书社，2018年，第449页。

③ （明）朱友垓：《定园睿制集》（明成化五年刊本）卷四，胡开全主编：《明蜀王文集五种》（二），巴蜀书社，2018年，第128页。

④ （明）朱友垓：《定园睿制集》（明成化五年刊本）卷九，胡开全主编：《明蜀王文集五种》（二），巴蜀书社，2018年，第294页。

⑤ （明）朱申鈘：《怀园睿制集》（明成化十一年刊本）卷六，胡开全主编：《明蜀王文集五种》（二），巴蜀书社，2018年，第509页。

⑥ （明）朱申鈘：《怀园睿制集》（明成化十一年刊本）卷六，胡开全主编：《明蜀王文集五种》（二），巴蜀书社，2018年，第510页。

⑦ （明）朱让栩：《长春竞辰稿》（明嘉靖二十八年蜀藩刻本）卷十，胡开全主编：《明蜀王文集五种》（四），巴蜀书社，2018年，第292页。

⑧ （明）朱让栩：《长春竞辰稿》（明嘉靖二十八年蜀藩刻本）卷十，胡开全主编：《明蜀王文集五种》（四），巴蜀书社，2018年，第296页。

⑨ （明）朱让栩：《长春竞辰稿》（明嘉靖二十八年蜀藩刻本）卷十二，胡开全主编：《明蜀王文集五种》（四），巴蜀书社，2018年，第363页。

⑩ （明）朱让栩：《长春竞辰余稿》（明嘉靖二十八年蜀藩刻本）卷一，胡开全主编：《明蜀王文集五种》（四），巴蜀书社，2018年，第424页。

⑪ （明）朱让栩：《长春竞辰余稿》（明嘉靖二十八年蜀藩刻本）卷一，胡开全主编：《明蜀王文集五种》（四），巴蜀书社，2018年，第429页。

⑫ （明）朱友垓：《定园睿制集》（明成化五年刊本）卷四，胡开全主编：《明蜀王文集五种》（二），巴蜀书社，2018年，第132页。

并相呼本自成，晓来林畔候新晴"①。

10. 鸥

《定园睿制集·南楼远眺》："万顷沧波迷钓艇，一篙新浪起眠鸥"②；《惠园睿制集·静幽亭》："云影去来山不动，鸥群出没水长流"③；《惠园睿制集·来鸥亭》："结构高亭傍水滨，白鸥出没日相亲"④；《惠园睿制集·芦轩》："不见琼鸥正稳眠"⑤；《惠园睿制集·白鸥轩》："静地开轩近水滨，白鸥但见日相亲"⑥；《长春竞辰稿·秋波漾月》："眠鸥如有意"⑦；《长春竞辰稿·杂兴十首》："石泉幽涧来，两两鸥凫立"⑧；《长春竞辰稿·春景》："黄鸟有情留晚树，白鸥无意浴春塘"⑨；《长春竞辰稿·新春纪兴》："沙际起鸥冲浅渚"⑩。

11. 鹤

《定园睿制集·梅窗雪夜》："白鹤唳时惊好梦，紫萧次彻转银蟾"⑪；《定园睿制集·亭上》："闲来无事观书罢，倚遍阑干看鹤还"⑫；《定园睿制集·观鹤》："羽衣丹顶号仙禽，喜傍林泉弄

① （明）朱让栩：《长春竞辰稿》（明嘉靖二十八年蜀藩刻本）卷七，胡开全主编：《明蜀王文集五种》（四），巴蜀书社，2018年，第200页。

② （明）朱友垓：《定园睿制集》（明成化五年刊本）卷四，胡开全主编：《明蜀王文集五种》（二），巴蜀书社，2018年，第138页。

③ （明）朱申凿：《惠园睿制集》（明弘治十四年刊本）卷五，胡开全主编：《明蜀王文集五种》（三），巴蜀书社，2018年，第226页。

④ （明）朱申凿：《惠园睿制集》（明弘治十四年刊本）卷六，胡开全主编：《明蜀王文集五种》（三），巴蜀书社，2018年，第278页。

⑤ （明）朱申凿：《惠园睿制集》（明弘治十四年刊本）卷七，胡开全主编：《明蜀王文集五种》（三），巴蜀书社，2018年，第303页。

⑥ （明）朱申凿：《惠园睿制集》（明弘治十四年刊本）卷七，胡开全主编：《明蜀王文集五种》（三），巴蜀书社，2018年，第305页。

⑦ （明）朱让栩：《长春竞辰稿》（明嘉靖二十八年蜀藩刻本）卷四，胡开全主编：《明蜀王文集五种》（四），巴蜀书社，2018年，第148页。

⑧ （明）朱让栩：《长春竞辰稿》（明嘉靖二十八年蜀藩刻本）卷四，胡开全主编：《明蜀王文集五种》（四），巴蜀书社，2018年，第167页。

⑨ （明）朱让栩：《长春竞辰稿》（明嘉靖二十八年蜀藩刻本）卷九，胡开全主编：《明蜀王文集五种》（四），巴蜀书社，2018年，第256页。

⑩ （明）朱让栩：《长春竞辰稿》（明嘉靖二十八年蜀藩刻本）卷十一，胡开全主编：《明蜀王文集五种》（四），巴蜀书社，2018年，第338页。

⑪ （明）朱友垓：《定园睿制集》（明成化五年刊本）卷五，胡开全主编：《明蜀王文集五种》（二），巴蜀书社，2018年，第156页。

⑫ （明）朱友垓：《定园睿制集》（明成化五年刊本）卷八，胡开全主编：《明蜀王文集五种》（二），巴蜀书社，2018年，第264页。

好音"①；《怀园睿制集·鹤》："缟衣丹顶出青田，警露乘风唳九天"②；《惠园睿制集·来鹤亭》：
"孤鹤挺清标，飞飞不惮劳"③；《惠园睿制集·竹鹤亭》："万玉拥孤亭，常留一鹤鸣"④；《惠园
睿制集·野亭池岛》："鹤汀凫水诸萦回处，可以闲观可以游"⑤；《惠园睿制集·宾鹤轩》："万
松林下一轩开，仙鹤如宾称我还"⑥；《惠园睿制集·忠本堂》："鸣琴舞鹤闲消日，溉水滋田有
春抚"⑦；《惠园睿制集·怡情轩》："松间常喜生天籁，竹下时闲有鹤声"⑧；《惠园睿制集·琴清
轩》："林深时有鹤秋鸣"⑨；《惠园睿制集·云寓轩》："往来常喜鹤为伴，围护正宜山作邻"⑩；
《惠园睿制集·鹤林书屋》："书满轩窗松满林，林中警露有仙禽"⑪；《惠园睿制集·竹窗琴意》：
"声来风外鸣玄鹤，影落云头舞翠鸾"⑫；《惠园睿制集·云鹤庵》："爱云好鹤住山林，结草为庵
俗不侵"⑬；《惠园睿制集·云鹤轩》："孤云缥缈绕轩楹，野鹤相亲悦性情"⑭；《惠园睿制集·悠

---

① （明）朱友垓：《定园睿制集》（明成化五年刊本）卷九，胡开全主编：《明蜀王文集五种》（二），巴蜀书
社，2018 年，第 286 页。

② （明）朱申鈘：《怀园睿制集》（明成化十一年刊本）卷六，胡开全主编：《明蜀王文集五种》（二），巴蜀书
社，2018 年，第 507 页。

③ （明）朱申凿：《惠园睿制集》（明弘治十四年刊本）卷二，胡开全主编：《明蜀王文集五种》（三），巴蜀书
社，2018 年，第 111 页。

④ （明）朱申凿：《惠园睿制集》（明弘治十四年刊本）卷二，胡开全主编：《明蜀王文集五种》（三），巴蜀书
社，2018 年，第 130 页。

⑤ （明）朱申凿：《惠园睿制集》（明弘治十四年刊本）卷三，胡开全主编：《明蜀王文集五种》（三），巴蜀书
社，2018 年，第 139 页。

⑥ （明）朱申凿：《惠园睿制集》（明弘治十四年刊本）卷三，胡开全主编：《明蜀王文集五种》（三），巴蜀书
社，2018 年，第 140 页。

⑦ （明）朱申凿：《惠园睿制集》（明弘治十四年刊本）卷四，胡开全主编：《明蜀王文集五种》（三），巴蜀书
社，2018 年，第 177 页。

⑧ （明）朱申凿：《惠园睿制集》（明弘治十四年刊本）卷七，胡开全主编：《明蜀王文集五种》（三），巴蜀书
社，2018 年，第 189 页。

⑨ （明）朱申凿：《惠园睿制集》（明弘治十四年刊本）卷四，胡开全主编：《明蜀王文集五种》（三），巴蜀书
社，2018 年，第 210 页。

⑩ （明）朱申凿：《惠园睿制集》（明弘治十四年刊本）卷五，胡开全主编：《明蜀王文集五种》（三），巴蜀书
社，2018 年，第 222 页。

⑪ （明）朱申凿：《惠园睿制集》（明弘治十四年刊本）卷五，胡开全主编：《明蜀王文集五种》（三），巴蜀书
社，2018 年，第 229 页。

⑫ （明）朱申凿：《惠园睿制集》（明弘治十四年刊本）卷五，胡开全主编：《明蜀王文集五种》（三），巴蜀书
社，2018 年，第 232 页。

⑬ （明）朱申凿：《惠园睿制集》（明弘治十四年刊本）卷六，胡开全主编：《明蜀王文集五种》（三），巴蜀书
社，2018 年，第 255 页。

⑭ （明）朱申凿：《惠园睿制集》（明弘治十四年刊本）卷六，胡开全主编：《明蜀王文集五种》（三），巴蜀书
社，2018 年，第 282 页。

然亭》："荡荡翩翩鹤戾天"①；《惠园睿制集·高逸亭》："烧药炉前鹤避烟"②；《长春竞辰稿·长春赋》："玄鹤蹁跹清唳玄境"③；《长春竞辰稿·泛舟》："薄雾笼麂帐，斜风吹鹤衣"④；《长春竞辰稿·槐亭绝车马》："新蝉藏叶底，老鹤立松旁"⑤；《长春竞辰稿·白鹤归辽海》："昔伴西池久，于今泛共群"⑥；《长春竞辰稿·长春十景·清隐肃氛》："小院漫怜驯一鹤，方池应许浴双凫"⑦；《长春竞辰稿·幽居自乐》："闲看惊鹤舞松阴，桧柏千章荫地深"⑧；《长春竞辰稿·新春纪兴》："海滨来鹤背轻霞"⑨。

12. 鹊

《定园睿制集·鹊》："喧喧乾鹊噪檐前，晓起芸窗日影圆"⑩；《定园睿制集·鹊》"灵鹊庭前报晓晴，羽毛黑白更分明"⑪；《怀园睿制集·鹊》："鲜鲜耀日羽毛奇，三匝飞鸣绕树枝"⑫；《长春竞辰稿·仲春晚眺克慎轩前树构鹊巢偶作》："鹊巢高树远，人语曲阶稀"⑬；《长春竞辰稿·春景》："小阁彊彊鹊噪阳"⑭；《长春竞辰余稿·拟古宫词》："檐外鹊声空自喜，几时报得好音

① （明）朱申凿：《惠园睿制集》（明弘治十四年刊本）卷六，胡开全主编：《明蜀王文集五种》（三），巴蜀书社，2018年，第291页。

② （明）朱申凿：《惠园睿制集》（明弘治十四年刊本）卷六，胡开全主编：《明蜀王文集五种》（三），巴蜀书社，2018年，第293页。

③ （明）朱让栩：《长春竞辰稿》（明嘉靖二十八年蜀藩刻本）卷一，胡开全主编：《明蜀王文集五种》（四），巴蜀书社，2018年，第85页。

④ （明）朱让栩：《长春竞辰稿》（明嘉靖二十八年蜀藩刻本）卷三，胡开全主编：《明蜀王文集五种》（四），巴蜀书社，2018年，第133页。

⑤ （明）朱让栩：《长春竞辰稿》（明嘉靖二十八年蜀藩刻本）卷四，胡开全主编：《明蜀王文集五种》（四），巴蜀书社，2018年，第144页。

⑥ （明）朱让栩：《长春竞辰稿》（明嘉靖二十八年蜀藩刻本）卷四，胡开全主编：《明蜀王文集五种》（四），巴蜀书社，2018年，第150页。

⑦ （明）朱让栩：《长春竞辰稿》（明嘉靖二十八年蜀藩刻本）卷九，胡开全主编：《明蜀王文集五种》（四），巴蜀书社，2018年，第257页。

⑧ （明）朱让栩：《长春竞辰稿》（明嘉靖二十八年蜀藩刻本）卷一，胡开全主编：《明蜀王文集五种》（四），巴蜀书社，2018年，第290页。

⑨ （明）朱让栩：《长春竞辰稿》（明嘉靖二十八年蜀藩刻本）卷十一，胡开全主编：《明蜀王文集五种》（四），巴蜀书社，2018年，第338页。

⑩ （明）朱友垓：《定园睿制集》（明成化五年刊本）卷九，胡开全主编：《明蜀王文集五种》（二），巴蜀书社，2018年，第279页。

⑪ （明）朱友垓：《定园睿制集》（明成化五年刊本）卷九，胡开全主编：《明蜀王文集五种》（二），巴蜀书社，2018年，第280页。

⑫ （明）朱申鈘：《怀园睿制集》（明成化十一年刊本）卷六，胡开全主编：《明蜀王文集五种》（二），巴蜀书社，2018年，第508页。

⑬ （明）朱让栩：《长春竞辰稿》（明嘉靖二十八年蜀藩刻本）卷三，胡开全主编：《明蜀王文集五种》（四），巴蜀书社，2018年，第128页。

⑭ （明）朱让栩：《长春竞辰稿》（明嘉靖二十八年蜀藩刻本）卷九，胡开全主编：《明蜀王文集五种》（四），巴蜀书社，2018年，第255页。

来"①；《长春竞辰余稿·拟古宫词》："解冻东风初破蕾，高枝始见鹊营巢"②。

13. 鹇

《定园睿制集·白鹇》："讲余青琐倚雕阑，闲向阶前看白鹇"③。

14. 鹠

《惠园睿制集·退斋》："三年遇闰黄杨缩，千里逆风青鹠飞"④。

15. 燕

《定园睿制集·燕子》："睡起幽窗画漏长，双飞紫燕为谁忙"⑤；《怀园睿制集·送春》："东皇一去留难住，但见将雏燕子飞"⑥；《怀园睿制集·燕至》："托身画栋与朱楼，来是春风去是秋"⑦；《怀园睿制集·燕雏》："傍栋穿帘正学飞，喃喃调语力犹微"⑧；《怀园睿制集·归燕》："秋社便知归，辞巢与主违"⑨；《惠园睿制集·白燕》："洁身几度自衔泥，来往帘前白羽底"⑩；《长春竞辰稿·柳上双燕》："呢喃紫燕出乌衣，秋社成时已自归"⑪；《长春竞辰稿·宫燕》："十二珠帘倚绿窗，闲看玄鸟舞双双"⑫；《长春竞辰稿·夏景》："日午槐阴听燕语，闲看

① （明）朱让栩：《长春竞辰余稿》（明嘉靖二十八年蜀藩刻本）卷一，胡开全主编：《明蜀王文集五种》（四），巴蜀书社，2018 年，第 425 页。

② （明）朱让栩：《长春竞辰余稿》（明嘉靖二十八年蜀藩刻本）卷一，胡开全主编：《明蜀王文集五种》（四），巴蜀书社，2018 年，第 451 页。

③ （明）朱友垓：《定园睿制集》（明成化五年刊本）卷九，胡开全主编：《明蜀王文集五种》（二），巴蜀书社，2018 年，第 282 页。

④ （明）朱申凿：《惠园睿制集》（明弘治十四年刊本）卷七，胡开全主编：《明蜀王文集五种》（三），巴蜀书社，2018 年，第 310 页。

⑤ （明）朱友垓：《定园睿制集》（明成化五年刊本）卷九，胡开全主编：《明蜀王文集五种》（二），巴蜀书社，2018 年，第 298 页。

⑥ （明）朱申鈘：《怀园睿制集》（明成化十一年刊本）卷四，胡开全主编：《明蜀王文集五种》（二），巴蜀书社，2018 年，第 463 页。

⑦ （明）朱申鈘：《怀园睿制集》（明成化十一年刊本）卷六，胡开全主编：《明蜀王文集五种》（二），巴蜀书社，2018 年，第 513 页。

⑧ （明）朱申鈘：《怀园睿制集》（明成化十一年刊本）卷六，胡开全主编：《明蜀王文集五种》（二），巴蜀书社，2018 年，第 508 页。

⑨ （明）朱申鈘：《怀园睿制集》（明成化十一年刊本）卷七，胡开全主编：《明蜀王文集五种》（二），巴蜀书社，2018 年，第 533 页。

⑩ （明）朱申凿：《惠园睿制集》（明弘治十四年刊本）卷四，胡开全主编：《明蜀王文集五种》（三），巴蜀书社，2018 年，第 203 页

⑪ （明）朱让栩：《长春竞辰稿》（明嘉靖二十八年蜀藩刻本）卷六，胡开全主编：《明蜀王文集五种》（四），巴蜀书社，2018 年，第 192 页。

⑫ （明）朱让栩：《长春竞辰稿》（明嘉靖二十八年蜀藩刻本）卷八，胡开全主编：《明蜀王文集五种》（四），巴蜀书社，2018 年，第 239 页。

内苑好风光"①;《长春竞辰稿·新春纪兴》:"大梁高燕拂清纱"②;《长春竞辰稿·和瞿存斋四时词·春》:"芹香归燕理危巢"③;《长春竞辰余稿·拟古宫词》:"信是宫中真寂寞,梁间惟见燕成双"④;《长春竞辰余稿·拟古宫词》:"花落花开不记春,几分春色燕沉沦"⑤;《长春竞辰余稿·拟古宫词》:"杏雨缤纷梨叶绿,翩飞群燕舞雕阑"⑥;《长春竞辰余稿·拟古宫词》:"二月风和燕剪轻,颉颃拂掠趁新晴"⑦;《长春竞辰余稿·拟古宫词》:"燕坐宫中思欲迷"⑧。

16. 鹦鹉

《惠园睿制集·侍诿堂》:"风吹叶展鹦翎翠"⑨;《惠园睿制集·林良鹦鹉》:"绿毛丹嘴最多机,慧性殊群也自奇"⑩;《长春竞辰稿·鹦鹉来行》:"鹦鹉来秋天高空"⑪;《长春竞辰余稿·拟古宫词》:"栗留鹦鹉难为共,爱柳贪桃意各偏"⑫。

17. 鹁鸰

《惠园睿制集·同心堂》:"鹁鸰原上声相应"⑬;《长春竞辰稿·莲塘白头鸟》:"莲塘自是鹁

---

① (明)朱让栩:《长春竞辰稿》(明嘉靖二十八年蜀藩刻本)卷九,胡开全主编:《明蜀王文集五种》(四),巴蜀书社,2018年,第303页。

② (明)朱让栩:《长春竞辰稿》(明嘉靖二十八年蜀藩刻本)卷十一,胡开全主编:《明蜀王文集五种》(四),巴蜀书社,2018年,第339页。

③ (明)朱让栩:《长春竞辰稿》(明嘉靖二十八年蜀藩刻本)卷十二,胡开全主编:《明蜀王文集五种》(四),巴蜀书社,2018年,第363~364页。

④ (明)朱让栩:《长春竞辰余稿》(明嘉靖二十八年蜀藩刻本)卷一,胡开全主编:《明蜀王文集五种》(四),巴蜀书社,2018年,第426页。

⑤ (明)朱让栩:《长春竞辰余稿》(明嘉靖二十八年蜀藩刻本)卷一,胡开全主编:《明蜀王文集五种》(四),巴蜀书社,2018年,第426页。

⑥ (明)朱让栩:《长春竞辰余稿》(明嘉靖二十八年蜀藩刻本)卷一,胡开全主编:《明蜀王文集五种》(四),巴蜀书社,2018年,第449页。

⑦ (明)朱让栩:《长春竞辰余稿》(明嘉靖二十八年蜀藩刻本)卷一,胡开全主编:《明蜀王文集五种》(四),巴蜀书社,2018年,第450页。

⑧ (明)朱让栩:《长春竞辰余稿》(明嘉靖二十八年蜀藩刻本)卷一,胡开全主编:《明蜀王文集五种》(四),巴蜀书社,2018年,第451页。

⑨ (明)朱申凿:《惠园睿制集》(明弘治十四年刊本)卷四,胡开全主编:《明蜀王文集五种》(三),巴蜀书社,2018年,第189页。

⑩ (明)朱申凿:《惠园睿制集》(明弘治十四年刊本)卷八,胡开全主编:《明蜀王文集五种》(三),巴蜀书社,2018年,第366页。

⑪ (明)朱让栩:《长春竞辰稿》(明嘉靖二十八年蜀藩刻本)卷十二,胡开全主编:《明蜀王文集五种》(四),巴蜀书社,2018年,第361页。

⑫ (明)朱让栩:《长春竞辰余稿》(明嘉靖二十八年蜀藩刻本)卷一,胡开全主编:《明蜀王文集五种》(四),巴蜀书社,2018年,第451页。

⑬ (明)朱申凿:《惠园睿制集》(明弘治十四年刊本)卷四,胡开全主编:《明蜀王文集五种》(三),巴蜀书社,2018年,第197页。

鹈立，何独于今别鸟游"①。

18. 鹔鹴

《惠园睿制集·拙斋》："可爱鹔鹴占一枝"②。

19. 鸲鹆（八哥）

《长春竞辰余稿·拟古宫词》："六院不通人语少，一双鸲鹆巧言多"③。

20. 鹄（天鹅）

《惠园睿制集·侍谒堂》："露浥花含鹄嘴黄"④。

21. 雀

《惠园睿制集·听雪轩》："临檐撩乱春虫音，到耳轻盈冻雀惊"⑤；《长春竞辰稿·雀梅》："群雀喧飞怯早寒，争枝高下乱成团"⑥。

22. 白头翁

《长春竞辰稿·枯荷白头鸟》："春暮辞家社，时清托卷荷"⑦；《长春竞辰稿·莲塘白头鸟》："莲塘自是鹈鹄立，何独于今别鸟游"⑧；《长春竞辰稿·白头翁》："秋满黄芦叶正肥，幽禽俯视立斜晖"⑨；《长春竞辰稿·竹上白头翁》："山林逸性任飞翔，久仁东风绿野傍"⑩。

---

① （明）朱让栩：《长春竞辰稿》（明嘉靖二十八年蜀藩刻本）卷六，胡开全主编：《明蜀王文集五种》（四），巴蜀书社，2018 年，第 183 页。

② （明）朱申凿：《惠园睿制集》（明弘治十四年刊本）卷七，胡开全主编：《明蜀王文集五种》（三），巴蜀书社，2018 年，第 310 页。

③ （明）朱让栩：《长春竞辰余稿》（明嘉靖二十八年蜀藩刻本）卷一，胡开全主编：《明蜀王文集五种》（四），巴蜀书社，2018 年，第 442 页。

④ （明）朱申凿：《惠园睿制集》（明弘治十四年刊本）卷四，胡开全主编：《明蜀王文集五种》（三），巴蜀书社，2018 年，第 189 页。

⑤ （明）朱申凿：《惠园睿制集》（明弘治十四年刊本）卷四，胡开全主编：《明蜀王文集五种》（三），巴蜀书社，2018 年，第 206 页。

⑥ （明）朱让栩：《长春竞辰稿》（明嘉靖二十八年蜀藩刻本）卷七，胡开全主编：《明蜀王文集五种》（四），巴蜀书社，2018 年，第 208 页。

⑦ （明）朱让栩：《长春竞辰稿》（明嘉靖二十八年蜀藩刻本）卷五，胡开全主编：《明蜀王文集五种》（四），巴蜀书社，2018 年，第 160 页。

⑧ （明）朱让栩：《长春竞辰稿》（明嘉靖二十八年蜀藩刻本）卷六，胡开全主编：《明蜀王文集五种》（四），巴蜀书社，2018 年，第 183 页。

⑨ （明）朱让栩：《长春竞辰稿》（明嘉靖二十八年蜀藩刻本）卷六，胡开全主编：《明蜀王文集五种》（四），巴蜀书社，2018 年，第 184 页。

⑩ （明）朱让栩：《长春竞辰稿》（明嘉靖二十八年蜀藩刻本）卷六，胡开全主编：《明蜀王文集五种》（四），巴蜀书社，2018 年，第 193 页。

23. 啄木鸟

《长春竞辰稿·啄木鸟歌》："晴林乡木名禽飞，穿云激雾流斜晖"①。

24. 画眉

《长春竞辰稿·画眉鸟》："送暖东风上晓枝，间关有鸟弄晴曦"②。

25. 鸧鹒

《长春竞辰稿·幽居自乐》："喧杂鸧鹒集竹崟"③。

26. 鸬鶒

《长春竞辰稿·冬景》："闲看内苑好风光，欹榻舒徐拥鸬鶒"④。

27. 黄鹂

《长春竞辰余稿·拟古宫词》："欲画愁眉羞对镜，黄鹂飞上万年枝"⑤。

28. 鹗

《长春竞辰稿·秋塘清兴十绝》："暮笛吹月塞，寒鹗敛云翰"⑥。

29. 雕

《长春竞辰稿·秋塘清兴十绝》："遥看皂雕起，天际展云翰"⑦；《长春竞辰稿·仲冬获雕》："霜翎云翔益雄健，玉爪星眸独翻绰"⑧。

―――――――――――

① （明）朱让栩：《长春竞辰稿》（明嘉靖二十八年蜀藩刻本）卷十二，胡开全主编：《明蜀王文集五种》（四），巴蜀书社，2018年，第354页。

② （明）朱让栩：《长春竞辰稿》（明嘉靖二十八年蜀藩刻本）卷七，胡开全主编：《明蜀王文集五种》（四），巴蜀书社，2018年，第210页。

③ （明）朱让栩：《长春竞辰稿》（明嘉靖二十八年蜀藩刻本）卷十，胡开全主编：《明蜀王文集五种》（四），巴蜀书社，2018年，第289页。

④ （明）朱让栩：《长春竞辰稿》（明嘉靖二十八年蜀藩刻本）卷十，胡开全主编：《明蜀王文集五种》（四），巴蜀书社，2018年，第306页。

⑤ （明）朱让栩：《长春竞辰余稿》（明嘉靖二十八年蜀藩刻本）卷一，胡开全主编：《明蜀王文集五种》（四），巴蜀书社，2018年，第447页。

⑥ （明）朱让栩：《长春竞辰稿》（明嘉靖二十八年蜀藩刻本）卷五，胡开全主编：《明蜀王文集五种》（四），巴蜀书社，2018年，第161页。

⑦ （明）朱让栩：《长春竞辰稿》（明嘉靖二十八年蜀藩刻本）卷五，胡开全主编：《明蜀王文集五种》（四），巴蜀书社，2018年，第162页。

⑧ （明）朱让栩：《长春竞辰稿》（明嘉靖二十八年蜀藩刻本）卷十二，胡开全主编：《明蜀王文集五种》（四），巴蜀书社，2018年，第367页。

30. 鹜（野鸭）

《定园睿制集·日晚》："片影随孤鹜，余晖带落霞"①。

31. 凫（野鸭）

《惠园睿制集·凫鸟朝天》："飞凫万里远朝天，仿佛王乔异世仙"②。

32. 鱼

《定园睿制集·柳塘新水》："新水长芳塘，游鱼队队忙"③；《定园睿制集·题鱼》："荡漾波光戏锦鳞，长江水色净无尘"④；《惠园睿制集·金水观鱼》："闲立金水傍，鱼行水天碧"⑤；《惠园睿制集·思慕堂》："供食不复烹金鲤，上寿无由捧玉卮"⑥；《惠园睿制集·涌泉书舍》："唯有姜诗能孝感，奉亲供馔有双鱼"⑦；《惠园睿制集·乐庆堂》："饭陈碧碗青精软，脍切金刀锦鲤鲜"⑧；《惠园睿制集·一乐堂》："流匙香稻光如玉，入馔嘉鱼色似银"⑨；《惠园睿制集·悠然亭》："洋洋泼泼鱼行水"⑩；《长春竞辰稿·长春苑记》："凭高纵目，临水观鱼，逍遥徜徉，随意所适"⑪；《长春竞辰稿·长春赋》："池中赤鲤练掷梭飞"⑫；《长春竞辰稿·春潮带雨》："龙鱼

---

① （明）朱友垓：《定园睿制集》（明成化五年刊本）卷二，胡开全主编：《明蜀王文集五种》（二），巴蜀书社，2018年，第82页。

② （明）朱申凿：《惠园睿制集》（明弘治十四年刊本）卷五，胡开全主编：《明蜀王文集五种》（三），巴蜀书社，2018年，第256页。

③ （明）朱友垓：《定园睿制集》（明成化五年刊本）卷二，胡开全主编：《明蜀王文集五种》（二），巴蜀书社，2018年，第92页。

④ （明）朱友垓：《定园睿制集》（明成化五年刊本）卷八，胡开全主编：《明蜀王文集五种》（二），巴蜀书社，2018年，第148页。

⑤ （明）朱申凿：《惠园睿制集》（明弘治十四年刊本）卷一，胡开全主编：《明蜀王文集五种》（三），巴蜀书社，2018年，第80页。

⑥ （明）朱申凿：《惠园睿制集》（明弘治十四年刊本）卷四，胡开全主编：《明蜀王文集五种》（三），巴蜀书社，2018年，第178页。

⑦ （明）朱申凿：《惠园睿制集》（明弘治十四年刊本）卷四，胡开全主编：《明蜀王文集五种》（三），巴蜀书社，2018年，第183页。

⑧ （明）朱申凿：《惠园睿制集》（明弘治十四年刊本）卷四，胡开全主编：《明蜀王文集五种》（三），巴蜀书社，2018年，第184页。

⑨ （明）朱申凿：《惠园睿制集》（明弘治十四年刊本）卷二，胡开全主编：《明蜀王文集五种》（三），巴蜀书社，2018年，第107页。

⑩ （明）朱申凿：《惠园睿制集》（明弘治十四年刊本）卷四，胡开全主编：《明蜀王文集五种》（三），巴蜀书社，2018年，第191页。

⑪ （明）朱让栩：《长春竞辰稿》（明嘉靖二十八年蜀藩刻本）卷二，胡开全主编：《明蜀王文集五种》（四），巴蜀书社，2018年，第82页。

⑫ （明）朱让栩：《长春竞辰稿》（明嘉靖二十八年蜀藩刻本）卷二，胡开全主编：《明蜀王文集五种》（四），巴蜀书社，2018年，第90页。

初跃后，汲浪带春潮"①；《长春竞辰稿·丝》："流水江台鱼踯跃，闲看内苑好风光"②；《蜀中广记·蜀府园中看牡丹》："水自龙池分处碧，花从鱼血染来红"③。

33. 鸡

《定园睿制集·清明》："斗鸡喧紫陌，走狗逐香尘"④；《惠园睿制集·东方半明》："三唱听晨鸡，红轮将杲杲"⑤；《惠园睿制集·遁耕轩》："十月困盈仓廪实，黄鸡白酒乐丰年"⑥；《惠园睿制集·东白轩》："乌鸟惊飞鸡振羽，一观天下喜开晴"⑦；《长春竞辰稿·空山湿翠衣》："鸡鸣未启扉"⑧；《长春竞辰稿·鸡》："夜色入秋凉似水，玉簪花展翠翘枝"⑨；《长春竞辰稿·宫窗清兴》："鼓钟初动未啼鸡，东曙星升晓月低"⑩；《长春竞辰稿·春景》："低墙喔喔鸡啼画"⑪；《长春竞辰余稿·拟古宫词》："五更枕畔听鸣鸡，帘幕风清曙色凄"⑫；《长春竞辰余稿·拟古宫词》："漏残鸡唱曙光时，璧月穿花影渐移"⑬。

① （明）朱让栩：《长春竞辰稿》（明嘉靖二十八年蜀藩刻本）卷四，胡开全主编：《明蜀王文集五种》（四），巴蜀书社，2018 年，第 146 页。

② （明）朱让栩：《长春竞辰稿》（明嘉靖二十八年蜀藩刻本）卷十，胡开全主编：《明蜀王文集五种》（四），巴蜀书社，2018 年，第 309 页。

③ （明）曹学佺撰，杨世文点校：《蜀中广记》卷六十二，上海古籍出版社，2020 年，第 661 页。

④ （明）朱友垍：《定园睿制集》（明成化五年刊本）卷二，胡开全主编：《明蜀王文集五种》（二），巴蜀书社，2018 年，第 93 页。

⑤ （明）朱申凿：《惠园睿制集》（明弘治十四年刊本）卷二，胡开全主编：《明蜀王文集五种》（三），巴蜀书社，2018 年，第 90 页。

⑥ （明）朱申凿：《惠园睿制集》（明弘治十四年刊本）卷五，胡开全主编：《明蜀王文集五种》（三），巴蜀书社，2018 年，第 223 页。

⑦ （明）朱申凿：《惠园睿制集》（明弘治十四年刊本）卷四，胡开全主编：《明蜀王文集五种》（三），巴蜀书社，2018 年，第 191 页。

⑧ （明）朱让栩：《长春竞辰稿》（明嘉靖二十八年蜀藩刻本）卷四，胡开全主编：《明蜀王文集五种》（四），巴蜀书社，2018 年，第 156 页。

⑨ （明）朱让栩：《长春竞辰稿》（明嘉靖二十八年蜀藩刻本）卷七，胡开全主编：《明蜀王文集五种》（四），巴蜀书社，2018 年，第 205 页。

⑩ （明）朱让栩：《长春竞辰稿》（明嘉靖二十八年蜀藩刻本）卷十，胡开全主编：《明蜀王文集五种》（四），巴蜀书社，2018 年，第 285 页。

⑪ （明）朱让栩：《长春竞辰稿》（明嘉靖二十八年蜀藩刻本）卷十，胡开全主编：《明蜀王文集五种》（四），巴蜀书社，2018 年，第 300 页。

⑫ （明）朱让栩：《长春竞辰余稿》（明嘉靖二十八年蜀藩刻本）卷一，胡开全主编：《明蜀王文集五种》（四），巴蜀书社，2018 年，第 427 页。

⑬ （明）朱让栩：《长春竞辰余稿》（明嘉靖二十八年蜀藩刻本）卷二，胡开全主编：《明蜀王文集五种》（四），巴蜀书社，2018 年，第 446 页。

34. 鸭

《惠园睿制集·积翠轩》："水漾鸭头浮绿去，山堆螺髻送青来"[1]；《长春竞辰稿·长春赋》："文鸳、锦鸂、花鸭、白鹅，右军书而笼易，子美对而吟哦"[2]；《长春竞辰余稿·拟古宫词》："内池春水鸭头绿，上苑晨花猩血红"[3]。

35. 鹅

《惠园睿制集·林塘春雨》："乳鹅荡浴从深浅，乔木参差更短长"[4]；《长春竞辰稿·长春赋》："文鸳、锦鸂、花鸭、白鹅，右军书而笼易，子美对而吟哦"[5]；《长春竞辰稿·鹅》："右军弗遇山阴客，引颈欢鸣适意多"[6]；《长春竞辰稿·雏鹅》："春水潾潾初满陂，野萍滋育乳鹅肥"[7]；《长春竞辰稿·黄鹅觅花》："敷荣茑叶长苍苔，秋夜凌寒次第开"[8]；《长春竞辰稿·白鹅觅花》："颙昂似浴清波里，想意临池老笔宗"[9]；《长春竞辰稿·夏景》："闲看内苑好风光，水浴新鹅嫩酒黄"[10]。

36. 狗

《定园睿制集·清明》："斗鸡喧紫陌，走狗逐香尘"[11]；《长春竞辰余稿·拟古宫词》："犬吠

---

[1] （明）朱申凿：《惠园睿制集》（明弘治十四年刊本）卷三，胡开全主编：《明蜀王文集五种》（三），巴蜀书社，2018年，第145页。

[2] （明）朱让栩：《长春竞辰稿》（明嘉靖二十八年蜀藩刻本）卷二，胡开全主编：《明蜀王文集五种》（四），巴蜀书社，2018年，第90页。

[3] （明）朱让栩：《长春竞辰余稿》（明嘉靖二十八年蜀藩刻本）卷二，胡开全主编：《明蜀王文集五种》（四），巴蜀书社，2018年，第444页。

[4] （明）朱申凿：《惠园睿制集》（明弘治十四年刊本）卷五，胡开全主编：《明蜀王文集五种》（三），巴蜀书社，2018年，第236页。

[5] （明）朱让栩：《长春竞辰稿》（明嘉靖二十八年蜀藩刻本）卷二，胡开全主编：《明蜀王文集五种》（四），巴蜀书社，2018年，第90页。

[6] （明）朱让栩：《长春竞辰稿》（明嘉靖二十八年蜀藩刻本）卷七，胡开全主编：《明蜀王文集五种》（四），巴蜀书社，2018年，第205页。

[7] （明）朱让栩：《长春竞辰稿》（明嘉靖二十八年蜀藩刻本）卷八，胡开全主编：《明蜀王文集五种》（四），巴蜀书社，2018年，第245页。

[8] （明）朱让栩：《长春竞辰稿》（明嘉靖二十八年蜀藩刻本）卷九，胡开全主编：《明蜀王文集五种》（四），巴蜀书社，2018年，第274页。

[9] （明）朱让栩：《长春竞辰稿》（明嘉靖二十八年蜀藩刻本）卷九，胡开全主编：《明蜀王文集五种》（四），巴蜀书社，2018年，第275页。

[10] （明）朱让栩：《长春竞辰稿》（明嘉靖二十八年蜀藩刻本）卷十，胡开全主编：《明蜀王文集五种》（四），巴蜀书社，2018年，第301页。

[11] （明）朱友垓：《定园睿制集》（明成化五年刊本）卷二，胡开全主编：《明蜀王文集五种》（二），巴蜀书社，2018年，第93页。

夜阑凉似水，星明空外薄云浮"①。

37. 猫

《惠园睿制集·题猫》："金眸铜瓜小狸奴，蹲踞高堂鼠即无"②。

38. 兔

《惠园睿制集·松楸永慕》："孤兔不教藏隧道，碑文忍见蚀莓苔"③。

39. 虎

《怀园睿制集·虎》："据地势峥嵘……咆哮百兽惊"④；《怀园睿制集·虎》："文彩锦斑斑，行踪不离山"⑤。

40. 豹

《怀园睿制集·豹》："七日沾恩泽，皆成炳蔚班"⑥；《怀园睿制集·豹》："文成还在山，莫用管窥斑"⑦。

41. 牛

《怀园睿制集·牛》："生质重牺牷，能犁数亩田"⑧。

---

① （明）朱让栩：《长春竞辰余稿》（明嘉靖二十八年蜀藩刻本）卷二，胡开全主编：《明蜀王文集五种》（四），巴蜀书社，2018 年，第 456 页。

② （明）朱申凿：《惠园睿制集》（明弘治十四年刊本）卷八，胡开全主编：《明蜀王文集五种》（三），巴蜀书社，2018 年，第 358 页。

③ （明）朱申凿：《惠园睿制集》（明弘治十四年刊本）卷四，胡开全主编：《明蜀王文集五种》（三），巴蜀书社，2018 年，第 186 页。

④ （明）朱申鈘：《怀园睿制集》（明成化十一年刊本）卷二，胡开全主编：《明蜀王文集五种》（二），巴蜀书社，2018 年，第 420 页。

⑤ （明）朱申鈘：《怀园睿制集》（明成化十一年刊本）卷九，胡开全主编：《明蜀王文集五种》（二），巴蜀书社，2018 年，第 560 页。

⑥ （明）朱申鈘：《怀园睿制集》（明成化十一年刊本）卷九，胡开全主编：《明蜀王文集五种》（二），巴蜀书社，2018 年，第 561 页。

⑦ （明）朱申鈘：《怀园睿制集》（明成化十一年刊本）卷十，胡开全主编：《明蜀王文集五种》（二），巴蜀书社，2018 年，第 578 页。

⑧ （明）朱申鈘：《怀园睿制集》（明成化十一年刊本）卷二，胡开全主编：《明蜀王文集五种》（二），巴蜀书社，2018 年，第 421 页。

42. 羊

《惠园睿制集·淡泊斋》："人来不饮羊羔酒，客到常烹雪乳茶"①。

43. 马

《惠园睿制集·分阴轩》："惟日孜孜无少暇，白驹莫遣入西林"②。

44. 鹿

《怀园睿制集·鹿》："天性爱林丘，曾随大舜游"③；《长春竞辰稿·长春赋》："麋鹿闲游食其苹荇"④；《长春竞辰稿·泛舟》："薄雾笼麑（小鹿）帐，斜风吹鹤衣"⑤。

45. 马

《怀园睿制集·马》："生自大宛西，追风快玉蹄"⑥；《惠园睿制集·画马》："何人秃笔扫骊黄，天上星辰独应房"⑦。

46. 犀

《怀园睿制集·犀》："圣德及南夷，梯山远贡犀"⑧。

47. 象

《怀园睿制集·象》："交趾到中华，珍奇为素牙"⑨。

---

① （明）朱申凿：《惠园睿制集》（明弘治十四年刊本）卷四，胡开全主编：《明蜀王文集五种》（三），巴蜀书社，2018 年，第 214 页。

② （明）朱申凿：《惠园睿制集》（明弘治十四年刊本）卷五，胡开全主编：《明蜀王文集五种》（三），巴蜀书社，2018 年，第 220 页。

③ （明）朱申鈘：《怀园睿制集》（明成化十一年刊本）卷二，胡开全主编：《明蜀王文集五种》（二），巴蜀书社，2018 年，第 421 页。

④ （明）朱让栩：《长春竞辰稿》（明嘉靖二十八年蜀藩刻本）卷一，胡开全主编：《明蜀王文集五种》（四），巴蜀书社，2018 年，第 90 页。

⑤ （明）朱让栩：《长春竞辰稿》（明嘉靖二十八年蜀藩刻本）卷三，胡开全主编：《明蜀王文集五种》（四），巴蜀书社，2018 年，第 133 页。

⑥ （明）朱申鈘：《怀园睿制集》（明成化十一年刊本）卷二，胡开全主编：《明蜀王文集五种》（二），巴蜀书社，2018 年，第 422 页。

⑦ （明）朱申凿：《惠园睿制集》（明弘治十四年刊本）卷七，胡开全主编：《明蜀王文集五种》（三），巴蜀书社，2018 年，第 334 页。

⑧ （明）朱申鈘：《怀园睿制集》（明成化十一年刊本）卷九，胡开全主编：《明蜀王文集五种》（二），巴蜀书社，2018 年，第 561 页。

⑨ （明）朱申鈘：《怀园睿制集》（明成化十一年刊本）卷十，胡开全主编：《明蜀王文集五种》（二），巴蜀书社，2018 年，第 578 页。

由上述辑录的史料内容可知，明代蜀王府内的动物资源以鸟类最为丰富，包含了 20 余个品种，除野生鸟类外，还有相当部分可能属于专门饲养供观赏或取乐的宠物，《长春竞辰稿》还记载了嘉靖十九年（1540 年）秋八月，当时的王府中侍蔺玉将一只不知名的黄绿羽小鸟献于蜀成王，后者喜而作瑞禽歌一事[1]，可作旁证。至于鱼、鸡、鸭、鹅，虽不乏用作观赏者，但同样是王府内重要的肉食来源，从《惠园睿制集》的若干文字看，鱼类是蜀王比较青睐的食物之一。

此外，明人钱希言的《辽邸纪闻》提到嘉靖年间的辽王，"好营宫室，置庭院二十余区……有月榭、红房、花坞、药圃、雪溪、冰室、莺坞、虎圈……异兽文禽，靡不毕至"[2]。另值得一提的是，葡萄牙人盖略特·伯来拉（Galeote Pereira）曾在嘉靖年间因从事非法走私贸易且有海盗嫌疑，被明朝政府抓捕，并关押于福州监狱，后辗转江西、广东等地，被流放至广西桂林。他在记录其中国南部行程与见闻的文稿——《中国报道》（*Algumas cousas sabidas da China*）里，简单描述了桂林靖江王府的动物圈养状况："他（王府）的宫室有墙环绕，墙不高而成四方形，四周不比果阿的差……门楼和屋顶上了绿釉，方阵内遍植野树……其中有鹿、羚羊、公牛、母牛及别的兽类，供那位贵人游乐，因为如我所说，他从不外出。"[3] 另一位葡萄牙多明我会修士加斯帕·达·克路士（Gaspar da Cruz）曾于嘉靖三十五年（1556 年）前后到达中国广州传教，他所作的《中国志》（*Tractado emque se cõtam muito pol estéco as cous da China*）部分借鉴了伯来拉《中国报道》的内容，其进一步描述了靖江王府的动物："在官邸内，他有幽美的大花园，果树很多，还有大池塘，养着大量的鱼，既供观赏又供家里食用。他在家里栽种各式各样的小花、石竹和芳草的花坛，还有野树林，里面养着鹿和野猪，及其他禽兽。"[4] 凡此种种记载，对于我们从文献角度了解和还原明代王府的动物资源，具有不容忽视的参考价值。

第四节 研究对象与方法

本书所研究的动物遗存，均出自水道 G4 和水池 C4 底部的淤泥层，共计 68978 件（图 1-1；图版 1～图版 3）。考古工作者在发掘过程中采用筛选法和浮选法对这些材料进行了全面收集，为我们下一步的鉴定、分析和研究提供了丰富的材料。

本书主要的研究内容及采取的主要研究方法如下。

---

① （明）朱让栩：《长春竞辰稿》（明嘉靖二十八年蜀藩刻本）卷十二，胡开全主编：《明蜀王文集五种》（四），巴蜀书社，2018 年，第 355 页。

② （清）吴士玉：《御定骈字类编》卷六十四，影印文渊阁《四库全书》，台湾商务印书馆，1982 年，第 996 册，第 786a 页。

③ （英）C.R.博克舍编注，何高济译：《十六世纪中国南部行纪》，中华书局，2019 年，第 79、80 页。

④ （英）C.R.博克舍编注，何高济译：《十六世纪中国南部行纪》，中华书局，2019 年，第 122 页。

图1-1 蜀王府遗址出土动物位置示意图①

一、基础鉴定与测量记录

对遗址出土动物遗存进行种属等信息的鉴定，既可以获得这批遗存所代表的动物群构成信息，也可以获取先民对不同动物的骨骼部位、年龄和性别等方面的选择信息。

我们主要利用山东大学动物考古实验室的现生动物对比标本，同时参考《哺乳动物骨骼

① 图片由成都文物考古研究院易立领队提供，在此表示感谢！

和牙齿鉴定方法指南》[①]、《试论家鸡骨骼的形态特征》[②] 和 *A Manual for the Identification of Bird Bones from Archaeological Sites*[③] 等对遗址出土动物遗存的种属、骨骼部位、骨骼方位、死亡年龄、性别和骨骼表面的痕迹（包括人工痕迹、动物咬噬痕迹和病理现象等）进行鉴定和记录。

以安哥拉·冯登德里施著，马萧林、侯彦峰译的《考古遗址出土动物骨骼测量指南》[④] 为测量标准，测量蜀王府遗址中出土动物遗存的尺寸，对骨骼进行称重并记录，以便之后的分析研究。

二、定量统计和相关分析

在鉴定的基础上，对动物的数量、尺寸测量数据等进行定量分析，尝试获取不同动物组合的相关信息，以及动物性别或体形特征的相关信息。

1. 定量统计

主要包括可鉴定标本数、最小个体数、骨骼保存部位统计及动物死亡年龄结构统计等方面。

可鉴定标本数（NISP），代表可以据其进行系统分类或可以鉴定到骨骼部位的标本数量，它能提供标本数量多少的信息，是初始的量化单元。本书主要以能鉴定到科的动物遗存参与可鉴定标本数的统计。

最小个体数（MNI），它的基本任务是计算一个分类中的标本最少代表几个个体，方法是判断这类动物骨骼的部位及其左右，然后将统计的数量聚拢起来选择最大值[⑤]。本文最小个体数的计算主要是基于可鉴定标本数的数据，并综合考虑动物死亡年龄因素。

骨骼保存部位统计，主要根据鉴定结果，考察不同动物种属身体不同部位的出现频率，以此来推断先民对动物骨骼（身体）部位的选择信息。

动物死亡年龄结构统计，主要通过脊椎动物骨骺愈合与否及愈合程度、哺乳动物牙齿的萌出和磨蚀程度等方面考察不同动物死亡年龄的分布信息，并以此来推断先民对动物年龄的选择信息。

2. 相关分析

在完成数量统计的基础上，我们会结合各项鉴定结果及已有的文献材料进行相关分析。

[①] 〔英〕西蒙·赫森著，侯彦峰、马萧林译：《哺乳动物骨骼和牙齿鉴定方法指南》，科学出版社，2012 年。

[②] 〔日〕江田真毅著，刘羽阳译，邓惠、袁靖校：《试论家鸡骨骼的形态特征》，《南方文物》2016 年第 2 期。

[③] Alan Cohen, Dale Serjeantson, *A Manual for the Identification of Bird Bones from Archaeological Sites*, London: Archetype Publications, 1996.

[④] 安哥拉·冯登德里施著，马萧林、侯彦峰译：《考古遗址出土动物骨骼测量指南》，科学出版社，2007 年。

[⑤] Grayson Donald K., *Quantitative Zooarchaeology*, New York: Academic Press, 1984.

综合考虑动物的形态学特征、数量比例、骨骼保存部位特征、死亡年龄结构特征、骨骼病理现象及骨骼表面人工痕迹等多方面因素，尝试复原先民对不同家养动物（包括家畜和家禽）的饲养和利用信息，并对其中存在的特殊现象进行讨论和分析。

搜集成都地区目前已经发表的动物考古研究资料，尝试从纵向演变的角度探讨成都地区先民对各种动物资源的利用信息。

将遗址出土动物遗存研究结果与同时期的永顺老司城遗址动物考古研究结果进行横向对比，结合遗存出土背景，探讨遗址出土动物遗存的相关意义。

第二章 动物群构成

东华门明代蜀王府遗址共出土动物遗存 68978 件，分别出自 C4 和 G4 两个遗迹单位。下面按这两个单位来分别介绍动物遗存的鉴定结果、可鉴定标本数和最小个体数统计信息。

第一节 C4 出土动物遗存

共 65339 件，其中可鉴定标本 22958 件，占全部标本的 35.1%。

1. 软体动物门（Mollusca）

螺壳残块 5 件，总重 2.9 克。

2. 脊索动物门（Chordata）

2.1 硬骨鱼纲（Osteichthyes）

共 141 件标本未能鉴定出具体种属，以鱼类记之。

2.1.1 鲤形目（Cypriniformes）

2.1.1.1 鲤科（Cyprinidae）

2.1.1.1.1 鲤属（*Cyprinus*）

2.1.1.1.1.1 鲤鱼（*Cyprinus carpio*）

共 17 件标本，总重 20.7 克。均为咽齿（左七、右九），至少代表 9 个个体。

2.1.1.1.2 草鱼属（*Ctenopharyngodon*）

2.1.1.1.2.1 草鱼（*Ctenopharyngodon idella*）

仅发现 1 件标本，为左侧咽齿，重 0.3 克，代表 1 个个体。

2.1.1.1.3 鲫属（*Carassius*）

2.1.1.1.3.1 鲫鱼（*Carassius auratus auratus*）

仅发现左侧主鳃盖骨 1 件，重 1.4 克，代表 1 个个体。

2.1.1.1.4　青鱼属（*Mylopharyngodon*）

2.1.1.1.4.1　青鱼（*Mylopharyngodon piceus*）

共 5 件标本，总重 15.8 克。分别为基枕骨 2 件、咽齿残块 3 件，至少代表 2 个个体。

2.1.1.1.5　鳡属（*Elopichthys*）

2.1.1.1.5.1　鳡鱼（*Elopichthys bambusa*）

共 5 件标本，均为咽齿残块，总重 16.7 克，代表 1 个个体。

2.2　两栖动物纲（Amphibia）

仅发现尺桡骨 1 件，重 0.1 克。

2.3　爬行动物纲（Reptilia）

2.3.1　龟鳖目（Testudinata）

2.3.1.1　鳖科（Trionychidae）

共 10 件标本，总重 17.6 克。分别为腹甲残块 6 件；肩带残块 1 件；肢骨残片 3 件。

2.4　鸟纲（Aves）

共 35048 件标本，其中 20390 件标本未能鉴定出具体种属，以鸟记之，根据尺寸等信息可分为大型、中型和小型鸟，数量分别为 135 件、20253 件和 2 件，总重 28787.96 克。

2.4.1　雁形目（Anseriformes）

2.4.1.1　鸭科（Anatidae）

1275 件标本未能鉴定出具体种属，以鸭科记之，根据尺寸等信息可分为大型和小型鸭科动物，数量分别为 1060 件、215 件。遗址中出土大型鸭科动物目前只鉴定出天鹅和家鹅，并且以家鹅的数量居多，因此我们推测遗址中出土的大型鸭科动物应多为家鹅的遗存，在下文的描述和统计中会将大型鸭科并入家鹅遗存。

2.4.1.1.1　小型鸭科

共 215 件小型鸭科动物标本，总重 90.59 克。分别为：两侧尺骨各 5 件（图版 20-3；图版 21-3），尺骨近端 8 件（左一、右七），尺骨远端 13 件（左三、右十）；左侧肱骨 4 件（图版 9-3；图版 10-3；图版 11-3），肱骨近端 8 件（左一、右七）（图版 9-4），肱骨远端 37 件（左十七、右二十）；股骨 7 件（左五、右二）（图版 27-4、5；图版 30-1、2、4），股骨近端 6 件（左二、右四），股骨远端 5 件（左二、右三）（图版 30-5）；肩胛骨 8 件（左五、右三）（图版 16-3；图版 17-4；图版 19-1）；左侧胫骨 2 件，胫骨近端 9 件（左五、右四），胫骨远端 28 件（左十五、右十三）（图版 34-3；图版 35-3；图版 39-1、2）；右侧桡骨 4 件（图版 25-3；图版 26-2），两侧桡骨远端各 1 件；锁骨 1 件；腕掌骨 26 件（左十一、右十五）（图版 5-3；图版 6-3；图版 7-3；图版 9-1、2），腕掌骨近端 7 件（左五、右二）；乌喙骨 30 件（左十、右十八）（图版 13-3；图版 15-4～6）。

综合来看，全部标本至少代表 21 个个体（表 2-1）。

表 2-1 C4 出土小型鸭科的骨骼数量及基于每一类骨骼计算的最小个体数一览表

骨骼部位	左侧数量（件）	右侧数量（件）	不分左右数量（件）	最小个体数（个）
尺骨	5	5		
尺骨近端	1	7		15
尺骨远端	3	10		
肱骨	4			
肱骨近端	1	7		21
肱骨远端	17	20		
股骨	5	2		
股骨近端	2	4		7
股骨远端	2	3		
肩胛骨	5	3		5
胫骨	2			
胫骨近端	5	4		17
胫骨远端	15	13		
桡骨		4		5
桡骨远端	1	1		
锁骨			1	1
腕掌骨	11	15		17
腕掌骨近端	5	2		
乌喙骨	10	18	2	18

2.4.1.1.2 天鹅属（*Cygnus*）

仅发现 2 件标本，总重 11.4 克。分别为右侧肱骨近端 1 件，左侧肱骨远端 1 件。代表 1 个个体。

2.4.1.1.3 雁属（*Anser*）

2.4.1.1.3.1 鸿雁（*Anser cygnoides*）

2.4.1.1.3.1.1 家鹅（*Anser cygnoides orientalis*）

共 5846 件标本，总重 17508.68 克。

包括尺骨 33 件（左二十一、右十二）（图版 20-1；图版 21-1；图版 22-1），尺骨近端 200 件（左九十四、右一百零六）（图版 23-1），尺骨远端 243 件（左一百三十七、右一百零六）（图版 23-2）；第一指节骨 4 件（左一、右一），指节骨 27 件；跗跖骨 98 件（左四十九、右四十四）（图版 31），跗跖骨近端 101 件（左四十八、右五十三），跗跖骨远端 111 件（左五十四、右五十七）；肱骨 25 件（左二十、右五）（图版 10-1；图版 11-1；图版 12），肱骨近端 272 件（左一百一十九、右一百四十五），肱骨远端 363 件（左一百六十五、右一百九十三）；股骨 227 件（左一百零七、右一百二十）（图版 27-1；图版 28；图版 29），股骨近端 279 件（左一百四十七、右一百三十），股骨远端 277 件（左一百三十三、右一百四十四）；肩胛骨 466 件（左二百四十一、右二百一十四）（图版 16-1；图版 17-1、2；图版 18）；胫骨 86 件（左三十七、右四十二）（图版 32-2；图版 34-1；图版 35-1；图版 36；图版 37-1），胫骨近端 290 件（左一百三十五、右一百四十九），胫骨远端 779 件（左三百九十、右三百七十八）；两侧桡骨各 13 件（图版 24-2；图版 25-1；图版 26-1），桡骨近端 300 件（左一百四十九、右一百五十一），桡骨远端 318 件（左一百六十七、右一百五十一，右侧 1 件关节脱落）；头骨及上颌骨 6 件；锁骨 242 件（图版 4-1）；腕掌骨 82 件（左三十六、右四十六）（图版 5-1；图版 6-1；图版 7-2；图版 8），腕掌骨近端 367 件（左二百零八、右一百五十五），腕掌骨远端 199 件（左一百零三、右九十六）；乌喙骨 425 件（左一百八十九、右二百零三）（图版 13-1；图版 14-1）。

综合来看，全部标本至少代表 428 个个体（包括 1 个幼年个体）（表 2-2）。

表 2-2　C4 出土家鹅的骨骼数量及基于每一类骨骼计算的最小个体数一览表

骨骼部位	左侧数量（件）	右侧数量（件）	不分左右数量（件）	最小个体数（个）
尺骨	21	12		
尺骨近端	94	106		158
尺骨远端	137	106		
第一指节骨	1	1	2	
指节骨			27	1
跗跖骨	49	44	5	
跗跖骨近端	48	53		103
跗跖骨远端	54	57		
肱骨	20	5		
肱骨近端	119	145	8	198
肱骨远端	165	193	5	
股骨	107	120		
股骨近端	147	130	2	264
股骨远端	133	144		
肩胛骨	241	214	11	241
胫骨	37	42	7	
胫骨近端	135	149	6	427
胫骨远端	390	378	11	
桡骨	13	13		
桡骨近端	149	151		181（幼年 1）
桡骨远端	167	151（关节脱落 1）		
头骨及上颌骨			6	6
锁骨			242	242
腕掌骨	36	46		
腕掌骨近端	208	155	4	244
腕掌骨远端	103	96		
乌喙骨	189	203	33	203

2.4.1.1.4 河鸭属（*Anas*）

2.4.1.1.4.1 家鸭（*Anas platyrhynchos domesticus*）

共 199 件标本，总重 194 克，分别为两侧尺骨各 5 件（图版 20-2、4；图版 21-2、4；图版 23-3），尺骨近端 8 件（左四、右二）（图版 19-4、5），尺骨远端 11 件（左五、右六）；肱骨 14 件（左八、右六）（图版 10-2；图版 11-2），肱骨近端 22 件（左十二、右十），肱骨远端 35 件（左十三、右二十二）；股骨 3 件（左一、右二），两侧股骨近端各 2 件（图版 27-2），股骨远端 4 件（左三、右一）（图版 27-3）；肩胛骨 12 件（左八、右四）（图版 16-2；图版 17-3）；左侧胫骨 1 件（图版 37-3），胫骨近端 3 件（左一、右二）（图版 37-2；图版 38-1），胫骨远端 12 件（左八、右四）（图版 34-2；图版 35-2；图版 38-2～4）；两侧桡骨各 2 件，两侧桡骨近端各 1 件，桡骨远端 7 件（左二、右三）（图版 25-2）；头骨及上颌骨 2 件；锁骨 5 件（图版 4-2）；腕掌骨 13 件（左三、右十）（图版 5-2；图版 6-2），两侧腕掌骨近端各 1 件；乌喙骨 25 件（左十一、右十三）（图版 13-2；图版 14-2）。

综合来看，全部标本至少代表 28 个个体（表 2-3）。

表 2-3　C4 出土家鸭的骨骼数量及基于每一类骨骼计算的最小个体数一览表

骨骼部位	左侧数量（件）	右侧数量（件）	不分左右数量（件）	最小个体数（个）
尺骨	5	5		
尺骨近端	4	2	2	11
尺骨远端	5	6		
肱骨	8	6		
肱骨近端	12	10		28
肱骨远端	13	22		
股骨	1	2		
股骨近端	2	2		4
股骨远端	3	1		
肩胛骨	8	4		8
胫骨近端	1	2		
胫骨	1			9
胫骨远端	8	4		
桡骨	2	2		
桡骨近端	1	1		5
桡骨远端	2	3	2	
头骨及上颌骨			2	2
锁骨			5	5
腕掌骨	3	10		11
腕掌骨近端	1	1		
乌喙骨	11	13	1	13

2.4.2　鸡形目（Galliformes）

2.4.2.1　雉科（Phasianidae）

共 5000 件标本未鉴定到具体种属[①]，以雉科记之，总重 6020.5 克。

包括尺骨 294 件（左一百四十、右一百五十四）（图版 44），尺骨近端 323 件（左一百六十、右一百六十三），尺骨远端 519 件（左二百五十六、右二百六十三）；左侧跗跖骨近端 1 件，左侧跗跖骨远端 1 件；肱骨 64 件（左三十五、右二十九）（图版 42-4；图版 43-3、4），肱骨近端 402 件（左一百八十三、右二百一十七，关节脱落左侧 3、右侧 4 件），肱骨远端 191 件（左九十四、右九十七，左侧关节脱落 1 件）；股骨 60 件（左二十八、右二十二，远端关节脱落 1 件），股骨近端 76 件（左三十九、右三十七）（图版 48-3），股骨远端 448 件（左二百零五、右二百三十七）；肩胛骨 512 件（左二百四十六、右二百六十三，关节脱落左右两侧各 1 件）（图版 52-1、2）；胫骨 16 件（左九、右七），胫骨近端 60 件（左四十三、右十七），胫骨远端 157 件（左六十一、右九十六）；桡骨 287 件（左一百六十二、右一百二十五，关节脱落左侧 4、右侧 1 件）（图版 45），桡骨近端 23 件（左十一、右十二），桡骨远端 272 件（左一百一十、右一百五十八，关节脱落左侧 4、右侧 1 件）；头骨及上颌骨 3 件；锁骨 115 件（图版 52-3）；腕掌骨 434 件（左二百零七、右二百二十七）（图版 46），腕掌骨近端 140 件（左六十六、右七十四），腕掌骨远端 29 件（左十五、右十四）；乌喙骨 565 件（左二百七十三、右二百六十八，关节脱落左侧 4、右侧 3 件）；趾骨 8 件。

综合来看，全部标本至少代表 421 个个体（包括 4 个幼年个体）（表 2-4），推断以上标本绝大部分应为家鸡的骨骼，少量可能属于环颈雉的骨骼。

表 2-4　C4 出土雉科的骨骼数量及基于每一类骨骼计算的最小个体数一览表

骨骼部位	左侧数量（件）	右侧数量（件）	不分左右数量（件）	最小个体数（个）
尺骨	140	154		
尺骨近端	160	163		417
尺骨远端	256	263		
跗跖骨近端	1			
跗跖骨远端	1			1
肱骨	35	29		
肱骨近端	183（关节脱落 3）	217（关节脱落 4）	2	246（幼年 4）
肱骨远端	94（关节脱落 1）	97		
股骨	28	22	10（关节脱落 1）	
股骨近端	39	37		260（幼年 1）
股骨远端	205	237	6	
肩胛骨	246（关节脱落 1）	263（关节脱落 1）	3	263（幼年 1）

①　根据《试论家鸡骨骼的形态特征》可在雉科动物乌喙骨远端、肱骨远端、股骨近端、胫骨近端和跗跖骨部位区别家鸡和野鸡（本文中所提的环颈雉），因而其他部位骨骼均以雉科动物记之。

续表

骨骼部位	左侧数量（件）	右侧数量（件）	不分左右数量（件）	最小个体数（个）
胫骨	9	7		
胫骨近端	43	17		103
胫骨远端	61	96		
桡骨	162（关节脱落 4）	125（关节脱落 1）		
桡骨近端	11	12		286（幼年 4）
桡骨远端	110（关节脱落 4）	158（关节脱落 1）	4	
头骨及上颌骨			3	3
锁骨			115	115
腕掌骨	207	227		
腕掌骨近端	66	74		301
腕掌骨远端	15	14		
乌喙骨	273（关节脱落 4）	268（关节脱落 3）	24	273（幼年 4）
趾骨			8	1

2.4.2.1.1　原鸡属（*Gallus*）

2.4.2.1.1.1　家鸡（*Gallus gallus domesticus*）

共 3251 件标本，总重 8025.31 克。

包括跗跖骨 1 件，右侧跗跖骨近端 1 件，右侧跗跖骨远端 2 件（图版 47-3、4）；肱骨 226 件（左一百二十五、右一百，关节脱落左侧 4、右侧 5 件）（图版 42-1～3；图版 43-1、2），肱骨远端 438 件（左二百三十五、右二百零二，关节脱落左侧 2、右侧 4 件）；股骨 249 件（左一百二十三、右一百二十二，关节脱落右侧 2 件）（图版 47-1；图版 48-1、2），股骨近端 509 件（左二百二十三、右二百六十六，关节脱落左侧 7、右侧 7 件）（图版 47-2），股骨远端 12 件（左五、右七）；胫骨 114 件（左六十二、右五十二，关节脱落右侧 3 件）（图版 49-1；图版 50；图版 51），胫骨近端 378 件（左一百九十六、右一百八十一）（图版 49-2），胫骨远端 1159 件（左五百六十三、右五百八十九）；乌喙骨 162 件（左七十一、右六十八，关节脱落左侧 2、右侧 1 件）（图版 40；图版 41-1、2）。

综合来看，全部标本至少代表 647 个个体（其中包括 9 个幼年个体）（表 2-5）。

表 2-5　C4 出土家鸡的骨骼数量及基于每一类骨骼计算的最小个体数一览表

骨骼部位	左侧数量（件）	右侧数量（件）	不分左右数量（件）	最小个体数（个）
跗跖骨			1	
跗跖骨近端		1		2
跗跖骨远端		2		
肱骨	125（关节脱落 4）	100（关节脱落 5）	1	
肱骨远端	235（关节脱落 2）	202（关节脱落 4）	1	363（幼年 9）

续表

骨骼部位	左侧数量（件）	右侧数量（件）	不分左右数量（件）	最小个体数（个）
股骨	123	122（关节脱落 2）	4	388（幼年 9）
股骨近端	223（关节脱落 7）	266（关节脱落 7）	20	
股骨远端	5	7		
胫骨	62	52（关节脱落 3）		641（幼年 3）
胫骨近端	196	181	1	
胫骨远端	563	589	7	
乌喙骨	71（关节脱落 2）	68（关节脱落 1）	23	71（幼年 2）

2.4.2.1.2　雉属（*Phasianus*）

2.4.2.1.2.1　环颈雉（*Phasianus colchicus*）

共 82 件标本，总重 131.4 克，分别为两侧跗跖骨各 1 件，右侧跗跖骨远端 1 件；左侧肱骨 1 件，右侧肱骨远端 2 件；股骨近端 3 件（左一、右二），右侧股骨 1 件（图版 48-4）；两侧胫骨各 1 件，两侧胫骨近端各 3 件（图版 49-3），两侧胫骨远端各 2 件；乌喙骨 60 件（左三十二、右二十七）（图版 41-3、4）。

综合来看，全部标本至少代表 32 个个体（表 2-6）。

表 2-6　C4 出土环颈雉的骨骼数量及基于每一类骨骼计算的最小个体数一览表

骨骼部位	左侧数量（件）	右侧数量（件）	不分左右数量（件）	最小个体数（个）
跗跖骨	1	1		2
跗跖骨远端		1		
肱骨	1			2
肱骨远端		2		
股骨近端	1	2		2
股骨		1		
胫骨	1	1		4
胫骨近端	3	3		
胫骨远端	2	2		
乌喙骨	32	27	1	32

2.4.3　鹤形目（Gruiformes）

2.4.3.1　鹤科（Gruidae）

2.4.3.1.1　鹤属（*Grus*）

共 24 件标本，总重 129.2 克。

包括两侧尺骨各 1 件，左侧尺骨近端 1 件，左侧尺骨远端 1 件（图版 22-2）；左侧肱骨近端 1 件，右侧肱骨远端 1 件；右侧肩胛骨 3 件；左侧胫骨近端 1 件，左侧胫骨远端 4 件（图版 32-1；图版 33）；桡骨近端 3 件（左二、右一）（图版 24-1），桡骨远端 5 件（左二、右三）；左侧腕掌骨 1 件（图版 7-1），左侧腕掌骨近端 1 件。

综合来看，全部标本至少代表 4 个个体（表 2-7）。

表 2-7　C4 出土鹤的骨骼数量及基于每一类骨骼计算的最小个体数一览表

骨骼部位	左侧数量（件）	右侧数量（件）	最小个体数（个）
尺骨	1	1	
尺骨近端	1		2
尺骨远端	1		
肱骨近端	1		1
肱骨远端		1	
肩胛骨		3	3
胫骨近端	1		4
胫骨远端	4		
桡骨近端	2	1	3
桡骨远端	2	3	
腕掌骨	1		1
腕掌骨近端	1		

2.4.4　鸽形目（Columbiformes）
2.4.4.1　鸠鸽科（Columbidae）
2.4.4.1.1　鸽属（*Columba*）
2.4.4.1.1.1　家鸽（*Columba livia domestica*）

共 37 件标本，总重 13 克。分别为左侧尺骨 1 件，两侧尺骨近端各 1 件；左侧跗跖骨 1 件；右侧肱骨 2 件，两侧肱骨近端各 1 件（图版 9-5），肱骨远端 5 件（左三、右二）（图版 9-6）；股骨 3 件（左二、右一）（图版 27-6；图版 30-3、6），股骨近端 3 件（左二、右一），左侧股骨远端 1 件；左侧肩胛骨 2 件（图版 19-2、3）；胫骨远端 4 件（左一、右三）（图版 39-3~6）；乌喙骨 11 件（左六、右五）（图版 14-3；图版 15-1~3）。

综合来看，全部标本至少代表 6 个个体（表 2-8）。

表 2-8　C4 出土家鸽的骨骼数量及基于每一类骨骼计算的最小个体数一览表

骨骼部位	左侧数量（件）	右侧数量（件）	最小个体数（个）
尺骨	1		2
尺骨近端	1	1	
肱骨近端	1	1	
肱骨		2	4
肱骨远端	3	2	
肩胛骨	2		2

续表

骨骼部位	左侧数量（件）	右侧数量（件）	最小个体数（个）
股骨近端	2	1	
股骨	2	1	4
股骨远端	1		
胫骨远端	1	3	3
乌喙骨	6	5	6
跗跖骨	1		1

2.4.5　雀形目（Passeriformes）

2.4.5.1　鸦科（Corvidae）

2.4.5.1.1　鸦属（*Corvus*）

2.4.5.1.1.1　鸦（*Corvus* sp.）

仅发现 2 件标本，总重 1.6 克。分别为左侧尺骨 1 件，右侧尺骨近端 1 件。代表 1 个个体。

2.5　哺乳动物纲（Mammalia）

共 30105 件标本，其中 21792 件标本未能鉴定出具体种属，以哺乳动物记之，总重 83359.3 克。这些标本可根据骨壁厚度及形态尺寸等信息分为大型、中型和小型哺乳动物，数量分别为 34 件、21617 件和 141 件。

2.5.1　偶蹄目（Artiodactyla）

2.5.1.1　猪科（Suidae）

2.5.1.1.1　猪属（*Sus*）

2.5.1.1.1.1　家猪（*Sus scrofa domesticus*）

共 7183 件标本，总重 75456.2 克。下面按照保存部位进行描述。

前肢骨骼 2192 件，包括：肱骨 94 件（左四十六、右四十五，两端关节脱落左侧 12、右侧 9 件，近端关节脱落左侧 24、右侧 30 件）（图版 53-2；图版 54-1），肱骨近端 70 件（左二十六、右二十三，关节脱落左侧 15、右侧 13 件），肱骨远端 338 件（左一百五十五、右一百六十七，关节脱落左侧 11、右侧 14 件，骨缝未完全愈合左侧 1、右侧 3 件）（图版 53-1、3）；尺骨 370 件（左一百五十四、右一百八十六，关节脱落左侧 92、右侧 106 件）（图版 60-1），尺骨近端 16 件（左十一、右三，关节脱落左侧 8、右侧 3 件）；桡骨 167 件（左六十五、右九十二，两端关节脱落左侧 2、右侧 4 件，远端关节脱落左侧 61、右侧 85 件）（图版 59），桡骨近端 163 件（左六十六、右九十五，关节脱落左侧 3、右侧 2 件），桡骨远端 218 件（左九十一、右一百二十，脱落关节左侧 58、右侧 79 件）；两侧尺桡骨各 1 件；肩胛骨 200 件（左、右各八十四）（图版 57）；第三掌骨 204 件（左八十二、右一百二十一，远端关节脱落左侧 63、右侧 79 件）（图版 63-1），第三掌骨近端 49 件（左二十、右二十九），第三掌骨远端 4 件（左三、右一，均关节脱落）；第四掌骨 231 件（左一百一十、右一百二十一，远端关节脱落左侧 78、右侧 99 件）（图版 63-2），第四掌骨近端 59 件（左三十七、右二十二），第四掌骨远端 7 件（左三、右四，均关节脱落）。

后肢骨骼 1339 件，包括：髋骨 45 件（左二十四、右十九）（图版 61-2）；股骨 33 件（左十七、右十六，两端关节脱落左侧 13、右侧 15 件）（图版 54-2；图版 55），股骨近端 45 件（左二十、右二十三，关节脱落左侧 20、右侧 18 件），股骨远端 98 件（左四十九、右四十三，关节脱落左侧 23、右侧 21 件）；胫骨 96 件（左四十六、右五十，两端关节脱落左侧 20、右侧 18 件，近端关节脱落左侧 18、右侧 24 件）（图版 56），胫骨近端 124 件（左五十、右六十九，关节脱落左侧 28、右侧 40 件），胫骨远端 119 件（左四十七、右六十六，关节脱落左侧 22、右侧 31 件）（图版 58-1）；腓骨残段 132 件（图版 60-2）；髌骨 48 件（左二十二、右二十三）（图版 66-1、2）；跟骨 111 件（左五十一、右四十三，关节脱落左侧 38、右侧 32 件）（图版 62-1；图版 64-2）；距骨 130 件（左五十八、右六十三）（图版 62-2、3）；第三跖骨 148 件（左六十六、右八十二，远端关节脱落左侧 47、右侧 57 件）（图版 58-3），第三跖骨近端 39 件（左十五、右二十三），两侧第三跖骨远端各 2 件（均关节脱落）；第四跖骨 115 件（左五十三、右六十二，远端关节脱落左侧 35、右侧 42 件）（图版 58-2；图版 64-1），第四跖骨近端 43 件（左十七、右二十五），右侧第四跖骨远端 5 件（均关节脱落）；两侧跗骨各 2 件（图版 61-3、4）。

游离牙齿 138 件，包括游离犬齿 37 件；游离门齿 33 件；游离臼齿 47 件；游离前臼齿 21 件。

下颌及牙齿 46 件，包括：下颌残块 23 件（左十一、右十），右侧下颌带 C-M$_2$1 件（M$_3$ 未萌出），右侧下颌带 C-M$_3$1 件（M$_3$ 正萌出），左侧下颌带 DM$_2$-DM$_3$1 件，右侧下颌带 M$_1$2 件，左侧下颌带 M$_1$-M$_2$2 件（M$_3$ 未萌出），左侧下颌带 M$_1$-M$_3$1 件，右侧下颌带 M$_2$1 件，左侧下颌带 M$_2$-M$_3$1 件，左侧下颌带 M$_3$1 件（正萌出），左侧下颌带 P$_1$-P$_2$2 件，右侧下颌带 P$_2$1 件，左侧下颌带 P$_2$-M$_3$1 件（M$_3$ 正萌出），右侧下颌带 P$_2$-P$_4$1 件，下颌带 P$_3$-M$_3$3 件（左一、右二，右侧 2 件 M$_3$ 正萌出），左侧下颌带 P$_3$-P$_4$1 件，右侧下颌带 P$_4$1 件，左侧下颌带 P$_4$-M$_2$1 件，左侧下颌带 P$_4$-M$_3$1 件。

上颌及牙齿 46 件，包括上颌残块 8 件（左六、右四），上颌带 P^3-M^{1}4 件（左一、右三），右侧上颌带 P^4-M^{2}3 件，左侧上颌带 C-P^{4}1 件，右侧上颌带 C-M^{1}1 件，左侧上颌带 C-M^{3}1 件，左侧上颌带 C-P^{2}1 件，右侧上颌带 DM^2-M^{1}1 件，右侧上颌带 I^{1}2 件，右侧上颌带 I^1-I^{3}1 件，两侧上颌带 M^1 各 1 件，上颌带 M^1-M^{2}4 件（左三、右一）（图版 66-3），两侧上颌带 M^1-M^3 各 1 件（右侧 M^3 正在萌出），左侧上颌带 M^{2}1 件，右侧上颌带 M^2-M^{3}2 件（其中 1 件 M^3 正在萌出），右侧上颌带 M^{3}1 件，左侧上颌带 P^1-P^{2}1 件，右侧上颌带 P^2-M^{1}1 件，两侧上颌带 P^2-P^3 各 1 件，左侧上颌带 P^{3}1 件，左侧上颌带 P^3-P^{4}1 件，两侧上颌带 P^3-M^2 各 1 件，左侧上颌带 P^{4}1 件，左侧上颌带 P^4-M^{1}1 件，右侧上颌带 P^4-M^{3}1 件（M^3 正萌出）。

其他骨骼 3422 件，包括：寰椎 22 件，枢椎 8 件，胸椎 1 件（图版 61-1），腰椎 1 件；头骨残块 8 件；舌骨 1 件；近端趾骨 1055 件（近端关节脱落 190 件、远端关节脱落 4 件）（图版 65-1）；中间趾骨 742 件（近端关节脱落 23 件）（图版 65-2）；末端趾骨 325 件（图版 65-3）；

趾骨残块 48 件；第二 / 五掌跖骨 839 件（533 件远端关节脱落）（图版 63-3）；第三 / 四掌跖骨远端 369 件（13 件远端关节脱落）；其他残骨 3 件。

综合来看，全部标本至少代表 346 个个体①，其中小于 1 岁，6 个；小于 1.5 岁，17 个；小于 2 岁，80 个；2～3.5 岁，33 个；1.5～3.5 岁，70 个；1～3.5 岁，59 个；大于 3 岁，36 个；大于 3.5 岁，45 个（图 2-1；表 2-9；表 2-10）。

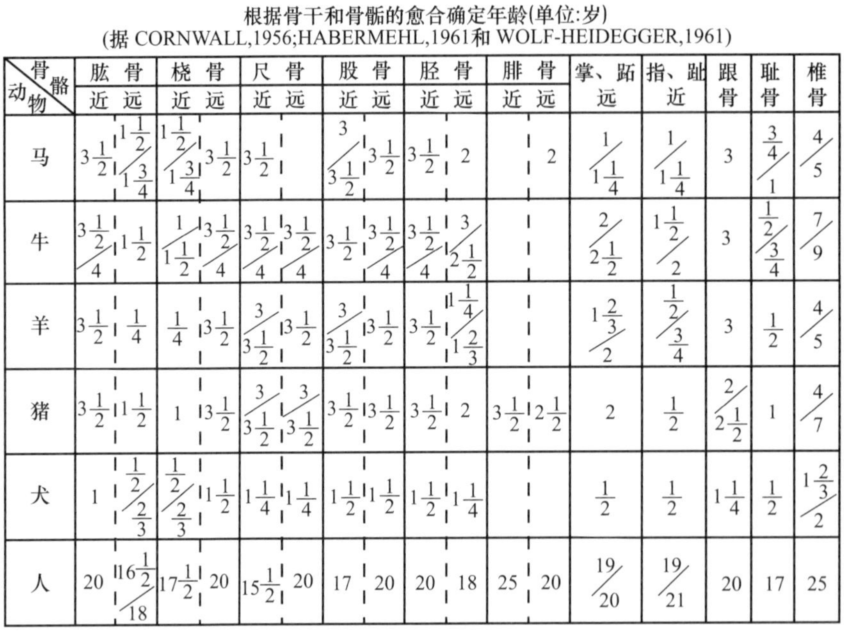
根据骨干和骨骺的愈合确定年龄(单位:岁)
(据 CORNWALL,1956;HABERMEHL,1961和 WOLF-HEIDEGGER,1961)
骨骼
动物
肱骨
桡骨
尺骨
股骨
胫骨
腓骨
近 远
掌、跖 远
指、趾 近
跟骨
耻骨
椎骨
马
牛
羊
猪
犬
人
图2-1　主要家养动物肢骨年龄推断图②

表 2-9　C4 出土家猪的主要肢骨骨骼数量及基于肢骨计算的最小个体数一览表

骨骼部位	左侧数量（件）	右侧数量（件）	不分左右数量（件）	最小个体数（个）
肱骨	46（两端关节脱落 12、近端关节脱落 24）	45（两端关节脱落 9、近端关节脱落 30）	3	217（小于 1.5 岁，23；1.5～3.5 岁，31；大于 3.5 岁，21；大于 1.5 岁，142）
肱骨近端	26（关节脱落 15）	23（关节脱落 13）	21	
肱骨远端	155（关节脱落 11、骨缝未完全愈合 1）	167（关节脱落 14、骨缝未完全愈合 3）	16	
尺骨	154（两端关节脱落 92）	186（两端关节脱落 106）	30	190（小于 3 岁，109；大于 3 岁，81）
尺骨近端	11（关节脱落 8）	3（关节脱落 3）	2	
尺桡骨③	1	1		

① 基于牙齿萌出和磨蚀计算的最小个体数为 18 个（表 2-10），其中小于 1.5 岁，3 个（包括 1 岁左右 1 个）；1.5～2 岁，3 个；2 岁左右，2 个；2～2.5 岁，4 个；2.5～3 岁，3 个；3～3.5 岁，1 个；3.5 岁左右，1 个；4.5 岁左右，1 个。数量较少，且与四肢骨计算得出的结果没有矛盾之处，因此下文的统计将只使用基于四肢骨骼计算出的最小个体数。

② 〔瑞士〕伊丽莎白·施密德著，李天元译：《动物骨骼图谱》，中国地质大学出版社，1992 年。

③ 尺桡骨的数据将分别计入尺骨和桡骨的最小个体数统计中。

续表

骨骼部位	左侧数量（件）	右侧数量（件）	不分左右数量（件）	最小个体数（个）
桡骨	65（两端关节脱落 2、远端关节脱落 61）	92（两端关节脱落 4、远端关节脱落 85）	10	213（小于 1 岁，6；1～3.5 岁，162；大于 3.5 岁，45）
桡骨近端	66（关节脱落 3）	95（关节脱落 2）	2	
桡骨远端	91（脱落关节 58）	120（脱落关节 79）	7	
肩胛骨	84	84	32	84
第三掌骨	82（关节脱落 63）	121（关节脱落 79）	1	150（小于 2 岁，80；大于 2 岁，42；其他 28）
第三掌骨近端	20	29		
第三掌骨远端	3（关节脱落）	1（关节脱落）		
第四掌骨	110（关节脱落 78）	121（关节脱落 99）		169（小于 2 岁，103；大于 2 岁，32；其他 34）
第四掌骨近端	37	22		
第四掌骨远端	3（关节脱落）	4（关节脱落）		
股骨	17（两端关节脱落 13）	16（两端关节脱落 15）		66（小于 3.5 岁，36；大于 3.5 岁，30）
股骨近端	20（关节脱落 20）	23（关节脱落 18）	2	
股骨远端	49（关节脱落 23）	43（关节脱落 21）	6	
胫骨	46（两端关节脱落 20、近端关节脱落 18）	50（两端关节脱落 18、近端关节脱落 24）		119（小于 2 岁，49；2～3.5 岁，33；大于 3.5 岁，37）
胫骨近端	50（关节脱落 28）	69（关节脱落 40）	5	
胫骨远端	47（关节脱落 22）	66（关节脱落 31）	6	
髌骨	22	23	3	23
跟骨	51（关节脱落 38）	43（关节脱落 32）	17	51（小于 2 岁，38；大于 2.5 岁，13）
距骨	58	63	9	63
第三跖骨	66（远端关节脱落 47）	82（远端关节脱落 57）		105（小于 2 岁，59；大于 2 岁，25；其他 21）
第三跖骨近端	15	23	1	
第三跖骨远端	2（关节脱落）	2（关节脱落）		
第四跖骨	53（远端关节脱落 35）	62（远端关节脱落 42）		87（小于 2 岁，47；大于 2 岁，20；其他 20）
第四跖骨近端	17	25	1	
第四跖骨远端		5（关节脱落）		

表 2-10　C4 出土家猪的上下颌骨骼数量及基于牙齿萌出和磨蚀计算的最小个体数一览表 [1]

骨骼部位	左侧数量（件）	右侧数量（件）	最小个体数（个）
下颌带 C-M₂		1（M₃ 未萌出，小于 1.5 岁）	10 个（小于 1.5 岁，3；1.5～2 岁，3；2.5～3 岁，3；3～3.5 岁，1）

[1]　家猪牙齿萌出年龄参考〔瑞士〕伊丽莎白·施密德著，李天元译：《动物骨骼图谱》，中国地质大学出版社，1992 年；家猪牙齿磨蚀年龄推断参考〔美〕瑞兹（Elizabeth J. Reitz）、维恩（Elizabeth S. Wing）著，中国社会科学院考古研究所译：《动物考古学》（第二版），科学出版社，2013 年。M1 萌出时间约为 0.5 岁，M2 萌出时间约为 1 岁，P2-P4 萌出时间为 1～1.5 岁，M3 萌出时间为 1.5～2 岁。未带牙齿的上、下颌骨，未统计在内。

骨骼部位	左侧数量（件）	右侧数量（件）	最小个体数（个）
下颌带 C-M₃		1（M₃ 正萌出，1.5～2 岁）	
下颌带 DM₂-DM₃	1		
下颌带 M₁		2（1 件磨蚀推断 1.5 岁）	
下颌带 M₁-M₂	2（M₃ 未萌出，小于 1.5 岁）		
下颌带 M₁-M₃	1（磨蚀推断 2.5～3 岁）		
下颌带 M₂		1	
下颌带 M₂-M₃	1（磨蚀推断 2.5～3 岁）		
下颌带 M₃	1（正萌出，1.5～2 岁）		10 个（小于 1.5 岁，3；1.5～2 岁，3；2.5～3 岁，3；3～3.5 岁，1）
下颌带 P₁-P₂	2		
下颌带 P₂		1	
下颌带 P₂-M₃	1（M₃ 正萌出，1.5～2 岁）		
下颌带 P₂-P₄		1	
下颌带 P₃-M₃	1（磨蚀推断 3～3.5 岁）	2（M₃ 正萌出，1.5～2 岁）	
下颌带 P₃-P₄	1		
下颌带 P₄		1	
下颌带 P₄-M₂	1		
下颌带 P₄-M₃	1（磨蚀推断 2.5～3 岁）		
上颌带 P³-M¹	1（磨蚀推断约 2 岁）	3	
上颌带 P⁴-M²		3（磨蚀推断 2～2.5 岁，2 个）	
上颌带 C-P⁴	1		
上颌带 C-M¹		1	
上颌带 C-M³	1（磨蚀推断约 3.5 岁）		
上颌带 C-P²	1		
上颌带 DM²-M²		1（1 岁左右）	
上颌带 I¹		2	
上颌带 I¹-I²		1	
上颌带 M¹	1	1	13 个（1 岁左右，1；1.5～2 岁，3；2 岁左右，2；2～2.5 岁，4；2.5～3 岁，1；3.5 岁左右，1；4.5 岁左右，1）
上颌带 M¹-M²	3（磨蚀推断约 2 岁，1 件）	1	
上颌带 M¹-M³	1（磨蚀推断 2.5～3 岁）	1（M³ 正萌出，1.5～2 岁）	
上颌带 M²	1		
上颌带 M²-M³		2（M³ 正萌出，1.5～2 岁，1 个；磨蚀推断约 4.5 岁，1 个）	
上颌带 M³			
上颌带 P¹-P²	1		
上颌带 P²-M²		1（磨蚀推断 2～2.5 岁）	
上颌带 P²-P³	1	1	
上颌带 P³	1		
上颌带 P³-P⁴	1		

续表

骨骼部位	左侧数量（件）	右侧数量（件）	最小个体数（个）
上颌带 P³-M²	1	1（磨蚀推断 2～2.5 岁）	13 个（1 岁左右，1；1.5～2 岁，3；2 岁左右，2；2～2.5 岁，4；2.5～3 岁，1；3.5 岁左右，1；4.5 岁左右，1）
上颌带 P⁴	1		
上颌带 P⁴-M¹	1		
上颌带 P⁴-M³		1（M³ 正萌出，1.5～2 岁）	

2.5.1.2　鹿科（Cervidae）

共 234 件标本，总重 9075.17 克，根据尺寸等信息可分为大型、中型和小型三类。

2.5.1.2.1　大型鹿

共 44 件标本，总重 5191.1 克。包括肩胛骨 9 件（左六、右三）（图版 67-2）；左侧肱骨 1 件，左侧肱骨近端 1 件，肱骨远端 6 件（左、右各三）（图版 67-1）；右侧尺骨 2 件，左侧尺桡骨 1 件；右侧桡骨 1 件，左侧桡骨近端 1 件，右侧桡骨远端 1 件（脱落关节）；髋骨 5 件（左三、右二）；左侧股骨 2 件（两端关节脱落 1 件），股骨近端 3 件（左二、右一），股骨远端 2 件（左、右各一，右侧为脱落关节）；胫骨 2 件（左、右各一，右侧近端关节脱落），胫骨近端 3 件（左二、右一，左侧关节脱落），左侧胫骨远端 1 件；枢椎 1 件，右侧跟骨 1 件；右侧距骨 1 件。

综合来看，全部标本至少代表 6 个个体，其中 2 个未成年个体，4 个成年个体（表 2-11）。

表 2-11　C4 出土大型鹿科的骨骼数量及基于每一类骨骼计算的最小个体数一览表

骨骼部位	左侧数量（件）	右侧数量（件）	不分左右数量（件）	最小个体数（个）
肩胛骨	6	3		6
肱骨	1			4
肱骨近端	1			
肱骨远端	3	3		
尺骨		2		2
尺桡骨①	1			
桡骨		1		2（幼年 1）
桡骨近端	1			
桡骨远端		1（脱落关节）		
髋骨	3	2		3
股骨	2（两端关节脱落 1）			4（幼年 1）
股骨近端	2	1		
股骨远端	1	1（脱落关节）		
胫骨	1	1（近端关节脱落）		3（幼年 2）
胫骨近端	2（关节脱落）	1		
胫骨远端	1			
枢椎			1	1

① 桡骨的数据将分别计入尺骨和桡骨的最小个体数统计中。

骨骼部位	左侧数量（件）	右侧数量（件）	不分左右数量（件）	最小个体数（个）
跟骨		1		1
距骨		1		1

2.5.1.2.2　中型鹿

共 94 件标本，总重 2962.8 克。包括肩胛骨 12 件（左五、右七）；右侧肱骨 1 件（近端关节脱落），肱骨远端 6 件（左、右各三）；尺骨 7 件（左二、右四，近端关节脱落左侧 1 件、右侧 2 件）；左侧尺桡骨 1 件；左侧桡骨 3 件，桡骨近端 8 件（左三、右五）（图版 68-1），桡骨远端 6 件（左、右各三，脱落关节左侧 3 件、右侧 1 件）；髋骨 2 件（左、右各一）；左侧股骨 3 件（两端关节脱落 1 件），股骨近端 2 件（左一），左侧股骨远端 5 件（脱落关节 2 件、关节脱落 1 件）（图版 69）；胫骨 4 件（左、右各二，近端关节脱落左侧 1 件，两端关节脱落左侧 1 件、右侧 1 件）（图版 68-2），左侧胫骨近端 2 件，胫骨远端 6 件（左、右各三，脱落关节左侧 1 件、右侧 1 件）（图版 70-1）；跟骨 6 件（左、右各三，关节脱落左侧 2 件、右侧 1 件）；右侧距骨 1 件；近端趾骨 5 件（图版 70-2）；游离臼齿 1 件；游离前臼齿或臼齿残块 1 件；右侧下颌带 P_3-M_3 1 件；枢椎 2 件；左侧掌骨 1 件；中间趾骨 8 件。

综合来看，全部标本至少代表 7 个个体，其中 3 个未成年个体，4 个成年个体（表 2-12）。

表 2-12　C4 出土中型鹿科的骨骼数量及基于每一类骨骼计算的最小个体数一览表

骨骼部位	左侧数量（件）	右侧数量（件）	不分左右数量（件）	最小个体数（个）
肩胛骨	5	7		7
肱骨		1（近端关节脱落）		3（幼年 1）
肱骨远端	3	3		
尺骨	2（关节脱落 1）	4（关节脱落 2）		4（幼年 2）
尺桡骨[①]	1			
桡骨	3			6（幼年 3）
桡骨近端	3	5		
桡骨远端	3（脱落关节 3）	3（脱落关节 1）		
髋骨	1	1		1
股骨	3（两端关节脱落 1）			7（幼年 3）
股骨近端	1		1	
股骨远端	5（脱落关节 2，关节脱落 1）			
胫骨	2（两端关节脱落 1，近端关节脱落 1）	2（两端关节脱落 1）		5（幼年 2）
胫骨近端	2			
胫骨远端	3（脱落关节 1）	3（脱落关节 1）		

① 桡骨的数据将分别计入尺骨和桡骨的最小个体数统计中。

续表

骨骼部位	左侧数量（件）	右侧数量（件）	不分左右数量（件）	最小个体数（个）
跟骨	3（关节脱落2）	3（关节脱落1）		4（幼年2）
距骨		1		1
近端趾骨			5	
游离牙齿			2	
下颌带 P$_3$-M$_3$		1		1
枢椎			2	2
掌骨	1			1
中间趾骨			8	

2.5.1.2.3　小型鹿

共96件标本，总重921.27克。包括肩胛骨9件（左四、右五）；肱骨4件（左、右各二，近端关节脱落左侧2件、右侧1件），肱骨远端16件（左九、右七，脱落关节右侧1件）；尺骨8件（左、右各四，关节脱落左侧1件、右侧2件）；桡骨3件（左二、右一，远端关节脱落左侧1件），桡骨近端5件（左四、右一），左侧桡骨远端1件；右侧髋骨2件；股骨6件（左一、右五，两端关节脱落右侧1件），右侧股骨近端4件，右侧股骨远端3件；胫骨近端3件（左、右各一），胫骨远端14件（左八、右六，脱落关节左侧2件、右侧1件）；距骨7件（左四、右三）（图版71-1）；左侧上颌带 P^2-M^{2}1件，右侧上颌带 P^2-M^{3}1件；游离臼齿3件；左侧下颌带 DM$_1$-DM$_3$1件，左侧下颌带 M$_1$-M$_3$1件（P$_2$未萌出）；掌骨2件（左、右各一，左侧远端关节脱落），左侧掌骨近端1件（图版71-2）；左侧距骨1件。

综合来看，全部至少代表11个个体，其中3个未成年个体，8个成年个体（表2-13）。

表2-13　C4出土小型鹿科的骨骼数量及基于每一类骨骼计算的最小个体数一览表

骨骼部位	左侧数量（件）	右侧数量（件）	不分左右数量（件）	最小个体数（个）
肩胛骨	4	5		5
肱骨	2（近端关节脱落）	2（近端关节脱落1）		11（幼年3）
肱骨远端	9	7（脱落关节1）		
尺骨	4（关节脱落1）	4（关节脱落2）		5（幼年2）
桡骨	2（远端关节脱落1）	1		6（幼年1）
桡骨近端	4	1		
桡骨远端	1			
髋骨		2		2
股骨	1	5（两端关节脱落1）		9（幼年1）
股骨近端		4		
股骨远端		3		
胫骨近端	1	1	1	8（幼年2）
胫骨远端	8（脱落关节2）	6（脱落关节1）		

骨骼部位	左侧数量（件）	右侧数量（件）	不分左右数量（件）	最小个体数（个）
距骨	4	3		4
掌骨	1（远端关节脱落）	1		2（幼年1）
掌骨近端	1			
跖骨	1			1
上颌带 P²-M²	1			1
上颌带 P²-M³		1		
下颌带 DM₁-DM₃	1			2（幼年）
下颌带 M₁-M₃	1（P₂未萌出）			
游离牙齿			3	

2.5.1.3　牛科（Bovidae）

2.5.1.3.1　牛亚科（Bovinae）

共 5 件标本，总重 467.9 克。

出土标本骨骼部位分别为左侧桡骨 1 件；左侧尺骨 1 件；游离臼齿 1 件；左侧股骨远端脱落关节 1 件；枢椎 1 件。

综合来看，全部标本至少代表 2 个个体，其中 1 个为未成年个体（表 2-14）。

表 2-14　C4 出土牛亚科的骨骼数量及基于每一类骨骼计算的最小个体数一览表

骨骼部位	左侧数量（件）	右侧数量（件）	不分左右数量（件）	最小个体数（个）
桡骨	1			1
尺骨	1			1
游离臼齿			1	1
股骨远端	1（脱落关节）			1（未成年）
枢椎			1	1

2.5.1.3.2　羊亚科（Caprinae）

2.5.1.3.2.1　盘羊属（Ovis）

2.5.1.3.2.1.1　绵羊（Ovis aries）

共 104 件标本，总重 1875.9 克。

包括：肩胛骨 12 件（左八、右四）；肱骨 6 件（左五、右一，两端关节脱落左侧 1 件、右侧 1 件，近端关节脱落左侧 2 件），肱骨近端 6 件（左、右各三，关节脱落左侧 1 件、右侧 1 件），肱骨远端 7 件（左三、右四）；尺骨 5 件（左四、右一，关节脱落左侧 2 件、右侧 1 件）；桡骨 3 件（左二、右一，远端关节脱落左侧 1 件、右侧 1 件），桡骨近端 8 件（左、右各四），右侧桡骨远端 3 件（关节脱落 1 件）；左侧髋骨 1 件；左侧股骨 2 件（两端关节均脱落），股骨远端 9 件（左五、右四，脱落关节右侧 1 件）；右侧胫骨 1 件，胫骨近端 8 件（左三、右五，骨缝未完全愈合左侧 1 件，脱落关节右侧 1 件），右侧胫骨远端 3 件；跟骨 7 件（左三、右四，关节脱落左侧 1 件）；距骨 3 件（左一、右二）；右侧中央跗骨 1 件；跖骨 2 件（左、右各一，右侧远端关节脱落），左侧跖骨近端 1 件；近端趾骨 2 件；中间趾骨 3 件；末端趾骨 1 件；游离臼齿 5 件；右侧上颌带 P^3-M^1 1 件；两侧下颌带 P_3-M_3 各 1 件；枢椎 1 件；右侧头骨带角残块 1 件。

综合来看，全部标本至少代表 10 个个体，其中小于 0.25 岁，1 个；0.25~3.5 岁，3 个；3.5 岁左右，1 个；大于 3.5 岁，5 个（表 2-15）。

表 2-15 C4 出土绵羊的骨骼数量及基于每一类骨骼计算的最小个体数一览表

骨骼部位	左侧数量（件）	右侧数量（件）	不分左右数量（件）	最小个体数（个）
肩胛骨	8	4		8
肱骨	5（两端关节脱落 1，近端关节脱落 2）	1（两端关节脱落）		8（小于 0.25 岁，1；0.25~3.5 岁，3；大于 3.5 岁，4）
肱骨近端	3（关节脱落 1）	3（关节脱落 1）		
肱骨远端	3	4		
尺骨	4（关节脱落 2）	1（关节脱落）		4（小于 3 岁，2；大于 3.5 岁，2）
桡骨	2（远端关节脱落 1）	1（远端关节脱落）		6（0.25~3.5 岁，2；大于 3.5 岁，2；大于 0.25 岁，2）
桡骨近端	4	4		
桡骨远端		3（关节脱落 1）		
髋骨	1			1
股骨	2（两端关节脱落）			7（小于 3 岁，2；大于 3.5 岁，5）
股骨远端	5	4（脱落关节 1）		
胫骨		1		7（小于 3.5 岁，1；3.5 岁左右，1；大于 3.5 岁，5）
胫骨近端	3（骨缝未完全愈合 1）	5（脱落关节 1）		
胫骨远端		3		
跟骨	3	4（关节脱落 1）		4（小于 3 岁，1；大于 3 岁，3）
距骨	1	2		2
中央跗骨		1		1
跖骨	1	1（远端关节脱落）		2（大于 2 岁，1；小于 2 岁，1）
跖骨近端	1			
近端趾骨			2	1
中间趾骨			3	1
末端趾骨			1	1
游离臼齿			5	1
上颌带 P^3-M^1		1		1
下颌带 P_3-M_3	1	1		1
枢椎			1	1
头骨带角		1		1

2.5.2　奇蹄目（Perissodactyla）

2.5.2.1　马科（Equidae）

2.5.2.1.1　马属（*Equus*）

共 15 件标本，总重为 512.5 克，分别为中间趾骨 1 件；第三掌 / 跖骨远端 1 件；右侧股骨远端 1 件；右侧第三掌骨近端 1 件，左侧第三掌骨 1 件；左侧肩胛骨 1 件；近端趾骨 1 件；第四跖骨 1 件；第二跖骨 1 件；第四掌骨 1 件；游离门齿 1 件；游离前臼齿或臼齿 4 件（磨蚀严重）。

综合来看，全部标本至少代表 1 个个体（表 2-16）。

表 2-16　C4 出土马的骨骼数量及基于每一类骨骼计算的最小个体数一览表

骨骼部位	左侧数量（件）	右侧数量（件）	不分左右数量（件）	最小个体数（个）
肩胛骨	1			1
第三掌骨	1			1
第三掌骨近端		1		1
第三掌 / 跖骨远端			1	
第四掌骨			1	1
第二跖骨			1	1
第四跖骨			1	1
近端趾骨			1	1
中间趾骨			1	1
股骨远端	1			1
游离门齿			1	1
游离前臼齿或臼齿			4	1

2.5.3　食肉目（Carnivora）

无法鉴定到具体种属的标本共 22 件，以食肉动物记之，根据尺寸等信息可分为大型、中型和小型三类，数量分别为 8 件、3 件和 11 件。

2.5.3.1　犬科（Canidae）

2.5.3.1.1　犬属（*Canis*）

2.5.3.1.1.1　家犬（*Canis lupus familiaris*）

共 7 件标本，总重 96.3 克。分别为左侧肩胛骨 1 件；股骨 5 件（左一、右四）；右侧桡骨近端 1 件。

全部标本至少代表 4 个个体。

2.5.3.2　猫科（Felidae）

2.5.3.2.1　猫属（*Felis*）

共 26 件标本，总重 66.5 克，分别为尺骨 3 件（左二、右一，左侧远端骨缝未完全愈合 1 件）（图版 73-1），左侧尺骨近端 1 件（关节脱落）；骶椎 1 件；左侧肱骨 1 件（近端骨缝未完全愈合）（图版 73-2），肱骨近端 4 件（左、右各二）；左侧股骨 1 件；左侧胫骨 2 件（近端关节脱落 1 件)，右侧胫骨近端 2 件 (脱落关节 1 件)；桡骨 4 件 (左、右各二) (图版 74-1~3)；左侧上颌带 M^1-M^2 1 件 (图版 74-4)，右侧上颌带 M^1 1 件；右侧下颌残块 1 件，右侧下颌带 C-M_1 1 件，右侧下颌带 P_3-M_1 2 件，左侧下颌带 P_4-M_1 1 件。

综合来看，全部标本至少代表 4 个个体，其中大于 30 月，1 个；大于 24 月，1 个；18~24 月，1 个；11~12 月，1 个 (表 2-17)。

表 2-17　C4 出土猫的骨骼数量及基于每一类骨骼计算的最小个体数一览表 [①]

骨骼部位	左侧数量（件）	右侧数量（件）	不分左右数量（件）	最小个体数（个）
尺骨	2（远端骨缝未完全愈合 1）	1		2（大于 13 月，1；11~13 月，1）
尺骨近端	1（关节脱落）			
骶椎			1	
肱骨	1（近端骨缝未完全愈合）			3（大于 24 月，1；18~24 月，1）
肱骨近端	2	2		
股骨	1			1（大于 30 月）
胫骨	2（近端关节脱落 1）			2（大于 12 月，1；11~12 月，1）
胫骨近端		2（脱落关节 1）		
桡骨	2	2		2（大于 22 月）
上颌带 M^1-M^2	1			1
上颌带 M^1		1		
下颌带 C-M_1		1		4
下颌带 P_3-M_1		2		
下颌带 P_4-M_1	1			
下颌残块		1		

2.5.3.2.2　大型猫科

仅发现 1 件标本，为右侧肩胛骨 (图版 75-2)，重 10.2 克。代表 1 个个体。

2.5.3.3　熊科（Ursidae）

2.5.3.3.1　熊属（*Ursus*）

5 件标本，总重 56.1 克，分别为右侧肩胛骨 1 件 (图版 75-1)；左侧第二、第三、第四、第五掌骨各 1 件 (图版 76；图版 77)。

代表 1 个个体。

2.5.3.4　灵猫科（Viverridae）

2.5.3.4.1　花面狸属（*Paguma*）

2.5.3.4.1.1　花面狸（*Paguma larvata*）

仅发现 1 件标本，为右侧上颌带 P^3-M^2 (图版 74-6)，重 2.1 克，代表 1 个个体。

---

① 猫的肢骨骨骺愈合年龄参考 Dyce K. M., Sack W. O., Wensing C. G., *Textbook of Veterinary Anatomy*, 4rd ed, St. Louis Mo.: Saunders/Elsevier, 2010, pp.477,493.

2.5.3.5　鼬科（Mustelidae）

右侧下颌残块 1 件（图版 74-5），重 1.2 克，代表 1 个个体。

2.5.4　兔形目（Lagomorpha）

2.5.4.1　兔科（Leporidae）

2.5.4.1.1　兔属（*Lepus*）

共 692 件标本，总重 1377.3 克。

包括：尺骨 18 件（左十六、右二）（图版 83-1；图版 84-2）；肱骨 17 件（左七、右九，近端关节脱落左侧 3 件）（图版 80-3；图版 81-1），肱骨近端 56 件（左二十九、右二十六，关节脱落左侧 4 件、右侧 5 件），肱骨远端 45 件（左二十四、右二十一）（图版 81-2）；股骨 29 件（左九、右十九，两端关节脱落左侧 3 件、右侧 5 件）（图版 78），股骨近端 116 件（左五十六、右六十，关节脱落左侧 9 件、右侧 11 件），股骨远端 92 件（左四十八、右四十二，关节脱落左侧 2 件、右侧 1 件）；肩胛骨 43 件（左二十八、右十五）（图版 79）；胫骨 7 件（左一、右二），胫腓骨近端 110 件（左六十一、右四十九，关节脱落左侧 12 件、右侧 10 件）（图版 81-3；图版 82-1；图版 84-1），胫骨远端 7 件（左一、右四）（图版 82-2）；左侧距骨 1 件；髋骨 110 件（左五十三、右四十五）（图版 80-1、2）；桡骨近端 5 件（左四、右一）（图版 83-2）；右侧桡骨远端 1 件；肢骨残段 2 件；上颌残块 7 件（左三、右二）；下颌残块 7 块（左五、右二），下颌带颊齿 19 件（左九、右十）（图版 85）。

综合来看，全部标本至少代表 79 个个体，其中 16 个未成年个体，63 个成年个体（表 2-18）。

表 2-18　C4 出土兔的骨骼数量及基于每一类骨骼计算的最小个体数一览表

骨骼部位	左侧数量（件）	右侧数量（件）	不分左右数量（件）	最小个体数（个）
尺骨	16	2		16
肱骨	7（近端关节脱落 3）	9	1	
肱骨近端	29（关节脱落 4）	26（关节脱落 5）	1	37（未成年 7）
肱骨远端	24	21		
股骨	9（关节脱落 3）	19（关节脱落 5）	1	
股骨近端	56（关节脱落 9）	60（关节脱落 11）		79（未成年 16）
股骨远端	48（关节脱落 2）	42（关节脱落 1）	2	
肩胛骨	28	15		28
胫骨	1	2	4	
胫腓骨近端	61（关节脱落 12）	49（关节脱落 10）		62（未成年 12）
胫骨远端	1	4	2	
距骨	1			1
髋骨	53	45	12	53
桡骨近端	4	1		4
桡骨远端		1		

续表

骨骼部位	左侧数量（件）	右侧数量（件）	不分左右数量（件）	最小个体数（个）
上颌残块	3	2	2	3
下颌残块	5	2		14
下颌带颊齿	9	10		
肢骨残段			2	1

2.5.5　啮齿目（Rodentia）

2.5.5.1　豪猪科（Hystricidae）

仅发现 2 件标本，总重 27.6 克，分别为尺骨 1 件（图版 72-2）；肱骨 1 件（图版 72-1）。代表 1 个个体。

2.5.5.2　小型啮齿动物

共 15 件标本未能鉴定出具体种属，以小型啮齿动物记之，总重 5 克。

包括：股骨 9 件（左四、右五，远端关节脱落左侧 2 件）；胫骨 4 件（左右各二，近端关节脱落左侧 2 件、右侧 1 件），左侧胫骨近端 1 件（关节脱落）；左侧下颌带门齿 1 件。

这些标本很可能代表 7 个不同年龄段的小型啮齿目动物。因小型啮齿动物多数为典型穴居动物，很有可能为晚期混入遗址中的，再加上其能够提供的肉食量极少，因此在下文的可鉴定标本数量、最小个体数量和肉食量等统计中会将这些标本排除在外。

第二节　G4 出土动物遗存

G4 出土动物遗存共 3639 件，其中可鉴定标本 1502 件，占全部标本的 41.3%。

脊索动物门（Chordata）

1.1　硬骨鱼纲（Osteichthyes）

仅发现 3 件标本，为残破的咽齿和脊椎，未能鉴定出具体种属，记为鱼纲（应为淡水鱼）。

1.2　爬行动物纲（Reptilia）

1.2.1　龟鳖目（Testudinata）

1.2.1.1　龟科（Emydidae）

发现腹甲 1 件，重 2.8 克。另有 2 件脊椎，可能也属龟的遗存，总重 4.3 克。

1.3　鸟纲（Aves）

共 1909 件标本，其中 899 件标本未能鉴定出具体种属，记录为鸟纲，根据尺寸等信息可分为大型、中型和小型鸟，数量分别为 127 件、771 件和 1 件。

1.3.1　雁形目（Anseriformes）

1.3.1.1　鸭科（Anatidae）

1.3.1.1.1　小型鸭科

共 4 件，总重 2.9 克。分别为：右侧肱骨近端 1 件，肱骨远端 2 件（左、右各一）；右侧腕掌骨 1 件。

全部标本至少代表 1 个个体。

1.3.1.1.2　河鸭属（*Anas*）

1.3.1.1.2.1　家鸭（*Anas platyrhynchos domesticus*）

共 19 件标本，总重 19.1 克。

包括：右侧尺骨远端 2 件；肱骨近端 3 件（左二、右一），肱骨远端 4 件（左三、右一）；右侧肩胛骨 1 件；左侧桡骨 1 件，右侧桡骨近端 1 件，左侧桡骨远端 1 件；锁骨残块 2 件；左侧腕掌骨 1 件，腕掌骨近端 2 件（左、右各一）；右侧下颌 1 件。

全部标本至少代表 3 个个体（表 2-19）。

表 2-19　G4 出土家鸭的骨骼数量及基于每一类骨骼计算的最小个体数一览表

骨骼部位	左侧数量（件）	右侧数量（件）	不分左右数量（件）	最小个体数（个）
尺骨远端		2		2
肱骨近端	2	1		3
肱骨远端	3	1		
肩胛骨		1		1
桡骨	1			2
桡骨近端		1		
桡骨远端	1			
锁骨			2	2
腕掌骨	1			2
腕掌骨近端	1	1		
下颌		1		1

1.3.1.1.3　雁属（*Anser*）

1.3.1.1.3.1　鸿雁（*Anser cygnoides*）

1.3.1.1.3.1.1　家鹅（*Anser cygnoides orientalis*）

共 599 件标本，总重 1821.7 克。

包括：尺骨近端 21 件（左九、右十二），尺骨远端 15 件（左六、右九）；第一指节骨 1 件；跗跖骨 13 件（左七、右六），跗跖骨近端 18 件（左六、右十二），跗跖骨远端 19 件（左十一、右八）；肱骨近端 41 件（左二十五、右十六），肱骨远端 24 件（左十四、右十）；股骨 22 件（左十、右十一），股骨近端 53 件（左三十一、右二十二），股骨远端 42 件（左二十、右二十二）；肩胛骨 21 件（左十一、右十）；胫骨 10 件（左四、右六），胫骨近端 39 件（左十六、右二十三），胫骨远端 126 件（左六十六、右六十）；桡骨近端 19 件（左五、右十四），桡骨远端 10 件（左、右各五）；锁骨 34 件；左侧腕掌骨 2 件，腕掌骨近端 23 件（左十八、右五），腕掌骨远端 19 件（左八、右十）；乌喙骨 27 件（左、右各十二）。

综合来看，全部标本至少代表 70 个个体（表 2-20）。

表 2-20　G4 出土家鹅的骨骼数量及基于每一类骨骼计算的最小个体数一览表

骨骼部位	左侧数量（件）	右侧数量（件）	不分左右数量（件）	最小个体数（个）
尺骨近端	9	12		12
尺骨远端	6	9		
第一指节骨			1	1
跗跖骨	7	6		18
跗跖骨近端	6	12		
跗跖骨远端	11	8		
肱骨近端	25	16		25
肱骨远端	14	10		
股骨	10	11	1	41
股骨近端	31	22		
股骨远端	20	22		
肩胛骨	11	10		11
胫骨	4	6		70
胫骨近端	16	23		
胫骨远端	66	60		
桡骨近端	5	14		19
桡骨远端	5	5		
锁骨			34	34
腕掌骨	2			20
腕掌骨近端	18	5		
腕掌骨远端	8	10	1	
乌喙骨	12	12	3	12

1.3.2　鸡形目（Galliformes）

1.3.2.1　雉科（Phasianidae）

共 149 件标本未能区分家鸡与环颈雉，以雉科记之，总重 241.4 克。

包括：尺骨 10 件（左、右各五），尺骨近端 17 件（左十一、右六），尺骨远端 18 件（左五、右十三）；肱骨 2 件（左、右各一），肱骨近端 18 件（左八、右十），肱骨远端 5 件（左二、右三）；股骨 5 件（左一、右三），左侧股骨近端 1 件，股骨远端 45 件（左二十三、右二十二）；肩胛骨 3 件（左二、右一）；右侧桡骨 2 件，左侧桡骨近端 1 件，右侧桡骨远端 2 件；锁骨 3 件；腕掌骨 5 件（左四、右一），腕掌骨近端 2 件（左、右各一），腕掌骨远端 2 件（左、右各一）；乌喙骨 8 件（左三、右五）。

全部标本至少代表 25 个个体（表 2-21），推断以上标本绝大部分是家鸡的骨骼，少量属于环颈雉的骨骼。

表 2-21　G4 出土雉科的骨骼数量及基于每一类骨骼计算的最小个体数一览表

骨骼部位	左侧数量（件）	右侧数量（件）	不分左右数量（件）	最小个体数（个）
尺骨	5	5		
尺骨近端	11	6		18
尺骨远端	5	13		
肱骨	1	1		
肱骨近端	8	10		11
肱骨远端	2	3		
股骨	1	3	1	
股骨近端	1			25
股骨远端	23	22		
肩胛骨	2	1		2
桡骨		2		
桡骨近端	1			4
桡骨远端		2		
锁骨			3	3
腕掌骨	4	1		
腕掌骨近端	1	1		5
腕掌骨远端	1	1		
乌喙骨	3	5		5

1.3.2.1.1　原鸡属（*Gallus*）

1.3.2.1.1.1　家鸡（*Gallus gallus domesticus*）

共 236 件标本，总重 617.2 克。

包括：左侧尺骨 1 件；肱骨 6 件（左、右各三），肱骨远端 26 件（左九、右十七）；股骨 28 件（左十五、右十三），股骨近端 39 件（左十九、右二十）；胫骨 4 件（左一、右三），胫骨近端 36 件（左二十三、右十三），胫骨远端 88 件（左三十九、右四十九）；乌喙骨 8 件（左三、右五）。

全部标本至少代表 52 个个体（表 2-22）。

表 2-22　G4 出土家鸡的骨骼数量及基于每一类骨骼计算的最小个体数一览表

骨骼部位	左侧数量（件）	右侧数量（件）	不分左右数量（件）	最小个体数（个）
尺骨	1			1
肱骨	3	3		
肱骨远端	9	17		20

骨骼部位	左侧数量（件）	右侧数量（件）	不分左右数量（件）	最小个体数（个）
股骨	15	13		34
股骨近端	19	20		
胫骨	1	3		52
胫骨近端	23	13		
胫骨远端	39	49		
乌喙骨	3	5		5

1.3.2.1.2 雉属（*Phasianus*）

1.3.2.1.2.1 环颈雉（*Phasianus colchicus*）

左侧乌喙骨 1 件，重 1.6 克，代表 1 个个体。

1.3.3 鸽形目（Columbiformes）

1.3.3.1 鸠鸽科（Columbidae）

1.3.3.1.1 鸽属（*Columba*）

仅发现 2 件标本，重 0.6 克。分别为左侧腕掌骨远端 1 件；左侧股骨 1 件。代表 1 个个体。

1.4 哺乳动物纲（Mammalia）

共 1724 件标本，其中 1232 件标本未能鉴定出具体种属，以哺乳动物记之，根据尺寸等信息可分为大型、中型和小型哺乳动物，数量分别为 12 件、1215 件、5 件。

1.4.1 偶蹄目（Artiodactyla）

1.4.1.1 猪科（Suidae）

1.4.1.1.1 猪属（*Sus*）

1.4.1.1.1.1 家猪（*Sus scrofa domesticus*）

共 418 件标本，总重 4589 克。

前肢骨骼 216 件：肩胛骨 26 件（左十三、右七）；肱骨 2 件（左、右各一，左侧两端关节脱落、右侧近端关节脱落），右侧肱骨近端 2 件（关节脱落），肱骨远端 38 件（左十九、右十六，关节脱落左侧 2 件、右侧 2 件，骨缝未完全愈合右侧 4 件）；尺骨 23 件（左八、右十，两端关节脱落右侧 1 件，近端关节脱落左侧 6 件、右侧 2 件），尺骨近端 9 件（左五、右二，关节脱落左侧 2 件），尺骨远端 2 件（关节脱落）；桡骨 16 件（左、右各八，两端关节脱落左侧 2 件、右侧 1 件，远端关节脱落左侧 6 件、右侧 6 件），桡骨近端 20 件（左十二、右八），桡骨远端 25 件（左八、右十三，脱落关节左侧 7 件、右侧 9 件，关节脱落左侧 1 件、右侧 2 件）；第三掌骨 20 件（左八、右十二，远端关节脱落左侧 6 件、右侧 9 件），第三掌骨近端 6 件（左二、右三）；第四掌骨 21 件（左十一、右十，远端关节脱落左侧 10 件、右侧 8 件），第四掌骨近端 6 件（左三、右二）。

后肢骨骼 65 件：髋骨 2 件；股骨 2 件（左、右各一，两端关节脱落），股骨近端 2 件（左、右各一，关节脱落），股骨远端 3 件（左、右各一，关节脱落）；髌骨 4 件（左一）；左侧胫骨 2 件（近端关节脱落 1 件），胫骨近端 3 件（左一、右二，脱落关节左侧 1 件、右侧 1 件，关节脱落右侧 1 件），胫骨远端 6 件（左四右一，关节脱落左侧 2 件、右侧 1 件，脱落关节左侧 1 件）；腓骨 2 件（右一）；距骨 7 件（左四、右三）；跟骨 14 件（左五、右八，关节脱落左侧 1 件、右侧 4 件）；第三跖骨 4 件（左、右各二，远端关节脱落左侧 1 件、右侧 1 件），第三跖骨近端 5 件（左四、右一）；第四跖骨 3 件（左二、右一，远端关节脱落左侧 1 件、右侧 1 件），第四跖骨近端 6 件（左四、右二）。

其他骨骼 137 件：第二/五掌/跖骨 27 件（关节脱落 15 件）；第三/四掌/跖骨 19 件（关节脱落 7 件）；寰椎 3 件；近端趾骨 38 件（13 件近端关节脱落）；末端趾骨 5 件；游离犬齿 2 件；枢椎 3 件；右侧下颌带 C-M$_2$ 1 件（磨蚀约 1.5 岁）；中间趾骨 37 件（10 件近端关节脱落）；跗骨 2 件。

综合来看，全部标本至少代表 26 个个体，其中小于 1 岁，2 个；小于 1.5 岁，1 个；1.5 岁左右，2 个；小于 2 岁，5 个；2～3.5 岁，2 个；1～3.5 岁，5 个；大于 3.5 岁，9 个（表 2-23）。

表 2-23　G4 出土家猪的主要骨骼数量及基于每一类骨骼计算的最小个体数一览表 [①]

骨骼部位	左侧数量（件）	右侧数量（件）	不分左右数量（件）	最小个体数（个）
肩胛骨	13	7	6	13
肱骨	1（两端关节脱落）	1（近端关节脱落）		20（小于 1.5 岁，3；1.5～3.5，3；1.5 左右，2；大于 1.5，12）
肱骨近端		2（关节脱落）		
肱骨远端	19（关节脱落 2）	16（关节脱落 2，骨缝未完全愈合 4）	3	
尺骨	8（关节脱落 6）	10（关节脱落 3）	5	17（小于 3 岁，2；大于 3.5 岁，9）
尺骨近端	5（关节脱落 2）	2	2	
尺骨远端			2（关节脱落）	
桡骨	8（两端关节脱落 2，远端关节脱落 6）	8（两端关节脱落 1，远端关节脱落 6）		21（小于 1 岁，2；1～3.5 岁，15；大于 3.5 岁，3；大于 1 岁，1）
桡骨近端	12	8		
桡骨远端	8（脱落关节 7，关节脱落 1）	13（脱落关节 9，关节脱落 2）	4	
第三掌骨	8（远端关节脱落 6）	12（远端关节脱落 9）		15（小于 2 岁，9；大于 2 岁，6）
第三掌骨近端	2	3	1	
第四掌骨	11（远端关节脱落 10）	10（远端关节脱落 8）		14（小于 2 岁，10；大于 2 岁，4）
第四掌骨近端	3	2	1	
髋骨			2	1
股骨	1（关节脱落）	1（关节脱落）		2（小于 3.5 岁）
股骨近端	1（关节脱落）	1（关节脱落）		
股骨远端	1（关节脱落）	1（关节脱落）	1	

---

① 死亡年龄鉴定依据参见上文。

续表

骨骼部位	左侧数量（件）	右侧数量（件）	不分左右数量（件）	最小个体数（个）
髌骨	1		3	1
胫骨	2（近端关节脱落1）			5（小于2岁，2；
胫骨近端	1（脱落关节）	2（脱落关节1，关节脱落1）		2～3.5岁，2；大于3.5
胫骨远端	4（关节脱落2，脱落关节1）	1（关节脱落）	1	岁，1）
距骨	4	3		4
跟骨	5（关节脱落1）	8（关节脱落4）	1	8（小于2岁，4；大于 2岁，4）
第三跖骨	2（远端关节脱落1）	2（远端关节脱落1）		6（小于2岁，1；大于 2岁，5）
第三跖骨近端	4	1		
第四跖骨	2（远端关节脱落1）	1（远端关节脱落）		6（小于2岁，1；大于 2岁，5）
第四跖骨近端	4	2		
第二/五掌/跖骨			27（关节脱落15）	5？
第三/四掌/跖骨			19（关节脱落7）	3？
寰椎			3	3
近端趾骨			38（关节脱落13）	3？
末端趾骨			5	1
游离犬齿			2	1
枢椎			3	3
下颌带 C-M$_2$		1（磨蚀推断1.5岁）		1（1.5岁）
中间趾骨			37（关节脱落10）	3？

1.4.1.2　鹿科（Cervidae）

共24件标本，总重372.1克。根据尺寸等信息可分为大型、中型和小型三类。

1.4.1.2.1　大型鹿

仅发现2件标本，分别为右侧肱骨远端1件；左侧肩胛骨1件，总重68.2克。至少代表1个个体。

1.4.1.2.2　中型鹿

共18件标本，总重295.5克。包括左侧肱骨1件（关节脱落），左侧肱骨远端1件；右侧股骨1件（骨缝未完全愈合），股骨远端3件（左、右各一，脱落关节左侧1件、右侧1件）；近端趾骨3件；胫骨远端2件（左、右各一）；右侧桡骨近端2件，左侧桡骨远端1件（脱落关节）；左侧掌骨1件（远端关节脱落）；中间趾骨3件（近端关节脱落）。

综合来看，全部标本至少代表2个个体，其中1个为幼年个体（表2-24）。

表2-24　G4出土中型鹿科的骨骼数量及基于每一类骨骼计算的最小个体数一览表

骨骼部位	左侧数量（件）	右侧数量（件）	不分左右数量（件）	最小个体数（个）
肱骨	1（关节脱落）			2（幼年1）
肱骨远端	1			

骨骼部位	左侧数量（件）	右侧数量（件）	不分左右数量（件）	最小个体数（个）
股骨		1（骨缝未完全愈合）		2（幼年1）
股骨远端	1（脱落关节）	1（脱落关节）	1	
近端趾骨			3	1
胫骨远端	1	1		1
桡骨近端		2		2（幼年1）
桡骨远端	1（脱落关节）			
掌骨	1（远端关节脱落）			1（幼年）
中间趾骨			3（近端关节脱落）	1（幼年）

1.4.1.2.3　小型鹿

共4件标本，总重8.4克，分别为左侧肱骨远端1件；近端趾骨3件（近端关节脱落）。全部标本至少代表1个幼年个体。

1.4.1.3　牛科（Bovidae）

1.4.1.3.1　羊亚科（Caprinae）

共9件标本，总重85.2克。分别为右侧尺骨1件；左侧髋骨1件；右侧股骨1件，股骨远端2件（左、右各一）；距骨3件（左二、右一）；中间趾骨1件。

综合来看，全部标本至少代表2个个体（表2-25）。

表2-25　G4出土羊亚科的骨骼数量及基于每一类骨骼计算的最小个体数一览表

骨骼部位	左侧数量（件）	右侧数量（件）	不分左右数量（件）	最小个体数（个）
尺骨		1		1
髋骨	1			1
股骨		1		2
股骨远端	1	1		
距骨	2	1		2
中间趾骨			1	1

1.4.2　奇蹄目（Perissodactyla）

1.4.2.1　马科（Equidae）

1.4.2.1.1　马属（Equus）

仅发现第四跖骨1件，重1克，代表1个个体。

1.4.3　食肉目（Carnivora）

1.4.3.1　猫科（Felidae）

1.4.3.1.1　猫属（Felis）

仅发现2件标本，均为肱骨近端（左、右各一），至少代表1个个体。

1.4.4 兔形目（Lagomorpha）

1.4.4.1 兔科（Leporidae）

1.4.4.1.1 兔属（*Lepus*）

共 38 件标本，总重 85.7 克，分别为肱骨 3 件（左一、右二），肱骨近端 4 件（左、右各二，近端关节脱落右侧 1），肱骨远端 4 件（左一、右三）；股骨 3 件（左二、右一），股骨近端 6 件（左四、右二），股骨远端 5 件（左一、右四）；右侧胫骨 1 件（近端关节脱落），胫骨近端 9 件（左三、右六，关节脱落右侧 1 件，骨缝未完全愈合左侧 1 件、右侧 1 件）；髋骨 2 件（左、右各一）；左侧下颌 1 件。

综合来看，全部标本至少代表 7 个个体，其中 2 个为幼年个体（表 2-26）。

表 2-26 G4 出土兔的骨骼数量及基于每一类骨骼计算的最小个体数一览表

骨骼部位	左侧数量（件）	右侧数量（件）	最小个体数（个）
肱骨	1	2	
肱骨近端	2	2（近端关节脱落 1）	5（幼年 1）
肱骨远端	1	3	
股骨	2	1	
股骨近端	4	2	6
股骨远端	1	4	
胫骨		1（近端关节脱落）	
胫骨近端	3（骨缝未完全愈合 1）	6（关节脱落 1，骨缝未完全愈合 1）	7（幼年 2）
髋骨	1	1	1
下颌	1		1

第三节 数量统计与动物群构成

出土各类动物的数量构成情况能够反映先民对动物的利用信息，我们通过对不同鉴定级别动物数量的统计可以对先民动物资源利用的行为作出一定的推断。

一、C4 出土动物遗存

C4 出土动物遗存共 65339 件，其中作为软体动物的螺仅有 5 件，其余均为脊椎动物。脊椎动物中可鉴定出鱼纲、两栖动物纲、爬行动物纲、鸟纲和哺乳动物纲，其中两栖动物纲仅 1 件、爬行动物纲仅 10 件，数量都非常少（图 2-2）。鉴于这批动物遗存出自水池淤泥中，我们推断数量极少的螺和两栖动物有可能为淤泥中自然存在的遗存，数量较少的爬行动物也具有同样的可能性。

　　从脊椎动物各纲的分布情况来看，明显以鸟纲为主，哺乳动物纲次之，鱼纲、爬行动物纲和两栖动物纲数量都很少（图2-2）。可见，C4这批遗存代表的先民，利用较多的动物为鸟类和哺乳动物。

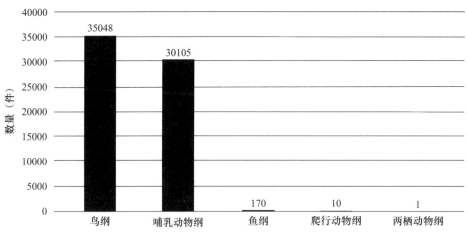

图2-2　蜀王府遗址C4出土脊椎动物遗存数量示意图

1.1　鸟纲

　　鸟纲中，可鉴定出鸡形目、雁形目、鹤形目、鸽形目和雀形目的存在，各目的数量分布如图2-3所示，明显以鸡形目和雁形目为主，鸽形目、鹤形目和雀形目数量都非常少。

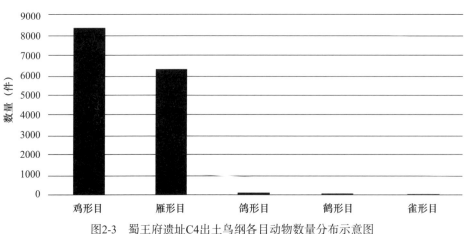

图2-3　蜀王府遗址C4出土鸟纲各目动物数量分布示意图

　　鸟纲遗存中可鉴定到科的标本数量有14658件，至少代表1589个个体。从可鉴定标本数的分布来看，明显以雉科和鸭科为主（图2-4），分别约占总可鉴定标本的57%和43%，鸽科、鹤科和鸦科的比例极低；从最小个体数的分布来看，也是明显以雉科和鸭科为主（图2-4），分别约占总最小个体数的69%和30%，鸽科、鹤科和鸦科的比例仅占1%。

1.1.1　雉科

　　雉科在鸟纲可鉴定标本数中占比最高，根据部分骨骼的特征可以区分出家鸡与环颈雉两种。从可鉴定标本数来看，明显以家鸡为主，占98%（图2-5）；最小个体数分布也显示出相似的比例关系，明显以家鸡为主，占95%①（图2-5）。可见，在对雉科鸟类的选择上，先民明显更倾向于选择家鸡作为食用的对象。

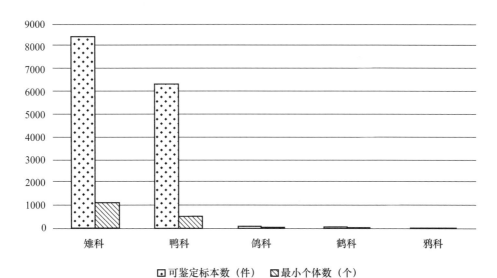

图2-4　蜀王府遗址C4出土各科鸟类可鉴定标本数和最小个体数分布示意图

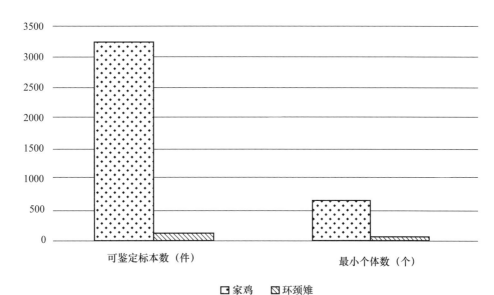

图2-5　蜀王府遗址C4出土家鸡和环颈雉可鉴定标本数和最小个体数分布示意图

1.1.2　鸭科

鸭科在鸟纲中占比仅次于雉科，根据尺寸测量数据和形态观察可区分为大型、中型和小型鸭科，其数量分布情况如图 2-6 所示，明显以大型鸭科为主，约占总可鉴定标本数的 93%、占

---

① 我们对家鸡和环颈雉的鉴定主要参考《试论家鸡骨骼的形态特征》，对于家鸡和环颈雉的判断主要是辨别鸟喙骨、肱骨、股骨、胫骨和跗跖骨的骨骼形态特征，而其他部位骨骼无法进行区分，因而此处的比例关系可能与实际情况并不相符。从能够明确区分家鸡和环颈雉的骨骼数量分布来看，明显是以家鸡为主的，因此我们认为本书中鉴定为雉科的标本应该也大部分属于家鸡的遗存。

总最小个体数的 90%。中型和小型鸭科数量都比较少。可见，在鸭科动物的选择上，先民明显
倾向于选择大型鸭科作为食用对象。大型鸭科中除 2 件可能为天鹅的骨骼外，其余应多为家鹅
的骨骼，从骨骼数量比例来看，先民明显更喜欢食用家鹅。

　　1.2　哺乳动物纲

　　哺乳动物纲中，可鉴定出偶蹄目、奇蹄目、食肉目、兔形目和啮齿目，数量分布情况如
图 2-7 所示，明显以偶蹄目为主，兔形目次之，食肉目、啮齿目和奇蹄目数量都非常少。

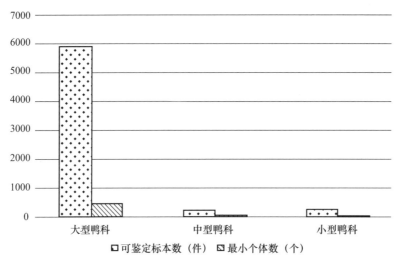

图2-6　蜀王府遗址C4出土鸭科可鉴定标本数和最小个体数分布示意图

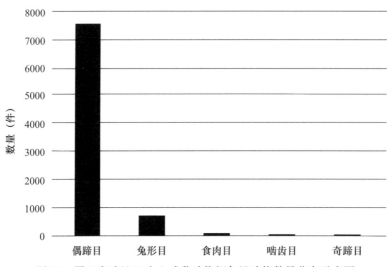

图2-7　蜀王府遗址C4出土哺乳动物纲各目动物数量分布示意图

　　哺乳动物纲中，可鉴定到科的遗存有 8276 件，至少代表 475 个个体。从可鉴定标本数分
布来看，猪科的比例是最高的，约占总可鉴定标本数的 87%，其次是兔科，约占 8%，鹿科和
牛科分别约占 3% 和 1%，其余科的数量极少（图 2-8）；最小个体数显示出同样的特征，猪科
比例最高，约占总最小个体数的 73%，兔科约占 17%，鹿科约占 5%，牛科约占 3%，犬科和
猫科各约占 1%，其余科极少（图 2-8）。

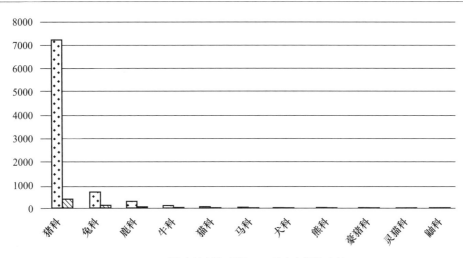

图2-8 蜀王府遗址C4出土各科哺乳动物可鉴定标本数和最小个体数分布示意图

　　从哺乳动物的数量构成来看，家猪和兔是先民利用较多的动物。家猪自新石器时代被先民驯化以来，一直都是先民非常重要的肉食对象，蜀王府 C4 出土动物显示的特征也是如此。兔是蜀王府 C4 先民利用量仅次于家猪的动物，应该也是先民比较喜爱的肉食对象，四川地区至今仍然存在的喜爱食用兔子的饮食习惯可能至迟从这一时期就开始了。其余动物数量都比较少，尤其是猫、狗、马、豪猪、花面狸和熊这几类动物，我们推测先民饲养这几类动物的主要目的并非获取肉食，而是另有他用。比如，狗和猫可能是作为王府成员饲养的宠物存在的，或者是作为看家护院、捕捉老鼠的动物存在的；马可能是作为王府成员出行所需的动物存在的；花面狸和熊则有可能是王府园林区圈养或驯养的观赏性动物。即便如此，从出土动物遗存的破碎状态来看，这些动物在死后仍然被先民用作肉食。

二、G4 出土动物遗存

　　G4 出土动物遗存共 3639 件，全部为脊椎动物，其数量分布情况如图 2-9 所示，明显以鸟纲和哺乳动物纲为主，鱼纲和爬行动物纲数量极少。鉴于 G4 为水道，动物遗存出于淤泥中，因此数量极少的鱼纲和爬行动物纲动物有可能为淤泥中自然存在的遗存。从对动物资源的利用来看，G4 先民与 C4 先民的饮食习惯是一致的，都是以鸟类和哺乳动物为主，且鸟纲的数量要多于哺乳动物。

　　2.1　鸟纲

　　鸟纲中，可鉴定出雁形目、鸡形目和鸽形目的存在，其数量比例如图 2-10 所示，以雁形目为主，鸡形目次之，鸽形目数量极少（图 2-10）。这一比例关系与 C4 稍有差别。

　　可鉴定到科的遗存有 1010 件，至少代表 153 个个体。从可鉴定标本数分布来看，明显以

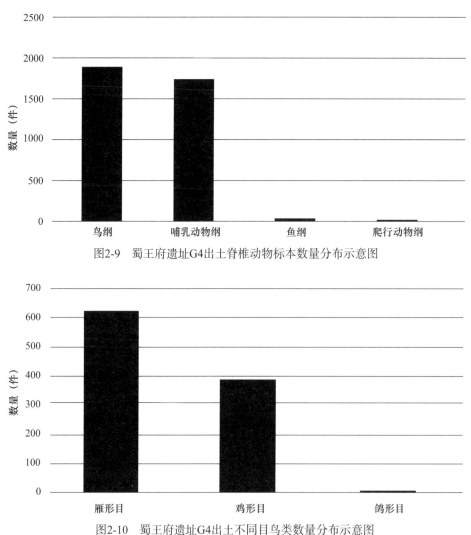

图2-9　蜀王府遗址G4出土脊椎动物标本数量分布示意图

图2-10　蜀王府遗址G4出土不同目鸟类数量分布示意图

鸭科和雉科为主（图 2-11），其比例分别约为 62% 和 38%；从最小个体数的分布来看，鸭科和雉科分别占最小个体总数的 48% 和 51%（图 2-11）。可鉴定标本数和最小个体数显示的鸭科和雉科的比例关系存在一定的差异，其主要原因可能与鸭科动物骨骼破碎程度较高有关。

2.1.1　雉科

雉科在鸟纲最小个体数中占比最高，根据部分骨骼的特征可以区分出家鸡与环颈雉两种。从可鉴定标本数来看，明显以家鸡为主，占比超过 99%（图 2-12）；最小个体数分布也显示出相似的比例关系，明显以家鸡为主，占 98%（图 2-12）①。可见 G4 先民与 C4 先民一样，多选择家鸡作为主要的肉食动物。

---

①　我们对家鸡和环颈雉的鉴定主要参考《试论家鸡骨骼的形态特征》，对于家鸡和环颈雉的判断主要是辨别鸟喙骨、肱骨、股骨、胫骨和跗跖骨的骨骼形态特征，而其他部位骨骼无法进行区分，因而此处的比例关系可能与实际情况并不相符。从能够明确区分家鸡和野鸡（环颈雉）的骨骼数量分布来看，明显是以家鸡为主的，因此我们认为本书中鉴定为雉科的标本应该也大部分属于家鸡的遗存。

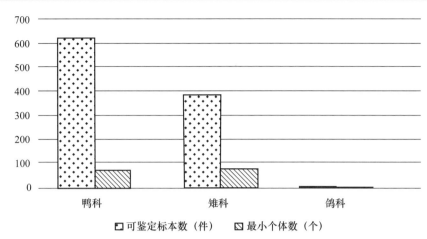

图2-11　蜀王府遗址G4出土不同科鸟类可鉴定标本数和最小个体数分布示意图

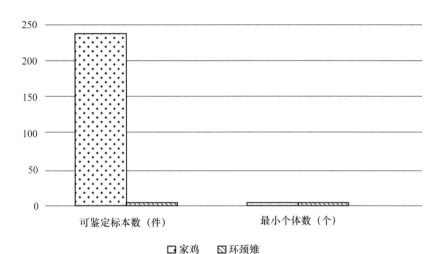

图2-12　蜀王府遗址G4出土家鸡和环颈雉可鉴定标本数和最小个体数分布示意图

2.1.2　鸭科

鸭科在鸟纲可鉴定标本数中占比是最高的，根据尺寸测量数据和形态观察可区分为大型、中型和小型鸭科，其数量分布情况如图2-13所示，明显以大型鸭科为主，约占总可鉴定标本数的96%、占总最小个体数的95%。中型和小型鸭科数量都比较少。可见，在鸭科动物的选择上，G4先民也明显倾向于选择大型鸭科（可能为家鹅）作为食用对象。

2.2　哺乳动物纲

哺乳动物纲中，可鉴定出偶蹄目、奇蹄目、食肉目和兔形目，数量分布情况如图2-14所示，明显以偶蹄目为主，兔形目次之，食肉目和奇蹄目数量都非常少。

哺乳动物纲中，可鉴定到科的遗存有492件，至少代表41个个体。从可鉴定标本数分布来看，猪科的比例是最高的，约占总可鉴定标本数的85%，其次是兔科，约占8%，鹿科和牛科分别约占5%和2%，其余科的数量极少（图2-15）；最小个体数显示出同样的特征，猪科比例最高，约占总最小个体数的63%，兔科约占17%，鹿科约占10%，牛科约占5%，马科和猫科分别约占2%和2%（图2-15）。

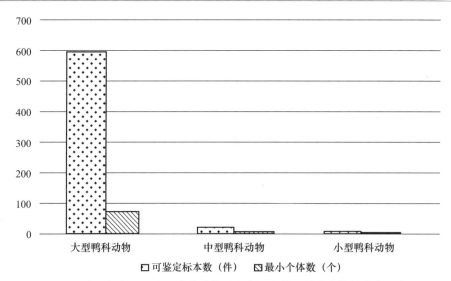

图2-13　蜀王府遗址G4出土鸭科动物可鉴定标本数和最小个体数分布示意图

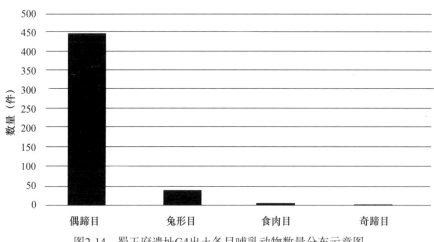

图2-14　蜀王府遗址G4出土各目哺乳动物数量分布示意图

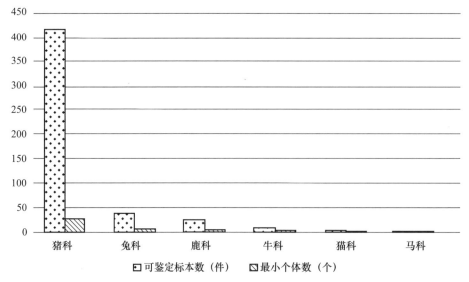

图2-15　蜀王府遗址G4出土不同科哺乳动物可鉴定标本数和最小个体数分布示意图

从哺乳动物构成来看，G4 与 C4 的特征是一致的，说明先民主要食用的哺乳动物为家猪和兔，同时也会食用其他动物。

三、小　　结

尽管遗址中的动物遗存分别出自 C4 和 G4 这两处不同的地方，但如图 1-1 所示，这两处地点应该属于同一组建筑群的组成部分。且从发掘背景来看，其时代也基本相当，因此，我们在下文的分析与讨论中，会将 C4 和 G4 出土动物视为一个整体进行相关研究。

1. 蜀王府遗址动物群的基本构成

综合 C4 和 G4 动物群的相关信息可知，出土动物包括圆田螺属、草鱼、鳡鱼、鲫鱼、鲤鱼、青鱼、龟科、鳖科、家鹅、家鸭、家鸡、环颈雉、天鹅、鹤科、鸽、乌鸦、马、牛、绵羊、猪、大型鹿科、中型鹿科、小型鹿科、熊、狗、猫、兔、豪猪、花面狸和鼬科等，其中圆田螺属和龟科、鳖科等发现数量较少的水生动物，可能与遗存的埋藏环境有关，并非先民食用的对象，其余动物应都为先民食用的对象。

从出土各纲动物数量来看，鸟纲有 36957 件、哺乳动物纲有 31829 件，这两个纲的数量为全部动物数量的 99% 以上，是先民主要利用的对象。鸟纲的数量明显多于哺乳动物，这与文献记载蜀王府鸟类资源十分丰富（参见第一章第三节）的情况是可以相互印证的。

从可以鉴定到科的 24436 件遗存可鉴定标本数分布情况来看（图 2-16），雉科数量最多，约占总可鉴定标本数的 36%；猪科次之，约占 31%；再次是鸭科，约占 28%；其余科都比较少，共占约 5%。

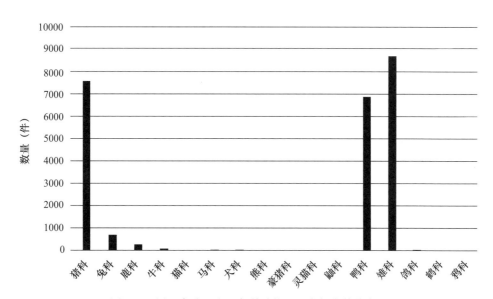

图2-16　蜀王府遗址出土各科动物可鉴定标本数分布图

从可以鉴定到科的动物最小个体数分布来看（图 2-17），也是以雉科数量最多，约占总最小个体数的 52%；鸭科次之，约占 24%；再次是猪科，约占 16%；其余科数量都比较少，共占约 8%。

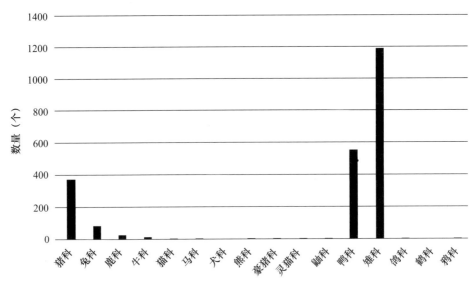

图2-17　蜀王府遗址出土各科动物最小个体数分布图

蜀王府苑囿遗址出土动物组合显示，先民利用最多的动物为雉科、鸭科和猪科，其余科相对都比较少。从上文的分析来看，雉科中占据绝大多数的为家鸡，鸭科中占据绝大多数的为家鹅，猪科则均为家猪，说明先民主要的肉食来自家养的鸡、鹅和猪等禽畜类。

从目前发现的情况来看，先民在利用家养的禽畜类之外也会利用一些野生动物，如熊、豪猪、鹤等，这些动物的数量普遍较少，说明先民对其利用的频率并不高，可能属偶然行为。天鹅、鹤、乌鸦、猫、马、狗、鸽、豪猪、花面狸、熊等动物明显并不是先民日常生活食用的选择，猫和狗可能是王府饲养的宠物或承担守护工作，鸽可能是王府饲养用以传信的鸟类，马可能是王府饲养用来交通出行的，天鹅、鹤、豪猪、果子狸和熊可能是王府园林区圈养的观赏性动物，乌鸦可能来自偶然捕获。

2. 成都地区商周以来的动物群构成

我们对成都地区目前已经发表的动物考古研究资料进行全面搜集，主要包括十二桥遗址、指挥街周代遗址、金沙遗址和金河路 59 号遗址等，时代从商代晚期到明清时期，出土脊椎动物情况见表 2-27。

从各遗址具体的动物群构成来看，金沙遗址明显具有特殊之处，该遗址发现其他遗址未见到的亚洲象和犀牛，这两种动物均为典型的热带亚热带动物，根据相关研究，金沙遗址发现的这两种动物在古蜀人生存前期还广泛存活在四川境内且数量繁多，到后期随着气候变化，其数量大大减少[1]。

表 2-27　成都地区不同时期遗址出土脊椎动物群信息一览表

遗址名称	时代	鱼纲	爬行动物纲	鸟纲	哺乳动物纲
十二桥遗址[2]	商代晚期到西周早期	鲤鱼、鲟鱼	龟科	家鸭?	家猪、水鹿、斑鹿、小麂、黄牛、狗、黑熊、狗獾、藏酋猴、马
指挥街周代遗址[3]	西周早期到春秋前期	鲤科	乌龟、陆龟、鳖	家鸡	狗、大型猫科、马、豪猪、小麂、梅花鹿、水鹿、白唇鹿、黄牛、羊亚科
金沙遗址[4]	商周时期	无	无	无	水鹿、赤麂、小麂、猪、马、犀牛、亚洲象、虎、猪獾、黑熊
金河路 59 号遗址[5]	先秦时期	鱼纲	龟鳖目	鸟纲	狗、水鹿、斑鹿、小麂、马、黄牛
金河路 59 号遗址	汉代	无	无	无	水牛、山羊、水鹿、马、驴、猪
金河路 59 号遗址	唐宋时期	无	无	无	狗、猪、山羊、水牛、马、驴、中型鹿、小鹿
金河路 59 号遗址	明清时期	无	无	鸟纲	水鹿、斑鹿、山羊、水牛、马、驴
蜀王府遗址	明末清初	鲤鱼、草鱼、青鱼、鳜鱼、鲫鱼	龟科、鳖科	家鸡、家鹅、家鸭、天鹅、环颈雉、乌鸦、鸽、鹤科	家猪、家兔、绵羊、牛、马、熊、花面狸、豪猪、大型鹿科、中型鹿科、小型鹿科、狗、猫

从现有的信息来看，先秦时期成都地区先民能够从周边自然环境中获取的野生动物种属是非常丰富的，包括淡水鱼类和爬行类，多种鹿类、食肉类和灵长类等；到历史时期，野生动物的种类则有所减少，但在各个遗址中也都有发现，说明直到历史时期，成都地区周边的自然生态环境依然较好，适合鹿类等野生动物的生存。

从家养动物的情况来看，自商代晚期开始，成都地区已经基本呈现出"六畜"[6]俱全的动物群构成特征，这种情况一直延续到明清时期，在蜀王府遗址中表现得尤为突出。

---

① 刘建：《成都金沙遗址脊椎动物及古环境研究》，成都理工大学硕士学位论文，2004 年，第 29 页。

② 何锟宇：《十二桥遗址出土动物骨骼鉴定报告》，《成都考古发现》（2005），科学出版社，2007 年，第 458～474 页；何锟宇、周志清、邱艳、左志强、易立：《成都市十二桥遗址新一村地点动物骨骼报告》，《成都考古发现》（2012），科学出版社，2014 年，第 273～294 页。

③ 朱才伐：《成都指挥街周代遗址出土动物骨骼鉴定》，《成都指挥街周代遗址发掘报告》附录二，《南方民族考古》（第一辑），四川大学出版社，1987 年，第 205、206 页。

④ 刘建：《成都金沙遗址脊椎动物及古环境研究》，成都理工大学硕士学位论文，2004 年，第 20～28 页。

⑤ 何锟宇、谢涛、苏奎：《成都"金河路 59 号"春秋战国—唐、宋时期遗址出土动物骨骼报告》，《成都考古发现》（2015），科学出版社，2017 年，第 417～437 页。

⑥ 杨伯峻编著：《春秋左传注》（修订本），中华书局，2012 年，第 318 页。

第三章　动物资源利用研究

由第二章鉴定和数量统计结果可知，蜀王府遗址出土动物遗存种属丰富、数量众多，说明先民对动物资源的利用频率和利用程度都比较高。下文将按照家养动物和野生动物两个方面来进行系统分析和讨论，探讨先民对于不同动物资源的利用信息。

第一节　家养动物的饲养和利用

上文已经明确，成都地区自商代晚期以来，中国传统的"六畜"——马、牛、羊、猪、狗、鸡已经基本齐备，已经形成较为稳定的家畜（家禽）饲养模式。

《尔雅·释鸟》："舒雁，鹅；舒凫，鹜。"郭璞注："鹜，鸭也。"李巡曰："野曰雁，家曰鹅……凫，野鸭名；鹜，家鸭名。"[1] 这里所载的"凫"与"鹜"，指的就是野鸭与家鸭[2]。《管子·轻重丁》中记载"城阳大夫，嬖宠被绨纨，鹅鹜含余秣"[3]，证明当时官吏使用粮食养鹅和鸭。由于《尔雅》成书年代约为距今3100～1900年，其年代跨度太大，故以管仲（公元前？～前645年）的话"鹅鹜含余秣"为鹅、鸭成为家禽的最早的文字记录，时间为距今2600年左右[4]。可见，家鸭和家鹅至迟在先秦时期也已出现。

因此，蜀王府苑囿遗址出土的家养动物除了传统的六畜外，还包括家鸭、家鹅、家兔[5]和家鸽等。下面将按照不同动物种类分别进行讨论。

---

① （晋）郭璞注，（宋）邢昺疏：《尔雅注疏》卷一〇《释鸟第十七》，北京大学出版社，1999年，第307页。
② 张仲葛：《我国家禽的起源与驯化的历史》，《中国畜牧史料集》，科学出版社，1986年，第270页。
③ 张清常、王延栋：《战国策笺注》卷十一《齐四》，南开大学出版社，1993年，第283页。
④ 袁靖：《中国动物考古学》，文物出版社，2015年，第107页。
⑤ 王娟：《家兔驯化历史的考证》，《南方文物》2019年第4期，第174～186页。文中称"最晚到16世纪，家兔的驯化终于完成"，根据这一观点，我们有理由相信蜀王府遗址出土的兔科动物应为家兔。

一、家　猪

我们将从形态特征、数量比例、骨骼保存部位、死亡年龄、病理现象[①]和骨骼表面人工痕迹等六个方面讨论先民对家猪的饲养和利用问题。

1. 形态特征

从形态学上区分野猪和家猪的常用方法之一是测量下颌 M_3 的尺寸，学术界公认的观点就是野猪的牙齿测量尺寸要大于家猪。罗运兵总结前人成果与经验，结合国内多个遗址出土猪下颌 M_3 尺寸信息，提出如果 M_3 的平均长度小于 39 毫米，则遗址猪群中就已经出现家猪[②]。

蜀王府遗址出土猪的上下颌骨数量不多，能够测量的下颌 M_3 有 11 件，其长度分别为 31.77、34.42、34.07、27.74、35.25、35.47、27.86、35.31、32.57、30.55、32.3 毫米，平均长度 32.48 毫米。从测量数据来看，遗址中并未见到大于 39 毫米的标本，且平均长度远低于 39 毫米，所以我们认为该遗址中猪群应全部为家猪。

从目前发表的材料来看，成都地区从商周时期的十二桥遗址，到唐宋时期的金河路 59 号遗址，再到明清时期的蜀王府遗址，猪下颌 M_3 的长度数据基本呈现出逐步下降的趋势[③]（图 3-1；表 3-1），这种变化趋势应该是先民在几千年的时间里对家猪的长期饲养造成的，或可说明自商周时期到明清时期先民的家猪饲养水平是在不断提高的。

从出土数量较多的肱骨远端、桡骨的近端和远端宽度测量数据来看（图 3-2～图 3-4），遗址出土猪的体形相对比较集中，但也明显存在体形较大和较小的个体，有可能代表了不同的品种。

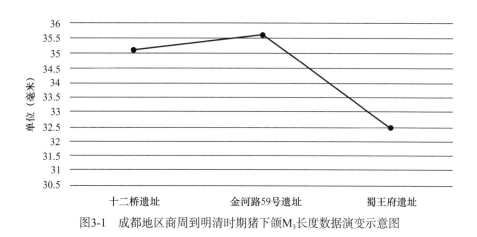

图3-1　成都地区商周到明清时期猪下颌M_3长度数据演变示意图

---

① 病理现象鉴定参考 László Bartosiewicz, Erika Gal, *Shuffling Nags, Lame Ducks: The Archaeology of Animal Disease*, Oxbow Books Press, 2013.

② 罗运兵：《中国古代猪类驯化、饲养与仪式性使用》，科学出版社，2012 年，第 28 页。

③ 十二桥遗址可测量数据 32 件，金河路 59 号遗址可测量数据 4 件，蜀王府遗址可测量数据 11 件。

表 3-1　成都地区商周到明清时期猪上下颌 M_3 测量数据表

遗址名称	遗址时代	上颌 M^3 长度平均值（毫米）	下颌 M_3 长度平均值（毫米）
十二桥遗址新一村地点 [①]	商周时期	31.52	35.08
金河路 59 号遗址 [②]	唐宋时期		35.59
蜀王府遗址	明清时期	27.48	32.48

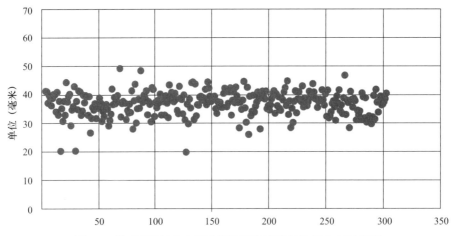

图3-2　蜀王府遗址出土猪肱骨远端宽度测量数据分布示意图

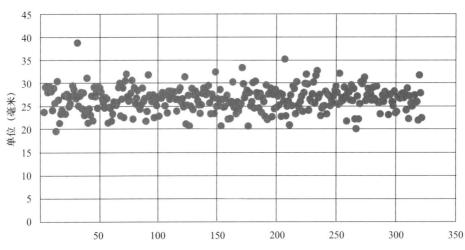

图3-3　蜀王府遗址出土猪桡骨近端宽度测量数据分布示意图

2. 数量比例

从鉴定到科的动物可鉴定标本数来看，猪科动物的比例仅次于雉科，居第二位（图 3-5），占 31%；从可鉴定到科的动物最小个体数来看，猪科动物比例位居第三（图 3-6），占 16%。

---

① 何锟宇、周志清、邱艳、左志强、易立：《成都市十二桥遗址新一村地点动物骨骼报告》，《成都考古发现》（2012），科学出版社，2014 年，附表二～附表七，第 290～294 页。

② 何锟宇、谢涛、苏奎：《成都"金河路 59 号"春秋战国—唐、宋时期遗址出土动物骨骼报告》，《成都考古发现》（2015），科学出版社，2017 年，第 423 页。

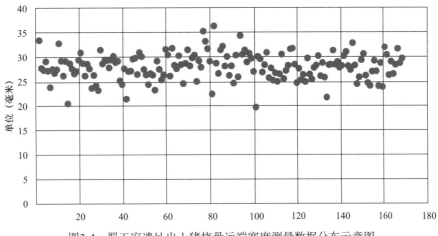

图3-4 蜀王府遗址出土猪桡骨远端宽度测量数据分布示意图

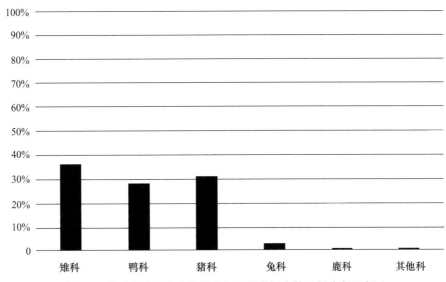

图3-5 蜀王府遗址出土各科动物可鉴定标本数比例分布示意图

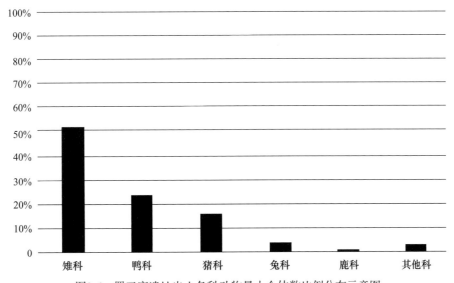

图3-6 蜀王府遗址出土各科动物最小个体数比例分布示意图

　　而从哺乳动物纲各科动物的构成来看，猪科占总可鉴定标本数的 87%（图 3-7），占总最小个体数的 72%（图 3-8），其优势地位非常明显，是先民利用最多的哺乳动物。

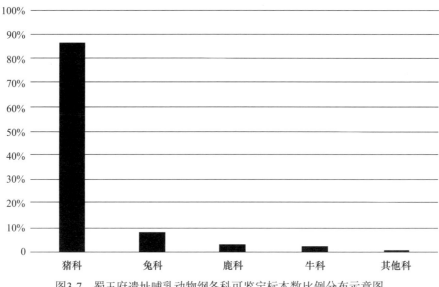

图3-7　蜀王府遗址哺乳动物纲各科可鉴定标本数比例分布示意图

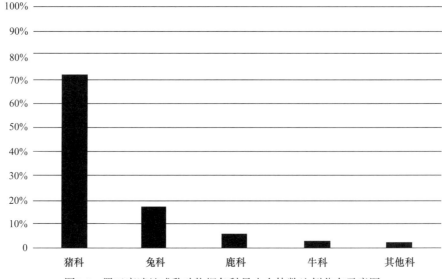

图3-8　蜀王府遗址哺乳动物纲各科最小个体数比例分布示意图

　　从目前发表资料来看，自商周时期到明清时期，成都地区先民对猪科动物的利用存在着一个发展演变的过程。

　　先秦时期，猪科在哺乳动物中的地位普遍较高，是先民利用较多的动物之一，但无论是可鉴定标本数比例还是最小个体数比例均未超过 66%；与此相对应，本时期先民对鹿科动物的利用程度普遍较高，鹿科动物在哺乳动物中的地位仅次于猪科动物，在有的遗址中甚至会稍高于猪科动物（图 3-9；表 3-2；表 3-3）。

　　从汉代到唐宋时期，猪科在哺乳动物中的地位比先秦时期明显下降，其可鉴定标本数比例均在 20% 以下；与之相对应的则是牛科动物（主要是羊）比例的显著上升且占据绝对主导地位（表 3-2；表 3-3）。《唐六典》卷四《膳部郎中》记载"凡亲王已下食料各有差"，"三品以上羊肉四分"[①]，这表明羊肉是唐代皇室和政府规定的肉食来源；《太平广记》记载，唐代"庆植将聚亲宾客，备食，家人买得羊"[②]，表明在民间，羊肉也是人们日常的主要肉食来源；《宋会要辑稿·职官二一》记载，宋代设牛羊司，"掌畜牧羔羊栈饲，以给烹宰之用"，"御厨岁费羊数万口"[③]，足见宋代皇室对羊的消费量巨大。可见，在唐宋时期，无论皇室还是普通民众，肉食消费中羊肉占据的地位都比较高，这可能就是金河路 59 号遗址唐宋时期羊在哺乳动物中占据优势地位的主要原因。

到明清时期，猪科的地位比之唐宋时期呈现出明显上升的趋势，再一次成为哺乳动物中比例最高的种类（图 3-9）。说明到明清时期，猪肉再一次成为先民食用最多的肉类，这种数量比例上的重大变化，似可作为先民扩大家猪饲养规模的证据。

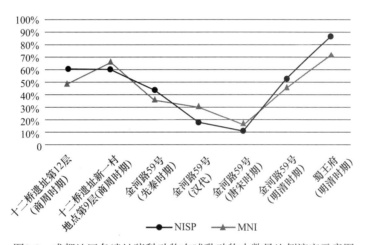

图3-9　成都地区各遗址猪科动物在哺乳动物中数量比例演变示意图

表 3-2　成都地区各遗址不同科哺乳动物最小个体数百分比一览表

遗址名称及时代	猪科	犬科	鹿科	牛科	其他科
十二桥遗址新一村地点第 9 层（商周时期）	66%	7%	20%	2%	5%
十二桥遗址第 12 层（商周时期）	49%	8%	27%	4%	12%
金河路 59 号遗址（先秦时期）	36%	8%	37%	7%	12%
金河路 59 号遗址（汉代）	30%	0	10%	40%	20%
金河路 59 号遗址（唐宋时期）	16%	6%	6%	66%	6%
金河路 59 号遗址（明清时期）	46%	6%	12%	24%	12%
蜀王府遗址（明清时期）	72%	1%	6%	3%	18%

①　（唐）李林甫等撰，陈仲夫点校：《唐六典》卷四，中华书局，1992 年，第 128 页。

②　（宋）李昉等编：《太平广记》卷一百三十四，中华书局，1961 年，第 954 页。

③　（清）徐松辑：《宋会要辑稿·职官二一》，中华书局，1957 年。

表 3-3　成都地区各遗址不同科哺乳动物可鉴定标本数百分比一览表

遗址名称及时代	猪科	犬科	鹿科	牛科	其他科
十二桥遗址新一村地点第 9 层（商周时期）[1]	61%	5%	31%	1%	2%
十二桥遗址第 12 层（商周时期）[2]	61%	4%	29%	4%	2%
金河路 59 号遗址（先秦时期）[3]	44%	5%	44%	4%	3%
金河路 59 号遗址（汉代）[4]	18%	0	7%	56%	19%
金河路 59 号遗址（唐宋时期）[5]	11%	1%	1%	75%	12%
金河路 59 号遗址（明清时期）[6]	53%	2%	4%	35%	6%
蜀王府遗址（明清时期）	86.69%	0.08%	2.94%	1.35%	8.94%

3. 骨骼保存部位

　　我们根据家猪的最小个体数，结合各骨骼部位出土情况，对其骨骼发现率进行了估算，结果如表 3-4 所示。基本上猪身体的每一部位都有发现，带肉少的头骨、上下颌骨、脊椎和关节短骨的发现率普遍较低，而带肉多的四肢长骨的发现率则普遍较高，这种消费特征表明猪这类动物并非在遗址当地屠宰的，先民将在别处屠宰后的猪带肉较多的部位带到遗址所在地进行消费，这种消费特征与现今社会人们自集市（超市）采购猪肉的特征具有一定的相似之处。

　　从每一块长骨的发现率来看，发现率超过 50% 的骨骼部位只有肱骨、尺骨和桡骨（表 3-4），这些骨骼属于典型的前肢骨骼（前腿），这一特征可能是先民对猪前肢部位（俗称肘子）特殊喜好的一种表现。

表 3-4　根据家猪最小个体数（MNI=372）估算的骨骼发现率

骨骼部位	全身数量（件）	NISP 期望值（件）	NISP 发现值（件）	发现率（%）
头骨	1	372	8	2.2
上颌骨	2	744	48	6.5
下颌骨	2	744	48	6.5
寰椎	1	372	25	6.7
枢椎	1	372	11	3

　　[1]　何锟宇、周志清、邱艳、左志强、易立：《成都市十二桥遗址新一村地点动物骨骼报告》，《成都考古发现》（2012），科学出版社，2014 年。

　　[2]　何锟宇：《十二桥遗址出土动物骨骼鉴定报告》，《成都考古发现》（2005），科学出版社，2007 年。

　　[3]　何锟宇、谢涛、苏奎：《成都"金河路 59 号"春秋战国—唐、宋时期遗址出土动物骨骼报告》，《成都考古发现》（2015），科学出版社，2017 年。

　　[4]　何锟宇、谢涛、苏奎：《成都"金河路 59 号"春秋战国—唐、宋时期遗址出土动物骨骼报告》，《成都考古发现》（2015），科学出版社，2017 年。

　　[5]　何锟宇、谢涛、苏奎：《成都"金河路 59 号"春秋战国—唐、宋时期遗址出土动物骨骼报告》，《成都考古发现》（2015），科学出版社，2017 年。

　　[6]　何锟宇、谢涛、苏奎：《成都"金河路 59 号"春秋战国—唐、宋时期遗址出土动物骨骼报告》，《成都考古发现》（2015），科学出版社，2017 年。

续表

骨骼部位	全身数量（件）	NISP 期望值（件）	NISP 发现值（件）	发现率（%）
肩胛骨	2	744	226	30.4
肱骨	2	744	544	73.1
尺骨	2	744	422	56.7
桡骨	2	744	609	81.9
髋骨	2	744	47	6.3
股骨	2	744	183	24.6
胫骨	2	744	350	47
腓骨	2	744	134	18
跟骨	2	744	125	16.8
距骨	2	744	137	18.4
髌骨	2	744	52	7
腕跗骨	16	5952	6	0.1
掌跖骨	16	5952	2233	37.5
趾骨	48	17856	1157	6.5

4. 死亡年龄

我们主要依据肢骨骨骺的愈合状况、牙齿的萌出和磨蚀程度等来对遗址出土家猪的死亡年龄进行综合推断。死亡年龄推断过程及结果见第二章表 2-9、表 2-10 和表 2-23。

综合来看，本遗址出土猪的最小个体数为 372，其死亡年龄如下：小于 1 岁，8 个；小于 1.5 岁，18 个；1.5 岁左右，2 个；小于 2 岁，85 个；2～3.5 岁，35 个；1.5～3.5 岁，70 个；1～3.5 岁，64 个；大于 3 岁，36 个；大于 3.5 岁，54 个。若以全部骨骺愈合（3.5 岁）作为成年的标志，从各死亡年龄段的分布来看（图 3-10），明显以未成年个体为主，占 76%～86%；若以全部牙齿萌出（2 岁）作为成年的标志，从各死亡年龄段的分布来看（图 3-10），未成年个体比例较低，占 31%～50%。

根据以往的研究，罗运兵认为，家猪一般生长到 1～2 岁后，体形和肉量不会有明显增大，再养下去不划算，因此往往会被宰杀[1]。十二桥遗址新一村地点呈现出的猪死亡年龄集中于 M_2 萌出后至 M_3 正萌出（1～2 岁）这一阶段[2]，符合上述特征；而本遗址中的家猪死亡年龄却是以 2 岁以上个体为主的，并不符合上述特征，具有一定的特殊性。

根据国外一些学者的研究，在掌握一定繁殖知识的情况下，家猪可以一年产仔两次，一次是春季，即 2～4 月；一次是秋季，即 8～10 月[3]；两次间隔时间为 6 个月。从本遗址出土猪的

---

① 罗运兵：《中国古代猪类驯化、饲养与仪式性使用》，科学出版社，2012 年，第 34 页。

② 何锟宇、周志清、邱艳、左志强、易立：《成都市十二桥遗址新一村地点动物骨骼报告》，《成都考古发现》（2012），科学出版社，2014 年，第 276 页。

③ Roel C. G. M. Lauwerier, Pigs, Piglets, and Determining the Season of Slaughtering, *Journal of Archaeological Science*, 1983(10): 483-488.

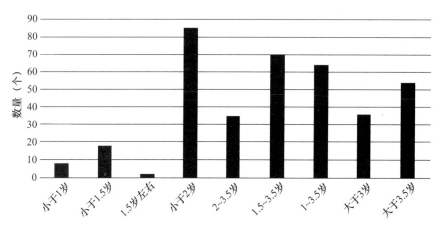

图3-10　蜀王府遗址出土家猪死亡年龄分布示意图

死亡年龄来看，各年龄段的年龄差多为半年或整年，说明这些猪的宰杀时间具有相对集中的特征，很可能是在一个时间段内集中宰杀的。这种短时间内集中宰杀的特征或可成为上文提及的死亡年龄具备特殊性的原因。

此外，遗址中极少见到小于 0.5 岁的仔猪，仔猪的死亡率极低，这种现象则可能与这些猪并非本地饲养、本地宰杀的情况有关。

5. 病理现象

蜀王府遗址出土的哺乳动物遗存中病变骨骼共 22 件，其中 21 件病变为骨质增生，1 件为骨折后的愈合现象（表 3-5）。猪的病变骨骼遗存共计 18 件，以蹄骨（掌跖骨和趾骨等）为主，前肢骨（肩胛骨、尺骨和桡骨）次之，且均表现为骨质增生的特征（表 3-5），这应与这些猪死亡年龄普遍较高、饲养时间普遍较长有关。

表 3-5　蜀王府遗址出土哺乳动物病变骨骼统计表

种属	骨骼部位	数量（件）	病变类型
猪	桡骨	1	骨质增生
猪	尺骨	5	骨质增生
猪	跟骨	1	骨质增生
猪	肩胛骨	1	骨质增生
猪	胫骨	1	骨质增生
猪	趾骨	2	骨质增生
猪	掌跖骨	7	骨质增生
中型哺乳动物	跗骨	3	骨质增生
中型哺乳动物	肋骨	1	骨折后愈合

6. 骨骼表面的人工痕迹

砍痕是先民宰杀肢解动物过程中留下的痕迹，遗址中发现带砍痕的猪科动物 109 件，中型哺乳动物 1090 件（图版 89-2）。鉴于猪科动物在哺乳动物中占据绝对优势地位，我们认为遗址中出土的中型哺乳动物遗存多数应属猪科遗存。从砍痕存在的骨骼部位来看，包括尺骨、肱骨、桡骨、肩胛骨、腓骨、跟骨、股骨（图版 88-1；图版 89-1）、胫骨（图版 92-2）、距骨、髋骨、上颌、掌跖骨和趾骨等，其数量分布情况如图 3-11 所示，多见于前肢骨骼（尺骨、肱骨、桡骨和肩胛骨）。

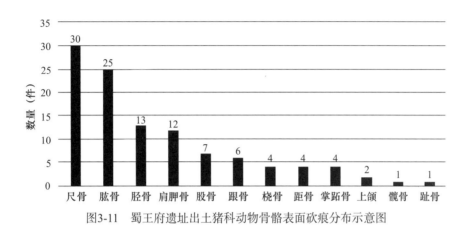

图3-11　蜀王府遗址出土猪科动物骨骼表面砍痕分布示意图

切割痕是先民剥皮剔肉的过程中留下的痕迹，遗址中发现带切割痕的猪科动物 60 件、羊 6 件、鹿科动物 4 件、兔 2 件、小型哺乳动物 1 件、中型哺乳动物 121 件。从切割痕存在的骨骼部位来看，包括肩胛骨、尺骨、桡骨、肱骨、股骨（图版 92-1）、跟骨、胫骨、距骨、腓骨、掌跖骨和趾骨等，其数量分布情况如图 3-12 所示，明显以前肢的肱骨和尺骨为主。

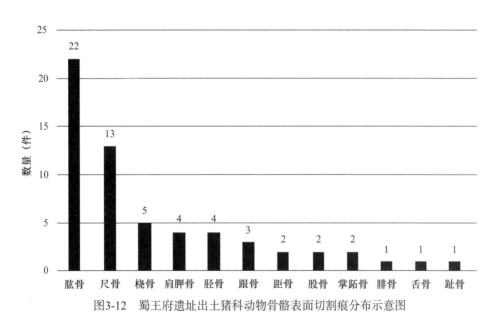

图3-12　蜀王府遗址出土猪科动物骨骼表面切割痕分布示意图

骨骼表面痕迹的存在说明，遗址先民在宰杀肢解动物、剥皮剔肉获取肉食的过程中更容易在前肢骨骼留下痕迹，这可能与先民采取的获取动物性食物的具体行为有关。

7. 小结

通过对本遗址家猪形态学特征的判断，结合成都地区商周时期以来多个遗址出土家猪的形态学演变特征，我们认为本遗址出土的猪均为家猪。从这些遗存的出土背景及骨骼表面存在的人工痕迹（砍痕和切割痕）来看，先民对于家猪的利用方式只有一种，即获取所需的肉食。从家猪骨骼保存部位特征及小于 0.5 岁仔猪数量极少的特征来看，这些猪并非本地宰杀，应为先民在别处宰杀后选择带肉较多的部位带至遗址进行消费的。从数量比例来看，本遗址的家猪是先民最为重要的肉食来源，在先民肉食消费中占据非常高的地位；而从具体的保存部位来看，前腿（肘子）可能是当时先民最喜消费（食用）的部位。从这些猪的死亡年龄结构特征来看，并不符合一般性猪肉消费的特征，这种特殊的死亡年龄结构可能与先民在短时间内集中宰杀这些猪的行为有关。

二、家　　兔

我们将从数量比例、骨骼保存部位和死亡年龄三个方面探讨先民对家兔的消费与利用。

1. 数量比例

从能够鉴定到科的全部动物来看，兔科占可鉴定标本总数的 3%（图 3-5），占总最小个体数的 4%（图 3-6）。从哺乳动物内部各科动物构成情况来看，兔科仅次于猪科，占总可鉴定标本数的 8%（图 3-7），占总最小个体数的 17%（图 3-8），明显为先民利用较多的动物之一。

2. 骨骼保存部位

我们根据家兔的最小个体数，结合各骨骼部位出土情况，对其骨骼发现率进行了估算，结果如表 3-6 所示。

表 3-6　根据家兔最小个体数（MNI=86）估算的骨骼发现率

骨骼部位	全身数量（件）	NISP 期望值（件）	NISP 发现值（件）	发现率（%）
头骨	1	86	7	8.1
下颌骨	2	172	27	15.7
寰椎	1	86	0	0
枢椎	1	86	0	0
肩胛骨	2	172	43	25
肱骨	2	172	129	75
尺桡骨	4	344	24	7
髋骨	2	172	112	65.1
股骨	2	172	251	145.9

骨骼部位	全身数量（件）	NISP 期望值（件）	NISP 发现值（件）	发现率（%）
胫骨	2	172	134	77.9
腓骨	2	172	0	0
跟骨	2	172	0	0
距骨	2	172	1	0.6
髌骨	2	172	0	0
掌跖骨	16	1376	0	0
腕跗骨	16	1376	0	0
趾骨	24	2064	0	0

以腕跗骨、跟骨、距骨、髌骨、掌跖骨和趾骨为代表的关节部位短骨和蹄部骨骼发现率几乎全部为 0，表明这些部位均未运送至遗址所在地。这些骨骼部位带肉量较少，先民未将其运至遗址所在地可能就是出于对家兔肉食消费需求的考虑。

寰椎、枢椎为代表的颈部骨骼发现率也为 0，但以头骨和下颌骨为代表的头部却有一定的发现率，虽然发现率并不高，在 20% 以下。这种情况说明：①先民对家兔头部骨骼有一定的利用，但利用程度较低；②颈部骨骼的缺失说明先民利用的家兔头部是未与身体连接在一起的，应为单独运至遗址所在地进行消费的。这种现象显示出遗址中部分先民对兔头的特殊喜好。

骨骼发现率较高的骨骼部位均属带肉较多的长骨骨骼，其中以股骨、胫骨为代表的后肢骨骼发现率要高于以肱骨和尺桡骨为代表的前肢骨骼，显示出先民对家兔后肢骨骼（后腿）的特殊喜好。

3. 死亡年龄

由于遗址出土家兔的遗存以四肢长骨为主，我们以长骨骨骺是否愈合作为判断死亡年龄的重要依据，长骨骨骺完全愈合的个体为成年个体，存在未愈合长骨骨骺的个体为未成年个体，其数量分布情况如图 3-13 所示，明显以成年个体为主。这种死亡年龄结构特征表明先民对家兔饲养时间普遍较长，对家兔的消费和利用除获取肉食外，还可能存在次级产品（如兔毛等）的开发。

4. 小结

综合以上分析，遗址出土家兔是仅次于家猪的哺乳动物，当为先民非常重要的肉食来源。从骨骼保存部位来看，先民对家兔的消费存在着部位上的差异，先民更倾向于食用家兔的后肢骨骼（后腿），部分先民对家兔头部情有独钟，说明成都地区现今仍然存在喜食兔头和兔肉的饮食习俗，可能早在明清时期就已形成。从家兔的死亡年龄来看，明显以成年个体为主，显示出先民对家兔的利用方式除了获取肉食外，可能还存在对兔毛等次级产品的开发。

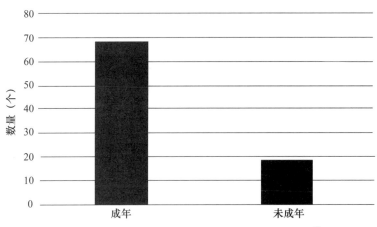

图3-13　蜀王府遗址出土家兔死亡年龄分布示意图①

三、其 他 家 畜

本遗址中家犬（狗）、马科、牛科（包括牛和羊）出土数量都比较少（参见第二章第一节和第二节），因此下文将分别从死亡年龄等角度简单探讨先民对这几种家畜的消费和利用。

1. 家犬（狗）

遗址中发现的狗最小个体数为 4 个个体，约占哺乳动物总最小个体数的 1%。

从骨骼保存部位来看，仅发现肩胛骨、桡骨和股骨的残块，说明这些遗存是先民在别处宰杀之后运至遗址所在地进行消费的。

若以长骨骨骺是否愈合作为判断动物是否成年的标准，遗址中发现的这 4 个个体均为成年个体，说明先民对其饲养时间较长。

从目前可测量的股骨远端宽度数据分布情况来看（表 3-7），遗址中发现的 4 只狗的个体体形差异不大，应属同一种；与金河路 59 号遗址先秦时期测量数据相比，差异则较为明显，说明成都地区家养的狗在不同时间段存在着一定的体形差异，有可能是品种间的差异。

表 3-7　金河路 59 号遗址和蜀王府遗址出土狗股骨远端宽度测量数据一览表

遗址名称和时代	狗的股骨远端宽度（毫米）
金河路 59 号遗址（先秦时期）①	33.56
金河路 59 号遗址（先秦时期）	20.11
金河路 59 号遗址（先秦时期）	20.92
蜀王府遗址（明清时期）	27.14

---

① 以全部长骨骨骺愈合作为成年的标志。

① 何锟宇、谢涛、苏奎：《成都"金河路 59 号"春秋战国—唐、宋时期遗址出土动物骨骼报告》，《成都考古发现》（2015），科学出版社，2017 年，第 418 页。

续表

遗址名称和时代	狗的股骨远端宽度（毫米）
蜀王府遗址（明清时期）	30.09
蜀王府遗址（明清时期）	29.27
蜀王府遗址（明清时期）	27.31
蜀王府遗址（明清时期）	27.12

总体来看，遗址中发现狗的数量较少，说明狗并非先民主要消费的动物；从死亡年龄特征来看，这些狗有可能具备看家护院的功能或是作为宠物存在的；从骨骼保存部位的特征来看，这些狗在死亡之后也会被先民当成食物进行消费；从股骨远端测量数据来看，这些狗应属同一种，但与金河路 59 号遗址先秦时期出土狗的测量数据相比差异还是较为明显的。

2. 马科动物

遗址中发现的马最小个体数为 2 个个体，约占哺乳动物总最小个体数的 0.4%。

从骨骼保存部位来看，除游离牙齿外，大多为掌骨、跖骨和趾骨等，且其中 1 件掌骨 / 跖骨远端有明显砍痕，说明这些遗存是先民在别处宰杀之后运至遗址所在地进行消费的。

若以长骨骨骺是否愈合作为判断动物是否成年的标准，遗址中发现的这 2 个个体均为成年个体，说明先民对其饲养时间较长。

从目前可测量的掌骨 / 跖骨远端宽度数据分布情况来看（表 3-8），遗址中发现的马科动物与金河路 59 号遗址汉代到唐宋时期的驴相差不大，与十二桥遗址新一村地点和金河路 59 号遗址出土的马相差较大，可能为驴，也可能为体形较小的马。

表 3-8　金河路 59 号遗址和蜀王府遗址出土马科掌骨 / 跖骨远端宽度测量数据一览表

遗址名称和时代	马科的掌骨 / 跖骨远端宽度（毫米）	备注
十二桥遗址新一村地点（商周时期）[1]	51.17	马
金河路 59 号遗址（汉代）[2]	50.67	马
金河路 59 号遗址（汉代）	32.54	驴
金河路 59 号遗址（唐宋时期）[3]	44.06	马
金河路 59 号遗址（唐宋时期）	51.65	马
金河路 59 号遗址（唐宋时期）	51.05	马
金河路 59 号遗址（唐宋时期）	34.19	驴
金河路 59 号遗址（唐宋时期）	30.11	驴

[1]　何锟宇、周志清、邱艳、左志强、易立：《成都市十二桥遗址新一村地点动物骨骼报告》，《成都考古发现》（2012），科学出版社，2014 年，第 275 页。

[2]　何锟宇、谢涛、苏奎：《成都"金河路 59 号"春秋战国—唐、宋时期遗址出土动物骨骼报告》，《成都考古发现》（2015），科学出版社，2017 年，第 423 页。

[3]　何锟宇、谢涛、苏奎：《成都"金河路 59 号"春秋战国—唐、宋时期遗址出土动物骨骼报告》，《成都考古发现》（2015），科学出版社，2017 年，第 432、433 页。

遗址名称和时代	马科的掌骨 / 跖骨远端宽度（毫米）	备注
金河路 59 号遗址（唐宋时期）	32.69	驴
金河路 59 号遗址（唐宋时期）	30.34	驴
蜀王府遗址（明清时期）	32.58	马？驴？
蜀王府遗址（明清时期）	32.48	马？驴？

总体来看，遗址中发现马科动物骨骼数量很少，说明其并非先民主要消费的动物；从死亡年龄特征来看，这些马科动物（可能为驴）有可能是作为劳役动物存在的；从骨骼保存部位及骨骼表面遗留的痕迹特征来看，这些动物在死亡之后也会被先民当作食物进行消费；从掌骨 / 跖骨远端测量数据来看，遗址出土马科动物与金河路 59 号遗址汉代和唐宋时期驴的测量数据比较接近，可能为驴。

3. 牛

遗址中发现的牛最小个体数为 2 个个体，约占哺乳动物总最小个体数的 0.4%。

从骨骼保存部位来看，仅发现尺骨、桡骨、股骨和枢椎等部位，且其中 1 件桡骨表面发现明显的砍痕，说明这些遗存是先民在别处宰杀之后运至遗址所在地进行消费的。

若以长骨骨骺是否愈合作为判断动物是否成年的标准，遗址中发现的这 2 个个体中，1 个为成年个体，1 个为未成年个体。

从目前可测量的股骨远端宽度数据分布情况来看（表 3-9），遗址中发现的牛与金河路 59 号遗址先秦时期和唐宋时期黄牛和水牛测量数据相差不大。

表 3-9　金河路 59 号遗址和蜀王府遗址出土牛股骨远端宽度测量数据一览表

遗址名称和时代	牛的股骨远端宽度（毫米）	备注
金河路 59 号遗址（先秦时期）[①]	87.85	黄牛
金河路 59 号遗址（先秦时期）	80.02	黄牛
金河路 59 号遗址（唐宋时期）[②]	81.97	水牛
蜀王府遗址（明清时期）	85	水牛？黄牛？

总体来看，遗址中发现牛的骨骼数量很少，说明其并非本遗址先民主要消费的动物；从死亡年龄特征来看，未成年的牛有可能是作为先民食物存在的，成年的牛则有可能是作为劳役动物存在的；从骨骼保存部位及骨骼表面遗留的痕迹特征来看，这些牛是在别处宰杀之后运至遗址所在地进行消费的；从股骨远端测量数据来看，遗址出土的牛与金河路 59 号遗址先秦时期

---

① 何锟宇、谢涛、苏奎：《成都"金河路 59 号"春秋战国—唐、宋时期遗址出土动物骨骼报告》，《成都考古发现》（2015），科学出版社，2017 年，第 418 页。

② 何锟宇、谢涛、苏奎：《成都"金河路 59 号"春秋战国—唐、宋时期遗址出土动物骨骼报告》，《成都考古发现》（2015），科学出版社，2017 年，第 430 页。

和唐宋时期牛的测量数据均较为接近。

4. 羊

遗址中发现的羊最小个体数为 12 个个体，约占哺乳动物总最小个体数的 2.3%。

我们根据羊的最小个体数，结合各骨骼部位出土情况，对其骨骼发现率进行了估算，结果如表 3-10 所示。以头骨、上下颌骨和枢椎等为代表的头部和颈部骨骼发现率普遍较低，以腕跗骨、髌骨等为代表的关节短骨发现率也都比较低，以掌跖骨和趾骨为代表的蹄部骨骼发现率非常低，这些骨骼部位均属羊身体带肉较少的部位；与之相对应的则是羊身体带肉较多的长骨骨骼发现率普遍较高，尤其是肱骨、桡骨、股骨的骨骼发现率都超过 50%。骨骼发现率的特征表明，遗址中发现的羊并非在遗址本地宰杀的，应为宰杀后由先民运来本地进行消费的，先民有意识选择带肉较多的部位运来遗址所在地进行消费。

表 3-10　根据羊最小个体数（MNI=12）估算的骨骼发现率

骨骼部位	全身数量（件）	NISP 期望值（件）	NISP 发现值（件）	发现率（%）
头骨	1	12	1	8.3
上颌骨	2	24	1	4.2
下颌骨	2	24	2	8.3
寰椎	1	12	0	0
枢椎	1	12	1	8.3
肩胛骨	2	24	12	50
肱骨	2	24	19	79.2
尺骨	2	24	6	25
桡骨	2	24	14	58.3
髋骨	2	24	2	8.3
股骨	2	24	14	58.3
胫骨	2	24	12	50
跟骨	2	24	7	29.2
距骨	2	24	6	25
髌骨	2	24	0	0
腕跗骨	16	192	1	0.5
掌跖骨	8	96	3	3.1
趾骨	24	288	7	2.4

若以长骨骨骺是否愈合作为判断动物是否成年的标准，遗址中发现的这 12 个个体中，7 个为成年个体，5 个为未成年个体（图 3-14），从死亡年龄角度来看，先民对羊的利用方式除获取肉食外，还应该包括对次级产品（如羊毛和羊奶等）的开发。

从骨骼表面痕迹观察结果来看，在肱骨、尺骨和桡骨等 3 件骨骼表面发现明显的砍痕，这些砍痕应为先民肢解动物过程中留下的痕迹；在肱骨、胫骨和股骨等 6 件骨骼表面发现明显的

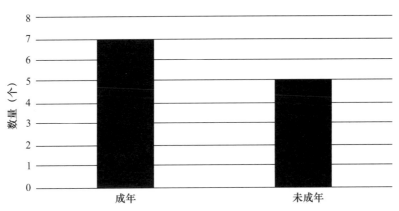

图3-14　蜀王府遗址出土羊死亡年龄分布示意图

切割痕，这些切割痕应为先民剥皮剔肉的过程中留下的痕迹。这些痕迹充分说明先民对羊的利用方式之一是获取肉食。

从目前可测量的桡骨近端、肱骨远端和胫骨远端宽度数据分布情况来看（图 3-15～图 3-17），遗址中发现的羊与金河路 59 号遗址唐宋时期山羊测量数据[①]存在较为明显的差异，总体呈现出随时间推移测量数据逐渐变小的趋势，这种变化可能与先民对羊的长期饲养有关，也有可能与羊的具体品种有关。

总体来看，遗址中发现羊的骨骼数量不多，说明其并非本遗址先民主要利用的动物；从死亡年龄特征来看，先民对羊的利用方式包括两个方面，一方面是获取其肉食资源（未成年个体），另一方面是获取次级产品（羊奶或羊毛）；从骨骼保存部位及骨骼表面遗留的痕迹特征来

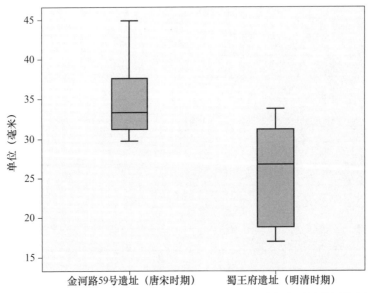

图3-15　金河路59号遗址与蜀王府遗址出土羊桡骨近端宽度测量数据分布图

---

① 何锟宇、谢涛、苏奎：《成都"金河路 59 号"春秋战国—唐、宋时期遗址出土动物骨骼报告》，《成都考古发现》（2015），科学出版社，2017 年，第 425、426、428 页。

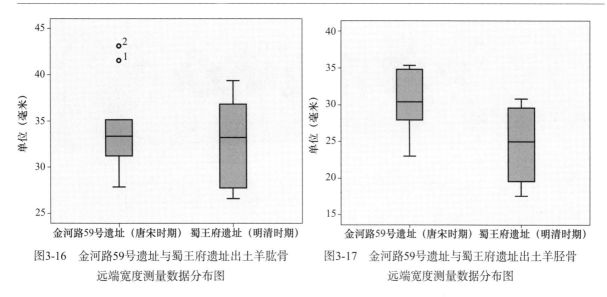

图3-16　金河路59号遗址与蜀王府遗址出土羊肱骨
远端宽度测量数据分布图

图3-17　金河路59号遗址与蜀王府遗址出土羊胫骨
远端宽度测量数据分布图

看，这些羊是在别处宰杀之后运至遗址所在地进行消费的；从桡骨近端、肱骨远端和胫骨远端测量数据来看，遗址出土的羊与金河路59号遗址唐宋时期山羊的测量数据相比有逐渐变小的趋势，这或许与先民对羊的长期饲养行为有关。

四、家　　鸡

我们将从形态特征、数量比例、骨骼保存部位、死亡年龄、病理现象和骨骼表面痕迹六个方面探讨先民对家鸡的饲养与利用。

鉴于遗址中家鸡和野鸡比例相差较大（参见第二章第三节；图2-5；图2-12），我们有理由相信遗址中鉴定为雉科的骨骼多数应属家鸡，因此在下文的讨论和分析中，我们会将目前鉴定为雉科的骨骼认定为家鸡。

1. 形态特征

根据目前的研究成果，我们能够确认为家鸡的骨骼主要为肱骨、股骨、胫骨和乌喙骨等，因此下文将重点分析这几个骨骼部位的测量数据。

（1）肱骨

遗址出土雉科（包括家鸡和野鸡）肱骨骨骼1381件，只有3件可明确为野鸡，其余1378件我们均将其假设为家鸡。其中271件可测量长度，其分布情况如图3-18和表3-11所示，集中于65～80毫米的范围内，平均值为73.84毫米；632件可测量近端宽度，其分布情况如图3-19和表3-11所示，集中于15～25毫米的范围内，平均值为19.74毫米；877件可测量远端宽度，其分布情况如图3-20和表3-11所示，集中于10～20毫米的范围内，平均值为15.67毫米。

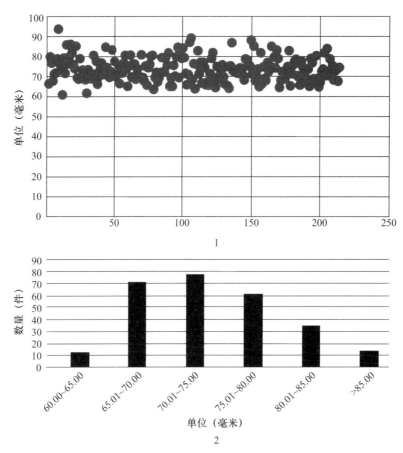

图3-18　蜀王府遗址出土家鸡肱骨长度测量数据分布示意图

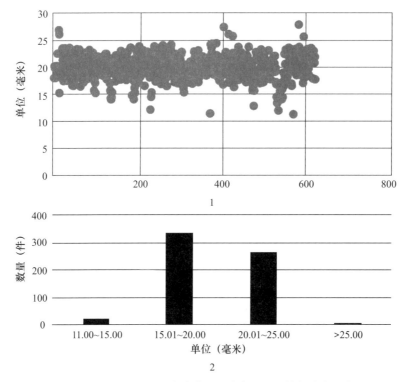

图3-19　蜀王府遗址出土家鸡肱骨近端宽度测量数据分布示意图

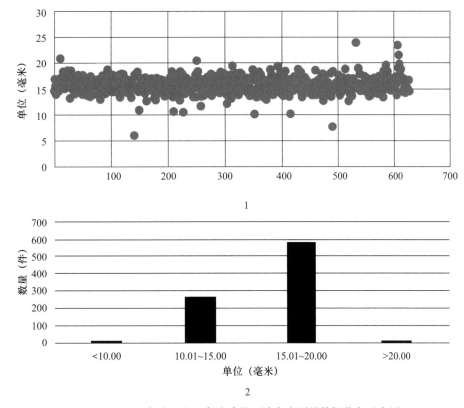

图3-20　蜀王府遗址出土家鸡肱骨远端宽度测量数据分布示意图

表 3-11　蜀王府遗址出土家鸡主要骨骼测量数据统计表

骨骼部位	长度（毫米）			近端宽度（毫米）			远端宽度（毫米）		
	最大值	平均值	最小值	最大值	平均值	最小值	最大值	平均值	最小值
乌喙骨	71.62	57.06	47.59				19.29	12.28	9.22
肱骨	94.06	73.84	60.87	27.89	19.74	11.15	23.98	15.67	5.96
股骨	108.82	83.46	67.61	24.89	17.34	10.12	23.68	16.43	3.84
胫骨	165.51	121.16	99.72	25.69	15.74	2.3	22.61	12.76	5.15

　　综合来看，鸡的肱骨测量数据具有相对集中的现象，说明这些鸡可能大部分属于同一种类；同时也存在测量数据偏小和偏大的标本，这些标本数量都比较少，有可能属于另外的种类（测量数据过小的标本有可能不属于鸡的遗存）；相对集中的测量数据又可大致进行区分，如肱骨长度可以 75 毫米为界进行区分、肱骨近端长度可以 20 毫米为界进行区分、肱骨远端长度可以 15 毫米为界进行区分，这种尺寸数据的区分可能与性别差异有关。

　　（2）乌喙骨

　　遗址出土雉科（包括家鸡和野鸡）乌喙骨 804 件，其中 61 件可明确为野鸡的遗存，其余 743 件我们将其假定为家鸡。其中 214 件可测量长度，其分布情况如图 3-21 和表 3-11 所示，集中于 50～65 毫米的范围内，平均值为 57.06 毫米；209 件可测量远端宽度，其分布情况如图 3-22 和表 3-11 所示，集中于 10～15 毫米的范围内，平均值为 12.28 毫米。

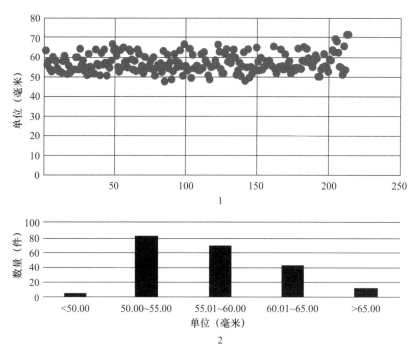

图3-21　蜀王府遗址出土家鸡乌喙骨长度测量数据分布示意图

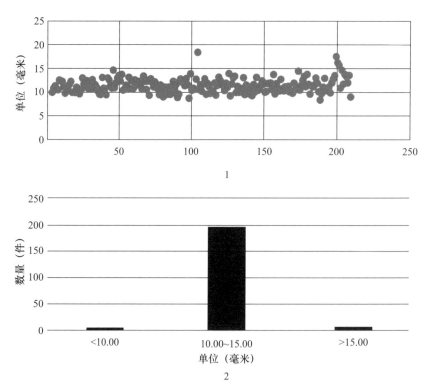

图3-22　蜀王府遗址出土家鸡乌喙骨远端测量数据分布示意图

综合来看，鸡的乌喙骨测量数据具有相对集中的现象，说明这些鸡可能大部分属于同一种类；同时也存在测量数据偏小和偏大的标本，这些标本数量都比较少，有可能属于另外的种类（测量数据过小的标本有可能不属于鸡的遗存）；相对集中的测量数据又可大致进行区分，如乌喙骨长度可以55毫米为界进行区分，这种尺寸数据的区分可能与性别差异有关。

（3）股骨

遗址出土雉科（包括家鸡和野鸡）股骨 1476 件，其中仅 4 件可明确为野鸡的遗存，其余
1472 件我们将其假定为家鸡。其中 319 件可测量长度，其分布情况如图 3-23 和表 3-11 所示，
集中于 70～90 毫米的范围内，平均值为 83.46 毫米；824 件可测量近端宽度，其分布情况如
图 3-24 和表 3-11 所示，集中于 15～20 毫米的范围内，平均值为 17.34 毫米；760 件可测量远
端宽度，其分布情况如图 3-25 和表 3-11 所示，集中于 15～20 毫米，平均值为 16.43 毫米。

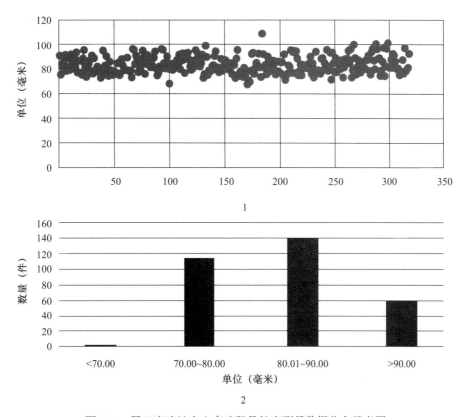

图3-23　蜀王府遗址出土家鸡股骨长度测量数据分布示意图

综合来看，鸡的股骨测量数据具有相对集中的现象，说明这些鸡可能大部分属于同一种
类；同时也存在测量数据偏小和偏大的标本，这些标本数量都比较少，有可能属于另外的种类
（测量数据过小的标本有可能不属于鸡的遗存）；相对集中的测量数据又可大致进行区分，如股
骨长度可以 80 毫米为界进行区分，这种尺寸数据的区分可能与性别差异有关。

（4）胫骨

遗址出土雉科（包括家鸡和野鸡）胫骨 2024 件，其中仅 12 件可明确为野鸡的遗存，其余
2012 件我们将其假定为家鸡。其中 122 件可测量长度，其分布情况如图 3-26 和表 3-11 所示，
集中于 110～140 毫米的范围内，平均值为 121.16 毫米；534 件可测量近端宽度，其分布情况
如图 3-27 和表 3-11 所示，集中于 10～20 毫米的范围内，平均值为 15.74 毫米；1393 件可测量
远端宽度，其分布情况如图 3-28 和表 3-10 所示，集中于 10～15 毫米，平均值为 12.76 毫米。

综合来看，鸡的胫骨测量数据具有相对集中的现象，说明这些鸡可能大部分属于同一种

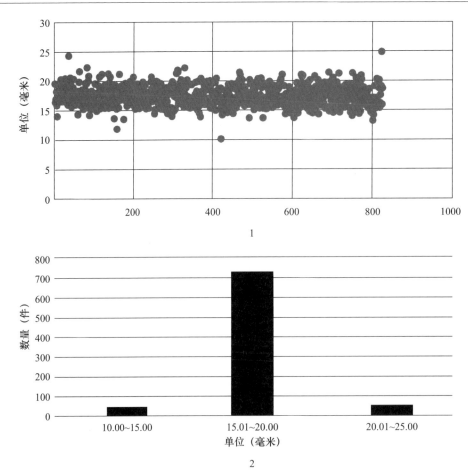

图3-24　蜀王府遗址出土家鸡股骨近端宽度测量数据分布示意图

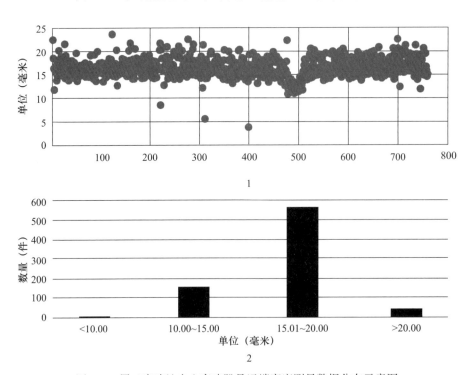

图3-25　蜀王府遗址出土家鸡股骨远端宽度测量数据分布示意图

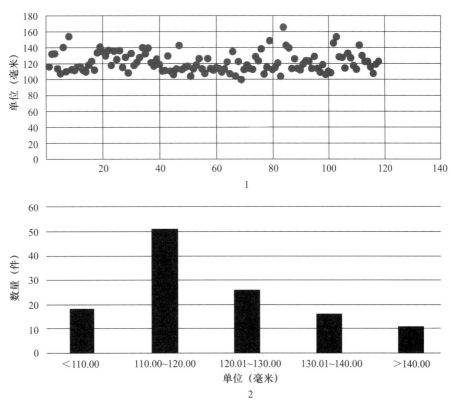

图3-26　蜀王府遗址出土家鸡胫骨长度测量数据分布示意图

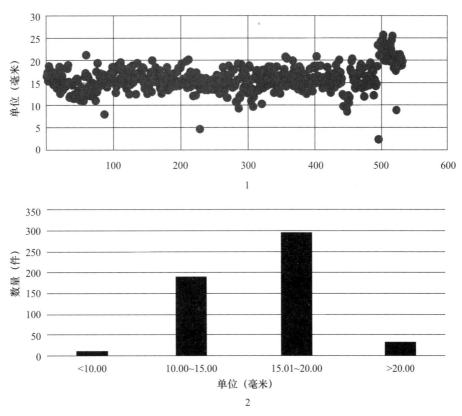

图3-27　蜀王府遗址出土家鸡胫骨近端宽度测量数据分布示意图

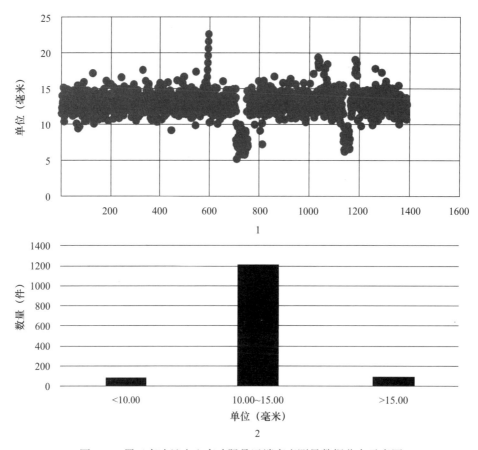

图3-28　蜀王府遗址出土家鸡胫骨远端宽度测量数据分布示意图

类；同时也存在测量数据偏小和偏大的标本，这些标本数量都比较少，有可能属于另外的种类（测量数据过小的标本有可能不属于鸡的遗存）；相对集中的测量数据又可大致进行区分，如胫骨长度可以120毫米为界进行区分、胫骨近端宽度可以15毫米为界进行区分，这种尺寸数据的区分可能与性别差异有关。

2. 数量比例

从可鉴定到科的遗存数量来看，雉科在可鉴定标本数中占36%（图3-5），在最小个体数中占52%（图3-6），都是最高的，是先民利用较多的动物之一。

3. 骨骼保存部位

我们根据雉科的最小个体数，结合各骨骼部位出土情况，对其骨骼发现率进行了估算，结果如表3-12所示。以头骨、上下颌骨为代表的头部骨骼发现率极低，以跗跖骨等为代表的爪部骨骼发现率也非常低，这些骨骼部位带肉量都比较少，可见这些雉科动物也是在别处宰杀肢解后被先民运至遗址所在地进行消费的。从具体的骨骼发现率来看，超过50%的为肱骨、尺骨、股骨和胫骨，这几个骨骼部位代表的分别为鸡的前肢（俗称翅根与翅中）和后肢（俗称鸡腿）的部位，可见当时先民更倾向于消费鸡身体的这几个部位。

表 3-12　根据雉科最小个体数（MNI=1178）估算的主要骨骼发现率

骨骼部位	全身数量（件）	NISP 期望值（件）	NISP 发现值（件）	发现率（%）
头骨	1	1178	0	0
上颌骨	1	1178	3	0.25
下颌骨	2	2356	0	0
锁骨	2	2356	118	5.01
肩胛骨	2	2356	515	21.86
乌喙骨	2	2356	804	34.13
肱骨	2	2356	1381	58.62
尺骨	2	2356	1182	50.17
桡骨	2	2356	587	24.92
腕掌骨	2	2356	612	25.98
股骨	2	2356	1476	62.65
胫骨	2	2356	2024	85.91
腓骨	2	2356	0	0
跗跖骨	2	2356	9	0.38

4. 死亡年龄

我们以长骨骨骺是否愈合作为判断死亡年龄的重要依据，长骨骨骺完全愈合的个体为成年个体，存在未愈合长骨骨骺的个体为未成年个体，其数量分布情况如图 3-29 所示，明显以成年个体为主。这种死亡年龄结构特征表明先民对家鸡的利用方式除获取肉食外，还存在次级产品（如鸡蛋等）的开发与利用。

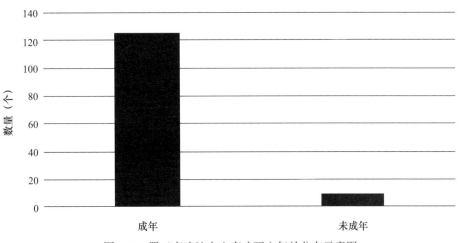

图3-29　蜀王府遗址出土家鸡死亡年龄分布示意图

5. 病理现象

遗址中出土鸟类遗存中共 51 件骨骼有病变现象（图版 95-3），其中明确属于家鸡的遗存有 33 件（表 3-13），病变特征包括关节变形（关节炎）（图版 94-1、2）、骨骼融合、骨折后愈合（图版 93-1～3）、骨骼弯曲形变（图版 93-4；图版 95-1）、骨质增生（图版 95-2）等，数量分布情况见图 3-30，明显以骨折后愈合现象为主，占比超过 50%。

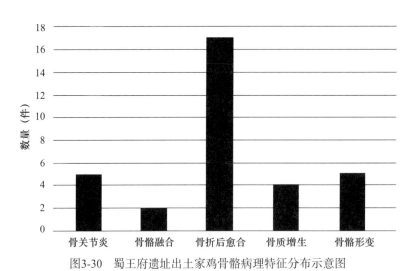

图3-30　蜀王府遗址出土家鸡骨骼病理特征分布示意图

表 3-13　蜀王府遗址出土家鸡病变骨骼及病变特征一览表

动物种属	骨骼部位	数量（件）	病变特征
家鸡	肩胛骨	2	1 件关节变形，关节炎；1 件骨骼形变
家鸡	乌喙骨	2	1 件远端与胸骨融合；1 件骨骼远端形变，关节炎
家鸡	尺骨	4	1 件骨折后愈合，2 件骨骼弯曲形变；1 件远端关节炎、关节变形
家鸡	桡骨	2	2 件骨折后愈合
家鸡	肱骨	4	2 件骨折后愈合，1 件近端骨骼融合，1 件骨折后关节肿大形变
家鸡	股骨	6	4 件骨折后愈合；2 件远端关节炎
家鸡	胫骨	13	8 件骨折后愈合；4 件骨质增生；1 件远端关节骨质变化

6. 骨骼表面痕迹

遗址中出土鸟类动物遗存中共有 268 件表面发现明显的砍痕，其中雉科动物 153 件，骨骼部位主要为尺骨、肱骨、股骨、胫骨（图版 91-1）和乌喙骨，具体数量分布情况见图 3-31，明显以胫骨为主。

遗址出土鸟类动物遗存中共有 239 件表面发现切割痕，其中雉科动物 159 件，骨骼部位主要为肱骨、股骨和胫骨（图版 91-2），具体数量分布情况见图 3-32 所示，也明显以胫骨为主。

骨骼表面痕迹的存在说明，遗址先民在宰杀肢解、剥皮剔肉获取鸟类动物（家鸡）肉食的过程中更容易在后肢胫骨上留下痕迹，这可能与先民采取的获取动物性食物（家鸡肉食）的具体行为有关。

7. 小结

通过对本遗址雉科形态学特征的判断，我们认为本遗址出土的雉科动物应多为家鸡，且大多属于同一种类；少量测量数据偏大或偏小的标本可能属于别的种类。测量数据似乎显示出一定的性别差异，但具体的性别比例关系很难判断。

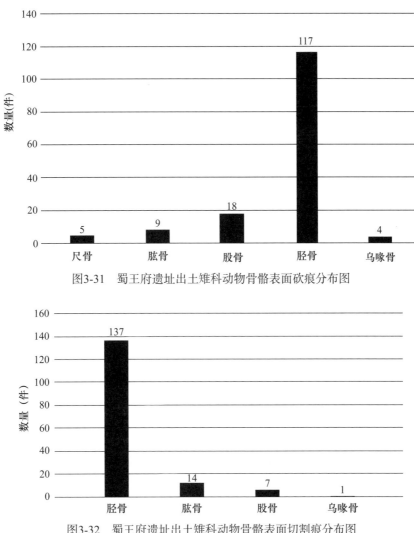

图3-31　蜀王府遗址出土雉科动物骨骼表面砍痕分布图

图3-32　蜀王府遗址出土雉科动物骨骼表面切割痕分布图

　　从这些遗存的保存状态、骨骼表面存在的人工痕迹（砍痕和切割痕）来看，先民对于家鸡的利用方式之一明显为获取所需的肉食；从骨骼保存部位特征来看，这些鸡并非本地宰杀的，应为先民在别处宰杀后选择带肉较多的部位带至遗址所在地进行消费的。从鸡的死亡年龄结构特征来看，先民对家鸡的饲养时间普遍较长，可见先民对家鸡的利用方式除获取肉食外，还存在其他的方式（如获取鸡蛋）。从数量比例来看，本遗址的家鸡是先民重要的肉食来源之一，在先民肉食消费中地位较高；而从具体的保存部位来看，鸡的前肢（俗称翅中和翅根）和后肢（俗称鸡腿）可能是当时先民喜爱消费（食用）的部位。

五、家　　鸭

　　我们将从形态特征、数量比例、骨骼保存部位和死亡年龄四个方面探讨先民对家鸭的饲养与利用。

1. 形态特征

遗址中发现的家鸭骨骼包括肩胛骨、肱骨、尺骨、桡骨、上颌骨、股骨、胫骨、锁骨、腕掌骨、乌喙骨和下颌骨。保存数量较多的骨骼部位包括肱骨、尺骨、乌喙骨和胫骨，下文将重点分析这几个骨骼部位的测量数据。

（1）肱骨

遗址出土家鸭肱骨骨骼 78 件，其中 15 件可测量长度，其分布情况如图 3-33 和表 3-14 所示，集中于 70～90 毫米的范围内，平均值为 75.84 毫米；31 件可测量近端宽度，其分布情况如图 3-34 和表 3-14 所示，集中于 15～20 毫米的范围内，平均值为 16.84 毫米；49 件可测量远端宽度，其分布情况如图 3-35 和表 3-14 所示，集中于 10～15 毫米的范围内，平均值为 12.3 毫米。

综合来看，家鸭的肱骨测量数据具有相对集中的现象，说明这些鸭可能大部分属于同一种类；同时也存在测量数据偏小和偏大的标本，这些标本数量都比较少，有可能属于另外的种类；相对集中的测量数据又可大致进行区分，如肱骨长度可以 80 毫米为界进行区分，这种尺寸数据的区分可能与性别差异有关。

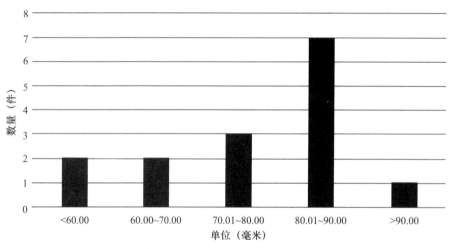

图3-33　蜀王府遗址出土家鸭肱骨长度测量数据分布示意图

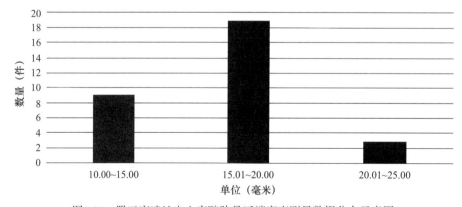

图3-34　蜀王府遗址出土家鸭肱骨近端宽度测量数据分布示意图

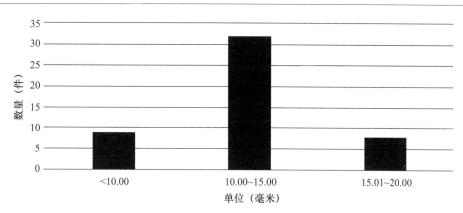

图3-35　蜀王府遗址出土家鸭肱骨远端宽度测量数据分布示意图

表 3-14　蜀王府遗址出土家鸭主要骨骼测量数据统计表

骨骼部位	长度（毫米）			近端宽度（毫米）			远端宽度（毫米）		
	最大值	平均值	最小值	最大值	平均值	最小值	最大值	平均值	最小值
乌喙骨	51.13	46.81	44.25				19.13	18	16.22
肱骨	98.17	75.84	55.5	21.12	16.84	16.6	17.93	12.3	8.85
尺骨	82.28	61.08	50.2	10.48	7.84	6.17	12.21	8.87	5.92
胫骨				9.55	7.35	5.14	11.87	8.6	6.86

（2）尺骨

遗址出土家鸭尺骨骨骼 31 件，其中 10 件可测量长度，其分布情况如图 3-36 和表 3-14 所示，集中于 50～60、70～80 毫米的范围内，平均值为 61.08 毫米；18 件可测量近端宽度，其分布情况如图 3-37 和表 3-14 所示，集中于 6～8 毫米的范围内，平均值为 7.84 毫米；23 件可测量远端宽度，其分布情况如图 3-38 和表 3-14 所示，集中于 7～8、9～10 毫米的范围内，平均值为 8.87 毫米。

综合来看，家鸭的尺骨测量数据具有相对集中的现象，说明这些鸭可能大部分属于同一种类；同时也存在测量数据偏小和偏大的标本，这些标本数量都比较少，有可能属于另外的种类；相对集中的测量数据又可大致进行区分，如尺骨长度和尺骨远端宽度分别集中于两个不同

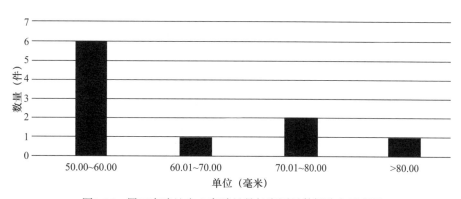

图3-36　蜀王府遗址出土家鸭尺骨长度测量数据分布示意图

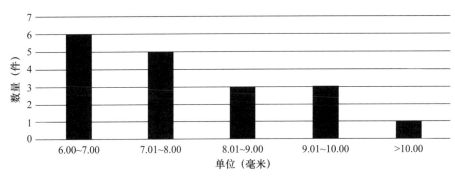

图3-37　蜀王府遗址出土家鸭尺骨近端宽度测量数据分布示意图

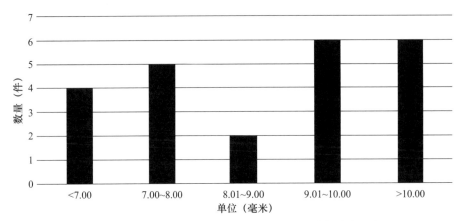

图3-38　蜀王府遗址出土家鸭尺骨远端宽度测量数据分布示意图

的区间内，尺骨近端宽度可以8毫米为界进行区分，这种尺寸数据的集中与区分现象可能与性别差异有关。

（3）乌喙骨

遗址出土家鸭乌喙骨骨骼25件，其中12件可测量长度，其分布情况如图3-39和表3-14所示，集中于44~46、48~50毫米的范围内，平均值为46.81毫米；13件可测量远端宽度，其分布情况如图3-40和表3-14所示，集中于18~19毫米的范围内，平均值为18毫米。

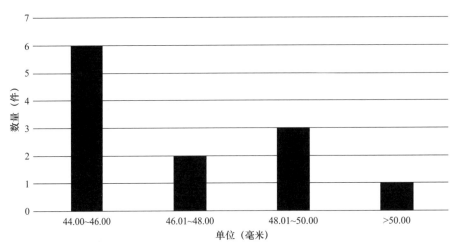

图3-39　蜀王府遗址出土家鸭乌喙骨长度测量数据分布示意图

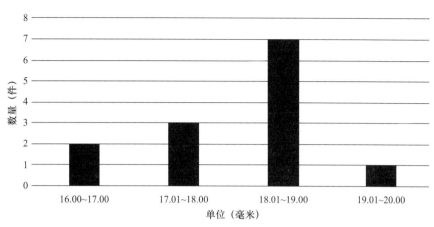

图3-40　蜀王府遗址出土家鸭乌喙骨远端宽度测量数据分布示意图

综合来看，家鸭的乌喙骨测量数据具有相对集中的现象，说明这些鸭可能大部分属于同一种类；同时也存在测量数据偏小和偏大的标本，这些标本数量都比较少，有可能属于另外的种类；相对集中的测量数据又可大致进行区分，如乌喙骨长度可以48毫米为界进行区分、乌喙骨远端宽度可以18毫米为界进行区分，这种尺寸数据的区分可能与性别差异有关。

（4）胫骨

遗址出土家鸭胫骨骨骼16件，其中14件可测量远端宽度，其分布情况如图3-41和表3-14所示，集中于8～10毫米的范围内，平均值为8.6毫米。

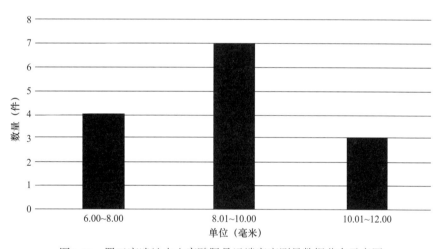

图3-41　蜀王府遗址出土家鸭胫骨远端宽度测量数据分布示意图

可见，家鸭的胫骨测量数据具有相对集中的现象，说明这些鸭可能大部分属于同一种类；同时也存在测量数据偏小和偏大的标本，这些标本数量都比较少，有可能属于另外的种类。

2. 数量比例

从可鉴定到科的遗存数量来看，鸭科在可鉴定标本数中占28%（图3-5），在最小个体数中占24%（图3-6），是先民利用较多的动物之一。遗址中出土的鸭科动物以大型鸭科（家鹅）为主，家鸭占据的比例较低，说明当时先民对家鸭的利用程度较低。

3. 骨骼保存部位

我们根据家鸭的最小个体数，结合各骨骼部位出土情况，对其骨骼发现率进行了估算，结果如表3-15所示。以头骨及上、下颌骨为代表的头部骨骼发现率极低，以跗跖骨等为代表的爪部骨骼发现率也非常低，这些骨骼部位带肉量都比较少，可见这些家鸭也是在别处宰杀肢解后被先民运至遗址所在地进行消费的。从具体的骨骼发现率来看，超过40%的为肱骨、尺骨和乌喙骨，这几个骨骼部位代表的分别为家鸭的前肢（俗称翅根与翅中）和乌喙骨部位，可见当时先民更倾向于消费家鸭身体的这几个部位。

表 3-15　根据家鸭最小个体数（MNI=31）估算的骨骼发现率

骨骼部位	全身数量（件）	NISP 期望值（件）	NISP 发现值（件）	发现率（%）
头骨及上颌骨	1	31	2	6.5
下颌骨	2	62	1	1.6
锁骨	2	62	7	11.3
肩胛骨	2	62	13	21
乌喙骨	2	62	25	40.3
肱骨	2	62	78	125.8
尺骨	2	62	31	50
桡骨	2	62	16	25.8
腕掌骨	2	62	18	29
股骨	2	62	11	17.7
胫骨	2	62	16	25.8
腓骨	2	62	0	0
跗跖骨	2	62	0	0

4. 死亡年龄

我们以长骨骨骺是否愈合作为判断死亡年龄的重要依据，长骨骨骺完全愈合的个体为成年个体，存在未愈合长骨骨骺的个体为未成年个体，遗址出土的家鸭全部为成年个体。这种死亡年龄结构特征表明先民对家鸭饲养时间普遍较长，对其利用方式除获取肉食外，还可能存在次级产品（如鸭蛋等）的开发与利用。

5. 小结

通过对本遗址出土家鸭骨骼多个部位的测量数据来看，这些家鸭大多属于同一种类；少量测量数据偏大或偏小的标本可能属于别的种类。测量数据似乎显示出一定的性别差异，但具体的性别比例关系很难判断。

从这些遗存的保存状态来看，先民对于家鸭的利用方式之一明显为获取所需的肉食；从骨骼保存部位特征来看，这些家鸭并非本地宰杀，应为先民在别处宰杀后选择带肉较多的部位带至遗址进行消费的。从死亡年龄结构特征来看，先民对于家鸭的利用方式除了获取肉食外，应该还存在其他的方式（如获取鸭蛋）。从数量比例来看，本遗址的家鸭在先民肉食消费中占据比例并不高；从具体的保存部位来看，前肢（俗称翅中和翅根）可能是当时先民最喜消费（食用）的部位。

六、家　　鹅

我们将从形态特征、数量比例、骨骼保存部位、死亡年龄、病理现象和骨骼表面痕迹六个方面探讨先民对家鹅的饲养与利用。

鉴于遗址中发现的家鹅和天鹅比例相差较为悬殊，我们有理由相信遗址中鉴定为大型鸭科的骨骼多数应属家鹅，因此在下文的讨论和分析中，我们会将目前鉴定为大型鸭科的骨骼认定为家鹅。

1. 形态特征

遗址中出土大型鸭科的尺骨、跗跖骨、肱骨、股骨、胫骨、桡骨、乌喙骨、肩胛骨和腕掌骨数量较多，下文将重点讨论这些骨骼部位的测量数据显示出的形态学特征。

（1）尺骨

遗址出土大型鸭科尺骨骨骼512件，其中15件可测量长度，其分布情况如图3-42和表3-16所示，集中于140～150毫米的范围内，平均值为146.9毫米；220件可测量近端宽度，其分布情况如图3-43和表3-16所示，集中于15～16毫米的范围内，平均值为15.6毫米；257件可测量远端宽度，其分布情况如图3-44和表3-16所示，集中于15～16毫米的范围内，平均值为15.56毫米。

综合来看，大型鸭科的尺骨测量数据具有相对集中的现象，说明这些大型鸭科可能大部分属于同一种类，即家鹅；同时也存在测量数据偏小和偏大的标本，这些标本数量都比较少，有可能属于另外的种类；相对集中的测量数据又可大致进行区分，如尺骨近端宽度可以16毫米

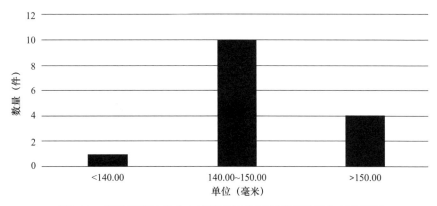

图3-42　蜀王府遗址出土大型鸭科尺骨长度测量数据分布示意图

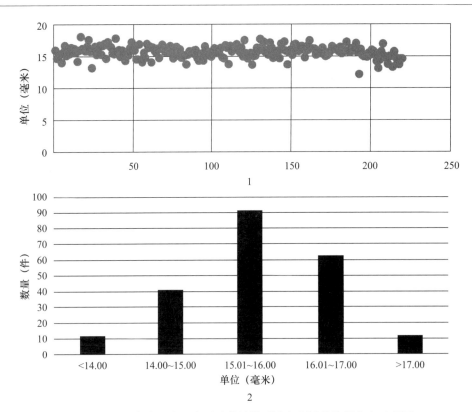

图3-43　蜀王府遗址出土大型鸭科尺骨近端宽度测量数据分布示意图

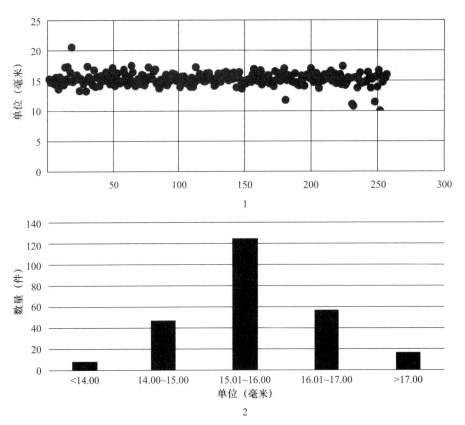

图3-44　蜀王府遗址出土大型鸭科尺骨远端宽度测量数据分布示意图

为界进行区分、尺骨远端宽度可以 15 或 16 毫米为界进行区分，这种尺寸数据的区分可能与性别差异有关。

表 3-16 蜀王府遗址出土大型鸭科动物主要骨骼测量数据统计表 [①]

骨骼部位	长			近端宽			远端宽		
	最大值	平均值	最小值	最大值	平均值	最小值	最大值	平均值	最小值
乌喙骨	84.58	73	54.24				31.87	27.7	18.77
肱骨	172.9	159.37	153.97	40.23	34.69	22.69	48.16	24.06	17.41
尺骨	170	146.9	118.5	18	15.6	12.1	20.86	15.56	10.38
桡骨	154	142.6	129.95	11.31	8.34	7.06	13.62	10.49	9.21
股骨	165.41	81.61	69.96	36.91	21.89	17.23	26.46	21.37	17.64
胫骨	155.34	144.15	66.76	27.96	21.06	10.38	23.55	17.51	10.23
跗跖骨	98.75	86.56	77.45	26.99	18.86	15.64	30.38	19.81	15.11
腕掌骨	110.63	89.65	78.56	29.83	20.9	10.18	22.62	11.06	9.07

（2）跗跖骨

遗址出土大型鸭科跗跖骨骨骼 360 件，其中 87 件可测量长度，其分布情况如图 3-45 和表 3-16 所示，集中于 80～90 毫米的范围内，平均值为 86.56 毫米；175 件可测量近端宽度，其分布情况如图 3-46 和表 3-16 所示，集中于 17～20 毫米的范围内，平均值为 18.86 毫米；174 件可测量远端宽度，其分布情况如图 3-47 和表 3-16 所示，集中于 18～21 毫米的范围内，平均值为 19.81 毫米。

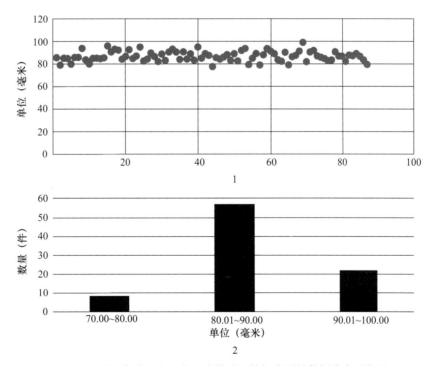

图3-45 蜀王府遗址出土大型鸭科跗跖骨长度测量数据分布示意图

---

① 由于推测遗址中大型鸭科的标本为家鹅的标本，因而此处将大型鸭科的测量数据一起统计。

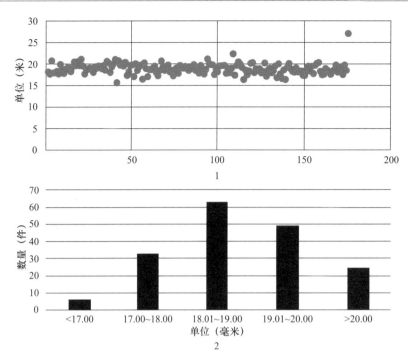

图3-46　蜀王府遗址出土大型鸭科跗跖骨近端宽度测量数据分布示意图

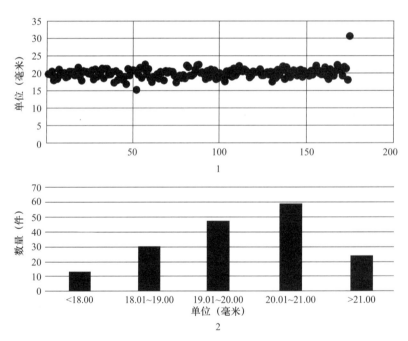

图3-47　蜀王府遗址出土大型鸭科跗跖骨远端宽度测量数据分布示意图

　　综合来看，大型鸭科的跗跖骨测量数据具有相对集中的现象，说明这些大型鸭科可能大部分属于同一种类，即家鹅；同时也存在测量数据偏小和偏大的标本，这些标本数量都比较少，有可能属于另外的种类；相对集中的测量数据又可大致进行区分，如跗跖骨近端宽度可以19毫米为界进行区分、跗跖骨远端宽度可以20毫米为界进行区分，这种尺寸数据的区分可能与性别差异有关。

（3）肱骨

遗址出土大型鸭科肱骨骨骼 727 件，其中 2 件可鉴定为天鹅骨骼，其余标本我们认为均属家鹅骨骼。8 件可测量长度，其平均值为 159.37 毫米（表 3-16）；205 件可测量近端宽度，其分布情况如图 3-48 和表 3-16 所示，集中于 30～40 毫米的范围内，平均值为 34.69 毫米；350件可测量远端宽度，其分布情况如图 3-49 和表 3-16 所示，集中于 20～25 毫米的范围内，平均值为 24.06 毫米。

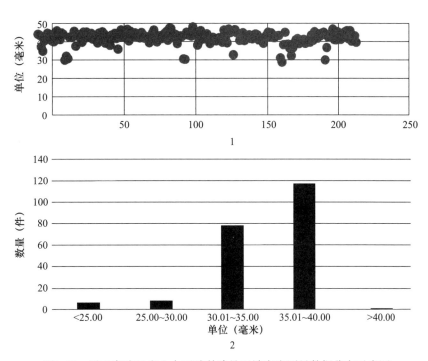

图3-48　蜀王府遗址出土大型鸭科肱骨近端宽度测量数据分布示意图

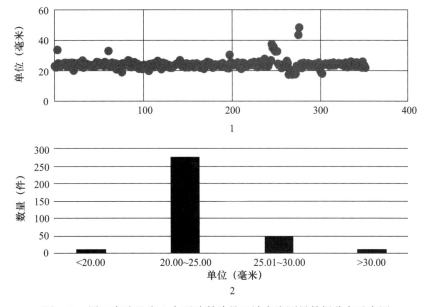

图3-49　蜀王府遗址出土大型鸭科肱骨远端宽度测量数据分布示意图

　　综合来看，大型鸭科的肱骨测量数据具有相对集中的现象，说明这些大型鸭科可能大部分属于同一种类，即家鹅；同时也存在测量数据偏小和偏大的标本，这些标本数量都比较少，有可能属于另外的种类；相对集中的测量数据又可大致进行区分，如肱骨近端宽度可以 35 毫米为界进行区分，这种尺寸数据的区分可能与性别差异有关。

　　（4）股骨

　　遗址出土大型鸭科股骨骨骼 900 件，其中 234 件可测量长度，其分布情况如图 3-50 和表 3-16 所示，集中于 75～85 毫米的范围内，平均值为 81.61 毫米；508 件可测量近端宽度，其分布情况如图 3-51 和表 3-16 所示，集中于 20～24 毫米的范围内，平均值为 21.89 毫米；468 件可测量远端宽度，其分布情况如图 3-52 和表 3-16 所示，集中于 20～24 毫米的范围内，平均值为 21.37 毫米。

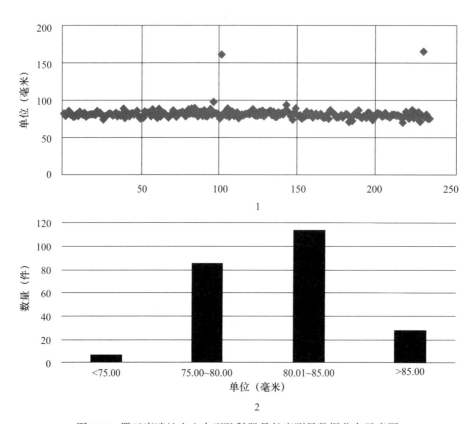

图3-50　蜀王府遗址出土大型鸭科股骨长度测量数据分布示意图

　　综合来看，大型鸭科的股骨测量数据具有相对集中的现象，说明这些大型鸭科可能大部分属于同一种类，即家鹅；同时也存在测量数据偏小和偏大的标本，这些标本数量都比较少，有可能属于另外的种类；相对集中的测量数据又可大致进行区分，如股骨长度可以 80 毫米为界进行区分、股骨近端宽度可以 22 毫米为界进行区分，这种尺寸数据的区分可能与性别差异有关。

　　（5）胫骨

　　遗址出土大型鸭科胫骨骨骼 1330 件，其中 72 件可测量长度，其分布情况如图 3-53 和

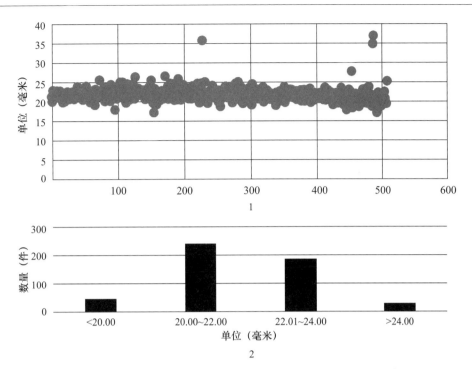

图3-51 蜀王府遗址出土大型鸭科股骨近端宽度测量数据分布示意图

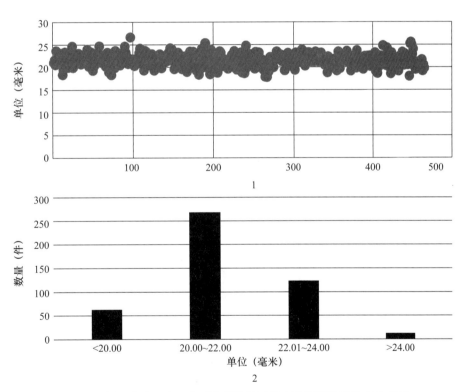

图3-52 蜀王府遗址出土大型鸭科股骨远端宽度测量数据分布示意图

表 3-16 所示，集中于 140～156 毫米的范围内，平均值为 144.15 毫米；332 件可测量近端宽度，其分布情况如图 3-54 和表 3-16 所示，集中于 20～24 毫米的范围内，平均值为 21.06 毫米；746 件可测量远端宽度，其分布情况如图 3-55 和表 3-16 所示，集中于 17～19 毫米的范围

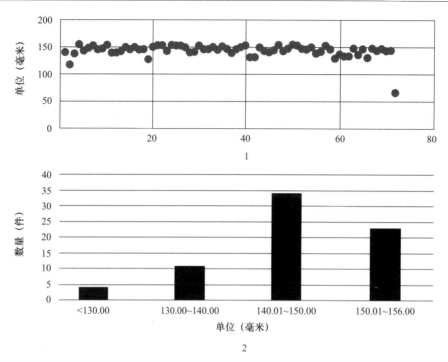

图3-53　蜀王府遗址出土大型鸭科胫骨长度测量数据分布示意图

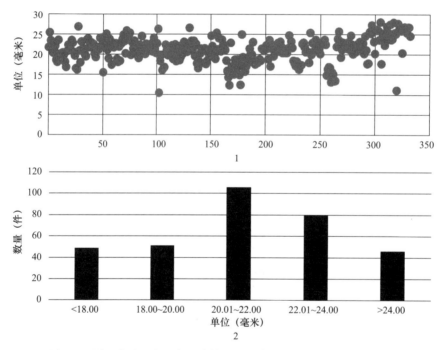

图3-54　蜀王府遗址出土大型鸭科胫骨近端宽度测量数据分布示意图

内，平均值为 17.51 毫米。

　　综合来看，大型鸭科的胫骨测量数据具有相对集中的现象，说明这些大型鸭科可能大部分属于同一种类，即家鹅；同时也存在测量数据偏小和偏大的标本，这些标本数量都比较少，有可能属于另外的种类；相对集中的测量数据又可大致进行区分，如胫骨长度可以150毫米为

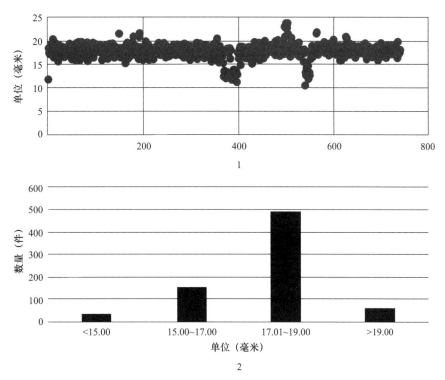

图3-55　蜀王府遗址出土大型鸭科胫骨远端宽度测量数据分布示意图

界进行区分、胫骨近端宽度可以 22 毫米为界进行区分，这种尺寸数据的区分可能与性别差异有关。

（6）桡骨

遗址出土大型鸭科桡骨骨骼 673 件，其中 25 件可测量长度，其分布情况如图 3-56 和表 3-16 所示，集中于 130～150 毫米的范围内，平均值为 142.6 毫米；328 件可测量近端宽度，其分布情况如图 3-57 和表 3-16 所示，集中于 7～9 毫米的范围内，平均值为 8.34 毫米；337 件可测量远端宽度，其分布情况如图 3-58 和表 3-16 所示，集中于 10～11 毫米的范围内，平均值为 10.49 毫米。

综合来看，大型鸭科的桡骨测量数据具有相对集中的现象，说明这些大型鸭科可能大部分属于同一种类，即家鹅；同时也存在测量数据偏小和偏大的标本，这些标本数量都比较少，有

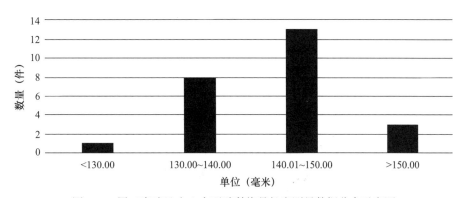

图3-56　蜀王府遗址出土大型鸭科桡骨长度测量数据分布示意图

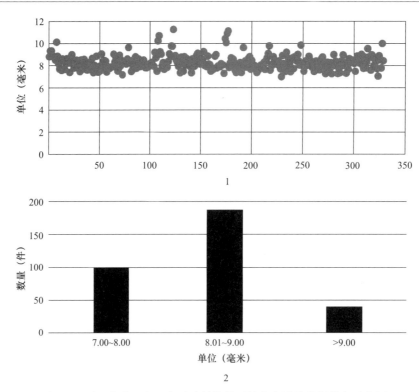

图3-57　蜀王府遗址出土大型鸭科桡骨近端宽度测量数据分布示意图

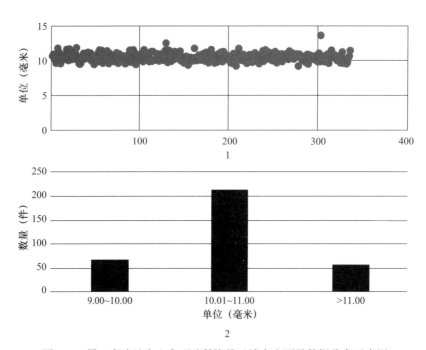

图3-58　蜀王府遗址出土大型鸭科桡骨远端宽度测量数据分布示意图

可能属于另外的种类；相对集中的测量数据又可大致进行区分，如桡骨长度可以140毫米为界进行区分，这种尺寸数据的区分可能与性别差异有关。

（7）乌喙骨

遗址出土大型鸭科乌喙骨骨骼452件，其中57件可测量长度，其分布情况如图3-59和

表 3-16 所示，集中于 70~80 毫米的范围内，平均值为 73 毫米；46 件可测量远端宽度，其分布情况如图 3-60 和表 3-16 所示，集中于 25~30 毫米的范围内，平均值为 27.7 毫米。

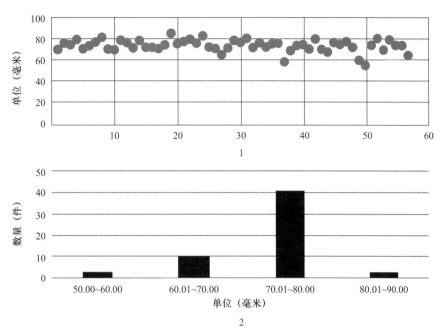

图3-59 蜀王府遗址出土大型鸭科乌喙骨长度测量数据分布示意图

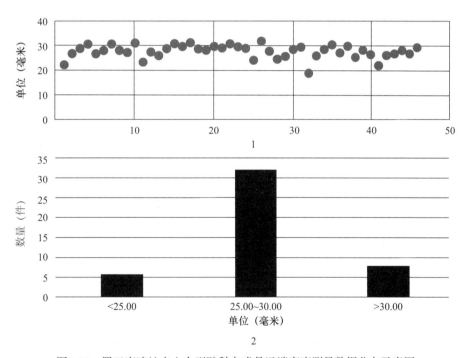

图3-60 蜀王府遗址出土大型鸭科乌喙骨远端宽度测量数据分布示意图

综合来看，大型鸭科的乌喙骨测量数据具有相对集中的现象，说明这些大型鸭科可能大部分属于同一种类，即家鹅；同时也存在测量数据偏小和偏大的标本，这些标本数量都比较少，有可能属于另外的种类。

（8）腕掌骨

遗址出土大型鸭科腕掌骨骨骼 692 件，其中 79 件可测量长度，其分布情况如图 3-61 和表 3-16 所示，集中于 80～100 毫米的范围内，平均值为 89.65 毫米；405 件可测量近端宽度，其分布情况如图 3-62 和表 3-16 所示，集中于 20～25 毫米的范围内，平均值为 20.9 毫米；269 件可测量远端宽度，其分布情况如图 3-63 和表 3-16 所示，集中于 10～12 毫米的范围内，平均值为 11.06 毫米。

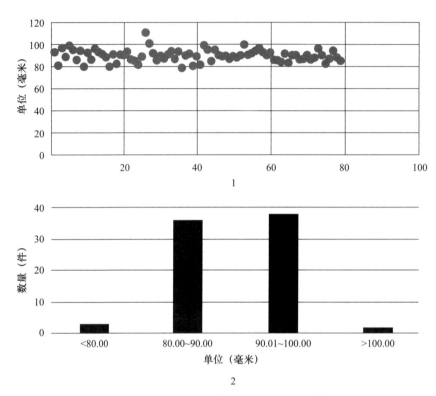

图3-61　蜀王府遗址出土大型鸭科腕掌骨长度测量数据分布示意图

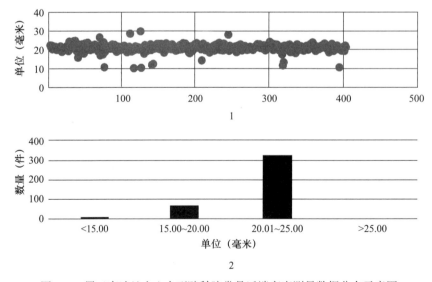

图3-62　蜀王府遗址出土大型鸭科腕掌骨近端宽度测量数据分布示意图

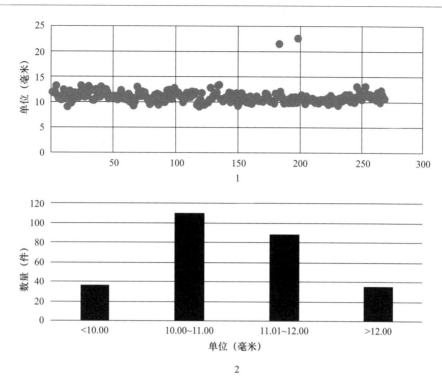

图3-63 蜀王府遗址出土大型鸭科腕掌骨远端宽度测量数据分布示意图

综合来看，大型鸭科的腕掌骨测量数据具有相对集中的现象，说明这些大型鸭科可能大部分属于同一种类，即家鹅；同时也存在测量数据偏小和偏大的标本，这些标本数量都比较少，有可能属于另外的种类；相对集中的测量数据又可大致进行区分，如腕掌骨长度可以90毫米为界进行区分、腕掌骨远端宽度可以11毫米为界进行区分，这种尺寸数据的区分可能与性别差异有关。

（9）肩胛骨

遗址出土大型鸭科肩胛骨骨骼487件，其中313件可测量肩胛结节长度，其分布情况如图3-64所示，集中于16~20毫米的范围内，平均值为17.89毫米。说明这些大型鸭科可能大部分属于同一种类，即家鹅；同时也存在测量数据偏小和偏大的标本，这些标本数量都比较少，有可能属于另外的种类；相对集中的测量数据又可大致进行区分，如肩胛结节长度可以18毫米为界进行区分，这种尺寸数据的区分可能与性别差异有关。

2. 数量比例

从可鉴定到科的遗存数量来看，鸭科在可鉴定标本数中占28%（图3-5），在最小个体数中占24%（图3-6），是先民利用较多的动物之一。遗址中出土的鸭科动物以大型鸭科（家鹅）为主，说明当时先民对家鹅的利用程度比较高，家鹅是先民利用较多的家禽之一。

3. 骨骼保存部位

我们根据大型鸭科的最小个体数，结合各骨骼部位出土情况，对其骨骼发现率进行了估

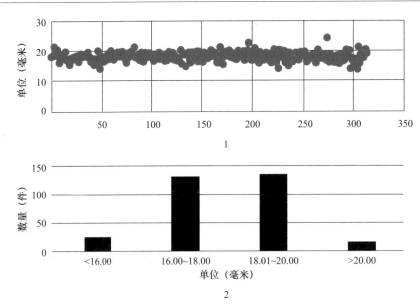

图3-64　蜀王府遗址出土大型鸭科肩胛骨结节长度测量数据分布示意图

算，结果如表3-17所示。以头骨、上下颌骨为代表的头部骨骼发现率极低，这些骨骼部位带肉量比较少，可见这些大型鸭科（家鹅）也是在别处宰杀肢解后被先民运至遗址所在地进行消费的。从具体的骨骼发现率来看，主要骨骼的发现率普遍较高，最低的跗跖骨也有36.1%的发现率，最高的胫骨则达到了133.5%的发现率，这些骨骼部位带肉量都比较多，可见先民是有意选择这些部位带入遗址所在地进行消费的。这些部位包括前肢（翅根、翅中和翅尖）、后肢（鹅腿）及锁骨等部位，说明先民更倾向于食用家鹅这些部位的肉。

表 3-17　根据大型鸭科最小个体数（MNI=498）估算的主要骨骼发现率

骨骼部位	全身数量（件）	NISP 期望值（件）	NISP 发现值（件）	发现率（%）
头骨及上颌骨	1	498	6	1.2
下颌骨	2	996	0	0
锁骨	1	498	276	55.4
肩胛骨	2	996	487	48.9
乌喙骨	2	996	452	45.4
肱骨	2	996	727	73
尺骨	2	996	512	51.4
桡骨	2	996	673	67.6
腕掌骨	2	996	692	69.48
股骨	2	996	900	90.4
胫骨	2	996	1330	133.5
跗跖骨	2	996	360	36.1

4. 死亡年龄

我们以长骨骨骺是否愈合作为判断死亡年龄的重要依据，长骨骨骺完全愈合的个体为成年个体，存在未愈合长骨骨骺的个体为未成年个体，遗址出土的家鹅绝大部分为成年个体。这种死亡年龄结构特征表明先民对家鹅的利用方式除获取肉食外，还可能存在次级产品（如鹅蛋等）的开发与利用。

5. 病理现象

遗址中出土鸟类遗存中共计 51 件骨骼有病变现象，其中明确属于家鹅的遗存有 12 件（表 3-18），病变特征包括关节变形（关节炎）（图版 94-3）、骨骼融合、骨折后愈合、骨骼弯曲形变、骨质增生等，数量分布情况见图 3-65，明显以骨关节炎为主，占比超过 50%。

表 3-18　蜀王府遗址出土家鹅病变骨骼及病变特征一览表

动物种属	骨骼部位	数量（件）	病变特征
家鹅	尺骨	3	1 件近端关节变形；1 件骨折后愈合；1 件骨骼弯曲形变
家鹅	腕掌骨	3	2 件关节变形，关节炎；1 件骨骼融合，远端关节炎
家鹅	股骨	4	1 件远端关节炎，骨质增生；1 件骨折后愈合；1 件近端关节形变，关节炎；1 件远端骨质增生，骨骼弯曲形变
家鹅	胫骨	1	骨折后愈合
家鹅	跗跖骨	1	关节变形，关节炎

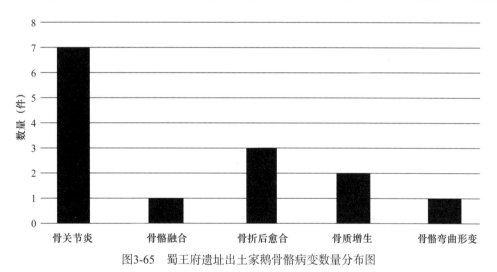

图3-65　蜀王府遗址出土家鹅骨骼病变数量分布图

6. 骨骼表面痕迹

遗址中出土鸟类动物遗存中共有 268 件表面发现明显的砍痕，其中鸭科动物 58 件（除 1 件为小型鸭科外，其余均为家鹅），骨骼部位主要为肩胛骨、尺骨、股骨（图版 88-3；图版 90-2）、胫骨（图版 88-2；图版 90-1）、腕掌骨、跗跖骨（图版 91-3）和乌喙骨，具体数量分布情况见图 3-66，明显以后肢骨骼（股骨、胫骨和跗跖骨）为主。

遗址出土鸟类动物遗存中共有 239 件表面发现有切割痕，其中鸭科动物 62 件（其中 1 件为中型鸭科，其余均为家鹅）。骨骼部位主要为肱骨、股骨、胫骨和乌喙骨，具体数量分布情况

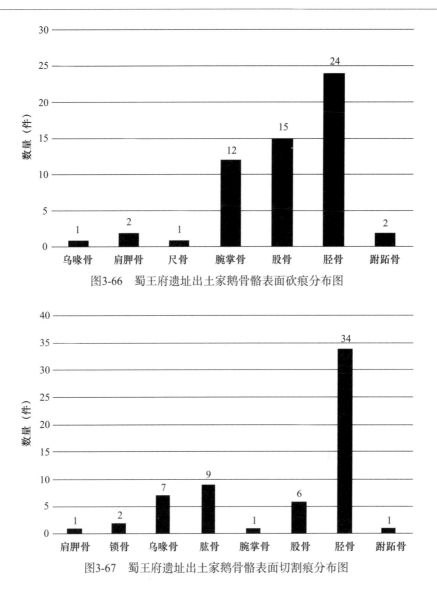

图3-66　蜀王府遗址出土家鹅骨骼表面砍痕分布图

图3-67　蜀王府遗址出土家鹅骨骼表面切割痕分布图

见图 3-67 所示，也明显以后肢的胫骨为主。

　　骨骼表面痕迹的存在说明，遗址先民在宰杀肢解、剥皮剔肉获取家鹅肉食的过程中更容易在后肢骨骼上留下痕迹，这可能与先民采取的获取家鹅肉的具体行为有关。

7. 小结

　　通过对本遗址出土大型鸭科骨骼多个部位的测量数据来看，这些动物大多属于同一种类，应为家鹅；少量测量数据偏大或偏小的标本可能属于别的种类。测量数据似乎显示出一定的性别差异，但具体的性别比例关系很难判断。

　　从这些遗存的保存状态来看，先民对于家鹅的利用方式之一明显为获取所需的肉食；从骨骼保存部位特征来看，这些家鹅并非本地宰杀，应为先民在别处宰杀后选择带肉较多的部位带至遗址进行消费的。从死亡年龄结构特征来看，先民对于家鹅的利用方式除了获取肉食外，应该还存在其他的方式（如获取鹅蛋）。从数量比例来看，本遗址的家鹅在先民肉食消费中占据比例较高，是先民消费较多的家禽之一；从具体的保存部位来看，前肢（俗称翅根、翅中和翅尖）、后肢（俗称鹅腿）和锁骨等部位都是当时先民喜爱消费（食用）的部位。

七、家　　鸽

我们将从形态特征、数量比例、骨骼保存部位和死亡年龄四个方面探讨先民对家鸽的饲养与利用。

1. 形态特征

遗址出土鸽的骨骼数量并不多，能够测量尺寸数据的骨骼主要为乌喙骨、肱骨、尺骨、股骨、胫骨和跗跖骨，其测量结果如表 3-19 所示。综合多个骨骼部位特征来看，遗址出土的鸽体形差别不大，应属同一种类。

表 3-19　蜀王府遗址出土鸽主要骨骼测量数据一览表

骨骼部位	长度（毫米）			近端宽度（毫米）			远端宽度（毫米）		
	最大值	平均值	最小值	最大值	平均值	最小值	最大值	平均值	最小值
乌喙骨	36.06	34.01	29.04				11.38	10.1	8.27
肱骨	46.02	45.84	45.65	17.65	16.44	14.5	11.67	11.32	11.15
尺骨	57.7	57.7	57.7	8.38	7.67	6.94	7.6	7.6	7.6
股骨	41.75	40.48	37.54	9.51	8.1	3.26	8.1	7.62	7.17
胫骨							7.4	6.94	6.66
跗跖骨	26.65	26.65	26.65	5.71	5.71	5.71	5.84	5.84	5.84

2. 数量比例

鸽科在可鉴定标本数和最小个体数中所占比例都非常低，可见其并非先民日常主要消费的动物，遗址中发现的鸽骨骼是先民偶然消费后留下的遗存。

3. 骨骼保存部位

我们根据鸽的最小个体数，结合各骨骼部位出土情况，对其骨骼发现率进行了估算，结果如表 3-20 所示。以头骨、上下颌骨为代表的头部骨骼发现率为 0，可见这些家鸽也是在别处宰杀肢解后被先民运至遗址所在地进行消费的。从具体的骨骼发现率来看，超过 50% 发现率的骨骼为乌喙骨、肱骨和股骨，这些骨骼部位带肉量都比较多，可见先民是有意选择这些部位带入遗址所在地进行消费的。这些部位包括前肢（翅根）、后肢（腿）等部位，说明先民更倾向于食用鸽这些部位的肉。

表 3-20　根据鸽最小个体数（MNI=7）估算的主要骨骼发现率

骨骼部位	全身数量（件）	NISP 期望值（件）	NISP 发现值（件）	发现率（%）
头骨及上颌骨	1	7	0	0
下颌骨	2	14	0	0
锁骨	1	7	0	0
肩胛骨	2	14	2	14.3
乌喙骨	2	14	11	78.6
肱骨	2	14	9	64.3
尺骨	2	14	3	21.4
桡骨	2	14	0	0
腕掌骨	2	14	1	7.14
股骨	2	14	8	57.1
胫骨	2	14	4	28.6
跗跖骨	2	14	1	7.14

4. 死亡年龄

我们以长骨骨骺是否愈合作为判断死亡年龄的重要依据，长骨骨骺完全愈合的个体为成年个体，存在未愈合长骨骨骺的个体为未成年个体，遗址出土的鸽全部为成年个体。这种死亡年龄结构特征表明先民对鸽的利用方式除获取肉食外，还可能存在次级产品（如获取鸽蛋和用作信使等）的开发与利用。

5. 小结

通过对鸽的骨骼测量数据来看，遗址出土的鸽很可能为一个种类；从数量比例来看，其在先民肉食消费中占据的地位非常低；从骨骼保存部位来看，这些鸽应为先民在别处宰杀肢解后运至遗址进行消费的，乌喙骨、肱骨和股骨发现率较高，表明先民喜爱食用鸽的前肢（翅根）和后肢（腿）这些部位；死亡年龄特征表明先民对其饲养时间较长，除获取肉食外，可能存在次级产品（如鸽蛋和信使使役）等的开发和利用。

第二节　野生动物资源的利用

除本章第一节讨论的家养动物（包括家畜和家禽）外，遗址中鉴定出的动物还包括草鱼、鳡鱼、鲫鱼、鲤鱼、青鱼、鳖科、环颈雉（野鸡）、小型鸭科、天鹅、乌鸦、鹤科、大型鹿科、中型鹿科、小型鹿科、豪猪、熊、果子狸、鼬科和大型猫科，这些动物可能均属野生动物。下文将分别对这些动物进行分析，探讨先民对野生动物资源的获取与利用方式。

一、鱼　类

遗址出土鱼类骨骼 173 件，可鉴定种属包括草鱼、鳡鱼、鲫鱼、鲤鱼和青鱼，其数量分布情况如图 3-68 所示。

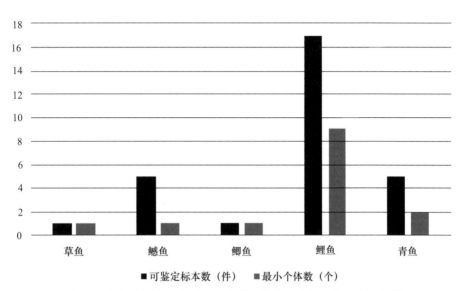

图3-68　蜀王府遗址出土鱼可鉴定标本数和最小个体数分布示意图

从种属特征来看，这些鱼全部为淡水种类，且均属鲤科常见的种类。草鱼生活于江河、湖泊、水库中水面宽广、水流平稳的中下层水体，属大型经济鱼类，以水草为主要食物，生长迅速，最大个体体重有 35 千克以上[1]；鲤鱼主要生活于开阔水域的中下层，适应性强，以软体动物、水生昆虫和水草为食，生长速度快，分布范围广[2]；青鱼是大型淡水鱼类，栖息于江河、湖泊等大型水域下层水体中，主要摄食螺、蚌等底栖动物，生长迅速，最大体重可达 60 千克[3]；鲫鱼的适应能力极强，可生活在江河、池塘、山塘及沟渠等水体中，更喜在水草丛生的浅水区域栖息和繁殖[4]；鳡鱼生活在江河、湖泊等大型水域的中上层水体，行动敏捷，是一种专门捕食其他鱼类的凶猛鱼类[5]。

这些鱼的存在说明遗址所在地区应存在较大面积的水域，适合这些鱼类生存。成都地区商周时期的十二桥遗址和指挥街周代遗址中也都出土过鲤科鱼类（参见第二章第三节表 2-27），结合本遗址的发现，我们认为这些鱼应属自商周时期以来成都地区先民较常食用（消费）的种类。

①　浙江动物志编辑委员会：《浙江动物志·淡水鱼类》，浙江科学技术出版社，1991 年，第 46 页。
②　浙江动物志编辑委员会：《浙江动物志·淡水鱼类》，浙江科学技术出版社，1991 年，第 109、110 页。
③　浙江动物志编辑委员会：《浙江动物志·淡水鱼类》，浙江科学技术出版社，1991 年，第 44 页。
④　浙江动物志编辑委员会：《浙江动物志·淡水鱼类》，浙江科学技术出版社，1991 年，第 111 页。
⑤　浙江动物志编辑委员会：《浙江动物志·淡水鱼类》，浙江科学技术出版社，1991 年，第 49 页。

我们很难通过现有证据考察这些鱼是否为先民养殖的家鱼，但从其发现数量较少及可鉴定部位极少这一情况来看，我们更倾向于认为这些鱼是先民宰杀后从别的地方运至遗址所在地进行消费的。

二、野 生 鸟 类

本章第一节我们已经讨论了先民对家鸡、家鸭、家鹅和家鸽的饲养与利用，遗址中除了这些鸟类外，还发现数量较少的天鹅、小型鸭科、环颈雉、鹤科和鸦科，这些鸟类应属野生动物。

以环颈雉为代表的野生雉科动物主要栖息在山区灌木丛、小竹簇、草丛、山谷甸子及林缘草地等处[1]；小型鸭科、鹤和天鹅都属典型水生鸟类，主要生活在湖泊沼泽等有水的环境中；乌鸦的生存范围较为广泛，栖息于低山、平原和山地阔叶林、针阔叶混交林、针叶林、次生杂木林、人工林等各种森林类型中，尤以疏林和林缘地带较常见。

这些鸟类的存在表明遗址所在区域应有一定面积的淡水水域和林地草地，适合这些鸟类的生存。成都地区商周时期的十二桥遗址、指挥街周代遗址、金河路59号遗址先秦时期与明清时期也都出土过多种鸟类（参见第二章第三节表2-27），结合本遗址的发现，我们认为这些野生鸟类应该也属自商周时期以来成都地区先民一直利用（食用）的种类。

下文我们将从数量比例、骨骼保存部位和死亡年龄等角度分析先民对这些鸟类的利用。

1. 数量比例

从发现数量来看，这些野生鸟类总数共330件、61个个体，占鸟类总可鉴定标本数的2.1%、占鸟类总最小个体数比例的3.5%，比例都非常低，可见并非先民主要利用的鸟类动物。从这些野生鸟类的数量构成来看，明显以小型鸭科和环颈雉为主，天鹅、鹤和乌鸦的数量非常少（图3-69）。

2. 骨骼保存部位

从鉴定结果来看，天鹅只发现肱骨，鹤只发现尺骨、肱骨、肩胛骨、胫骨、桡骨和腕掌骨，乌鸦只发现尺骨，显然这些鸟类均为先民在别处宰杀后运至本地进行消费的。

受鉴定水平所限，环颈雉我们只鉴定出跗跖骨、肱骨、股骨、胫骨和乌喙骨，目前鉴定为雉科的小部分遗存有可能是属于环颈雉的，根据发现的环颈雉最小个体数，我们对其主要骨骼的发现率进行估算，结果如表3-21所示，除乌喙骨外，其余骨骼发现率都比较低，也显示出非本地宰杀肢解的特征。

---

① 郑作新等编著：《中国动物志·鸟纲》第四卷《鸡形目》，科学出版社，1978年，第170页。

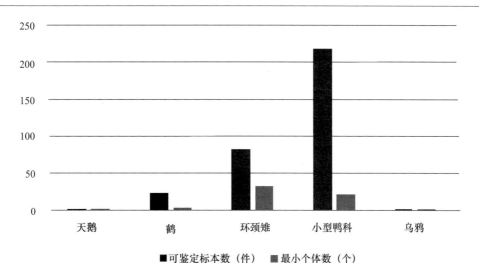

图3-69　蜀王府遗址出土野生鸟类数量分布示意图

表 3-21　根据环颈雉（野鸡）最小个体数（MNI=33）估算的主要骨骼发现率

骨骼部位	全身数量（件）	NISP 期望值（件）	NISP 发现值（件）	发现率（％）
头骨及上颌骨	1	33	0	0
下颌骨	2	66	0	0
乌喙骨	2	66	61	92.4
肱骨	2	66	3	4.5
股骨	2	66	4	6.1
胫骨	2	66	12	18.2
跗跖骨	2	66	3	4.5

我们根据小型鸭科的最小个体数对其骨骼的发现率进行估算，结果如表 3-22 所示，以头骨、上下颌骨为代表的头部骨骼发现率为零，表明这些带肉较少的部位并未被先民带至遗址所在地进行消费；骨骼发现率较高（超过 50%）的部位主要为乌喙骨、肱骨、尺骨、腕掌骨和胫骨，代表的是动物的前肢（翅根、翅中和翅尖）和后肢（腿）的部位，这些部位可能是先民喜爱消费（食用）的部位。

表 3-22　根据小型鸭科最小个体数（MNI=22）估算的主要骨骼发现率

骨骼部位	全身数量（件）	NISP 期望值（件）	NISP 发现值（件）	发现率（％）
头骨及上颌骨	1	22	0	0
下颌骨	2	44	0	0
锁骨	1	22	1	4.5
肩胛骨	2	44	8	18.2
乌喙骨	2	44	30	68.2
肱骨	2	44	52	118.2
尺骨	2	44	31	70.5
桡骨	2	44	6	13.6

骨骼部位	全身数量（件）	NISP 期望值（件）	NISP 发现值（件）	发现率（%）
腕掌骨	2	44	34	77.3
股骨	2	44	18	40.9
胫骨	2	44	39	88.6

3. 死亡年龄

我们以长骨骨骺是否愈合作为判断死亡年龄的重要依据，长骨骨骺完全愈合的个体为成年个体，存在未愈合长骨骨骺的个体为未成年个体，遗址出土的这些野生鸟类全部为成年个体。这种死亡年龄结构特征表明先民对野生鸟类的利用方式除获取肉食外，还可能存在其他的利用方式，如获取蛋类或将其作为观赏动物饲养在园林中（参见第一章第三节）。

4. 小结

遗址出土的野生鸟类包括陆禽（环颈雉、乌鸦）和水禽（天鹅、鹤和小型鸭科），这些动物可能自商周时期以来就成为成都地区先民利用的对象。从数量比例来看，这些动物在全部动物和鸟类动物中占的比例都非常低，显示出其并非先民主要利用的动物种类。从骨骼保存部位来看，这些动物应该都是在别处宰杀肢解后被先民运至遗址所在地进行消费的，先民对小型鸭科和环颈雉的某些身体部位可能存在一定程度的偏好。从死亡年龄特征来看，这些鸟类很可能属于蜀王府先民饲养在园林中的观赏性动物。

三、野生哺乳动物

本章第一节我们已经讨论了先民对家猪、家兔、家犬、牛、马、羊的利用，遗址中除了这些哺乳动物外，还发现一定数量的不同体形鹿科动物，数量较少的熊科、鼬科、豪猪科、灵猫科和大型猫科动物，这些应属野生哺乳动物。

成都地区商周以来的十二桥遗址、指挥街周代遗址、金沙遗址和金河路 59 号遗址等都或多或少地发现上述野生哺乳动物，说明这些野生哺乳动物自先秦时期开始就已经被成都地区先民广泛利用了。

1. 鹿科动物

遗址出土鹿科动物，其骨骼部位主要为四肢骨和上下颌骨，并未见到任何可以明确种属的角或犬齿，因此我们在文中仅按照测量尺寸将其区分为大型、中型和小型鹿科。

下文我们将从数量比例、骨骼保存部位和死亡年龄等角度分析先民对这些鹿科动物的利用。

（1）数量比例

遗址中出土鹿科动物共 258 件，至少代表 28 个不同体形、不同年龄的个体。无论是可鉴定标本数还是最小个体数比例，鹿科动物在哺乳动物中的地位都仅次于猪科和兔科，位列第三（图 3-7；图 3-8），属于先民利用较多的哺乳动物之一。从不同体形鹿科动物的数量分布来看，明显以中小型鹿科为主（图 3-70）。

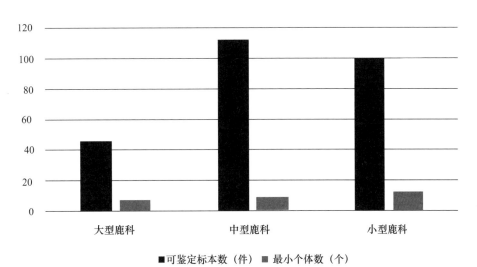

图3-70　蜀王府遗址出土不同体形鹿科动物数量分布示意图

（2）骨骼保存部位

遗址中出土大型鹿科骨骼保存部位包括尺骨、跟骨、肱骨、肩胛骨、股骨、胫骨、距骨、髋骨、桡骨和枢椎；中型鹿科骨骼保存部位包括尺骨、跟骨、肱骨、肩胛骨、股骨、胫骨、距骨、髋骨、桡骨、趾骨、掌骨、枢椎、下颌及游离牙齿；小型鹿科骨骼保存部位包括尺骨、肱骨、肩胛骨、股骨、胫骨、髋骨、距骨、桡骨、掌骨、跖骨、趾骨、上下颌骨及游离牙齿。下面我们将不同体形鹿科动物汇总到一起讨论其骨骼发现率问题。

如表 3-23 所示，鹿科动物头骨和寰椎的发现率都为 0，上下颌骨和枢椎的发现率也都非常低；髋骨和腕跗骨的发现率也为 0，跟骨、距骨、掌跖骨和趾骨的发现率也都非常低。上述这些部位均属动物身体带肉较少的头部、颈部、蹄部和关节部位，相对应的带肉量较多的四肢长骨，如肩胛骨、肱骨、桡骨、股骨和胫骨的骨骼发现率都比较高（均超过 50%），说明先民是有意识选择带肉较多的鹿科动物身体部位带至遗址所在地进行消费的。从前后肢（前后腿）的分布来看，并未见到明显的倾向性。

表 3-23　根据鹿科最小个体数（MNI=28）估算的骨骼发现率

骨骼部位	全身数量（件）	NISP 期望值（件）	NISP 发现值（件）	发现率（%）
头骨	1	28	0	0
上颌骨	2	56	2	3.6
下颌骨	2	56	3	5.4
寰椎	1	28	0	0

续表

骨骼部位	全身数量（件）	NISP 期望值（件）	NISP 发现值（件）	发现率（%）
枢椎	1	28	3	10.7
肩胛骨	2	56	31	55.4
肱骨	2	56	39	69.6
尺骨	2	56	19	33.9
桡骨	2	56	34	60.7
髋骨	2	56	9	16.1
股骨	2	56	34	60.7
胫骨	2	56	37	66.1
跟骨	2	56	7	12.5
距骨	2	56	9	16.1
髌骨	2	56	0	0
腕跗骨	16	448	0	0
掌跖骨	4	112	6	10.7
趾骨	24	672	22	3.3

（3）死亡年龄

我们以长骨骨骺是否愈合和牙齿的萌出状况作为判断鹿科动物死亡年龄的重要依据。长骨骨骺完全愈合的个体为成年个体，存在未愈合长骨骨骺的个体为未成年个体；牙齿全部萌出的个体为成年个体，存在乳齿或未萌出牙齿的个体为未成年个体。

从本遗址发现情况来看，鹿科动物中成年个体占较高比例，但同时也存在相当数量的未成年个体（图3-71）。我们认为这种死亡年龄特征表明遗址出土的鹿科动物中至少有一部分属于先民狩猎所获（以未成年个体为主），另一部分则可能为先民饲养在园林中的观赏性动物（以成年个体为主）。

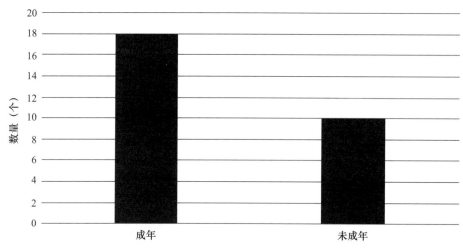

图3-71　蜀王府遗址出土鹿科动物死亡年龄分布示意图

（4）小结

综合以上分析，遗址出土鹿科动物是仅次于家猪和家兔的哺乳动物，当为先民比较重要的肉食来源，先民消费的鹿科动物以中小体形为主。从骨骼保存部位来看，这些鹿科动物应为在别处宰杀肢解后被先民运至本地进行消费的，先民对鹿科动物的消费选择以带肉量多少为标准，不存在前腿、后腿或其他部位的明显差异。从鹿科动物的死亡年龄来看，明显以成年个体为主，但同时也存在一定数量的未成年个体，表明这些动物中可能有一部分为先民狩猎所获，另一部分则可能为先民饲养在园林中的观赏性动物。

2. 其他科动物

熊科、鼬科、豪猪科、灵猫科和大型猫科动物发现数量都非常少，我们只能对其进行简单的讨论。

（1）熊科

只发现 5 件骨骼，至少代表 1 个个体。其中 4 件标本为左侧第二掌骨、第三掌骨、第四掌骨和第五掌骨，可以组合成一只左侧前爪（熊掌），这些遗存的发现可视为蜀王府遗址先民消费（食用）熊掌的证据。成都地区先秦时期的十二桥遗址和金沙遗址中均发现黑熊的遗存（参见第二章第三节表 2-27），说明从先秦时期到明清时期先民对熊这类动物都有一定程度的利用。

熊科的数量极少，发现的骨骼部位也相对较为单一，且全部骨骼的骨骺均已愈合，说明其为成年个体，可能被先民饲养的时间比较长。我们认为遗址出土的熊科动物有可能为蜀王府先民饲养在园林中的观赏性动物。

（2）大型猫科

只发现 1 件肩胛骨残块，代表 1 个个体。成都地区先秦时期的指挥街周代遗址和金沙遗址都发现大型猫科动物（参见第二章第三节表 2-27），说明从先秦时期到明清时期先民对大型猫科动物（可能为虎）都有一定程度的利用。

鉴于遗存发现量极少及骨骼已经成年的特征，结合大型猫科动物猛兽的性质，我们认为遗址出土的大型猫科动物有可能也是蜀王府先民饲养在园林中的观赏性动物。

（3）鼬科

只发现 1 件下颌残块，代表 1 个个体。成都地区先秦时期的十二桥遗址和金沙遗址都发现鼬科动物（狗獾和猪獾等，参见第二章第三节表 2-27），说明从先秦时期到明清时期先民对鼬科动物（可能为獾）都有一定程度的利用。

鉴于遗存发现量极少及骨骼已经成年的特征，我们认为遗址出土的鼬科动物有可能也是蜀王府先民饲养在园林中的观赏性动物，或为先民偶然狩猎所获。

（4）豪猪科

只发现 2 件豪猪骨骼，代表 1 个个体。成都地区先秦时期的指挥街周代遗址中也有豪猪发现（参见第二章第三节表 2-27），说明从先秦时期到明清时期先民对豪猪都有一定程度的利用。

鉴于遗存发现量极少及骨骼已经成年的特征，我们认为遗址出土的豪猪有可能也是蜀王府先民饲养在园林中的观赏性动物，或为先民偶然狩猎所获。

（5）灵猫科

只发现1件花面狸上颌，代表1个个体。鉴于遗存发现量极少及骨骼已经成年的特征，我们认为遗址出土的花面狸有可能也是蜀王府先民饲养在园林中的观赏性动物，或为先民偶然狩猎所获。

第三节　遗址先民对动物的食用分析

由本章第一节和第二节的分析可知，尽管先民对不同动物有着不同的利用方式，如对家猪的利用方式只为获取所需的肉食；对家兔的利用除获取肉食外还可能包括兔毛等次级产品的开发；对狗的利用方式以使役其看家护院或将其视为宠物为主，在其死后也会将其用作肉食；对马的利用方式也是以使役为主的，在其死后也会将其用作肉食；对牛的利用方式，除获取肉食外，可能还存在使役或对牛奶等次级产品的获取；对羊的利用方式，除获取肉食外，可能还存在对羊毛或羊奶等次级产品的获取；对家禽（家鸡、家鸭、家鹅、家鸽等）的利用方式，除获取肉食外，还存在蛋等次级产品的获取。

对野生鱼类（鲤鱼、草鱼、鲫鱼、青鱼和鳡鱼）的利用方式只为获取所需的肉食；对野生鸟类（天鹅、鹤科、小型鸭科、环颈雉和乌鸦）的利用方式，除获取肉食外，可能还存在对蛋等次级产品的获取，或将其作为观赏性动物饲养在园林中；对野生鹿科动物的利用方式，以获取肉食为主，可能也会将其作为观赏性动物饲养在园林中；对大型食肉动物（熊科和大型猫科）的利用方式，则可能以将其作为观赏性动物饲养在园林中为主，但在其死后仍会将其用作肉食；对其他小型哺乳动物（豪猪科、鼬科、灵猫科）的利用方式，除获取肉食外，也可能将其作为观赏性动物饲养在园林中。

可见，遗址出土的鱼、鸟和哺乳动物等各纲动物均在死后成为先民食用的对象，成为先民肉食的主要来源。从现有文献来看，先民不仅仅将这些动物作为食物进行食用，还有可能会将其作为药物（药膳）的组成部分进行食用。下文将从动物的数量构成、哺乳动物的肉量构成及文献记载中有关动物的药用功能等方面探讨先民对动物的食用问题。

一、动物的数量构成

从鉴定到科的全部动物可鉴定标本数来看，雉科最多，猪科次之，鸭科第三，兔科和鹿科紧随其后，其他科都比较少（图3-5）；从可鉴定到科的动物最小个体数来看，雉科最多，鸭科次之，猪科第三，兔科和鹿科紧随其后，其他科比较少（图3-6）。

从哺乳动物纲各科动物的构成来看，可鉴定标本数中猪科最多，兔科次之，鹿科第三，牛科紧随其后，其他科都比较少（图3-7）；最小个体数中，也是猪科最多、兔科次之，鹿科第三，牛科紧随其后，其他科比较少（图3-8）。

可见，以家鸡、环颈雉为代表的雉科动物，以家鸭、家鹅和小型鸭科为代表的鸭科动物，以家猪为代表的猪科动物，以家兔为代表的兔科动物，以大型、中型和小型鹿为代表的鹿科动物，以牛和羊为代表的牛科动物，是蜀王府先民主要利用（食用）的动物。

二、哺乳动物的肉量构成

不同种属、不同体形动物提供的肉食量是不同的，因此，可以通过不同动物肉食量分布的分析，帮助我们进一步了解先民的肉食结构。目前，国内外对于肉食结构分析的方法主要有两种，本书主要采用的是根据出土动物骨骼最小个体数的方法来复原肉食结构。相关动物种属的平均体重和肉量标本主要参照罗运兵的观点[1]（表3-24）。

表 3-24　蜀王府遗址出土哺乳动物种属平均体重与肉量标准表

种属	体重 / 千克	肉量 / 千克
家猪	70	50
牛[2]	400	200
兔	2	1
羊[3]	30	15
熊	120	60
狗	20	10
马属[4]	210	105
猫[5]	2.5	1.25
大型鹿科[6]	160	80
中型鹿科[7]	120	60

[1]　罗运兵：《中国古代猪类驯化、饲养与仪式性使用》，科学出版社，2012年，第53页。

[2]　由于遗址中的牛未鉴定出具体的属种，有可能同时存在水牛和黄牛，因此此处按照水牛和黄牛的平均值来进行计算。

[3]　由于遗址中的羊不确定是否均属山羊，有可能同时还存在绵羊，因此此处按照山羊和绵羊的平均值来进行计算。

[4]　由于遗址中的马属动物不确定是马还是驴，有可能同时存在马和驴，因此此处按照马和驴的平均值来进行计算。

[5]　此处按照体形相近的豹猫进行计算。

[6]　由于遗址中出土大型鹿科种属不明确，此处按照体形相近的麋鹿和水鹿的标准进行计算。

[7]　由于遗址中出土的中型鹿科种属不明确，此处按照体形相近的梅花鹿的标准进行计算。

续表

种属	体重 / 千克	肉量 / 千克
小型鹿科 ①	17.4	10.2
鼬科 ②	6	3
豪猪	12	6
花面狸	5	2.5
大型猫科 ③	120	60

　　计算结果如图 3-72 所示，遗址出土的哺乳动物肉食量明显以猪科为主，约占总肉量的 89%；鹿科次之，约占总肉量的 6%；牛科第三，约占总肉量的 3%；其余科都非常少。说明蜀王府遗址先民最主要的肉食来源就是家养的猪，这也与上述我们对各种动物利用方式做出的推断是相符合的。

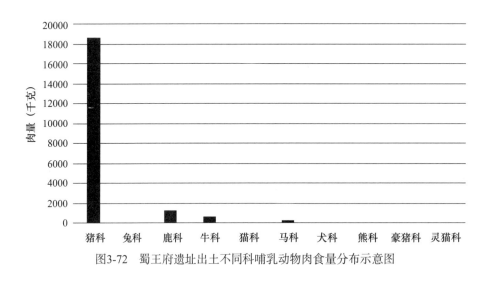

图3-72　蜀王府遗址出土不同科哺乳动物肉食量分布示意图

三、文献记载中有关动物的药用功能

　　《本草纲目》是明朝著名医学家李时珍编撰的一部医药学巨著，于明万历十八年（1590 年）首次刊行于金陵（南京），书中自虫部第三十九卷起至兽部第五十一卷介绍的都是各种动物的药用功能。下面将书中与蜀王府出土动物有关的一些记载进行摘录。

1. 鱼纲

　　蜀王府遗址发现的鱼包括鲤鱼、草鱼、青鱼、鳡鱼和鲫鱼。

---

① 由于遗址中出土的小型鹿科种属不明确，此处按照体形相近的麂、獐、麝和毛冠鹿等动物的平均值进行计算。
② 此处按照狗獾和猪獾的标准进行计算。
③ 此处参照虎的标准进行计算。

书中对鲤鱼的肉、鲊、胆、脂、脑髓、血、肠、目、齿、骨、皮和鳞的各种功用都有叙述，如"肉，甘，平，无毒。[主治]煮食，治咳逆上气，黄疸，止渴。治水肿脚满，下气。……煮食，下水气，利小便。作鲙，温补，去冷气……""鲊咸，平，无毒。[主治]杀虫……""脂，[主治]食之，治小儿惊忤诸痫"①。

书中对草鱼的肉和胆的功用也有描述，如"肉，甘，温，无毒。[主治]暖胃中和"。"胆，味苦，寒，无毒。[主治]喉痹飞尸……"②。

书中对青鱼的肉、鲊、眼睛汁、胆等的功用也有叙述。如"肉，甘，平，无毒。[主治]脚气湿痹""头中枕，[主治]水磨服，主心腹卒气痛""胆，苦，寒，无毒。[主治]点暗目，涂热疮……"③。

书中对鳡鱼的肉的功用有所描述，如"甘，平，无毒。[主治]食之已呕，暖中益胃"④。

书中对鲫鱼的肉、鲙、鲊、头、骨、胆和脑等的功用也有叙述。如"肉，甘，温，无毒。[主治]合五味煮食，主虚羸。温中下气……""鲙，[主治]久痢赤白，肠澼痔疾……""脑，[主治]耳聋……"⑤。

2. 爬行动物纲

蜀王府遗址发现的爬行动物包括鳖和龟。

书中对鳖的甲、肉、脂、头血、卵和爪等的功用有所描述。如"鳖甲，咸，平，无毒。……疗温疟，血瘕腰痛，小儿胁下坚……""肉，甘，平，无毒。[主治]伤中益气，补不足……""卵，[主治]盐藏煨食，止小儿下痢……"⑥。

书中对龟的甲、肉、血、胆汁、溺等的功用有所描述。如"龟甲，甘，平，有毒。[主治]甲：治漏下赤白……""肉，甘，酸，温，无毒。[主治]酿酒，治大风缓急……"⑦。

---

① （明）李时珍著，王育杰整理：《本草纲目》（金陵版排印本第2版），人民卫生出版社，1999年，下册，第1966～1969页。

② （明）李时珍著，王育杰整理：《本草纲目》（金陵版排印本第2版），人民卫生出版社，1999年，下册，第1970页。

③ （明）李时珍著，王育杰整理：《本草纲目》（金陵版排印本第2版），人民卫生出版社，1999年，下册，第1970、1971页。

④ （明）李时珍著，王育杰整理：《本草纲目》（金陵版排印本第2版），人民卫生出版社，1999年，下册，第1973页。

⑤ （明）李时珍著，王育杰整理：《本草纲目》（金陵版排印本第2版），人民卫生出版社，1999年，下册，第1977～1980页。

⑥ （明）李时珍著，王育杰整理：《本草纲目》（金陵版排印本第2版），人民卫生出版社，1999年，下册，第2023～2027页。

⑦ （明）李时珍著，王育杰整理：《本草纲目》（金陵版排印本第2版），人民卫生出版社，1999年，下册，第2014～2018页。

3. 鸟纲

蜀王府遗址发现的鸟包括鹤、鹅、天鹅、鸭、鸡、雉、鸽和乌鸦等。

书中对白鹤血、脑、卵、骨及肫中砂石子的功用均有描述，如"白鹤血，咸，平，无毒。[主治]益气力，补虚乏，去风益肺""卵，甘、咸，平，无毒。[主治]预解痘毒，多者令少，少者令不出……""肫中砂石子，[主治]磨水服，解蛊毒邪"①。

书中对白鹅膏、鹅肉、血、胆、卵、毛、涎、掌上黄皮等的功用均有描述，如"白鹅膏，甘，微寒，无毒。[主治]灌耳，治卒聋……""肉，甘，平，无毒。[主治]利五脏……""卵，甘，温，无毒。[主治]补中益气……""掌上黄皮，[主治]烧研，搽脚趾缝湿烂……"②。

书中对天鹅的肉、油和绒毛等的功用也有描述，如"肉，甘，平，无毒。[主治]腌炙食之，益人气力，利脏腑""绒毛，[主治]刀杖金疮，贴之立愈"③。

书中对鸭（书中为鹜）的脂肪、肉、头、脑、血、舌、涎、胆、卵等的功用均有描述，如"鹜肪，白鸭者良，炼过用。甘，大寒，无毒。[主治]风虚寒热，水肿……""头，雄鸭者良，[主治]煮服，治水肿，通利小便""胆，苦、辛，寒，无毒。[主治]涂痔核，良……""卵，甘、咸，微寒，无毒。[主治]心腹胸膈热……"④。

书中对鸡的肉、鸡冠血、鸡血、肪、脑、心、肝、胆、肾、嗉、肠、肋骨、距、尾毛、卵白、卵黄、卵壳等的功用都有所描述，如"丹雄鸡肉，甘，温，无毒。[主治]女人崩中漏下赤白沃……""肪，乌雄鸡者良，甘，寒，无毒。[主治]耳聋。头秃发落……""嗉，[主治]小便不禁，及气噎食不消……""肋骨，乌骨鸡者良，[主治]小儿羸瘦，食不生肌……""卵白，甘，微寒，无毒。[主治]目热赤痛，除心下伏热，止烦满咳逆……""卵壳中白皮，[主治]久咳气结，得麻黄、紫菀服，立效……"⑤。

书中对雉（野鸡）的肉、脑、嘴、尾等部位的功用有所描述，如"肉，酸，微寒，无毒。[主治]补中，益气力，止泄痢，除蚁瘘""脑，[主治]涂冻疮""嘴，[主治]蚁瘘……"⑥。

书中对鸽的肉、血、卵等部位的功用有所描述，如"白鸽肉，咸，平，无毒。[主治]解诸药毒，及人、马久患疥，食之立愈……""血，[主治]解诸药、百蛊毒。""卵，[主治]解

① （明）李时珍著，王育杰整理：《本草纲目》（金陵版排印本第2版），人民卫生出版社，1999年，下册，第2065、2066页。

② （明）李时珍著，王育杰整理：《本草纲目》（金陵版排印本第2版），人民卫生出版社，1999年，下册，第2070~2072页。

③ （明）李时珍著，王育杰整理：《本草纲目》（金陵版排印本第2版），人民卫生出版社，1999年，下册，第2073、2074页。

④ （明）李时珍著，王育杰整理：《本草纲目》（金陵版排印本第2版），人民卫生出版社，1999年，下册，第2074~2077页。

⑤ （明）李时珍著，王育杰整理：《本草纲目》（金陵版排印本第2版），人民卫生出版社，1999年，下册，第2086~2104页。

⑥ （明）李时珍著，王育杰整理：《本草纲目》（金陵版排印本第2版），人民卫生出版社，1999年，下册，第2104、2105页。

疮毒、痘毒……"①。

书中对乌鸦的肉、乌目、头、心、胆和翅羽等部位的功用有所描述，如"肉，酸，涩，平，无毒。[主治]瘦病咳嗽，骨蒸劳疾……治暗风痫疾，及五劳七伤，吐血咳嗽，杀虫……""心，[主治]卒得咳嗽，炙熟食之。""胆，[主治]点风眼红烂。""翅羽，[主治]从高坠下，瘀血抢心，面青气短者，取右翅七枚，烧研酒服，当吐血便愈……"②。

4. 哺乳动物纲

蜀王府遗址发现的哺乳动物包括猪、狗、羊、牛、马（驴）、大型猫科（虎）、豪猪、熊、鹿、猫和兔等。

书中对猪的肉、猪头肉、脂膏、脑、髓、血、心血、尾血、心、肝、脾、肺、肾、胰、肚、肠、胆、鼻、唇、舌、齿、骨、蹄、乳、尾、毛等部位的功用有所描述，如"脂膏，甘，微寒，无毒。[主治]煎膏药，解斑蝥、芫菁毒……""脑，甘，寒，有毒。[主治]风眩脑鸣，冻疮……""肝，苦，温，无毒。[主治]小儿惊痫……""肠，甘，微寒，无毒。[主治]虚渴，小便数，补下焦虚竭……""骨，[主治]中马肝、漏脯、果、菜诸毒，烧灰，水服方寸匕，日三服……""蹄，甘，咸，小寒，无毒。[主治]煮汁服，下乳汁，解百药毒，洗伤挞诸败疮……"③。

书中对狗的肉、蹄肉、血、心血、乳汁、脑、涎、心、肾、肝、胆、皮、毛、齿、头骨和骨等部位的功用有所描述，如"肉（黄犬为上，黑犬、白犬次之）。咸、酸，温，无毒。[主治]安五脏，补绝伤，轻身益气……""乳汁（白犬者良），[主治]十年青盲……""皮，[主治]腰痛，炙热黄狗皮裹之……""骨（白狗者良），甘，平，无毒。[主治]烧灰，生肌，敷马疮……"④。

书中对羊的肉、头、蹄、皮、血、乳、脑、髓、心、肺、肾、肝、胆、胃、胰、舌、睛、筋、齿、头骨、脊骨、尾骨、胫骨和毛等部位的功用都有所描述，如"羊肉，苦、甘，大热，无毒。[主治]暖中，字乳余疾，及头脑大风汗出，虚劳寒冷，补中益气，安心止惊……""皮，[主治]一切风，及脚中虚风，补虚劳，去毛做羹、臛食……""乳，甘，温，无毒。[主治]补寒冷虚乏。润心肺，治消渴……""胆，苦，寒，无毒。[主治]青盲，明目……""舌，[主治]补中益气……""头骨，甘，平，无毒。[主治]风眩瘦疾，小儿惊

①（明）李时珍著，王育杰整理：《本草纲目》（金陵版排印本第2版），人民卫生出版社，2020年，下册，第2111～2113页。

②（明）李时珍著，王育杰整理：《本草纲目》（金陵版排印本第2版），人民卫生出版社，2020年，下册，第2135～2137页。

③（明）李时珍著，王育杰整理：《本草纲目》（金陵版排印本第2版），人民卫生出版社，2020年，下册，第2155～2172页。

④（明）李时珍著，王育杰整理：《本草纲目》（金陵版排印本第2版），人民卫生出版社，2020年，下册，第2172～2178页。

痫。""脊骨，甘，热，无毒。[主治]虚劳寒中赢瘦……"①。

书中对牛的肉、头蹄、鼻、皮、乳、血、脂、髓、脑、心、脾、肺、肝、肾、胃、胆、胞衣、喉、齿、角、骨、蹄甲和毛等部位的功用都有所描述，如"黄牛肉，甘，温，无毒。[主治]安中益气，养脾胃。补益腰脚，止消渴及唾涎。""水牛肉，甘，平，无毒。[主治]消渴，止呗泄，安中益气，养脾胃……""乳，甘，微寒，无毒。[主治]补虚赢，止渴。养心肺，解热毒，润皮肤……""脑，甘，温，微毒。[主治]风眩消渴。脾积痞气。润皲裂，入面脂用……""胃，甘，温，无毒。[主治]消渴风眩，补五脏，醋煮食之……"②。

书中对马的肉、乳、心、肺、肝、肾、眼、牙齿、骨、头骨、胫骨、悬蹄、皮、尾、脑、血等部位的功用也都有所描述，如"肉，辛、苦，冷，有毒。[主治]伤中除热下气，长筋骨，强腰脊，壮健，强志轻身，不饥……""乳，甘，冷，无毒。[主治]止渴治热。作酪，性温，饮之消肉""牙齿，甘，平，有小毒。[主治]小儿马痫……""胫骨，甘，寒，无毒。[主治]煅存性，降阴火，中气不足者用之，可代黄芩、黄连……"③。

书中对驴的肉、头肉、脂、髓、血、乳、皮、毛、骨、悬蹄等部位的功用有所描述，如"肉，甘，凉，无毒。[主治]解心烦，止风狂。酿酒，治一切风……""脂，[主治]敷恶疮疥癣及风肿……""血，咸，凉，无毒。[主治]利大小肠，润燥结，下热气。""乳，甘，冷利，无毒。[主治]小儿热急黄。多服使利……""皮，[主治]煎胶食之，治一切风毒，骨节痛，呻吟不止。和酒服更良……""毛，[主治]头中一切风病，用一斤炒黄，投一斗酒中，渍三日……"④。

书中对虎的骨、肉、膏、血、肚、肾、胆、睛、鼻、牙、皮、爪和须等部位的功用有所描述，如"虎骨，辛，微热，无毒。[主治]邪恶气，杀鬼疰毒，止惊悸，治恶疮鼠瘘……""肉，酸，平，无毒。[主治]恶心欲呕，益气力，止多唾……""血，[主治]壮神强志。""肚，[主治]反胃吐食……""胆，[主治]小儿惊痫……"⑤。

书中对豪猪的肉和肚等功用有所描述，如"肉，甘，大寒，有毒。[主治]多膏，利大肠……"⑥。

---

① （明）李时珍著，王育杰整理：《本草纲目》（金陵版排印本第2版），人民卫生出版社，2020年，下册，第2178～2193页。

② （明）李时珍著，王育杰整理：《本草纲目》（金陵版排印本第2版），人民卫生出版社，2020年，下册，第2193～2206页。

③ （明）李时珍著，王育杰整理：《本草纲目》（金陵版排印本第2版），人民卫生出版社，2020年，下册，第2206～2212页。

④ （明）李时珍著，王育杰整理：《本草纲目》（金陵版排印本第2版），人民卫生出版社，2020年，下册，第2213～2217页。

⑤ （明）李时珍著，王育杰整理：《本草纲目》（金陵版排印本第2版），人民卫生出版社，2020年，下册，第2234～2239页。

⑥ （明）李时珍著，王育杰整理：《本草纲目》（金陵版排印本第2版），人民卫生出版社，2020年，下册，第2251、2252页。

书中对熊的脂、肉、掌、胆、脑髓、血和骨等的功用都有所描述，如"脂，甘，微寒，无毒。［主治］风痹不仁筋急，五脏腹中积聚，寒热羸瘦……""肉，甘，平，无毒。［主治］风痹，筋骨不仁……""血，［主治］小儿客忤。""骨，［主治］作汤，浴历节风，及小儿客忤"[①]。

书中对鹿的鹿茸、角、齿、骨、肉、蹄肉、脂、髓、脑、血、肾、胆、筋和皮等部位的功用有所描述，如"鹿茸，甘，温，无毒。［主治］漏下恶血，寒热惊痫，益气强志，生齿不老……""肉，甘，温，无毒。［主治］补中益气力，强五脏……""血，［主治］阴痿，补虚，止腰痛、鼻衄，折伤，狂犬伤……""胆，苦，寒，无毒。主治消肿散毒……"[②]。

书中对猫的肉、头骨、脑、眼睛、牙、舌、涎、肝、皮毛等部位的功用有所描述，如"肉，甘，酸，温，无毒。［主治］劳疰，鼠瘘蛊毒""眼睛，［主治］瘰疬鼠瘘……""舌，［主治］瘰疬鼠瘘，生晒研敷""皮毛，［主治］瘰疬诸瘘，痈疽溃烂……"[③]。

书中对兔的肉、血、脑、骨、头骨、肝和皮毛等部位的功用也有所描述，如"肉，辛，平，无毒。［主治］补中益气。热气湿痹，止渴健脾……""血，咸，寒，无毒。［主治］凉血活血，解胎中热毒，催生易产……""肝，［主治］目暗。名目补劳，治头旋眼眩……"[④]。

四、小　结

从蜀王府遗址出土动物的数量、肉量及药用功能等方面综合考虑，我们认为遗址先民除利用这些动物的肉及其他可食用部位作为食物外，很有可能也利用其药用功能将其用作药物或药膳。

遗址中出土数量较多的家鸡、家鸭、家鹅、家鸽等家禽，家猪、家兔和羊等家畜，应该是先民主要的动物性食物来源，同时先民也有可能会利用这些动物的药用功能。

遗址中出土数量较少的那些动物，如乌鸦、豪猪、大型猫科（可能为虎）和熊等，先民可能主要利用的是其药用功能。

---

① （明）李时珍著，王育杰整理：《本草纲目》（金陵版排印本第 2 版），人民卫生出版社，2020 年，下册，第 2252~2254 页。

② （明）李时珍著，王育杰整理：《本草纲目》（金陵版排印本第 2 版），人民卫生出版社，2020 年，下册，第 2258~2267 页。

③ （明）李时珍著，王育杰整理：《本草纲目》（金陵版排印本第 2 版），人民卫生出版社，2020 年，下册，第 2277~2279 页。

④ （明）李时珍著，王育杰整理：《本草纲目》（金陵版排印本第 2 版），人民卫生出版社，2020 年，下册，第 2289~2292 页。

第四章 相关问题的初步探讨

遗址出土动物遗存 6 万余件，且数量上以鸟纲动物为主，这在目前已发表的动物考古研究资料属于比较特殊的现象，值得关注。

下文我们会将蜀王府遗址的动物考古研究结果与同时期湖南永顺老司城遗址的动物考古研究结果进行横向对比，并结合历史文献与动物群出土情况等来讨论王府园林区出现大量动物遗存的原因。

第一节 与永顺老司城遗址出土动物遗存的对比研究

湖南永顺老司城遗址位于湘西土家族苗族自治州永顺县城东 20 余千米处的灵溪镇老司城村，本名福石城，是南宋绍兴五年（1135 年）至清雍正二年（1724 年）永顺彭氏土司的政治、经济、军事、文化中心，同时也是湘渝黔土家族地区规模最大、保存状况最好的土司城遗址[①]。

《永顺老司城遗址出土动物遗存》中整理的动物骨骼材料时间归属为明代早期到清雍正五年（1727 年）的改土归流[②]，与蜀王府遗址所属的明清时期基本相当。从性质来看，老司城遗址和蜀王府遗址都属于当时地方的政治、军事与文化的中心，两者的地位与等级也相差不大。

下文我们将从动物群构成、动物死亡年龄结构、动物病理现象观察及动物遗存出土背景等四个方面对这两个遗址进行比较分析。

一、动物群构成

蜀王府遗址出土软体动物遗存可鉴定标本数和最小个体数均为 5；鱼纲可鉴定标本 29 件，最小个体数为 14，包括草鱼、鳡鱼、鲫鱼、鲤鱼和青鱼；爬行动物可鉴定标本 13 件，最小个

① 湖南省文物考古研究所、湘西自治州文物局、永顺县文物局编：《永顺老司城》，科学出版社，2014 年，第 1 页。

② 湖南省文物考古研究所：《永顺老司城遗址出土动物遗存》，科学出版社，2018 年，第 6 页。

体数为 2，包括龟科和鳖科；鸟纲可鉴定标本 15668 件，最小个体数为 1742，包括家鸡、家鸭、家鹅、天鹅、环颈雉、小型鸭科、鹤、鸽和乌鸦等；哺乳动物纲可鉴定标本 8768 件，最小个体数为 516，包括猪、狗、牛、羊、马（驴）、兔、猫、熊、花面狸、豪猪、大型鹿科、中型鹿科、小型鹿科和鼬科等。

老司城遗址出土软体动物遗存可鉴定标本 27 件，最小个体数为 18，包括泥蚶、圆顶珠蚌、剑状矛蚌和海螺；鱼纲可鉴定标本 9 件，最小个体数为 5，包括鲤鱼、鳡鱼、青鱼、草鱼；爬行动物纲可鉴定标本 13 件，最小个体数为 2，可鉴定动物为中华鳖；鸟纲可鉴定标本 973 件，最小个体数为 96，包括鸡、鸭、鹅和竹鸡；哺乳动物纲可鉴定标本 10884 件，最小个体数为 692，包括猪、黄牛、水牛、水鹿、梅花鹿、小鹿、赤鹿、山羊、野猪、虎、豹、马、黑熊、狗、猫、苏门羚、豪猪、猕猴、麝、竹鼠和狼等[①]。

从出土动物种类来看，两个遗址在动物群组合方面存在一定的共性和差异。老司城遗址和蜀王府遗址均发现鳖、鲤鱼、青鱼、鳡鱼、猪、牛、鹿、羊、马、熊、狗、猫和豪猪等动物；蜀王府遗址未发现老司城遗址出土的泥蚶、圆顶珠蚌、剑状矛蚌、海螺、虎、豹、苏门羚、猕猴、竹鼠、狼和竹鸡，而老司城遗址也未发现蜀王府遗址出土的鲫鱼、龟、兔、花面狸、鹤、鸽、乌鸦、天鹅和环颈雉。

1. 全部动物的数量统计

从各纲动物可鉴定标本数分布来看（图 4-1），蜀王府遗址明显以鸟纲和哺乳动物纲为主，且鸟纲数量要远大于哺乳动物纲；老司城遗址则明显以哺乳动物纲为主，鸟纲次之，哺乳动物纲的数量要远大于鸟纲。二者的相似之处在于，除哺乳动物纲和鸟纲外，其余纲动物的数量都非常少。不同之处在于哺乳动物纲和鸟纲之间的比例关系。

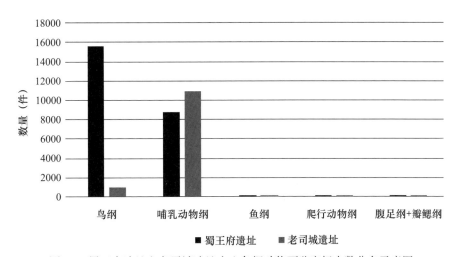

图4-1 蜀王府遗址和老司城遗址出土各纲动物可鉴定标本数分布示意图

① 湖南省文物考古研究所：《永顺老司城遗址出土动物遗存》，科学出版社，2018 年，第 122~130 页。

　　各纲动物最小个体数分布（图4-2），呈现出与可鉴定标本数一致的特征，即两个遗址除哺乳动物纲和鸟纲外的动物数量普遍较少；蜀王府遗址明显以鸟纲为主，哺乳动物纲次之，且鸟纲远超哺乳动物纲；老司城遗址明显以哺乳动物纲为主，鸟纲次之，且哺乳动物纲数量远超鸟纲。

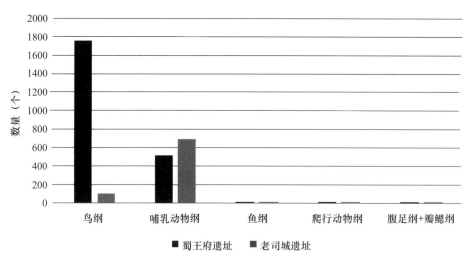

图4-2　蜀王府遗址和老司城遗址出土各纲动物最小个体数分布示意图

2. 鸟纲和哺乳动物纲出土动物的数量统计

　　我们将两个遗址出土数量较多的鸟纲和哺乳动物纲分别进行可鉴定标本数和最小个体数的统计。

　　鸟纲各科的可鉴定标本数和最小个体数分布（图4-3；图4-4）显示出：蜀王府遗址鸟纲的种类要比老司城遗址多，各科鸟类的数量也远超老司城遗址。除此之外，两个遗址也有共同之处，即雉科动物数量在鸟纲中占据主导地位。

　　哺乳动物纲各科的可鉴定标本数分布（图4-5）显示：蜀王府遗址数量较多的动物为猪科、兔科、鹿科和牛科，其中猪科占据绝对主导地位；老司城遗址数量较多的动物为牛科、猪科、鹿科和猫科，其中牛科占据绝对主导地位。两个遗址其他科动物数量都比较少。

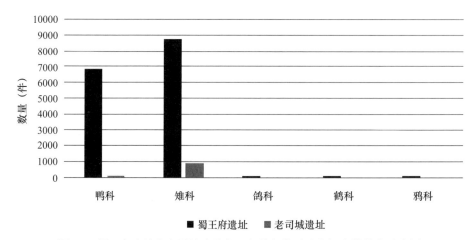

图4-3　蜀王府遗址和老司城遗址出土各科鸟类可鉴定标本数分布示意图

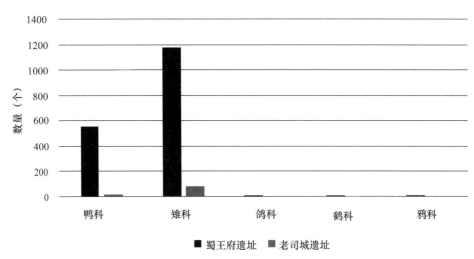

图4-4　蜀王府遗址和老司城遗址出土各科鸟类最小个体数分布示意图

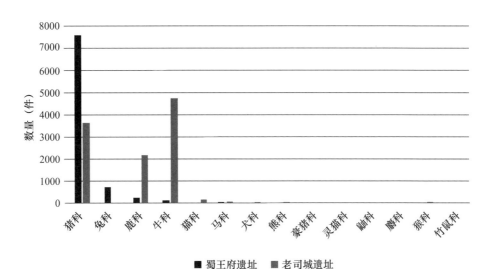

图4-5　蜀王府遗址和老司城遗址出土各科哺乳动物可鉴定标本数分布示意图

　　哺乳动物纲各科动物的最小个体数分布（图 4-6）显示：两个遗址出土数量最多、占据主导地位的均为猪科；其余科动物的数量分布特征则与可鉴定标本数分布特征较为一致，即蜀王府遗址猪科之外数量较多的为兔科、鹿科和牛科，而老司城遗址猪科之外数量较多的为牛科、鹿科和猫科。

3. 小结

　　可见，从动物群构成情况来看，两个遗址既存在共性又存在差异。共性在于两个遗址出土动物种属都较为繁杂，数量位居前两位的均为鸟纲和哺乳动物纲，鸟纲中又都以雉科为主，而哺乳动物纲中猪科最小个体数的比例也都是最高的，显示出两个遗址先民对这两科动物的利用都比较多。

　　差异性也非常明显，主要在于蜀王府遗址明显以鸟纲数量最多，而老司城遗址则是以哺乳动物纲数量最多，显示出两个遗址先民对鸟类资源利用程度存在较大差异；两个遗址哺乳动物

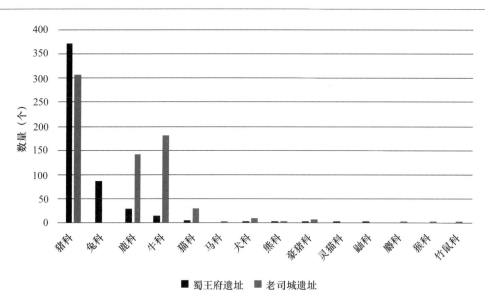

图4-6　蜀王府遗址和老司城遗址出土各科哺乳动物最小个体数分布示意图

纲各科的可鉴定标本数分布特征也不一致，蜀王府遗址占据前四位的为猪科、兔科、鹿科和牛科，而老司城遗址占据前四位的则为牛科、猪科、鹿科和猫科，显示出两个遗址先民对哺乳动物资源选择性的差异。

二、动物死亡年龄结构

我们将对两个遗址都出土的动物，如猪、牛、马、羊、狗等哺乳动物和家鸡、家鸭、家鹅等鸟类动物的死亡年龄进行考察和比较。

1. 猪的死亡年龄结构

蜀王府遗址出土猪的遗存中，上下颌骨及牙齿出土量较少，四肢骨骼出土量较大，因此我们对其死亡年龄判断的依据主要为肢骨骨骺的愈合状况，具体的死亡年龄信息参见第二章第一节和第二节。

老司城遗址出土猪的遗存中，死亡年龄判断的主要依据为牙齿的萌出与磨蚀[①]，具体的死亡年龄信息如下：小于 6 个月标本占 1.52%，6～12 月标本占 33.46%，13～18 月标本占 37.26%，19～24 月标本占 19.01%，25～30 月占 4.94%，30 月以上占 3.81%。

综合两个遗址的死亡年龄推断结果，我们将猪的死亡年龄可分为小于 1 岁、1～1.5 岁、1.5～2 岁、大于 2 岁几个阶段，两个遗址猪死亡年龄比例分布情况如图 4-7 所示。蜀王府遗址明显以大于 2 岁个体为主，而老司城遗址则明显以小于 2 岁尤其是小于 1.5 岁个体为主。老司

---

① 湖南省文物考古研究所：《永顺老司城遗址出土动物遗存》，科学出版社，2018 年，第 189 页。

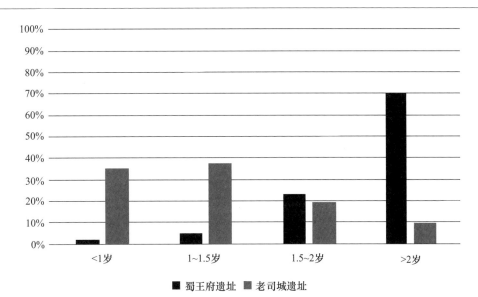

图4-7　蜀王府遗址与老司城遗址猪的死亡年龄百分比分布示意图

城遗址猪的死亡年龄结构反映出该地区以高效获取肉食作为饲养目的[1]，而蜀王府遗址猪的死亡年龄结构则可能与先民短时间内集中宰杀猪的行为有关（参见第三章第一节）。

2. 其他家养哺乳动物的死亡年龄结构

从第二章可知，蜀王府遗址出土的马，成年后死亡的个体占100%；牛，成年后死亡的个体占50%；羊，成年后死亡的个体占58.3%；狗，成年后死亡的个体占100%。

老司城遗址出土的黄牛，成年后死亡的个体占66.67%[2]；水牛，成年后死亡的个体占88.24%[3]；山羊，成年后死亡的个体占33.33%[4]；马，成年后死亡的个体占100%[5]；狗，成年后死亡的个体占100%[6]。

两个遗址除猪以外的家畜死亡年龄结构分布情况如图4-8所示，既有相似之处，又有不同之处。相似之处在于：两个遗址出土的马和狗均已成年，有的还显示出老年的特征[7]，表明先民饲养这两类动物的主要目的并非获取肉食资源，而是利用其特殊的功能，如利用马的畜力、利用狗来看家护院等。这两类动物在死亡之后仍会被先民用作肉食。

不同之处在于：①蜀王府遗址出土的牛数量较少，死亡年龄结构特征不明显。老司城遗址出土的牛，不论是黄牛还是水牛，都是以成年个体为主的，显示出先民对这两类牛的利用方式存在着差异，一方面可能利用其肉食资源，在其未成年状态即行宰杀；另一方面也可能利用其

①　湖南省文物考古研究所：《永顺老司城遗址出土动物遗存》，科学出版社，2018年，第189页。
②　湖南省文物考古研究所：《永顺老司城遗址出土动物遗存》，科学出版社，2018年，第190～192页。
③　湖南省文物考古研究所：《永顺老司城遗址出土动物遗存》，科学出版社，2018年，第193、194页。
④　湖南省文物考古研究所：《永顺老司城遗址出土动物遗存》，科学出版社，2018年，第194、195页。
⑤　湖南省文物考古研究所：《永顺老司城遗址出土动物遗存》，科学出版社，2018年，第195、196页。
⑥　湖南省文物考古研究所：《永顺老司城遗址出土动物遗存》，科学出版社，2018年，第196页。
⑦　湖南省文物考古研究所：《永顺老司城遗址出土动物遗存》，科学出版社，2018年，第195、196页。

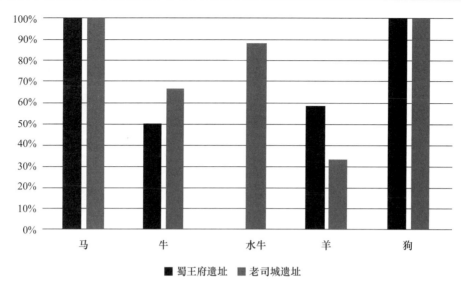

图4-8　蜀王府遗址和老司城遗址猪以外的主要家畜死亡年龄结构分布示意图

畜力，将其养至成年甚至老年后再行宰杀。②蜀王府遗址出土的羊明显以成年个体为主，而老司城遗址出土的羊则以未成年个体为主，这显示出两个遗址先民对羊的主要利用方式的差异，即蜀王府遗址先民可能更多地利用羊来获取次级产品（羊毛、羊奶等），而老司城遗址先民则更多地利用羊来获取肉食。

3. 鸟类动物的死亡年龄结构

由上文可知，蜀王府遗址出土家鸡明显以成年个体为主，占93.3%；家鸭全部为成年个体；家鹅也明显以成年个体为主，占99.6%。

老司城遗址出土家鸡不同部位的骨骼存在12%～36%比例的未愈合标本，我们根据未愈合标本数量最多的肱骨来进行计算，成年（已愈合）标本占比84.31%[1]；家鸭不同部位的骨骼也存在8%～50%的未愈合标本，我们根据未愈合标本数量最多的腕掌骨来进行计算，成年（已愈合）标本最少占比50%[2]；家鹅全部为成年个体[3]。

两个遗址鸟类动物的死亡年龄结构如图4-9所示，既有相似之处，也有不同之处。相似之处在于，两个遗址三种家禽的死亡年龄均以成年为主，说明先民对这些家禽的饲养时间普遍较长，其目的可能是获取禽蛋。不同之处在于，蜀王府遗址的家禽死亡年龄明显偏大一些，即成年个体比例要比老司城遗址更高一些，结合蜀王府遗址出土家禽数量远超过老司城遗址这样的特征，我们有理由相信如此高比例的成年家禽的死亡率并非日常生活中常见的现象，可能与蜀王府先民在短时间内集中宰杀家禽的行为有关。

---

① 湖南省文物考古研究所：《永顺老司城遗址出土动物遗存》，科学出版社，2018年，第196页。
② 湖南省文物考古研究所：《永顺老司城遗址出土动物遗存》，科学出版社，2018年，第196、197页。
③ 湖南省文物考古研究所：《永顺老司城遗址出土动物遗存》，科学出版社，2018年，第197页。

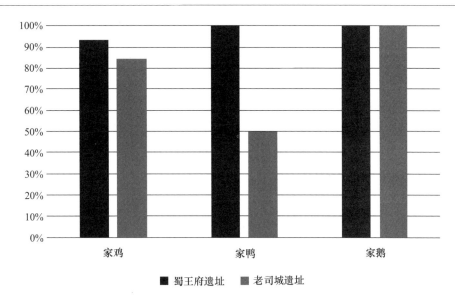

图4-9　蜀王府遗址和老司城遗址主要家禽死亡年龄结构分布示意图

4. 小结

　　从两个遗址出土主要动物死亡年龄结构比较结果来看，老司城遗址可将这些动物明显分为两个类型，一是以未成年或刚成年的个体为主，如猪、山羊、鸡、鸭，这反映出以最经济的获取肉食为目的的饲养策略；二是以成年个体为主，如水牛、黄牛、马和狗，反映出先民饲养这些动物不仅是为了获取肉食，还有其他方面的需求 ①。

　　蜀王府遗址所有动物都是以成年个体为主，从饲养目的来看，先民饲养这些动物不仅是为获取肉食，还会有其他方面的需求。从出土动物的死亡年龄结构来看，成年个体比例明显过高，呈现出集中宰杀成年个体的特征，这种特征很可能与先民短时期内消费动物的具体行为有关。

三、动物病理现象观察

　　蜀王府遗址，我们观察到73件骨骼有病变现象，其中哺乳动物22件，占哺乳动物总数的0.07%；鸟类51件，占鸟类总数的0.14%。鸟类动物病变比例稍高一些。从具体的动物种属来看，除4件为无法明确种属的中型哺乳动物、4件为无法明确种属的鸟外，其余均可鉴定，主要包括猪、家鸡、家鹅和小型鸭科。发现病变的骨骼绝大多数为四肢骨及关节部位的短骨。从病变特征来看，哺乳动物以骨质增生为主，同时发现骨折后愈合的现象；鸟类以骨折后愈合现象为主，各种关节炎（包括骨质增生）次之。

　　老司城遗址，目前能够观察到的主要是哺乳动物骨骼病变，另外发现少量鸟禽类鸭的骨

---

① 　湖南省文物考古研究所：《永顺老司城遗址出土动物遗存》，科学出版社，2018年，第197页。

骼病变[①]，哺乳动物病变比例明显要高一些。具体的动物种属包括黄牛、水牛、虎、豹、野猪、狗、苏门羚、梅花鹿、小麂和鸭等。发现病变的骨骼部位包括下颌骨及牙齿、肢骨、脊椎骨、盆骨和枝梢骨。从病变特征来看，包括骨质增生、骨融合和变异、关节溃烂、下颌穿孔、牙齿异常突起磨耗及发育不良、肢骨的骨折等[②]，明显以骨质增生为主。

两个遗址出土遗存所能观察到的病理现象既存在相似之处，也有明显的不同。相似之处在于，哺乳动物病变特征多为骨质增生，这与哺乳动物死亡年龄较大、饲养时间较长有关，其余很多相关的骨骼变异和关节炎等现象也都与动物的死亡年龄偏大有关。

不同之处在于：①蜀王府遗址鸟类动物的病理观察率要高于老司城遗址，且鸟类动物病变特征以骨折后愈合为主，显示出这些鸟类普遍饲养时间较长，可以在骨折后存活较长时间。②蜀王府遗址可观察到病理现象的动物种属以家鸡、家猪和家鹅为主，其他动物则极少观察到病理现象；老司城遗址在家猪和家禽骨骼上极少观察到病理现象，病理现象主要集中出现于其他动物（如黄牛、水牛和狗等家畜，虎、豹、野猪等野生动物）骨骼，动物种属方面存在明显差异。

我们认为，两个遗址病变现象相似之处均与动物的死亡年龄较大有关，不同之处则与不同动物死亡年龄结构差异有关，而导致两个遗址不同动物死亡年龄结构的差异则主要与先民对动物的利用方式和先民的具体行为有关（参见上文死亡年龄结构部分的分析）。

四、动物遗存出土背景

《永顺老司城遗址出土动物遗存》中整理的动物遗存涉及遗址宫殿区、衙署区、街道区、墓葬区四个大型区域[③]。宫殿区和衙署区消费的动物种类和数量较多，说明当时大部分动物肉食都是在这两个区域消费的，这批动物的消费主体是土司集团成员。宫殿区出土的水牛、黄牛骨骼数量明显大于其他区域，大型野生动物也是基本出土在宫殿区，而且宫殿区出土了部分泥蚶、海螺这类属于海洋性动物的遗存，这些都体现出了土司的王权。街道区出土的动物种属都是普通的家畜，以猪、牛、鸡为主，消费性质比较平民化[④]。

从动物遗存出土背景看，蜀王府遗址全部动物均出自园林区的水池和水道中，这两处建筑遗迹是蜀王府园林区（又名左花园、内苑或长春苑）的核心组成部分，从城市空间布局来说，明显属于宫殿区，属于高级贵族（王府成员）生活的区域。出土动物遗存的组合却明显以家鸡、家鹅和家猪为主，大型哺乳动物数量极少，也未发现明显属于远距离运输来的动物（如海洋动物），与老司城遗址街道区的情况比较相似，显示出平民化的特征。

① 湖南省文物考古研究所：《永顺老司城遗址出土动物遗存》，科学出版社，2018年，第249页。
② 湖南省文物考古研究所：《永顺老司城遗址出土动物遗存》，科学出版社，2018年，第241~249页。
③ 湖南省文物考古研究所：《永顺老司城遗址出土动物遗存》，科学出版社，2018年，第264页。
④ 湖南省文物考古研究所：《永顺老司城遗址出土动物遗存》，科学出版社，2018年，第256~258页。

结合动物遗存的鉴定结果与其出土背景信息，我们认为老司城遗址出土的动物构成情况与其所在的区域是基本相符的，代表的是老司城不同阶层人员的消费行为，而蜀王府遗址出土的动物构成情况与其所在的区域并不相符，应为特殊条件下留下的遗存。

五、小　　结

综合动物群组合和数量比例构成、死亡年龄结构、病理现象观察和动物遗存出土背景信息，我们可以做出如下推断：①两个遗址动物群构成都比较繁杂，家养动物在动物群中占据主导地位，这种特征可能属于明清时期动物利用的一般特征；②蜀王府遗址与老司城遗址动物资源利用存在明显的差异，主要表现在鸟类资源的数量比例及病理特征、家猪的死亡年龄及病理特征、大型哺乳动物等特殊性动物遗存的数量比例等方面，这些差异主要源自两个遗址先民饮食结构方面的不同，蜀王府遗址与老司城遗址平民化的饮食特征比较接近。

第二节　王府园林区中出现大量动物遗存的原因

从发掘情况来看，出土于水池 C4 和水道 G4 的动物遗存，属于短时间内快速倾倒形成的残骸堆积。这两处建筑遗迹是蜀王府园林区的核心组成部分，为王府成员日常休闲娱乐的重要场所，对生态环境和卫生条件的要求极高，在其正常使用期间不应该出现如此大量的垃圾集中填埋现象。

从出土动物群构成来看，虽然以家鸡、家鹅为代表的家禽，以猪为代表的家畜数量多且比例高，但其中仍有少量特殊动物发现。比如水池 C4 出土鹤的遗存 24 件，至少代表 4 个个体。鹤在中国传统文化中是一种长寿延年的象征，《淮南子》有着"鹤寿千岁，以极其游"[1] 的说法；明代镇守山东青州的第四代衡王朱载封为了寻找张三丰，求得长生之术，铸造了一只巨型铁仙鹤（现存青州市博物馆）；鹤长颈高足，嘴微张，双足立于龟背上。龟四足着地，呈伏卧状，在龟背四周饰有八卦图案。鹤立龟背，代表着健康、长寿[2]。并且《大明会典》记载洪武二十六年（1393 年）的常服规定："文官，一品、二品，仙鹤、锦鸡；三品、四品，孔雀、云鹰；五品，白鹇；六品、七品，鹭鸶、鸂鶒。"[3] 正常情况下，作为具有较高社会地位的王府成员，食用鹤这种具有祥瑞和长寿意义的动物可能性不大。

死亡年龄统计结果显示，出土的哺乳动物和鸟类都以成年为主，未成年个体比例很低，说

---

① 杨有礼注说：《淮南子》，河南大学出版社，2010 年，第 581 页。

② 徐清华：《明铁鹤》，《青州博物馆》，文物出版社，2003 年，第 309、310 页。

③ （明）李东阳敕撰，（明）申时行奉敕重修：《大明会典》卷六一，江苏广陵古籍刻印社，1989 年，第 1059 页。

明这些动物大都经过了较长时间的饲养或存活时间较长。尤其是鸡、鹅等家禽，先民长时间饲养其主要目的之一可能是获取蛋类食物，而在王府正常使用期间，应该不会大规模集中宰杀消费这些尚在产蛋的家禽。

与老司城遗址动物考古研究成果的比较分析显示出，蜀王府遗址出土的动物构成具有平民化的特征，在王府正常使用期间，王府成员作为高等级的贵族阶层，其饮食结构不可能呈现出这么平民化的特征。

结合文献史料考察，张献忠入驻蜀王府后曾短暂据此为宫，不仅烧杀抢掠，还一度大摆筵席、款待宾客，其部众撤离成都前对整座王府开展了有组织的大规模破坏，因此我们有理由认为如此大量的动物残骸被集中倾倒，可能是这一特殊历史背景下发生的。

值得注意的是，水池C4出土的动物遗存中共计1017件骨骼表面有烧痕（图版86；图版87），其中779件骨骼通体烧灰（白）或是部分烧灰（白）；236件通体烧黑或者部分烧黑；2件烧白。上述烧灼痕迹显示的都是燃烧程度较高留下的痕迹，是经过较长时间过火后形成的，这些烧灼痕迹是否与张献忠撤离成都时对蜀王府的焚烧行为有关，还有待进一步考察。

第三节　结　　语

蜀王府遗址共出土动物遗存68798件，其中C4出土65339件，G4出土3639件。出土动物包括：螺、鲤鱼、草鱼、青鱼、鳡鱼、鲫鱼、龟、鳖、家鸡、环颈雉、家鸭、家鹅、鸽、鹤、天鹅、乌鸦、家猪、家兔、羊、牛、马、熊、花面狸、豪猪、鹿、狗和猫等。

出土动物中，鸟类数量是最多的，其次为哺乳动物，且鸟类数量远大于哺乳动物，说明当时先民对鸟类食物有着特殊的喜好。从动物种属来看，先民食用最多的为家鸡、家鹅、家猪和家兔等家禽家畜。先民对兔科动物的喜好，可能与成都地区如今还流行着的喜食兔类的饮食习俗的来源有关。猫、马、狗、豪猪、花面狸、熊、鹤和乌鸦的数量都非常少，它们作为食用后的遗存出现可能有着特殊的原因（如药用）。猫和狗可能是王府成员饲养的宠物，马可能是王府饲养的以备出行的动物，而鹤、天鹅、豪猪、花面狸和熊等则可能是王府园囿中圈养或驯养的观赏性动物。

蜀王府遗址出土的动物遗存，从保存状态来看，普遍破碎程度较高，但是在骨骼表面有明显砍痕和切割痕的标本数量却并不多。我们推测可能当时使用的肢解动物和剥皮剔肉的工具（金属刀具）较为锋利，或者肢解剔肉技术较为成熟，不易在骨骼表面留下痕迹。

从不同骨骼部位的出土比例来看，无论是哺乳动物还是鸟类都显示出以带肉较多、口感较好的部位（翅膀和腿等）为主，带肉较少、口感较差的部位（头骨和蹄部、爪部等）则出土比例偏小。这一现象说明遗址中的主要动物（家猪、家兔、家鹅和家鸡等）大多并非在王府内就地宰杀的，而是宰杀肢解后被先民有选择性地带到遗址所在地进行消费的。

从死亡年龄来看，出土动物以成年个体为主，仅存在少部分的未成年个体。马、牛、狗、熊、豪猪、花面狸、鹤、天鹅和乌鸦均为成年个体，未见未成年个体，进一步说明这些动物都是在王府内存活时间较长的种属。

哺乳动物中出现病变情况的种属和病变症状都比较单一，以猪骨骼的骨质增生为主，可能是家猪年龄较大及饲养中相关环境问题造成的。鸟类动物中，发现病变现象的种属比较丰富，以家禽为主；病变现象包括关节炎症（关节形变、骨质增生、骨质变化、骨骼融合）、骨折后愈合、两个部位骨骼融合和整体骨骼形变、血肿、骨骼肿大等，可能是饲养过程中家禽年龄较大或是饲养空间拥挤造成挤压或是家禽斗殴造成的。

遗址中出土家禽的体形存在着一定的差异，可能与性别不同有关，也可能与品种不同有关。

通过对动物遗存特征及出土状态的分析，参考相关文献，并与永顺老司城遗址出土动物遗存开展对比分析，我们认为，水池 C4 和水道 G4 出土的大量动物遗存，很可能是在蜀王府遭受大规模毁坏和废弃阶段短时间集中倾倒生活垃圾形成的，并且处于上层的动物遗骸经过了焚烧，留下局部或通体发灰、局部或通体发黑、通体发白的燃烧痕迹。

附　　表

附表 1　蜀王府遗址出土大型鸭科（家鹅）尺骨测量数据一览表

动物种属及骨骼部位	长度（毫米）	近端宽度（毫米）	远端宽度（毫米）
大型鸭科尺骨		15.25	
大型鸭科尺骨		13.95	
大型鸭科尺骨			15.98
大型鸭科尺骨			15.21
大型鸭科尺骨	150.42	15.56	15.07
大型鸭科尺骨			14.64
大型鸭科尺骨		16.62	
大型鸭科尺骨		15.04	
大型鸭科尺骨			17.57
大型鸭科尺骨			15.62
大型鸭科尺骨			17.66
大型鸭科尺骨			15.26
大型鸭科尺骨		15.8	
大型鸭科尺骨			16.74
大型鸭科尺骨			20.86
大型鸭科尺骨	148.8	15.34	15.18
大型鸭科尺骨		16.3	
大型鸭科尺骨			16.23
大型鸭科尺骨			15.8
大型鸭科尺骨			16.3
大型鸭科尺骨			15.61
大型鸭科尺骨		15.5	
大型鸭科尺骨		16.13	
大型鸭科尺骨			13.67
大型鸭科尺骨			15.7
大型鸭科尺骨		15.57	
大型鸭科尺骨		14.13	

动物种属及骨骼部位	长度（毫米）	近端宽度（毫米）	远端宽度（毫米）
大型鸭科尺骨		15.88	
大型鸭科尺骨			15.36
大型鸭科尺骨			14.85
大型鸭科尺骨			15.28
大型鸭科尺骨			13.61
大型鸭科尺骨	170	18	17.7
大型鸭科尺骨			15.97
大型鸭科尺骨			15.19
大型鸭科尺骨			15.62
大型鸭科尺骨			14.62
大型鸭科尺骨		16.14	17.1
大型鸭科尺骨		16.02	14.35
大型鸭科尺骨		15.79	15.94
大型鸭科尺骨		16.48	
大型鸭科尺骨		17.52	
大型鸭科尺骨		15.71	
大型鸭科尺骨			15.79
大型鸭科尺骨			14.46
大型鸭科尺骨			16.15
大型鸭科尺骨		13.12	
大型鸭科尺骨			15.29
大型鸭科尺骨			15.89
大型鸭科尺骨			15.35
大型鸭科尺骨			16.75
大型鸭科尺骨			15.7
大型鸭科尺骨		16.19	
大型鸭科尺骨			16.3
大型鸭科尺骨			14.78
大型鸭科尺骨			15.31
大型鸭科尺骨		16.47	
大型鸭科尺骨			17.47
大型鸭科尺骨		14.78	
大型鸭科尺骨		14.64	
大型鸭科尺骨			15.55
大型鸭科尺骨		16.64	
大型鸭科尺骨			16.5
大型鸭科尺骨			15.86

续表

动物种属及骨骼部位	长度（毫米）	近端宽度（毫米）	远端宽度（毫米）
大型鸭科尺骨			15.26
大型鸭科尺骨			14.82
大型鸭科尺骨		17.45	
大型鸭科尺骨		15.4	
大型鸭科尺骨		14.6	
大型鸭科尺骨			15.4
大型鸭科尺骨			15.55
大型鸭科尺骨			15.3
大型鸭科尺骨		15.23	
大型鸭科尺骨			15.1
大型鸭科尺骨		15.44	
大型鸭科尺骨		13.59	
大型鸭科尺骨		14.96	
大型鸭科尺骨		15.03	
大型鸭科尺骨		16.23	
大型鸭科尺骨		15.84	
大型鸭科尺骨			16.35
大型鸭科尺骨			17.25
大型鸭科尺骨			15.6
大型鸭科尺骨			16.35
大型鸭科尺骨			15.24
大型鸭科尺骨			15.4
家鹅尺骨		15.9	
家鹅尺骨			15.63
家鹅尺骨			15.07
家鹅尺骨			15.56
家鹅尺骨		14.6	
家鹅尺骨		15.24	
家鹅尺骨			15.01
家鹅尺骨			14.8
家鹅尺骨			15.9
家鹅尺骨			15.12
家鹅尺骨			13.96
家鹅尺骨		15.22	
家鹅尺骨		16.07	
家鹅尺骨		16.66	

动物种属及骨骼部位	长度（毫米）	近端宽度（毫米）	远端宽度（毫米）
家鹅尺骨			16.11
家鹅尺骨			14.47
家鹅尺骨		15.23	
家鹅尺骨		16.61	
家鹅尺骨		16.91	
家鹅尺骨			15.78
家鹅尺骨			16.58
家鹅尺骨			15.26
家鹅尺骨	149.19	14.58	14.91
家鹅尺骨		17.17	
家鹅尺骨		16.63	
家鹅尺骨		16.4	
家鹅尺骨		15.46	
家鹅尺骨		15.33	
家鹅尺骨			15.28
家鹅尺骨			15.19
家鹅尺骨			17.18
家鹅尺骨			16.39
家鹅尺骨		17.74	
家鹅尺骨		15.41	
家鹅尺骨			14.91
家鹅尺骨			14.55
家鹅尺骨	118.5	15.95	15.85
家鹅尺骨		14.9	
家鹅尺骨			15.63
家鹅尺骨			17.82
家鹅尺骨			16.76
家鹅尺骨			15.12
家鹅尺骨			14.44
家鹅尺骨			15.25
家鹅尺骨	147.09	15.89	15.61
家鹅尺骨	153	15.46	14.85
家鹅尺骨	145.25	14.23	14.78

动物种属及骨骼部位	长度（毫米）	近端宽度（毫米）	远端宽度（毫米）
家鹅尺骨		15.54	
家鹅尺骨		15.14	
家鹅尺骨		16.25	
家鹅尺骨		17.15	
家鹅尺骨			16.32
家鹅尺骨			16.19
家鹅尺骨			14.57
家鹅尺骨			15.22
家鹅尺骨			15.72
家鹅尺骨		16.46	
家鹅尺骨		15.88	
家鹅尺骨			17.54
家鹅尺骨			15.97
家鹅尺骨			15.66
家鹅尺骨			15.61
家鹅尺骨			16.88
家鹅尺骨		14.47	
家鹅尺骨			17.18
家鹅尺骨			14.88
家鹅尺骨		14.47	
家鹅尺骨			15.09
家鹅尺骨			14.05
家鹅尺骨			15.5
家鹅尺骨			14.65
家鹅尺骨			15.17
家鹅尺骨			15.86
家鹅尺骨			16.35
家鹅尺骨			14.59
家鹅尺骨		16.83	
家鹅尺骨		14.46	
家鹅尺骨			15.06
家鹅尺骨			15.24
家鹅尺骨			16
家鹅尺骨			16.55

动物种属及骨骼部位	长度（毫米）	近端宽度（毫米）	远端宽度（毫米）
家鹅尺骨			15.68
家鹅尺骨		14.02	
家鹅尺骨		15.51	
家鹅尺骨		14.74	
家鹅尺骨		16.9	
家鹅尺骨		16.27	
家鹅尺骨		16.5	
家鹅尺骨		14	
家鹅尺骨		16.32	
家鹅尺骨		15.85	
家鹅尺骨			16.37
家鹅尺骨			15.31
家鹅尺骨		15.55	
家鹅尺骨		16.14	
家鹅尺骨		14.7	
家鹅尺骨			15.27
家鹅尺骨			15.64
家鹅尺骨			14.26
家鹅尺骨		16.13	
家鹅尺骨		16.76	
家鹅尺骨		16.35	
家鹅尺骨		15.65	
家鹅尺骨			15.99
家鹅尺骨		15.88	
家鹅尺骨		15.62	
家鹅尺骨		16.54	
家鹅尺骨			14.89
家鹅尺骨			16.04
家鹅尺骨			15.72
家鹅尺骨	150.3	15.72	15.11
家鹅尺骨		14.63	
家鹅尺骨		15.15	
家鹅尺骨			14.78
家鹅尺骨			15.5

续表

动物种属及骨骼部位	长度（毫米）	近端宽度（毫米）	远端宽度（毫米）
家鹅尺骨			14.31
家鹅尺骨		16.41	
家鹅尺骨		16.01	
家鹅尺骨		16.03	
家鹅尺骨		14.74	
家鹅尺骨		15.01	
家鹅尺骨		15.08	
家鹅尺骨		13.66	
家鹅尺骨			15.82
家鹅尺骨		15.22	
家鹅尺骨		15.73	
家鹅尺骨		15.54	
家鹅尺骨		15.41	
家鹅尺骨		15.87	
家鹅尺骨		15.92	
家鹅尺骨		14.7	
家鹅尺骨		14.23	
家鹅尺骨		14.32	
家鹅尺骨		15.36	
家鹅尺骨		14.28	
家鹅尺骨		16.48	
家鹅尺骨		15.26	
家鹅尺骨		15.66	
家鹅尺骨		15.07	
家鹅尺骨			14.31
家鹅尺骨			14.97
家鹅尺骨			17.55
家鹅尺骨			15.4
家鹅尺骨			15.79
家鹅尺骨			16.45
家鹅尺骨			15.97
家鹅尺骨		14.89	
家鹅尺骨		15.52	

动物种属及骨骼部位	长度（毫米）	近端宽度（毫米）	远端宽度（毫米）
家鹅尺骨			16
家鹅尺骨			15.24
家鹅尺骨		16.18	
家鹅尺骨		15.47	
家鹅尺骨		15.52	
家鹅尺骨			15.21
家鹅尺骨			16.53
家鹅尺骨			15.47
家鹅尺骨			16.6
家鹅尺骨			15.48
家鹅尺骨			15.5
家鹅尺骨			15.65
家鹅尺骨		15.39	
家鹅尺骨		16.23	
家鹅尺骨			14.47
家鹅尺骨			14.64
家鹅尺骨	143.61		15.15
家鹅尺骨			16.5
家鹅尺骨			15.9
家鹅尺骨			15.69
家鹅尺骨			16.79
家鹅尺骨		16.26	
家鹅尺骨			16.41
家鹅尺骨			15.37
家鹅尺骨			15.68
家鹅尺骨		13.7	
家鹅尺骨			16.5
家鹅尺骨			15.6
家鹅尺骨		16.54	
家鹅尺骨		15.7	
家鹅尺骨			16.66
家鹅尺骨			15.77
家鹅尺骨			14.22
家鹅尺骨			15.92

续表

动物种属及骨骼部位	长度（毫米）	近端宽度（毫米）	远端宽度（毫米）
家鹅尺骨		16.44	
家鹅尺骨			16.73
家鹅尺骨		16.53	
家鹅尺骨		16.8	
家鹅尺骨			15.43
家鹅尺骨			14
家鹅尺骨		16	
家鹅尺骨			15.02
家鹅尺骨		15.58	
家鹅尺骨		16.26	
家鹅尺骨		14.9	
家鹅尺骨		17.62	
家鹅尺骨		16.35	
家鹅尺骨		17.21	
家鹅尺骨		15.64	
家鹅尺骨		15.89	
家鹅尺骨			17.03
家鹅尺骨			14.67
家鹅尺骨			16.09
家鹅尺骨			16.2
家鹅尺骨			15.13
家鹅尺骨			15.85
家鹅尺骨		15.18	
家鹅尺骨		17.04	
家鹅尺骨		16.3	
家鹅尺骨			16.2
家鹅尺骨		14.68	
家鹅尺骨			14.82
家鹅尺骨			14.86
家鹅尺骨			15.25
家鹅尺骨			14.4
家鹅尺骨		15.72	
家鹅尺骨		14.92	
家鹅尺骨		15.77	

动物种属及骨骼部位	长度（毫米）	近端宽度（毫米）	远端宽度（毫米）
家鹅尺骨		14.61	
家鹅尺骨			16.86
家鹅尺骨			15.43
家鹅尺骨		16.88	
家鹅尺骨		15.97	
家鹅尺骨		17.2	
家鹅尺骨			16.63
家鹅尺骨			15.59
家鹅尺骨			15.25
家鹅尺骨		15.79	
家鹅尺骨			15.51
家鹅尺骨			16.45
家鹅尺骨			17.35
家鹅尺骨		13.63	
家鹅尺骨			12.14
家鹅尺骨		15.5	
家鹅尺骨			15.38
家鹅尺骨			16.21
家鹅尺骨		15.96	
家鹅尺骨			15.63
家鹅尺骨			15.46
家鹅尺骨		15.13	
家鹅尺骨		16.72	
家鹅尺骨		16.84	
家鹅尺骨			15.14
家鹅尺骨		16.24	
家鹅尺骨		15.74	
家鹅尺骨		16.33	
家鹅尺骨		16.52	
家鹅尺骨		16.04	
家鹅尺骨		14.73	
家鹅尺骨			15.05
家鹅尺骨			16.52
家鹅尺骨			15.03

动物种属及骨骼部位	长度（毫米）	近端宽度（毫米）	远端宽度（毫米）
家鹅尺骨		16.43	
家鹅尺骨		15.9	
家鹅尺骨		17.39	
家鹅尺骨		16.12	
家鹅尺骨			14.67
家鹅尺骨		16.12	
家鹅尺骨		16.09	
家鹅尺骨		15.16	
家鹅尺骨			14.52
家鹅尺骨			15.2
家鹅尺骨			16.17
家鹅尺骨		15.4	
家鹅尺骨		15.37	
家鹅尺骨			15.61
家鹅尺骨			14.45
家鹅尺骨			16.03
家鹅尺骨		15.44	
家鹅尺骨		16.23	
家鹅尺骨			16.3
家鹅尺骨			16.35
家鹅尺骨			15.71
家鹅尺骨			17.35
家鹅尺骨			15.54
家鹅尺骨		15.2	
家鹅尺骨	148.11	14.94	15.06
家鹅尺骨		15.08	
家鹅尺骨			16.04
家鹅尺骨			16.57
家鹅尺骨		15.3	
家鹅尺骨		15.72	
家鹅尺骨		16.47	
家鹅尺骨		16.13	
家鹅尺骨		16.12	
家鹅尺骨		15.92	

动物种属及骨骼部位	长度（毫米）	近端宽度（毫米）	远端宽度（毫米）
家鹅尺骨			15.46
家鹅尺骨		15.69	
家鹅尺骨			14.08
家鹅尺骨			15.22
家鹅尺骨			15.74
家鹅尺骨		16.36	
家鹅尺骨		15.36	
家鹅尺骨		15.64	
家鹅尺骨		15.8	
家鹅尺骨			15.29
家鹅尺骨		17.16	
家鹅尺骨		15.76	
家鹅尺骨			16.32
家鹅尺骨		15.52	
家鹅尺骨		16.15	
家鹅尺骨			15.58
家鹅尺骨			16.38
家鹅尺骨	146.61	15.82	16.16
家鹅尺骨		15.76	
家鹅尺骨			16.16
家鹅尺骨			16.95
家鹅尺骨			15.23
家鹅尺骨		16.95	
家鹅尺骨		15.57	
家鹅尺骨		12.1	
家鹅尺骨			16
家鹅尺骨			16.47
家鹅尺骨		16.02	
家鹅尺骨		15.06	
家鹅尺骨		14.9	
家鹅尺骨		14.9	
家鹅尺骨		14.84	
家鹅尺骨	148.71	15.44	14.86

动物种属及骨骼部位	长度（毫米）	近端宽度（毫米）	远端宽度（毫米）
家鹅尺骨		15.14	
家鹅尺骨			15.2
家鹅尺骨			14.88
家鹅尺骨			16.36
家鹅尺骨			14.7
家鹅尺骨			17.72
家鹅尺骨			15.54
家鹅尺骨		15.9	
家鹅尺骨			14.57
家鹅尺骨			14.98
家鹅尺骨			15.86
家鹅尺骨		15.74	
家鹅尺骨			15.77
家鹅尺骨			15.71
家鹅尺骨			11.46
家鹅尺骨			11.14
家鹅尺骨		15.15	
家鹅尺骨			15.85
家鹅尺骨			15.87
家鹅尺骨	140.12	14.15	14.13
家鹅尺骨	143.91	13.05	15.47
家鹅尺骨		14.36	
家鹅尺骨		15.65	
家鹅尺骨			16.64
家鹅尺骨			14.88
家鹅尺骨		16.87	
家鹅尺骨			14.99
家鹅尺骨			15.02
家鹅尺骨			15.11
家鹅尺骨		14.94	
家鹅尺骨		14.65	
家鹅尺骨		13.71	
家鹅尺骨			15.33
家鹅尺骨			16.72

动物种属及骨骼部位	长度（毫米）	近端宽度（毫米）	远端宽度（毫米）
家鹅尺骨			15.73
家鹅尺骨			14.13
家鹅尺骨		14.94	
家鹅尺骨		14.93	
家鹅尺骨		13.24	
家鹅尺骨		15.67	
家鹅尺骨			15.57
家鹅尺骨			15.84
家鹅尺骨			11.82
家鹅尺骨		14.71	
家鹅尺骨			16.01
家鹅尺骨			14.28
家鹅尺骨			17.03
家鹅尺骨			10.38
家鹅尺骨		13.82	
家鹅尺骨			16.05
家鹅尺骨			15.08
家鹅尺骨		13.64	
家鹅尺骨		14.55	
家鹅尺骨			15.74
家鹅尺骨			15.76
家鹅尺骨		14.55	
家鹅尺骨			16.35

附表 2　蜀王府遗址出土大型鸭科（家鹅）跗跖骨测量数据一览表

动物种属及骨骼部位	长度（毫米）	近端宽度（毫米）	远端宽度（毫米）
大型鸭科跗跖骨	85.4	18.13	19.63
大型鸭科跗跖骨	78.84	17.64	
大型鸭科跗跖骨		20.69	
大型鸭科跗跖骨		17.9	
大型鸭科跗跖骨			19.53
大型鸭科跗跖骨			20.36
大型鸭科跗跖骨			17.84
大型鸭科跗跖骨	84.86	17.92	18.84
大型鸭科跗跖骨		18.25	

动物种属及骨骼部位	长度（毫米）	近端宽度（毫米）	远端宽度（毫米）
大型鸭科跗跖骨		17.67	
大型鸭科跗跖骨		19.85	
大型鸭科跗跖骨	84.67	18.55	18.23
大型鸭科跗跖骨		17.8	
大型鸭科跗跖骨			20.91
大型鸭科跗跖骨			19.39
大型鸭科跗跖骨			19.87
大型鸭科跗跖骨			19.97
大型鸭科跗跖骨			18.66
大型鸭科跗跖骨		18.2	
大型鸭科跗跖骨			19.24
大型鸭科跗跖骨			19.6
大型鸭科跗跖骨		19.33	
大型鸭科跗跖骨		20.42	
大型鸭科跗跖骨		19.57	
大型鸭科跗跖骨		20.5	
大型鸭科跗跖骨		19.58	
大型鸭科跗跖骨	93.55	21.09	21.49
大型鸭科跗跖骨	83.48	19.49	18.92
大型鸭科跗跖骨		17.63	
大型鸭科跗跖骨	79.81	18.81	17.75
大型鸭科跗跖骨		18.74	
大型鸭科跗跖骨			20.48
大型鸭科跗跖骨			20.23
大型鸭科跗跖骨	84.73	19	20.26
大型鸭科跗跖骨	84.92	18.63	19.74
大型鸭科跗跖骨		18	
大型鸭科跗跖骨		19.29	
大型鸭科跗跖骨	77.45	17.59	17.19
大型鸭科跗跖骨	85.3	18.66	18.96
大型鸭科跗跖骨		21.11	
大型鸭科跗跖骨		20.04	
大型鸭科跗跖骨		19.77	
大型鸭科跗跖骨		19.75	
家鹅跗跖骨	79.7	18.73	18.93
家鹅跗跖骨	85.57	19.06	20.33

动物种属及骨骼部位	长度（毫米）	近端宽度（毫米）	远端宽度（毫米）
家鹅跗跖骨	85.7		20.28
家鹅跗跖骨		18.98	
家鹅跗跖骨			20.25
家鹅跗跖骨	84.44	18.95	19.64
家鹅跗跖骨		19.49	
家鹅跗跖骨			20.67
家鹅跗跖骨			18.08
家鹅跗跖骨			20.96
家鹅跗跖骨	85.21	19.41	
家鹅跗跖骨			18.84
家鹅跗跖骨		18.85	
家鹅跗跖骨	95.7	19.58	20
家鹅跗跖骨	90.4	18.52	
家鹅跗跖骨	92.8	20.61	20.07
家鹅跗跖骨		20.2	
家鹅跗跖骨		17.99	
家鹅跗跖骨	91.97	19.3	21.18
家鹅跗跖骨	84.01	19.99	18.43
家鹅跗跖骨		21.04	
家鹅跗跖骨	86.42	15.64	21.12
家鹅跗跖骨	92.4	20.73	21.11
家鹅跗跖骨	84.6	19.67	19.44
家鹅跗跖骨	86.77		19.52
家鹅跗跖骨	94.67	20.11	20.2
家鹅跗跖骨		19.45	
家鹅跗跖骨		20.36	
家鹅跗跖骨	82.4	17.29	17.15
家鹅跗跖骨			20.45
家鹅跗跖骨	84.07	18.15	17.88
家鹅跗跖骨	89.46	19.6	19.72
家鹅跗跖骨	86.3	19.7	
家鹅跗跖骨		17.03	
家鹅跗跖骨		20	
家鹅跗跖骨			18.45
家鹅跗跖骨			17.98
家鹅跗跖骨	81.96	18.45	18.76
家鹅跗跖骨		19.33	

动物种属及骨骼部位	长度（毫米）	近端宽度（毫米）	远端宽度（毫米）
家鹅跗跖骨		19.69	
家鹅跗跖骨		16.44	
家鹅跗跖骨	88.5	20.22	16.74
家鹅跗跖骨		18.89	
家鹅跗跖骨			21.06
家鹅跗跖骨	82.86	17.01	
家鹅跗跖骨		18.66	19.2
家鹅跗跖骨		18.63	
家鹅跗跖骨		18.96	
家鹅跗跖骨			20.63
家鹅跗跖骨	90.29	19.46	20.73
家鹅跗跖骨			20.56
家鹅跗跖骨			15.11
家鹅跗跖骨		17.98	
家鹅跗跖骨		17.21	
家鹅跗跖骨		18.44	
家鹅跗跖骨			19.45
家鹅跗跖骨	92.86	20.68	21.4
家鹅跗跖骨			18.49
家鹅跗跖骨	90.29	19.4	21.1
家鹅跗跖骨		18.46	
家鹅跗跖骨		19.44	
家鹅跗跖骨			22.34
家鹅跗跖骨			19.51
家鹅跗跖骨			21.03
家鹅跗跖骨		19.73	
家鹅跗跖骨	83.83	18.14	18.29
家鹅跗跖骨	90.46	18.46	7.69
家鹅跗跖骨			17.3
家鹅跗跖骨		17.18	
家鹅跗跖骨			18.8
家鹅跗跖骨	84.1	18.66	18.97
家鹅跗跖骨			19.58
家鹅跗跖骨			18.3
家鹅跗跖骨	88.77	19	
家鹅跗跖骨	83.17	17.77	

动物种属及骨骼部位	长度（毫米）	近端宽度（毫米）	远端宽度（毫米）
家鹅跗跖骨	94.77	19.63	20.23
家鹅跗跖骨		19.27	
家鹅跗跖骨		18.96	
家鹅跗跖骨		19.36	
家鹅跗跖骨		18.84	
家鹅跗跖骨			20.07
家鹅跗跖骨			17.78
家鹅跗跖骨	84.89	18.46	
家鹅跗跖骨		19.15	
家鹅跗跖骨			20.47
家鹅跗跖骨		18.86	
家鹅跗跖骨			19.96
家鹅跗跖骨			20.4
家鹅跗跖骨			20.27
家鹅跗跖骨	88.9	19.82	20.22
家鹅跗跖骨	87.3	18.45	19.11
家鹅跗跖骨		18.99	
家鹅跗跖骨		17.81	
家鹅跗跖骨		19.63	
家鹅跗跖骨		18.85	
家鹅跗跖骨		17.47	
家鹅跗跖骨		18.65	
家鹅跗跖骨		18.14	
家鹅跗跖骨			19.19
家鹅跗跖骨			18.48
家鹅跗跖骨			19.31
家鹅跗跖骨			18.36
家鹅跗跖骨			22.03
家鹅跗跖骨			21.54
家鹅跗跖骨		19.47	
家鹅跗跖骨	84.05	19.52	19.16
家鹅跗跖骨	85.82	19.56	19.1
家鹅跗跖骨		19.63	
家鹅跗跖骨		17.76	
家鹅跗跖骨			19.57
家鹅跗跖骨			20.87
家鹅跗跖骨			22.09

续表

动物种属及骨骼部位	长度（毫米）	近端宽度（毫米）	远端宽度（毫米）
家鹅跗跖骨			22.24
家鹅跗跖骨			19.91
家鹅跗跖骨	88.02	18.92	20.12
家鹅跗跖骨	82.92	17.88	19.56
家鹅跗跖骨		18.93	
家鹅跗跖骨			18.16
家鹅跗跖骨	88.79	22.29	20.47
家鹅跗跖骨	82.39		18.59
家鹅跗跖骨		17.33	
家鹅跗跖骨	91.7	19.6	
家鹅跗跖骨	93.4	20.44	20.88
家鹅跗跖骨			20.08
家鹅跗跖骨		19.94	20.64
家鹅跗跖骨	79.16	19.12	18.14
家鹅跗跖骨			18.39
家鹅跗跖骨			19.87
家鹅跗跖骨	84.8	16.33	19.13
家鹅跗跖骨	88.94	18.5	19.14
家鹅跗跖骨	78.81	17.44	17.46
家鹅跗跖骨			20.38
家鹅跗跖骨			19.26
家鹅跗跖骨		18.31	
家鹅跗跖骨		20.1	
家鹅跗跖骨			20.54
家鹅跗跖骨		20.28	
家鹅跗跖骨		17.94	
家鹅跗跖骨	87.8	18.84	18.84
家鹅跗跖骨		18.75	
家鹅跗跖骨			21.15
家鹅跗跖骨			19.23
家鹅跗跖骨			20.01
家鹅跗跖骨			21.89
家鹅跗跖骨		18.85	
家鹅跗跖骨		17.86	
家鹅跗跖骨		18.19	
家鹅跗跖骨			20.44
家鹅跗跖骨	93.24	20.16	20.33

动物种属及骨骼部位	长度（毫米）	近端宽度（毫米）	远端宽度（毫米）
家鹅跗跖骨	90.94		20.92
家鹅跗跖骨		17.08	
家鹅跗跖骨			20.52
家鹅跗跖骨	88.78	18.56	20.07
家鹅跗跖骨		18.98	
家鹅跗跖骨		17.88	
家鹅跗跖骨		18.36	
家鹅跗跖骨	83.44	19.49	18.63
家鹅跗跖骨	82.1	16.76	19.16
家鹅跗跖骨	90.01	19.99	20.32
家鹅跗跖骨		17.63	
家鹅跗跖骨		16.55	
家鹅跗跖骨			20.07
家鹅跗跖骨	78.86	18.56	20.14
家鹅跗跖骨			20.34
家鹅跗跖骨			20.96
家鹅跗跖骨	86.12		19.2
家鹅跗跖骨		16.34	
家鹅跗跖骨	87.33	19.11	19.23
家鹅跗跖骨			19.8
家鹅跗跖骨	91.1	20.06	20.12
家鹅跗跖骨	98.75	18.8	19.43
家鹅跗跖骨	81.8	18.2	
家鹅跗跖骨		18.02	
家鹅跗跖骨			20.22
家鹅跗跖骨			17.4
家鹅跗跖骨		19.05	20.12
家鹅跗跖骨			18.45
家鹅跗跖骨		18.1	
家鹅跗跖骨		18.11	
家鹅跗跖骨		18.31	
家鹅跗跖骨		17.29	
家鹅跗跖骨	90.28		20.79
家鹅跗跖骨		17.28	
家鹅跗跖骨		18.66	
家鹅跗跖骨			19.29
家鹅跗跖骨			20.42

动物种属及骨骼部位	长度（毫米）	近端宽度（毫米）	远端宽度（毫米）
家鹅跗跖骨			21.78
家鹅跗跖骨			18.16
家鹅跗跖骨			21.5
家鹅跗跖骨	91.6	19.43	
家鹅跗跖骨		18.3	
家鹅跗跖骨			19.68
家鹅跗跖骨			18.67
家鹅跗跖骨	86.85	19.4	
家鹅跗跖骨		17.71	19.8
家鹅跗跖骨		19.63	
家鹅跗跖骨		20.11	
家鹅跗跖骨		20.3	
家鹅跗跖骨			20.64
家鹅跗跖骨			20.14
家鹅跗跖骨			19.12
家鹅跗跖骨			20.58
家鹅跗跖骨	85.64		20.8
家鹅跗跖骨	84.48	18.26	18.77
家鹅跗跖骨	82.62		20.43
家鹅跗跖骨	83.22	17.43	19.69
家鹅跗跖骨			19.54
家鹅跗跖骨			19.05
家鹅跗跖骨		17.55	
家鹅跗跖骨	90.5		
家鹅跗跖骨			20.47
家鹅跗跖骨			19.4
家鹅跗跖骨			20.81
家鹅跗跖骨	86.68	18.92	21.99
家鹅跗跖骨		18.54	
家鹅跗跖骨			20.67
家鹅跗跖骨	86.62	18.23	19.75
家鹅跗跖骨	82.06		19.44
家鹅跗跖骨	87.62		20.48
家鹅跗跖骨			21.48
家鹅跗跖骨			18.96
家鹅跗跖骨		17.55	
家鹅跗跖骨	86.94		18.12

动物种属及骨骼部位	长度（毫米）	近端宽度（毫米）	远端宽度（毫米）
家鹅跗跖骨	88.9	18.26	20.93
家鹅跗跖骨			19.7
家鹅跗跖骨		18.59	
家鹅跗跖骨		19.72	
家鹅跗跖骨		18.04	
家鹅跗跖骨		18.32	
家鹅跗跖骨		19.35	
家鹅跗跖骨		17.48	
家鹅跗跖骨		19.72	
家鹅跗跖骨	86.55		
家鹅跗跖骨			19.05
家鹅跗跖骨			20.37
家鹅跗跖骨			22.19
家鹅跗跖骨			21.39
家鹅跗跖骨	83.39		20.56
家鹅跗跖骨	79.35		19.1
家鹅跗跖骨		18.45	
家鹅跗跖骨			21.63
家鹅跗跖骨			21.15
家鹅跗跖骨			17.92
家鹅跗跖骨			30.38
家鹅跗跖骨		26.99	

附表 3　蜀王府遗址出土大型鸭科（家鹅）肱骨测量数据一览表

动物种属及骨骼部位	长度（毫米）	近端宽度（毫米）	远端宽度（毫米）
大型鸭科肱骨		36.63	
大型鸭科肱骨			23.12
大型鸭科肱骨			22.25
大型鸭科肱骨			22.21
大型鸭科肱骨			33.66
大型鸭科肱骨		36.15	
大型鸭科肱骨			24.96
大型鸭科肱骨			23.08
大型鸭科肱骨			22.63
大型鸭科肱骨			24.4
大型鸭科肱骨			24.65
大型鸭科肱骨		30.4	

动物种属及骨骼部位	长度（毫米）	近端宽度（毫米）	远端宽度（毫米）
大型鸭科肱骨			23.77
大型鸭科肱骨		28.18	
大型鸭科肱骨		33.43	
大型鸭科肱骨		34.04	
大型鸭科肱骨			23.94
大型鸭科肱骨			23.64
大型鸭科肱骨			20.08
大型鸭科肱骨			24.97
大型鸭科肱骨			22.95
大型鸭科肱骨		32.81	
大型鸭科肱骨		35.36	
大型鸭科肱骨			24.83
大型鸭科肱骨			23.95
大型鸭科肱骨			25.07
大型鸭科肱骨		38.35	
大型鸭科肱骨		37.17	
大型鸭科肱骨			23.27
大型鸭科肱骨			24.55
大型鸭科肱骨		33.93	
大型鸭科肱骨			23.78
大型鸭科肱骨			22.77
大型鸭科肱骨		37.24	
大型鸭科肱骨		36.64	
大型鸭科肱骨		23.67	
大型鸭科肱骨		25.61	
大型鸭科肱骨		24.47	
大型鸭科肱骨		35.19	
大型鸭科肱骨		35.3	
大型鸭科肱骨		35.3	
大型鸭科肱骨		38.1	
大型鸭科肱骨			26.77
大型鸭科肱骨			22.02
大型鸭科肱骨			25.06
大型鸭科肱骨			24
大型鸭科肱骨			24.06
大型鸭科肱骨		30.65	
大型鸭科肱骨			24.52

动物种属及骨骼部位	长度（毫米）	近端宽度（毫米）	远端宽度（毫米）
大型鸭科肱骨			23.75
大型鸭科肱骨			23.74
大型鸭科肱骨			23.04
大型鸭科肱骨			23.74
大型鸭科肱骨		36.62	
大型鸭科肱骨		35.42	
大型鸭科肱骨			23.32
大型鸭科肱骨			22.84
大型鸭科肱骨			23.86
大型鸭科肱骨			23.22
大型鸭科肱骨		34.83	
大型鸭科肱骨		32.57	
大型鸭科肱骨		37.68	
大型鸭科肱骨		34.65	
大型鸭科肱骨		37.7	
大型鸭科肱骨			23.39
大型鸭科肱骨			22.95
大型鸭科肱骨	154.2	33.56	24.06
大型鸭科肱骨		32.74	
大型鸭科肱骨			24.82
大型鸭科肱骨		34.73	
大型鸭科肱骨		35.83	
大型鸭科肱骨		34.35	
大型鸭科肱骨			25.13
大型鸭科肱骨			24.92
大型鸭科肱骨			22.52
大型鸭科肱骨			23.07
大型鸭科肱骨			24.54
大型鸭科肱骨		37.56	
大型鸭科肱骨	163.8	36.24	24.65
大型鸭科肱骨		37.17	
大型鸭科肱骨		35.62	
大型鸭科肱骨			22.07
大型鸭科肱骨			23.67
大型鸭科肱骨			22.54
大型鸭科肱骨			24.8

续表

动物种属及骨骼部位	长度（毫米）	近端宽度（毫米）	远端宽度（毫米）
大型鸭科肱骨			24.28
大型鸭科肱骨			22.7
大型鸭科肱骨			22.48
大型鸭科肱骨			21.84
大型鸭科肱骨		40.23	
大型鸭科肱骨		36.94	
大型鸭科肱骨		37.48	
大型鸭科肱骨			23.85
大型鸭科肱骨			23.82
大型鸭科肱骨			24.17
大型鸭科肱骨			24.97
大型鸭科肱骨			25.82
大型鸭科肱骨			26.75
大型鸭科肱骨			43.33
大型鸭科肱骨			48.16
家鹅肱骨			25.24
家鹅肱骨			25.23
家鹅肱骨			24.1
家鹅肱骨			22.52
家鹅肱骨			25.14
家鹅肱骨		37.18	
家鹅肱骨		36.75	
家鹅肱骨		34.72	
家鹅肱骨		33.18	
家鹅肱骨			24.64
家鹅肱骨			23.43
家鹅肱骨			24.23
家鹅肱骨			25.33
家鹅肱骨		37.02	
家鹅肱骨			25.79
家鹅肱骨			25.05
家鹅肱骨			25.46
家鹅肱骨			23.47
家鹅肱骨			23.68
家鹅肱骨			24.13
家鹅肱骨		35.22	
家鹅肱骨			24.22
家鹅肱骨			23.87

动物种属及骨骼部位	长度（毫米）	近端宽度（毫米）	远端宽度（毫米）
家鹅肱骨			23.01
家鹅肱骨			25.78
家鹅肱骨			24.74
家鹅肱骨		36.99	
家鹅肱骨		34.1	
家鹅肱骨		35.8	
家鹅肱骨			25.04
家鹅肱骨		35.96	
家鹅肱骨		32.2	
家鹅肱骨			24.03
家鹅肱骨			32.92
家鹅肱骨			22.89
家鹅肱骨		37.21	
家鹅肱骨		33.43	
家鹅肱骨		37.84	
家鹅肱骨		36.86	
家鹅肱骨			24.2
家鹅肱骨			24.61
家鹅肱骨			25.33
家鹅肱骨		32.09	
家鹅肱骨		31.95	
家鹅肱骨		33.37	
家鹅肱骨		31.06	
家鹅肱骨			23.01
家鹅肱骨			24.62
家鹅肱骨			24.64
家鹅肱骨			24.81
家鹅肱骨			20.82
家鹅肱骨			23.43
家鹅肱骨			24.22
家鹅肱骨		36.17	
家鹅肱骨		35.05	
家鹅肱骨			22.79
家鹅肱骨			23.6
家鹅肱骨			24.3
家鹅肱骨			19.01
家鹅肱骨		37.06	

动物种属及骨骼部位	长度（毫米）	近端宽度（毫米）	远端宽度（毫米）
家鹅肱骨			24.85
家鹅肱骨			24.58
家鹅肱骨			23.42
家鹅肱骨			23.76
家鹅肱骨			23.36
家鹅肱骨		34.45	
家鹅肱骨		29.14	
家鹅肱骨		36.37	
家鹅肱骨		38.73	
家鹅肱骨			23.75
家鹅肱骨			26.81
家鹅肱骨			26.65
家鹅肱骨		35.18	
家鹅肱骨			23.08
家鹅肱骨			22.35
家鹅肱骨			22.35
家鹅肱骨			24.68
家鹅肱骨			24.96
家鹅肱骨			25.62
家鹅肱骨			24.3
家鹅肱骨			24.68
家鹅肱骨		36.11	
家鹅肱骨		36.91	
家鹅肱骨		39.02	
家鹅肱骨		33.21	
家鹅肱骨			24.55
家鹅肱骨			23.47
家鹅肱骨		38.05	
家鹅肱骨		35.34	
家鹅肱骨		35.56	
家鹅肱骨			21.22
家鹅肱骨			23.36
家鹅肱骨		37.28	
家鹅肱骨			22.5
家鹅肱骨			23.51
家鹅肱骨			21.01
家鹅肱骨			21.51

动物种属及骨骼部位	长度（毫米）	近端宽度（毫米）	远端宽度（毫米）
家鹅肱骨			23.83
家鹅肱骨			23.15
家鹅肱骨		35.4	
家鹅肱骨			23.45
家鹅肱骨			22.66
家鹅肱骨			23.81
家鹅肱骨			19.85
家鹅肱骨	154.5	35.5	24.36
家鹅肱骨		34.69	
家鹅肱骨		37.46	
家鹅肱骨		36.35	
家鹅肱骨			23.64
家鹅肱骨			23.14
家鹅肱骨			24.7
家鹅肱骨			22.22
家鹅肱骨			23.42
家鹅肱骨			23.4
家鹅肱骨		34.54	
家鹅肱骨		34.72	
家鹅肱骨			25.47
家鹅肱骨			25.53
家鹅肱骨			26.42
家鹅肱骨			25.84
家鹅肱骨		35.31	
家鹅肱骨			23.27
家鹅肱骨			23.16
家鹅肱骨			20.97
家鹅肱骨			24.54
家鹅肱骨		32.32	
家鹅肱骨		33.52	
家鹅肱骨			25.21
家鹅肱骨			22.67
家鹅肱骨			23.29
家鹅肱骨			24.61
家鹅肱骨		37.17	
家鹅肱骨			23.66

动物种属及骨骼部位	长度（毫米）	近端宽度（毫米）	远端宽度（毫米）
家鹅肱骨			23.19
家鹅肱骨			23.44
家鹅肱骨			23.62
家鹅肱骨			21.8
家鹅肱骨			22.8
家鹅肱骨		38.67	
家鹅肱骨			21.81
家鹅肱骨			22.84
家鹅肱骨			23.36
家鹅肱骨			23.34
家鹅肱骨			24.17
家鹅肱骨		34.51	
家鹅肱骨			26.84
家鹅肱骨			24.64
家鹅肱骨			22.99
家鹅肱骨		37.14	
家鹅肱骨		37.92	
家鹅肱骨		33.56	
家鹅肱骨		39.63	
家鹅肱骨			24.78
家鹅肱骨			23.34
家鹅肱骨			23.9
家鹅肱骨			22.1
家鹅肱骨		39.48	
家鹅肱骨			24.73
家鹅肱骨			24.7
家鹅肱骨	157.4	34.9	24.47
家鹅肱骨		36.81	
家鹅肱骨		36.46	
家鹅肱骨			22.18
家鹅肱骨			23.16
家鹅肱骨		31.92	
家鹅肱骨		35.3	
家鹅肱骨		35.81	
家鹅肱骨		35.45	
家鹅肱骨		24.24	
家鹅肱骨		24.05	

动物种属及骨骼部位	长度（毫米）	近端宽度（毫米）	远端宽度（毫米）
家鹅肱骨			21.17
家鹅肱骨			21.88
家鹅肱骨			24.89
家鹅肱骨			24.58
家鹅肱骨			25.86
家鹅肱骨			25.02
家鹅肱骨			23.58
家鹅肱骨			25.25
家鹅肱骨			24.03
家鹅肱骨			24.21
家鹅肱骨			21.88
家鹅肱骨		31.13	
家鹅肱骨		32.98	
家鹅肱骨		38.4	
家鹅肱骨		37.13	
家鹅肱骨		34.27	
家鹅肱骨		36.6	
家鹅肱骨		36.82	
家鹅肱骨		35.2	
家鹅肱骨		31.92	
家鹅肱骨		33.78	
家鹅肱骨		35	
家鹅肱骨		34.19	
家鹅肱骨		33.25	
家鹅肱骨		34.57	
家鹅肱骨			22.45
家鹅肱骨			23.17
家鹅肱骨			24.13
家鹅肱骨			23.41
家鹅肱骨			23.94
家鹅肱骨			23.83
家鹅肱骨			23.88
家鹅肱骨			23.11
家鹅肱骨			24.44
家鹅肱骨		34.86	
家鹅肱骨		33.95	
家鹅肱骨		32.5	

动物种属及骨骼部位	长度（毫米）	近端宽度（毫米）	远端宽度（毫米）
家鹅肱骨		38.66	
家鹅肱骨			23.58
家鹅肱骨			24.97
家鹅肱骨			22.72
家鹅肱骨			22.86
家鹅肱骨		34.64	
家鹅肱骨		32.29	
家鹅肱骨			23.53
家鹅肱骨			22.32
家鹅肱骨			21.68
家鹅肱骨		39.13	
家鹅肱骨		37.44	
家鹅肱骨			23.79
家鹅肱骨			21.56
家鹅肱骨		37.81	
家鹅肱骨			30.38
家鹅肱骨			25.16
家鹅肱骨			25.37
家鹅肱骨			24.91
家鹅肱骨			24.77
家鹅肱骨			23.54
家鹅肱骨			23.7
家鹅肱骨			23.75
家鹅肱骨			24.52
家鹅肱骨			25.4
家鹅肱骨			22.72
家鹅肱骨		26.33	
家鹅肱骨			23.05
家鹅肱骨			24.69
家鹅肱骨			21.18
家鹅肱骨		38.83	
家鹅肱骨			25.19
家鹅肱骨			22.35
家鹅肱骨			25.02
家鹅肱骨			24.03
家鹅肱骨		37.44	
家鹅肱骨		36.96	

动物种属及骨骼部位	长度（毫米）	近端宽度（毫米）	远端宽度（毫米）
家鹅肱骨		33.45	
家鹅肱骨		36.74	
家鹅肱骨			23.87
家鹅肱骨			23.72
家鹅肱骨			23.11
家鹅肱骨		37.34	
家鹅肱骨		33.4	
家鹅肱骨		34.19	
家鹅肱骨			23.78
家鹅肱骨			23.85
家鹅肱骨		35.52	
家鹅肱骨		36.28	
家鹅肱骨			23.98
家鹅肱骨			25.12
家鹅肱骨			23.63
家鹅肱骨		34.35	
家鹅肱骨			24.95
家鹅肱骨			25.71
家鹅肱骨			25.57
家鹅肱骨		34.28	
家鹅肱骨		36.15	
家鹅肱骨		36.68	
家鹅肱骨		36.28	
家鹅肱骨		33.7	
家鹅肱骨			24.77
家鹅肱骨			24.31
家鹅肱骨		34.38	
家鹅肱骨		33.39	
家鹅肱骨		32.03	
家鹅肱骨		35.26	
家鹅肱骨			22.29
家鹅肱骨			23.51
家鹅肱骨			25.98
家鹅肱骨		36.15	
家鹅肱骨		37.55	
家鹅肱骨		35.21	
家鹅肱骨		37.24	

动物种属及骨骼部位	长度（毫米）	近端宽度（毫米）	远端宽度（毫米）
家鹅肱骨			23.9
家鹅肱骨		35.24	
家鹅肱骨	155.17	34.74	24.81
家鹅肱骨			25.73
家鹅肱骨			23.82
家鹅肱骨			22.82
家鹅肱骨		35.78	
家鹅肱骨		35.81	
家鹅肱骨		35.95	
家鹅肱骨			27.72
家鹅肱骨			24.55
家鹅肱骨			23.05
家鹅肱骨			22.96
家鹅肱骨			22.94
家鹅肱骨		24.74	
家鹅肱骨		22.69	
家鹅肱骨			37.3
家鹅肱骨			34.81
家鹅肱骨			35.5
家鹅肱骨			33.29
家鹅肱骨			32.54
家鹅肱骨			32.58
家鹅肱骨			32.69
家鹅肱骨			24.5
家鹅肱骨		31.3	
家鹅肱骨			23.55
家鹅肱骨			23.25
家鹅肱骨			23.97
家鹅肱骨			21.69
家鹅肱骨			22.36
家鹅肱骨		37.5	
家鹅肱骨			24.04
家鹅肱骨			23.45
家鹅肱骨			22.52
家鹅肱骨			23.73
家鹅肱骨		31.43	
家鹅肱骨			26.47

动物种属及骨骼部位	长度（毫米）	近端宽度（毫米）	远端宽度（毫米）
家鹅肱骨			24.91
家鹅肱骨		31.51	
家鹅肱骨		29.6	
家鹅肱骨		25.85	
家鹅肱骨			17.41
家鹅肱骨			20.78
家鹅肱骨			18.45
家鹅肱骨			17.6
家鹅肱骨		29.7	
家鹅肱骨			17.46
家鹅肱骨			18.6
家鹅肱骨			19.86
家鹅肱骨			17.55
家鹅肱骨			17.95
家鹅肱骨		32.31	
家鹅肱骨			23.02
家鹅肱骨		33.81	
家鹅肱骨		34.43	
家鹅肱骨			23.02
家鹅肱骨		31.85	
家鹅肱骨		33.71	
家鹅肱骨			22.35
家鹅肱骨			24.7
家鹅肱骨		33.35	
家鹅肱骨		33.98	
家鹅肱骨			21.69
家鹅肱骨		31.96	
家鹅肱骨			22.93
家鹅肱骨			25.1
家鹅肱骨			24.13
家鹅肱骨			23.57
家鹅肱骨			24.53
家鹅肱骨			24.73
家鹅肱骨		32.64	
家鹅肱骨		32.57	
家鹅肱骨			24.87
家鹅肱骨			22.98

动物种属及骨骼部位	长度（毫米）	近端宽度（毫米）	远端宽度（毫米）
家鹅肱骨			23.27
家鹅肱骨			24.36
家鹅肱骨			23
家鹅肱骨			23.42
家鹅肱骨			23.41
家鹅肱骨			24.15
家鹅肱骨		32.5	
家鹅肱骨		36.13	
家鹅肱骨			24.5
家鹅肱骨		33.49	
家鹅肱骨		37.82	
家鹅肱骨			22.43
家鹅肱骨	153.97	35.61	24.14
家鹅肱骨		34.52	
家鹅肱骨		36.83	
家鹅肱骨		35.81	
家鹅肱骨		37.22	
家鹅肱骨		37.57	
家鹅肱骨			23.98
家鹅肱骨			25.31
家鹅肱骨			23.39
家鹅肱骨		23.74	
家鹅肱骨		29.91	19.66
家鹅肱骨			18.46
家鹅肱骨			18.04
家鹅肱骨	162.98	35.16	23.62
家鹅肱骨		36.19	
家鹅肱骨		36.89	
家鹅肱骨			23.93
家鹅肱骨			23.95
家鹅肱骨			24.66
家鹅肱骨			23.88
家鹅肱骨			24.58
家鹅肱骨			23.77
家鹅肱骨			23.16
家鹅肱骨	172.9		24.92
家鹅肱骨		39.17	

动物种属及骨骼部位	长度（毫米）	近端宽度（毫米）	远端宽度（毫米）
家鹅肱骨			24.49
家鹅肱骨			24.14
家鹅肱骨			23.31
家鹅肱骨			25.35
家鹅肱骨			24.18
家鹅肱骨			23.44
家鹅肱骨			23.92
家鹅肱骨		33.9	
家鹅肱骨		33.72	
家鹅肱骨		37.82	
家鹅肱骨			24.3
家鹅肱骨			24.66
家鹅肱骨			25.02
家鹅肱骨			24.58
家鹅肱骨		37.38	
家鹅肱骨			24.72
家鹅肱骨			23.89
家鹅肱骨			23.64
家鹅肱骨			23.75
家鹅肱骨			23.04
家鹅肱骨			24.49
家鹅肱骨		33.97	
家鹅肱骨		35.35	
家鹅肱骨			25.32
家鹅肱骨			22.99
家鹅肱骨			22.29
家鹅肱骨			23.59
家鹅肱骨			24.53
家鹅肱骨			24.53
家鹅肱骨			26.04
家鹅肱骨			23.19
家鹅肱骨		37.26	
家鹅肱骨		37.86	
家鹅肱骨		38.34	
家鹅肱骨		34.29	
家鹅肱骨			24.16
家鹅肱骨			24.84
家鹅肱骨			24.61

动物种属及骨骼部位	长度（毫米）	近端宽度（毫米）	远端宽度（毫米）
家鹅肱骨			22.89
家鹅肱骨			25.49
家鹅肱骨			24.22
家鹅肱骨			22.58
家鹅肱骨			23.37
家鹅肱骨		38.36	
家鹅肱骨		33.1	
家鹅肱骨			24.48
家鹅肱骨			22.57
家鹅肱骨			21.98
家鹅肱骨		35.85	
家鹅肱骨			25.97
家鹅肱骨		35.77	
家鹅肱骨			23.34
家鹅肱骨			23.23
家鹅肱骨		32.52	
家鹅肱骨			21.84

附表 4　蜀王府遗址出土大型鸭科（家鹅）股骨测量数据一览表

动物种属及骨骼部位	长度（毫米）	近端宽度（毫米）	远端宽度（毫米）
大型鸭科股骨		22.6	
大型鸭科股骨		22.38	
大型鸭科股骨		21.52	
大型鸭科股骨	81.9	21.33	20.95
大型鸭科股骨		22.78	
大型鸭科股骨		22.88	
大型鸭科股骨			21.72
大型鸭科股骨	85.68	22.71	21.41
大型鸭科股骨	80.65	22.7	22.4
大型鸭科股骨	81.67		21.44
大型鸭科股骨			21.28
大型鸭科股骨			22.95
大型鸭科股骨			18.2
大型鸭科股骨			19.3
大型鸭科股骨			21.92
大型鸭科股骨			23.2
大型鸭科股骨	77.49	22.03	
大型鸭科股骨	78.32	21.85	20.33

动物种属及骨骼部位	长度（毫米）	近端宽度（毫米）	远端宽度（毫米）
大型鸭科股骨		22.82	
大型鸭科股骨		21.56	
大型鸭科股骨		21.73	
大型鸭科股骨		20.46	
大型鸭科股骨		19.92	
大型鸭科股骨		22.1	
大型鸭科股骨		22.22	
大型鸭科股骨	83.11	22.89	21.51
大型鸭科股骨		23.93	22.89
大型鸭科股骨		21.47	
大型鸭科股骨		21.17	
大型鸭科股骨			21.57
大型鸭科股骨	77.86	21.14	20.76
大型鸭科股骨			20.53
大型鸭科股骨	79.66	22.78	21.75
大型鸭科股骨	80.57	22.17	22.14
大型鸭科股骨	81.07		21.04
大型鸭科股骨	81.25	22.26	21.44
大型鸭科股骨		21.92	
大型鸭科股骨		20.57	
大型鸭科股骨			21.45
大型鸭科股骨	81.17	21.65	21.64
大型鸭科股骨	80.28	21.5	21.05
大型鸭科股骨		23.7	
大型鸭科股骨		22.04	
大型鸭科股骨			23.81
大型鸭科股骨	85.53	24.05	22.07
大型鸭科股骨		23	
大型鸭科股骨			20.02
大型鸭科股骨			23.08
大型鸭科股骨	82.79	22.07	20.99
大型鸭科股骨	83.19	23.14	23.16
大型鸭科股骨	79.88	21.93	21.36
大型鸭科股骨		22.3	
大型鸭科股骨		19.95	
大型鸭科股骨		21.92	
大型鸭科股骨		21.38	
大型鸭科股骨	74.04	20.48	19.13

动物种属及骨骼部位	长度（毫米）	近端宽度（毫米）	远端宽度（毫米）
大型鸭科股骨	78.48	21.59	20.48
大型鸭科股骨	81.74	21.96	21.7
大型鸭科股骨	78.46	22.73	20.76
大型鸭科股骨	80.02		21.63
大型鸭科股骨		22.56	
大型鸭科股骨			21.88
大型鸭科股骨			22.47
大型鸭科股骨		20.6	
大型鸭科股骨		21.1	
大型鸭科股骨			21.21
大型鸭科股骨			21.31
大型鸭科股骨	86.46	23.03	23.07
大型鸭科股骨	78.65	23.71	
大型鸭科股骨		20.83	
大型鸭科股骨		23.06	
大型鸭科股骨		24.1	
大型鸭科股骨		21.91	
大型鸭科股骨		21.1	
大型鸭科股骨			21.38
大型鸭科股骨			21.05
大型鸭科股骨	88.32	23.03	23.3
大型鸭科股骨	80.44	21.13	20.97
大型鸭科股骨	97.78		20.5
大型鸭科股骨			22.83
大型鸭科股骨		19.65	
家鹅股骨	82.09	21.36	20.88
家鹅股骨		20.11	
家鹅股骨		22.96	
家鹅股骨	79.07		21.47
家鹅股骨			20.42
家鹅股骨			23.46
家鹅股骨	81.17	20.17	20.58
家鹅股骨	78.89	22.03	20.6
家鹅股骨		20.5	
家鹅股骨		20.95	
家鹅股骨		22.62	
家鹅股骨		20.7	
家鹅股骨			19.82

动物种属及骨骼部位	长度（毫米）	近端宽度（毫米）	远端宽度（毫米）
家鹅股骨			20.75
家鹅股骨			20.3
家鹅股骨	84.66	22.3	22.79
家鹅股骨	82.53	20.78	21.04
家鹅股骨		21.88	
家鹅股骨		20.87	
家鹅股骨		21.88	
家鹅股骨			24.47
家鹅股骨			19.76
家鹅股骨			22.27
家鹅股骨	80.4	22.57	21.54
家鹅股骨		21.4	
家鹅股骨		21.37	
家鹅股骨		20.73	
家鹅股骨			22.63
家鹅股骨			21.18
家鹅股骨		22.72	22.78
家鹅股骨		21.63	
家鹅股骨		21.5	
家鹅股骨		22.96	
家鹅股骨		21.08	
家鹅股骨		19.22	
家鹅股骨			20.27
家鹅股骨			22.61
家鹅股骨			22.31
家鹅股骨		23.23	
家鹅股骨		22.66	
家鹅股骨		23.02	
家鹅股骨			22.38
家鹅股骨			21.77
家鹅股骨			23.06
家鹅股骨			24.5
家鹅股骨			21.72
家鹅股骨	79.22	21.25	21.29
家鹅股骨	81.22	22.54	20.86
家鹅股骨	82.21	21.93	21.55
家鹅股骨		25.61	

动物种属及骨骼部位	长度（毫米）	近端宽度（毫米）	远端宽度（毫米）
家鹅股骨		22.67	
家鹅股骨			21.88
家鹅股骨			21.8
家鹅股骨	81.5	22.6	22
家鹅股骨	79.41	21.29	20.05
家鹅股骨	80.56	22.95	22.24
家鹅股骨		21.6	
家鹅股骨			23.09
家鹅股骨			20.27
家鹅股骨			18.8
家鹅股骨	83.15	22.65	20.76
家鹅股骨	78.37	23.8	
家鹅股骨	80.9	20.21	20.45
家鹅股骨		22.65	
家鹅股骨		21.48	
家鹅股骨		21.37	
家鹅股骨		21.57	
家鹅股骨			18.16
家鹅股骨	79.12	21.73	20.59
家鹅股骨	81.5	22.26	20.96
家鹅股骨	88.72	22.85	22.06
家鹅股骨	75.93	20.26	19.7
家鹅股骨	83.82	24.45	23.47
家鹅股骨	82.79	22.47	21.23
家鹅股骨		21.35	
家鹅股骨		23.36	
家鹅股骨		22.06	
家鹅股骨		21.01	
家鹅股骨		18	
家鹅股骨		21.44	
家鹅股骨		22.13	
家鹅股骨	78.39	20.88	21.5
家鹅股骨	82.12	23.96	21.8
家鹅股骨	82.69	23	21.15
家鹅股骨		21.48	
家鹅股骨		23.27	
家鹅股骨		25.04	

动物种属及骨骼部位	长度（毫米）	近端宽度（毫米）	远端宽度（毫米）
家鹅股骨			20.38
家鹅股骨			20.31
家鹅股骨			22.96
家鹅股骨			21.26
家鹅股骨	80.5	21.39	21.45
家鹅股骨	83.7	23.2	22.99
家鹅股骨	85.88	22.64	22.33
家鹅股骨		25.06	24.46
家鹅股骨		21.57	
家鹅股骨		23.6	
家鹅股骨		23.67	
家鹅股骨		23.63	
家鹅股骨			23.15
家鹅股骨	78.87	19.81	20.84
家鹅股骨		23.12	
家鹅股骨		24.6	
家鹅股骨		21.44	
家鹅股骨		20.96	
家鹅股骨			22.09
家鹅股骨	75.41	20.55	20.6
家鹅股骨	77.99		21.08
家鹅股骨		22.25	
家鹅股骨		21.31	
家鹅股骨	76.25	21.3	20.67
家鹅股骨		22.17	
家鹅股骨		22.97	
家鹅股骨		24.62	
家鹅股骨		21	
家鹅股骨		20.85	
家鹅股骨	85.06	26.41	26.46
家鹅股骨	82.52	21.66	21.55
家鹅股骨	83.42	22.43	21.01
家鹅股骨		22.68	
家鹅股骨		22.78	
家鹅股骨		23.48	
家鹅股骨		22.02	
家鹅股骨	82.23	21.79	21.63

动物种属及骨骼部位	长度（毫米）	近端宽度（毫米）	远端宽度（毫米）
家鹅股骨		22.78	
家鹅股骨		22.98	
家鹅股骨		22.35	
家鹅股骨			21.47
家鹅股骨			20.17
家鹅股骨	78.55	21.66	
家鹅股骨		23.03	
家鹅股骨		21.65	
家鹅股骨	87.73	23.07	21.53
家鹅股骨	80.56	20.71	20.55
家鹅股骨	81.28	22.3	21.54
家鹅股骨		21.3	
家鹅股骨		21.81	
家鹅股骨			21.53
家鹅股骨	76.19	21.14	20.87
家鹅股骨		22.08	
家鹅股骨		23.81	
家鹅股骨		21.95	
家鹅股骨		21.43	
家鹅股骨		25.55	
家鹅股骨			22.97
家鹅股骨		22.42	
家鹅股骨		20.23	
家鹅股骨			23.98
家鹅股骨			22.72
家鹅股骨		19.7	
家鹅股骨		17.32	
家鹅股骨	88.44	23.42	22.44
家鹅股骨	78.1	21.92	
家鹅股骨		20.87	
家鹅股骨		19.36	
家鹅股骨		21.95	
家鹅股骨		20.94	
家鹅股骨		22.2	
家鹅股骨		20.99	
家鹅股骨		20.41	
家鹅股骨			20.56

动物种属及骨骼部位	长度（毫米）	近端宽度（毫米）	远端宽度（毫米）
家鹅股骨			21.52
家鹅股骨			19.16
家鹅股骨		22.07	
家鹅股骨		22.7	
家鹅股骨			23.52
家鹅股骨			22.27
家鹅股骨	83.44		23.28
家鹅股骨	83.11	22.88	
家鹅股骨		21.13	
家鹅股骨			20.96
家鹅股骨	81.57	21.48	20.28
家鹅股骨	78.97	20.88	21.02
家鹅股骨	76.74	21.26	20.47
家鹅股骨		26.61	
家鹅股骨		21.14	
家鹅股骨		21.78	
家鹅股骨	79.26	22.53	21.8
家鹅股骨	81.77	24.04	22.5
家鹅股骨	86.36		22.74
家鹅股骨		20.76	
家鹅股骨			22.61
家鹅股骨			20.48
家鹅股骨			19.14
家鹅股骨	83.8	23.09	21.36
家鹅股骨	77.68	21.3	20.69
家鹅股骨		24.74	
家鹅股骨		22.01	
家鹅股骨	82.02		21.6
家鹅股骨	82.48	22.06	
家鹅股骨			21.46
家鹅股骨			21.82
家鹅股骨			21.55
家鹅股骨	83.36	23.53	22.71
家鹅股骨	84.64	24.62	22.43
家鹅股骨		22.78	
家鹅股骨		20.46	
家鹅股骨			19.66

动物种属及骨骼部位	长度（毫米）	近端宽度（毫米）	远端宽度（毫米）
家鹅股骨			20.72
家鹅股骨	87.76	25.9	23.08
家鹅股骨	81.83	23.96	21.58
家鹅股骨	88.88		24.05
家鹅股骨		22.31	
家鹅股骨		22.28	
家鹅股骨	81.58	20.56	21.33
家鹅股骨	89.51	24.47	23.81
家鹅股骨	82.27	23.41	23.01
家鹅股骨		22.38	
家鹅股骨		24.38	
家鹅股骨			23.23
家鹅股骨		22.2	
家鹅股骨		22.33	
家鹅股骨			19.43
家鹅股骨	78.3	21.38	20.92
家鹅股骨	83.72	22.78	22.38
家鹅股骨	84.67	23.57	22.32
家鹅股骨	78.77	22.66	20.51
家鹅股骨		22.11	
家鹅股骨		20.86	
家鹅股骨		20.98	
家鹅股骨			20.98
家鹅股骨			21.13
家鹅股骨			19.41
家鹅股骨			22.12
家鹅股骨	78.28	22.16	21.5
家鹅股骨	82.4	23.37	22.26
家鹅股骨			20.18
家鹅股骨			20.75
家鹅股骨			18.8
家鹅股骨			22.16
家鹅股骨			20.11
家鹅股骨			20.92
家鹅股骨	82.51	24.69	23.25
家鹅股骨	82.11	23.21	21.5
家鹅股骨	81.33	23.3	21.52

动物种属及骨骼部位	长度（毫米）	近端宽度（毫米）	远端宽度（毫米）
家鹅股骨	75.48	19.8	19.89
家鹅股骨		22.64	
家鹅股骨		24.74	
家鹅股骨		23.19	
家鹅股骨			19.12
家鹅股骨			20.72
家鹅股骨			22.1
家鹅股骨			18.2
家鹅股骨			20.42
家鹅股骨			20.03
家鹅股骨			19.62
家鹅股骨	161.4	35.74	
家鹅股骨			23.96
家鹅股骨	80.58	21.21	21.67
家鹅股骨	83.71	21.63	23.21
家鹅股骨	79.34	21.77	21.5
家鹅股骨	89	25.09	25.18
家鹅股骨	77.71	20.71	20.34
家鹅股骨		20.47	
家鹅股骨		20.33	
家鹅股骨			21.38
家鹅股骨			19.72
家鹅股骨			20.29
家鹅股骨			22.57
家鹅股骨			18.29
家鹅股骨			23.69
家鹅股骨		21.37	
家鹅股骨		21.27	
家鹅股骨			23.24
家鹅股骨			21.02
家鹅股骨	85.01	22.75	22.42
家鹅股骨	84.84	22.34	22.47
家鹅股骨	78.89	21.64	20.81
家鹅股骨	81.96	22.3	21.54
家鹅股骨	83.91	24.17	
家鹅股骨	75.63	21.84	
家鹅股骨			19.98

动物种属及骨骼部位	长度（毫米）	近端宽度（毫米）	远端宽度（毫米）
家鹅股骨			18.63
家鹅股骨			20.6
家鹅股骨	78.03	21.99	20.33
家鹅股骨		21.08	
家鹅股骨		21.86	
家鹅股骨			23.35
家鹅股骨			23.03
家鹅股骨			21.66
家鹅股骨			20.05
家鹅股骨			20.08
家鹅股骨	80.77	22.92	
家鹅股骨	79.5	22.5	21.42
家鹅股骨			21.55
家鹅股骨			20.18
家鹅股骨			20.39
家鹅股骨			21.23
家鹅股骨			19.51
家鹅股骨	81.46		21.24
家鹅股骨	81.69	22.32	
家鹅股骨		22.98	
家鹅股骨		19.98	
家鹅股骨		22.9	
家鹅股骨		22.74	
家鹅股骨		18.852	
家鹅股骨		20.7	
家鹅股骨		20.88	
家鹅股骨			20.8
家鹅股骨	82.35	21.22	21.6
家鹅股骨	81.09	22.06	20.84
家鹅股骨	85.03	22.24	22.55
家鹅股骨		23.22	
家鹅股骨			21.94
家鹅股骨			22.55
家鹅股骨			23.41
家鹅股骨	88.03	23.82	22.26
家鹅股骨		23.99	
家鹅股骨		22.39	

动物种属及骨骼部位	长度（毫米）	近端宽度（毫米）	远端宽度（毫米）
家鹅股骨		21.12	
家鹅股骨			22.54
家鹅股骨			19.29
家鹅股骨	80	21.5	21.38
家鹅股骨		21.83	
家鹅股骨		22.55	
家鹅股骨			21.47
家鹅股骨			19.84
家鹅股骨	79.19	21.23	20.98
家鹅股骨		23.88	
家鹅股骨		21.59	
家鹅股骨		22.62	
家鹅股骨		19.79	
家鹅股骨		20.91	
家鹅股骨			21.04
家鹅股骨			23.11
家鹅股骨			18.64
家鹅股骨	79.36	22.33	20.64
家鹅股骨		21.1	
家鹅股骨		21.8	
家鹅股骨			19.82
家鹅股骨			18.49
家鹅股骨			19.34
家鹅股骨	84.63	24.7	24.6
家鹅股骨	80.34	22.37	22.26
家鹅股骨	86.06		
家鹅股骨	78.51	20.74	20.33
家鹅股骨		22.14	
家鹅股骨		25.1	
家鹅股骨			20.05
家鹅股骨	83.17	23.33	22.76
家鹅股骨	82.9	22.24	21.83
家鹅股骨	84.84		21.62
家鹅股骨	85.98	22.66	22.52
家鹅股骨		23.83	
家鹅股骨		20.13	
家鹅股骨		23.26	

动物种属及骨骼部位	长度（毫米）	近端宽度（毫米）	远端宽度（毫米）
家鹅股骨		19.61	
家鹅股骨		21.31	
家鹅股骨		20.44	
家鹅股骨	79.9	22.55	22.13
家鹅股骨	84.7	23.16	21.65
家鹅股骨		21.57	
家鹅股骨		21.34	
家鹅股骨			20.08
家鹅股骨			19.52
家鹅股骨			23.18
家鹅股骨			21.35
家鹅股骨	77.75	20.81	20.53
家鹅股骨	77.6	21.1	21
家鹅股骨	84.04	23.49	23.08
家鹅股骨			21.7
家鹅股骨			21.24
家鹅股骨			21.62
家鹅股骨			20.43
家鹅股骨		22	
家鹅股骨		21	
家鹅股骨			20.89
家鹅股骨			19.2
家鹅股骨			19.41
家鹅股骨			17.71
家鹅股骨			18.29
家鹅股骨			17.64
家鹅股骨			19.97
家鹅股骨		22.44	
家鹅股骨		19.22	
家鹅股骨			18.87
家鹅股骨		24.54	
家鹅股骨		21.19	
家鹅股骨		20.52	
家鹅股骨		20.65	
家鹅股骨		23.33	
家鹅股骨			21.42
家鹅股骨			22.06

动物种属及骨骼部位	长度（毫米）	近端宽度（毫米）	远端宽度（毫米）
家鹅股骨			21.33
家鹅股骨			21.32
家鹅股骨			19.96
家鹅股骨			19.8
家鹅股骨	80.87	21.29	21.4
家鹅股骨	82.81	22.35	21.4
家鹅股骨	80.89	20.99	21.51
家鹅股骨		23.14	
家鹅股骨		20.76	
家鹅股骨		23.1	
家鹅股骨		21.54	
家鹅股骨			23.28
家鹅股骨			21.61
家鹅股骨			22.9
家鹅股骨			22
家鹅股骨			22.09
家鹅股骨	85.27	23.18	21.5
家鹅股骨	93.75	23	22.54
家鹅股骨	84.89	22.02	21.09
家鹅股骨	82.14	22.39	21.62
家鹅股骨	78.24	23.77	22.4
家鹅股骨	73.76	19.99	19.12
家鹅股骨	83.68	22.21	21.69
家鹅股骨		20.67	
家鹅股骨		21.95	
家鹅股骨		21.63	
家鹅股骨			21.17
家鹅股骨			21.3
家鹅股骨	89.16	22.96	22.98
家鹅股骨	80.28	22.01	21.44
家鹅股骨	78.88	21.23	20.16
家鹅股骨	80.01	22.4	21.65
家鹅股骨	75.3	21.78	20.11
家鹅股骨		20.63	
家鹅股骨		21.3	
家鹅股骨			22.25
家鹅股骨			20.07

动物种属及骨骼部位	长度（毫米）	近端宽度（毫米）	远端宽度（毫米）
家鹅股骨	79.09	21.25	21.82
家鹅股骨	78.28		19.94
家鹅股骨	84.94		
家鹅股骨		20.86	
家鹅股骨		21.58	
家鹅股骨		21.7	
家鹅股骨		21.58	
家鹅股骨		20.08	
家鹅股骨			19.2
家鹅股骨			23.05
家鹅股骨		19.09	
家鹅股骨	79.87	22.36	21.34
家鹅股骨	81.48	21.97	21.89
家鹅股骨	83.02		21.33
家鹅股骨	76.9	21.82	20.9
家鹅股骨		21.39	
家鹅股骨		21.43	
家鹅股骨		22.69	
家鹅股骨		20.26	
家鹅股骨		21.11	
家鹅股骨			21.88
家鹅股骨			21.45
家鹅股骨	79.46	22.54	21.32
家鹅股骨	82.14		23.7
家鹅股骨	78.87	21.56	21
家鹅股骨		21.11	
家鹅股骨		22.45	
家鹅股骨		23.84	
家鹅股骨	80.35		23.32
家鹅股骨	81.83		22.23
家鹅股骨	77.8		20.14
家鹅股骨	76.42		20.74
家鹅股骨		19.85	
家鹅股骨		20.88	
家鹅股骨		21.18	
家鹅股骨		22.7	
家鹅股骨		22.23	

动物种属及骨骼部位	长度（毫米）	近端宽度（毫米）	远端宽度（毫米）
家鹅股骨			21.11
家鹅股骨			22.08
家鹅股骨			23.11
家鹅股骨			23.1
家鹅股骨			22.78
家鹅股骨			21.91
家鹅股骨			21.05
家鹅股骨	77.16	21.61	22.78
家鹅股骨	81.14		21.91
家鹅股骨	75.11		21.05
家鹅股骨	86.96		21.61
家鹅股骨	84.97		23.25
家鹅股骨	82.24		21.91
家鹅股骨		21.11	
家鹅股骨		22.08	
家鹅股骨		23.11	
家鹅股骨		23.1	
家鹅股骨			22.78
家鹅股骨			21.91
家鹅股骨			21.05
家鹅股骨			21.61
家鹅股骨	81		21.91
家鹅股骨	76.92		23.03
家鹅股骨		23.1	
家鹅股骨		22.78	
家鹅股骨		21.91	
家鹅股骨		21.05	
家鹅股骨	76.98	21.61	21.55
家鹅股骨	78.25		22.18
家鹅股骨			20.72
家鹅股骨		21.61	
家鹅股骨	80.44	21.62	20.51
家鹅股骨	76.92		20.29
家鹅股骨	79.63	22.73	20.65
家鹅股骨		20.58	
家鹅股骨		20.62	
家鹅股骨		22.44	

动物种属及骨骼部位	长度（毫米）	近端宽度（毫米）	远端宽度（毫米）
家鹅股骨			20.84
家鹅股骨			18.64
家鹅股骨			22.17
家鹅股骨			21.24
家鹅股骨	81.7		21.07
家鹅股骨		20.63	
家鹅股骨		22.47	
家鹅股骨		22.06	
家鹅股骨			21.53
家鹅股骨			21.39
家鹅股骨			20.22
家鹅股骨			21.33
家鹅股骨			19.87
家鹅股骨	80.68	22.98	21.66
家鹅股骨	70.91	20.19	20.04
家鹅股骨	76.35	20.84	20.86
家鹅股骨		20.81	
家鹅股骨	72.2	21.14	19.07
家鹅股骨		23.07	
家鹅股骨		20.17	
家鹅股骨			20.92
家鹅股骨			23.26
家鹅股骨			21.01
家鹅股骨			19.57
家鹅股骨	80.48	22.02	21.4
家鹅股骨		21.58	
家鹅股骨		21.24	
家鹅股骨		21.62	
家鹅股骨			21.54
家鹅股骨			21.99
家鹅股骨			21.94
家鹅股骨			22.09
家鹅股骨	83.13	21.91	21.38
家鹅股骨	80.11	21.43	21.12
家鹅股骨	86.53	22.85	23.14
家鹅股骨		23.36	
家鹅股骨		19.85	

动物种属及骨骼部位	长度（毫米）	近端宽度（毫米）	远端宽度（毫米）
家鹅股骨			23.4
家鹅股骨			21.73
家鹅股骨	78.05		21.36
家鹅股骨		21.85	
家鹅股骨		21.47	
家鹅股骨			20.81
家鹅股骨			22.34
家鹅股骨			19.05
家鹅股骨			20.02
家鹅股骨	76.15	21	20.32
家鹅股骨	78.55	20.81	21.71
家鹅股骨	78.22	21.2	21.53
家鹅股骨			20.71
家鹅股骨			21.27
家鹅股骨			19.67
家鹅股骨			23.53
家鹅股骨	76.42		21.54
家鹅股骨		20.48	
家鹅股骨		22.23	
家鹅股骨		21.27	
家鹅股骨			21.98
家鹅股骨			21.45
家鹅股骨			21.37
家鹅股骨			20.86
家鹅股骨	83.54		
家鹅股骨		21.98	
家鹅股骨		21.45	
家鹅股骨		21.37	
家鹅股骨		20.86	
家鹅股骨		20.81	
家鹅股骨			21.86
家鹅股骨			21.71
家鹅股骨			19.42
家鹅股骨	82.96	22.26	22
家鹅股骨	80.8	21.39	22.28
家鹅股骨		22.04	
家鹅股骨	73.46		20.89

动物种属及骨骼部位	长度（毫米）	近端宽度（毫米）	远端宽度（毫米）
家鹅股骨	79.4	21.57	21.5
家鹅股骨		20.8	
家鹅股骨		21.8	
家鹅股骨		20.49	
家鹅股骨		21.98	
家鹅股骨		23.64	
家鹅股骨		20.44	
家鹅股骨			22.31
家鹅股骨	78.3	21.56	21.95
家鹅股骨		22.43	
家鹅股骨			21.93
家鹅股骨	83	23	22.38
家鹅股骨		21.89	
家鹅股骨	82.12	21.23	20.04
家鹅股骨	81.02	22.27	21.61
家鹅股骨		21.06	
家鹅股骨		22.38	
家鹅股骨		21.24	
家鹅股骨			22.05
家鹅股骨	78.2	21.2	20.51
家鹅股骨		19.25	
家鹅股骨	79.26	20.84	20.34
家鹅股骨		20.61	
家鹅股骨		21.17	
家鹅股骨			21.86
家鹅股骨	83.01	22.21	23.06
家鹅股骨	79.25	19.65	18.92
家鹅股骨	78.42	21.47	20.54
家鹅股骨		21.75	
家鹅股骨		19.66	
家鹅股骨			18.49
家鹅股骨	76.96	20.83	19.77
家鹅股骨	80.65	21.9	21.15
家鹅股骨		20.21	
家鹅股骨		20.24	
家鹅股骨	80.64	23.58	22.37
家鹅股骨			20.46

动物种属及骨骼部位	长度（毫米）	近端宽度（毫米）	远端宽度（毫米）
家鹅股骨			22.34
家鹅股骨		21.22	
家鹅股骨		19.48	
家鹅股骨		19.27	
家鹅股骨			21.83
家鹅股骨			24.64
家鹅股骨	80.49	22.31	21.34
家鹅股骨	79.38	20.56	22.21
家鹅股骨		21.14	
家鹅股骨	80.27	20.84	21.34
家鹅股骨		17.96	
家鹅股骨	78.53	19.24	20.22
家鹅股骨		21.27	
家鹅股骨		22.04	
家鹅股骨		23.08	
家鹅股骨			24.14
家鹅股骨			22.41
家鹅股骨			22.01
家鹅股骨		20.9	
家鹅股骨		22.65	
家鹅股骨			22.17
家鹅股骨			19.65
家鹅股骨			18.41
家鹅股骨			23.04
家鹅股骨			21.02
家鹅股骨			20.25
家鹅股骨	77.58	18.61	19.46
家鹅股骨		27.76	
家鹅股骨			20.64
家鹅股骨	69.96	18.44	19.72
家鹅股骨	78.39	20.08	19.85
家鹅股骨	84.78		21.9
家鹅股骨	77.84	19.67	20.53
家鹅股骨	75.37	19.22	19.02
家鹅股骨	80.13	21.04	21.72
家鹅股骨	86.93	22.05	22.34
家鹅股骨	76.06	19.84	21.52

动物种属及骨骼部位	长度（毫米）	近端宽度（毫米）	远端宽度（毫米）
家鹅股骨	83.43	20.58	20.44
家鹅股骨	76.44	20.94	
家鹅股骨		20.81	
家鹅股骨		18.77	
家鹅股骨		21.29	
家鹅股骨		20.56	
家鹅股骨		20.07	
家鹅股骨		21.22	
家鹅股骨		21.12	
家鹅股骨		23.15	
家鹅股骨		19.73	
家鹅股骨		21.89	
家鹅股骨		19.72	
家鹅股骨		20.05	
家鹅股骨			23.18
家鹅股骨			21.86
家鹅股骨			20.31
家鹅股骨	84.06	22.47	22.86
家鹅股骨	71.16	23.47	22.53
家鹅股骨	80.21	19.58	20.55
家鹅股骨		20.91	
家鹅股骨		23.83	
家鹅股骨		19.79	
家鹅股骨		19.29	
家鹅股骨		21.84	
家鹅股骨		19.86	
家鹅股骨		18.79	
家鹅股骨			22.37
家鹅股骨			20.4
家鹅股骨			21.76
家鹅股骨			17.87
家鹅股骨		34.86	
家鹅股骨			25.08
家鹅股骨			25.4
家鹅股骨	165.41	36.91	24.92
家鹅股骨			22.71
家鹅股骨		21.35	

动物种属及骨骼部位	长度（毫米）	近端宽度（毫米）	远端宽度（毫米）
家鹅股骨		21.07	
家鹅股骨		21.47	
家鹅股骨		21.04	
家鹅股骨		17.23	
家鹅股骨	77.49		23.86
家鹅股骨		20.13	
家鹅股骨		22.36	
家鹅股骨			20.02
家鹅股骨	81.03	21.65	20.47
家鹅股骨		18.66	19.39
家鹅股骨		22.14	
家鹅股骨		21.66	
家鹅股骨		18.94	
家鹅股骨		21.38	
家鹅股骨			20.97
家鹅股骨			20.89
家鹅股骨	75.16	19.73	20.35
家鹅股骨		21.09	
家鹅股骨		20.74	
家鹅股骨		22.56	
家鹅股骨		20.88	
家鹅股骨			20.47
家鹅股骨			21.16
家鹅股骨			20.93
家鹅股骨			19.48
家鹅股骨			21.52
家鹅股骨	75.52	19.88	19.06
家鹅股骨		19.55	
家鹅股骨			20.39
家鹅股骨			19.64
家鹅股骨		25.28	

附表 5　蜀王府遗址出土大型鸭科（家鹅）肩胛骨测量数据一览表

动物种属	骨骼名称	肩胛结节长（毫米）
大型鸭科	肩胛骨	18.1
大型鸭科	肩胛骨	21.17
大型鸭科	肩胛骨	20.33
大型鸭科	肩胛骨	18.22

续表

动物种属	骨骼名称	肩胛结节长（毫米）
大型鸭科	肩胛骨	20.22
大型鸭科	肩胛骨	18.02
大型鸭科	肩胛骨	15.79
大型鸭科	肩胛骨	17.24
大型鸭科	肩胛骨	18.47
大型鸭科	肩胛骨	17.09
大型鸭科	肩胛骨	18.07
大型鸭科	肩胛骨	17.18
大型鸭科	肩胛骨	19.51
大型鸭科	肩胛骨	16.74
大型鸭科	肩胛骨	16.9
大型鸭科	肩胛骨	16.87
大型鸭科	肩胛骨	15.16
大型鸭科	肩胛骨	17.35
大型鸭科	肩胛骨	17.26
大型鸭科	肩胛骨	16.88
大型鸭科	肩胛骨	17.78
大型鸭科	肩胛骨	17.18
大型鸭科	肩胛骨	17.32
大型鸭科	肩胛骨	18.14
大型鸭科	肩胛骨	17.92
大型鸭科	肩胛骨	16.08
大型鸭科	肩胛骨	18.29
大型鸭科	肩胛骨	18.95
大型鸭科	肩胛骨	19.37
大型鸭科	肩胛骨	17.61
大型鸭科	肩胛骨	17.81
大型鸭科	肩胛骨	16.17
大型鸭科	肩胛骨	16.16
大型鸭科	肩胛骨	16.86
大型鸭科	肩胛骨	15.12
大型鸭科	肩胛骨	17.18
大型鸭科	肩胛骨	16.73
大型鸭科	肩胛骨	16.33
大型鸭科	肩胛骨	19.81
大型鸭科	肩胛骨	17.29
大型鸭科	肩胛骨	13.83

动物种属	骨骼名称	肩胛结节长（毫米）
大型鸭科	肩胛骨	15.97
大型鸭科	肩胛骨	17.96
大型鸭科	肩胛骨	17.16
大型鸭科	肩胛骨	16.23
大型鸭科	肩胛骨	16.52
大型鸭科	肩胛骨	17.89
大型鸭科	肩胛骨	17.41
大型鸭科	肩胛骨	18.96
大型鸭科	肩胛骨	17.03
大型鸭科	肩胛骨	18.21
大型鸭科	肩胛骨	19.86
大型鸭科	肩胛骨	19.07
大型鸭科	肩胛骨	18.88
大型鸭科	肩胛骨	16.87
大型鸭科	肩胛骨	17.32
大型鸭科	肩胛骨	18.16
大型鸭科	肩胛骨	17.82
大型鸭科	肩胛骨	19.38
大型鸭科	肩胛骨	18.55
大型鸭科	肩胛骨	16.9
大型鸭科	肩胛骨	17.88
大型鸭科	肩胛骨	19.91
大型鸭科	肩胛骨	22.42
大型鸭科	肩胛骨	20.64
大型鸭科	肩胛骨	18.49
大型鸭科	肩胛骨	18.05
大型鸭科	肩胛骨	18.2
大型鸭科	肩胛骨	15.65
大型鸭科	肩胛骨	19.33
大型鸭科	肩胛骨	18.44
大型鸭科	肩胛骨	17.02
家鹅	肩胛骨	17.84
家鹅	肩胛骨	18.11
家鹅	肩胛骨	17.72
家鹅	肩胛骨	18.78
家鹅	肩胛骨	18.21
家鹅	肩胛骨	17.75
家鹅	肩胛骨	17.88

动物种属	骨骼名称	肩胛结节长（毫米）
家鹅	肩胛骨	18.28
家鹅	肩胛骨	17.94
家鹅	肩胛骨	19.41
家鹅	肩胛骨	18.33
家鹅	肩胛骨	19.56
家鹅	肩胛骨	18.27
家鹅	肩胛骨	17.27
家鹅	肩胛骨	18.49
家鹅	肩胛骨	15.78
家鹅	肩胛骨	19.08
家鹅	肩胛骨	17.52
家鹅	肩胛骨	18.82
家鹅	肩胛骨	18.33
家鹅	肩胛骨	19.6
家鹅	肩胛骨	18.09
家鹅	肩胛骨	18.37
家鹅	肩胛骨	21.07
家鹅	肩胛骨	17.57
家鹅	肩胛骨	17.88
家鹅	肩胛骨	18.01
家鹅	肩胛骨	18.4
家鹅	肩胛骨	16.68
家鹅	肩胛骨	17.11
家鹅	肩胛骨	19.27
家鹅	肩胛骨	16.26
家鹅	肩胛骨	16.11
家鹅	肩胛骨	18.25
家鹅	肩胛骨	19.2
家鹅	肩胛骨	18.17
家鹅	肩胛骨	17.66
家鹅	肩胛骨	18.96
家鹅	肩胛骨	19.09
家鹅	肩胛骨	17.87
家鹅	肩胛骨	18.3
家鹅	肩胛骨	18.22
家鹅	肩胛骨	16.4
家鹅	肩胛骨	18.36
家鹅	肩胛骨	17.39

续表

动物种属	骨骼名称	肩胛结节长（毫米）
家鹅	肩胛骨	18.51
家鹅	肩胛骨	17.52
家鹅	肩胛骨	19.24
家鹅	肩胛骨	16.99
家鹅	肩胛骨	17.64
家鹅	肩胛骨	18.16
家鹅	肩胛骨	18.09
家鹅	肩胛骨	17.44
家鹅	肩胛骨	16.38
家鹅	肩胛骨	18.5
家鹅	肩胛骨	16.55
家鹅	肩胛骨	17.86
家鹅	肩胛骨	19.48
家鹅	肩胛骨	17.66
家鹅	肩胛骨	17.92
家鹅	肩胛骨	17.72
家鹅	肩胛骨	19.2
家鹅	肩胛骨	16.8
家鹅	肩胛骨	18.28
家鹅	肩胛骨	17.65
家鹅	肩胛骨	16.45
家鹅	肩胛骨	17.42
家鹅	肩胛骨	16.9
家鹅	肩胛骨	16.23
家鹅	肩胛骨	20.06
家鹅	肩胛骨	15.37
家鹅	肩胛骨	19.26
家鹅	肩胛骨	18.91
家鹅	肩胛骨	18.52
家鹅	肩胛骨	14.56
家鹅	肩胛骨	18.77
家鹅	肩胛骨	18.99
家鹅	肩胛骨	19.24
家鹅	肩胛骨	16.67
家鹅	肩胛骨	15.82
家鹅	肩胛骨	19.27
家鹅	肩胛骨	19.26

动物种属	骨骼名称	肩胛结节长（毫米）
家鹅	肩胛骨	16.81
家鹅	肩胛骨	17.4
家鹅	肩胛骨	19.27
家鹅	肩胛骨	19.59
家鹅	肩胛骨	16.14
家鹅	肩胛骨	19.58
家鹅	肩胛骨	17.69
家鹅	肩胛骨	16.63
家鹅	肩胛骨	16.88
家鹅	肩胛骨	15.99
家鹅	肩胛骨	19.2
家鹅	肩胛骨	17.45
家鹅	肩胛骨	18.53
家鹅	肩胛骨	17.44
家鹅	肩胛骨	17.25
家鹅	肩胛骨	19
家鹅	肩胛骨	18.21
家鹅	肩胛骨	20
家鹅	肩胛骨	18
家鹅	肩胛骨	18.3
家鹅	肩胛骨	19.18
家鹅	肩胛骨	19
家鹅	肩胛骨	17.62
家鹅	肩胛骨	15.78
家鹅	肩胛骨	15.76
家鹅	肩胛骨	18.11
家鹅	肩胛骨	21.05
家鹅	肩胛骨	18.41
家鹅	肩胛骨	17.78
家鹅	肩胛骨	15.2
家鹅	肩胛骨	17.83
家鹅	肩胛骨	19.09
家鹅	肩胛骨	19.5
家鹅	肩胛骨	18.45
家鹅	肩胛骨	18.87
家鹅	肩胛骨	19.9
家鹅	肩胛骨	17.72

动物种属	骨骼名称	肩胛结节长（毫米）
家鹅	肩胛骨	19.24
家鹅	肩胛骨	18.75
家鹅	肩胛骨	17.33
家鹅	肩胛骨	18.2
家鹅	肩胛骨	17.97
家鹅	肩胛骨	16.87
家鹅	肩胛骨	17.96
家鹅	肩胛骨	19.77
家鹅	肩胛骨	18.41
家鹅	肩胛骨	17.92
家鹅	肩胛骨	18.9
家鹅	肩胛骨	18.27
家鹅	肩胛骨	19.61
家鹅	肩胛骨	16.57
家鹅	肩胛骨	18.85
家鹅	肩胛骨	17.81
家鹅	肩胛骨	16.61
家鹅	肩胛骨	16.65
家鹅	肩胛骨	18.28
家鹅	肩胛骨	17.76
家鹅	肩胛骨	16.69
家鹅	肩胛骨	17.66
家鹅	肩胛骨	19.09
家鹅	肩胛骨	18.62
家鹅	肩胛骨	16.8
家鹅	肩胛骨	18.04
家鹅	肩胛骨	16.3
家鹅	肩胛骨	15.71
家鹅	肩胛骨	19.12
家鹅	肩胛骨	19.43
家鹅	肩胛骨	20.23
家鹅	肩胛骨	18.2
家鹅	肩胛骨	15.83
家鹅	肩胛骨	20
家鹅	肩胛骨	13.85
家鹅	肩胛骨	20.03
家鹅	肩胛骨	19.99

续表

动物种属	骨骼名称	肩胛结节长（毫米）
家鹅	肩胛骨	17.6
家鹅	肩胛骨	18.96
家鹅	肩胛骨	17.34
家鹅	肩胛骨	19.66
家鹅	肩胛骨	15.72
家鹅	肩胛骨	17.77
家鹅	肩胛骨	18.54
家鹅	肩胛骨	14.73
家鹅	肩胛骨	19.14
家鹅	肩胛骨	18.06
家鹅	肩胛骨	17.3
家鹅	肩胛骨	16.08
家鹅	肩胛骨	16.78
家鹅	肩胛骨	18.39
家鹅	肩胛骨	19.09
家鹅	肩胛骨	19.03
家鹅	肩胛骨	18.02
家鹅	肩胛骨	16.68
家鹅	肩胛骨	18
家鹅	肩胛骨	19.33
家鹅	肩胛骨	18.69
家鹅	肩胛骨	18.03
家鹅	肩胛骨	19.26
家鹅	肩胛骨	19.5
家鹅	肩胛骨	18.15
家鹅	肩胛骨	16.05
家鹅	肩胛骨	16.87
家鹅	肩胛骨	16.9
家鹅	肩胛骨	17.88
家鹅	肩胛骨	17.45
家鹅	肩胛骨	18.38
家鹅	肩胛骨	17.26
家鹅	肩胛骨	18.42
家鹅	肩胛骨	17.01
家鹅	肩胛骨	15.65
家鹅	肩胛骨	17.41
家鹅	肩胛骨	20.12

动物种属	骨骼名称	肩胛结节长（毫米）
家鹅	肩胛骨	17.68
家鹅	肩胛骨	18.5
家鹅	肩胛骨	17.27
家鹅	肩胛骨	18.73
家鹅	肩胛骨	17.22
家鹅	肩胛骨	17.45
家鹅	肩胛骨	18.44
家鹅	肩胛骨	16.6
家鹅	肩胛骨	24.04
家鹅	肩胛骨	18.16
家鹅	肩胛骨	15.96
家鹅	肩胛骨	18.55
家鹅	肩胛骨	18.4
家鹅	肩胛骨	17.03
家鹅	肩胛骨	17.78
家鹅	肩胛骨	15.84
家鹅	肩胛骨	17.78
家鹅	肩胛骨	17.24
家鹅	肩胛骨	18.21
家鹅	肩胛骨	17.39
家鹅	肩胛骨	15.4
家鹅	肩胛骨	18.38
家鹅	肩胛骨	18.44
家鹅	肩胛骨	18.21
家鹅	肩胛骨	16.35
家鹅	肩胛骨	16.55
家鹅	肩胛骨	18.58
家鹅	肩胛骨	20.11
家鹅	肩胛骨	18.13
家鹅	肩胛骨	17.58
家鹅	肩胛骨	19.9
家鹅	肩胛骨	13.74
家鹅	肩胛骨	17.39
家鹅	肩胛骨	16.49
家鹅	肩胛骨	16.07
家鹅	肩胛骨	16.45
家鹅	肩胛骨	16.99

动物种属	骨骼名称	肩胛结节长（毫米）
家鹅	肩胛骨	15.25
家鹅	肩胛骨	13.53
家鹅	肩胛骨	21.05
家鹅	肩胛骨	15.55
家鹅	肩胛骨	18.63
家鹅	肩胛骨	17.16
家鹅	肩胛骨	18.92
家鹅	肩胛骨	17.42
家鹅	肩胛骨	19.57
家鹅	肩胛骨	20.21
家鹅	肩胛骨	18.84

附表 6　蜀王府遗址出土大型鸭科（家鹅）胫骨测量数据一览表

动物种属及骨骼部位	长度（毫米）	近端宽度（毫米）	远端宽度（毫米）
大型鸭科胫骨	140.77	21.68	11.51
大型鸭科胫骨		25.32	
大型鸭科胫骨			18.2
大型鸭科胫骨			17.2
大型鸭科胫骨			16.94
大型鸭科胫骨			18.23
大型鸭科胫骨			18.22
大型鸭科胫骨			19.08
大型鸭科胫骨			18
大型鸭科胫骨			17.9
大型鸭科胫骨			16.94
大型鸭科胫骨	117.77	22	17.06
大型鸭科胫骨			18.5
大型鸭科胫骨			15.4
大型鸭科胫骨			17.43
大型鸭科胫骨			18.84
大型鸭科胫骨			17.46
大型鸭科胫骨	138.17	18.52	17.63
大型鸭科胫骨		18	
大型鸭科胫骨			17.2
大型鸭科胫骨			18.14
大型鸭科胫骨			16.8
大型鸭科胫骨		23.45	
大型鸭科胫骨		18.63	

动物种属及骨骼部位	长度（毫米）	近端宽度（毫米）	远端宽度（毫米）
大型鸭科胫骨		20.06	
大型鸭科胫骨			16.46
大型鸭科胫骨			18.5
大型鸭科胫骨			17.7
大型鸭科胫骨			18.01
大型鸭科胫骨		19.82	
大型鸭科胫骨		20.33	
大型鸭科胫骨			16.68
大型鸭科胫骨			16.3
大型鸭科胫骨			17.77
大型鸭科胫骨			16.9
大型鸭科胫骨		20.44	
大型鸭科胫骨		19.59	
大型鸭科胫骨		16.45	
大型鸭科胫骨		16.13	
大型鸭科胫骨		26.74	
大型鸭科胫骨		20.79	
大型鸭科胫骨		17.9	
大型鸭科胫骨	148.7	23.05	17.81
大型鸭科胫骨		21.19	
大型鸭科胫骨		21.29	
大型鸭科胫骨			16.73
大型鸭科胫骨			17.76
大型鸭科胫骨			19.16
大型鸭科胫骨			17.8
大型鸭科胫骨			17.36
大型鸭科胫骨			16.48
大型鸭科胫骨			16.29
大型鸭科胫骨			16.51
大型鸭科胫骨		19.93	
大型鸭科胫骨		19.36	
大型鸭科胫骨			19.45
大型鸭科胫骨			15.5
大型鸭科胫骨			17.71
大型鸭科胫骨			18.04
大型鸭科胫骨			18.75
大型鸭科胫骨			17.23

动物种属及骨骼部位	长度（毫米）	近端宽度（毫米）	远端宽度（毫米）
大型鸭科胫骨			17.07
大型鸭科胫骨			17.35
大型鸭科胫骨			17.67
大型鸭科胫骨			17.07
大型鸭科胫骨		23.57	
大型鸭科胫骨		23.79	
大型鸭科胫骨			17.35
大型鸭科胫骨			17.6
大型鸭科胫骨			19.36
大型鸭科胫骨			16.2
大型鸭科胫骨			18.72
大型鸭科胫骨			17.76
大型鸭科胫骨	153.18	21.64	17.12
大型鸭科胫骨	146.03	22.35	19.09
大型鸭科胫骨	147.52	22.8	
大型鸭科胫骨		21.5	
大型鸭科胫骨		22.4	
大型鸭科胫骨			18.25
大型鸭科胫骨			17.61
大型鸭科胫骨	154.28	20.08	18.47
大型鸭科胫骨	139.91	19.17	
大型鸭科胫骨		21.12	
大型鸭科胫骨		21.6	
大型鸭科胫骨			18.73
大型鸭科胫骨			17.56
大型鸭科胫骨			17.51
大型鸭科胫骨			18.1
大型鸭科胫骨			17.8
大型鸭科胫骨			18.94
大型鸭科胫骨			17.96
大型鸭科胫骨		19.78	
大型鸭科胫骨		19.35	
大型鸭科胫骨			18.14
大型鸭科胫骨			17.8
大型鸭科胫骨			16.2
大型鸭科胫骨			18.3
大型鸭科胫骨	150.63	24.5	19.28

动物种属及骨骼部位	长度（毫米）	近端宽度（毫米）	远端宽度（毫米）
大型鸭科胫骨		21.98	
大型鸭科胫骨		21.12	
大型鸭科胫骨		19.86	
大型鸭科胫骨		18.79	
大型鸭科胫骨			18.28
大型鸭科胫骨			18.12
大型鸭科胫骨			18.69
大型鸭科胫骨	153.64	25.22	20.27
大型鸭科胫骨		21.15	
大型鸭科胫骨		23.92	
大型鸭科胫骨		21.1	
大型鸭科胫骨		20.65	
大型鸭科胫骨			17.16
大型鸭科胫骨			18.63
大型鸭科胫骨			16.92
大型鸭科胫骨			15.13
大型鸭科胫骨			16.1
大型鸭科胫骨			18.66
大型鸭科胫骨			16.02
大型鸭科胫骨		23.53	
大型鸭科胫骨		22.39	
大型鸭科胫骨		20.94	
大型鸭科胫骨		20.98	
大型鸭科胫骨			18
大型鸭科胫骨			17.74
大型鸭科胫骨			17.43
大型鸭科胫骨			16.38
大型鸭科胫骨			17.21
大型鸭科胫骨			15.05
大型鸭科胫骨		21.53	
家鹅胫骨		23.36	
家鹅胫骨		21.33	
家鹅胫骨		20.28	
家鹅胫骨		20.88	
家鹅胫骨			20.14
家鹅胫骨			17.31
家鹅胫骨			16.23
家鹅胫骨			19.04

动物种属及骨骼部位	长度（毫米）	近端宽度（毫米）	远端宽度（毫米）
家鹅胫骨			18.23
家鹅胫骨			17.5
家鹅胫骨			19.24
家鹅胫骨			17.26
家鹅胫骨			16.26
家鹅胫骨		19.82	
家鹅胫骨		18.05	
家鹅胫骨		16.76	
家鹅胫骨		20.7	
家鹅胫骨			17.12
家鹅胫骨			17.34
家鹅胫骨			17.07
家鹅胫骨			18.32
家鹅胫骨			17.99
家鹅胫骨			17.76
家鹅胫骨			18.04
家鹅胫骨			17.44
家鹅胫骨			19.16
家鹅胫骨			18.6
家鹅胫骨			16.61
家鹅胫骨			17.27
家鹅胫骨			18.39
家鹅胫骨			15.85
家鹅胫骨			16.83
家鹅胫骨	155.34		17.77
家鹅胫骨		22.26	
家鹅胫骨			18.42
家鹅胫骨			17.43
家鹅胫骨			17.86
家鹅胫骨			17.49
家鹅胫骨			15.69
家鹅胫骨			17.7
家鹅胫骨			19.27
家鹅胫骨			17.44
家鹅胫骨			17.94
家鹅胫骨		22.22	
家鹅胫骨			17.2

动物种属及骨骼部位	长度（毫米）	近端宽度（毫米）	远端宽度（毫米）
家鹅胫骨			18.96
家鹅胫骨			19.53
家鹅胫骨			18
家鹅胫骨			15.62
家鹅胫骨	143.78	21.04	18.32
家鹅胫骨		23.4	
家鹅胫骨		22.75	
家鹅胫骨			17.98
家鹅胫骨			17
家鹅胫骨			19.54
家鹅胫骨			17.23
家鹅胫骨			18.88
家鹅胫骨			17.27
家鹅胫骨		21.13	
家鹅胫骨		23.94	
家鹅胫骨			18.8
家鹅胫骨			17.56
家鹅胫骨			15.68
家鹅胫骨			18.27
家鹅胫骨			18.46
家鹅胫骨			16.75
家鹅胫骨	140.13	21.93	17.94
家鹅胫骨		24.04	
家鹅胫骨			17.26
家鹅胫骨			17.64
家鹅胫骨			18.14
家鹅胫骨			18.82
家鹅胫骨			17.65
家鹅胫骨			17.01
家鹅胫骨			16.15
家鹅胫骨			15.96
家鹅胫骨			16.27
家鹅胫骨		15.44	
家鹅胫骨	142.68		18.2
家鹅胫骨		22.8	
家鹅胫骨		22.55	
家鹅胫骨		24.97	

动物种属及骨骼部位	长度（毫米）	近端宽度（毫米）	远端宽度（毫米）
家鹅胫骨			18.9
家鹅胫骨			19.14
家鹅胫骨			16.93
家鹅胫骨			16.48
家鹅胫骨			18.53
家鹅胫骨			17.38
家鹅胫骨			18.11
家鹅胫骨			19.22
家鹅胫骨	150.35	21	16.81
家鹅胫骨	146.11	18.9	17.17
家鹅胫骨		23.67	
家鹅胫骨			17.27
家鹅胫骨			16.2
家鹅胫骨			18.53
家鹅胫骨			18.54
家鹅胫骨	150.21	22.69	18.33
家鹅胫骨		17.32	
家鹅胫骨		22.74	
家鹅胫骨		21.59	
家鹅胫骨		22.55	
家鹅胫骨		22.63	
家鹅胫骨		18.78	
家鹅胫骨		17.98	
家鹅胫骨			16.73
家鹅胫骨			18.1
家鹅胫骨			18.13
家鹅胫骨			17.23
家鹅胫骨			17.89
家鹅胫骨			16.62
家鹅胫骨			21.3
家鹅胫骨	145.65	21.78	17.64
家鹅胫骨	146.44	18.3	18.24
家鹅胫骨	127.81		16.26
家鹅胫骨		22.51	
家鹅胫骨		23.65	
家鹅胫骨			17.18
家鹅胫骨			17.84

动物种属及骨骼部位	长度（毫米）	近端宽度（毫米）	远端宽度（毫米）
家鹅胫骨			18.17
家鹅胫骨			18.04
家鹅胫骨			17.17
家鹅胫骨			18.36
家鹅胫骨			18.3
家鹅胫骨	150.8	24.71	17.87
家鹅胫骨	153.8	23.14	17.36
家鹅胫骨		20.13	
家鹅胫骨			15
家鹅胫骨			17.32
家鹅胫骨			16.18
家鹅胫骨			19.13
家鹅胫骨	153.8	25.76	19.36
家鹅胫骨	143.27	23.47	17.64
家鹅胫骨		23.98	
家鹅胫骨			16
家鹅胫骨			17.2
家鹅胫骨			17.97
家鹅胫骨			16.44
家鹅胫骨			18.05
家鹅胫骨			17.99
家鹅胫骨			19.11
家鹅胫骨			17.2
家鹅胫骨		25.2	
家鹅胫骨		19.75	
家鹅胫骨			19.02
家鹅胫骨			19.45
家鹅胫骨			18.47
家鹅胫骨			20.69
家鹅胫骨			18.05
家鹅胫骨		22.92	
家鹅胫骨		21.34	
家鹅胫骨		23.25	
家鹅胫骨			16.8
家鹅胫骨			18.38
家鹅胫骨			17.52
家鹅胫骨			18.66

续表

动物种属及骨骼部位	长度（毫米）	近端宽度（毫米）	远端宽度（毫米）
家鹅胫骨			16.62
家鹅胫骨			18.23
家鹅胫骨			17.87
家鹅胫骨	154.28	20.35	18.07
家鹅胫骨			16.56
家鹅胫骨			15.9
家鹅胫骨			20.65
家鹅胫骨			21.39
家鹅胫骨			18.42
家鹅胫骨			17.74
家鹅胫骨	153.27	19.99	16.73
家鹅胫骨			17.24
家鹅胫骨			17.93
家鹅胫骨			18.18
家鹅胫骨			15.73
家鹅胫骨			16.54
家鹅胫骨			16.83
家鹅胫骨			17.82
家鹅胫骨			18.77
家鹅胫骨			18.02
家鹅胫骨			19.65
家鹅胫骨			16.94
家鹅胫骨			16.58
家鹅胫骨			16.75
家鹅胫骨			16.72
家鹅胫骨		21.89	
家鹅胫骨		18.97	
家鹅胫骨		22.24	
家鹅胫骨			18.95
家鹅胫骨			17.62
家鹅胫骨			15.72
家鹅胫骨			16.25
家鹅胫骨			16.7
家鹅胫骨			16.87
家鹅胫骨			16.78
家鹅胫骨			17.11
家鹅胫骨			17.91

动物种属及骨骼部位	长度（毫米）	近端宽度（毫米）	远端宽度（毫米）
家鹅胫骨			17.16
家鹅胫骨			17.03
家鹅胫骨			15.85
家鹅胫骨			17.72
家鹅胫骨	153.13	19.88	18.05
家鹅胫骨			17.5
家鹅胫骨			18.4
家鹅胫骨			18.25
家鹅胫骨			16.98
家鹅胫骨			17.47
家鹅胫骨			18.19
家鹅胫骨			18.93
家鹅胫骨	150.01	24.4	17.76
家鹅胫骨		21.25	
家鹅胫骨		21.8	
家鹅胫骨			19.32
家鹅胫骨			18.54
家鹅胫骨			16.94
家鹅胫骨			16.77
家鹅胫骨			17.09
家鹅胫骨			18.77
家鹅胫骨			18.2
家鹅胫骨			17.31
家鹅胫骨			17.6
家鹅胫骨	140.62		17.48
家鹅胫骨			17.68
家鹅胫骨			19.31
家鹅胫骨			17.07
家鹅胫骨		19.98	
家鹅胫骨		22.48	
家鹅胫骨		20.6	
家鹅胫骨			17.64
家鹅胫骨			18.45
家鹅胫骨			16.23
家鹅胫骨			18.73
家鹅胫骨			16.5
家鹅胫骨			17.72

动物种属及骨骼部位	长度（毫米）	近端宽度（毫米）	远端宽度（毫米）
家鹅胫骨			17.1
家鹅胫骨			16.44
家鹅胫骨			16.65
家鹅胫骨		20.99	
家鹅胫骨		21.8	
家鹅胫骨		22.46	
家鹅胫骨			17.64
家鹅胫骨			16.53
家鹅胫骨			17.94
家鹅胫骨			17.59
家鹅胫骨			17.22
家鹅胫骨			16.93
家鹅胫骨			18.23
家鹅胫骨			17.3
家鹅胫骨	141.63	21.15	17.78
家鹅胫骨		20.56	
家鹅胫骨			17.11
家鹅胫骨		23.97	
家鹅胫骨		21.39	
家鹅胫骨		20.23	
家鹅胫骨		22.62	
家鹅胫骨			18.96
家鹅胫骨			17.9
家鹅胫骨		26.18	
家鹅胫骨		10.38	
家鹅胫骨		18.29	
家鹅胫骨		19.77	
家鹅胫骨		16	
家鹅胫骨		16.45	
家鹅胫骨		16.75	
家鹅胫骨	153.2	22.31	18.21
家鹅胫骨	146.4	20.88	17.09
家鹅胫骨		19.7	
家鹅胫骨		20.98	
家鹅胫骨		20.72	
家鹅胫骨			16.74
家鹅胫骨			17.95

动物种属及骨骼部位	长度（毫米）	近端宽度（毫米）	远端宽度（毫米）
家鹅胫骨			17.43
家鹅胫骨			18.98
家鹅胫骨			18.8
家鹅胫骨			17.65
家鹅胫骨			17.8
家鹅胫骨			17.37
家鹅胫骨	146.71	20.42	17.28
家鹅胫骨	150.68	22.12	16.78
家鹅胫骨		18.75	
家鹅胫骨			17.78
家鹅胫骨			17.97
家鹅胫骨			17.82
家鹅胫骨			18.96
家鹅胫骨			16.57
家鹅胫骨			18.75
家鹅胫骨			16.71
家鹅胫骨			16.21
家鹅胫骨			19.18
家鹅胫骨		21.64	
家鹅胫骨		22.37	
家鹅胫骨			17.49
家鹅胫骨			18.06
家鹅胫骨			17.93
家鹅胫骨			16.55
家鹅胫骨			18.89
家鹅胫骨			17.69
家鹅胫骨		18.22	
家鹅胫骨			18.42
家鹅胫骨			18.26
家鹅胫骨			18.2
家鹅胫骨			18.1
家鹅胫骨			17.63
家鹅胫骨			15.71
家鹅胫骨		20.5	
家鹅胫骨		18.59	
家鹅胫骨		18.46	
家鹅胫骨		19.23	

动物种属及骨骼部位	长度（毫米）	近端宽度（毫米）	远端宽度（毫米）
家鹅胫骨			18.3
家鹅胫骨			18.63
家鹅胫骨			17.05
家鹅胫骨			17.41
家鹅胫骨			18.47
家鹅胫骨			17.3
家鹅胫骨		22.11	
家鹅胫骨		20.06	
家鹅胫骨		22.99	
家鹅胫骨		21.52	
家鹅胫骨		22.12	
家鹅胫骨			17.9
家鹅胫骨			18.15
家鹅胫骨			18.4
家鹅胫骨			17.04
家鹅胫骨			17.18
家鹅胫骨			17.81
家鹅胫骨			17.62
家鹅胫骨			19.35
家鹅胫骨			15.89
家鹅胫骨			18.81
家鹅胫骨	145.61		19.22
家鹅胫骨		20.54	
家鹅胫骨		21.92	
家鹅胫骨		26.44	
家鹅胫骨			17.11
家鹅胫骨			18.56
家鹅胫骨			16.62
家鹅胫骨			19.22
家鹅胫骨		22.07	
家鹅胫骨			17.72
家鹅胫骨			16.57
家鹅胫骨			17.62
家鹅胫骨			16.47
家鹅胫骨			17.48
家鹅胫骨			18.5
家鹅胫骨			16.8

动物种属及骨骼部位	长度（毫米）	近端宽度（毫米）	远端宽度（毫米）
家鹅胫骨		23.25	
家鹅胫骨		21.28	
家鹅胫骨			17.7
家鹅胫骨			16.09
家鹅胫骨			17.1
家鹅胫骨			18.3
家鹅胫骨			17.3
家鹅胫骨	151.74	23.26	18.88
家鹅胫骨		19.53	
家鹅胫骨			17.93
家鹅胫骨			17.24
家鹅胫骨			18.2
家鹅胫骨			17.15
家鹅胫骨			16.43
家鹅胫骨			16.84
家鹅胫骨		22.5	
家鹅胫骨		17.68	
家鹅胫骨		16.49	
家鹅胫骨		18.18	
家鹅胫骨			17.11
家鹅胫骨			18.2
家鹅胫骨		20.14	
家鹅胫骨	147.02	21.32	18.07
家鹅胫骨	139.6	21.13	16.54
家鹅胫骨	146.7	20.98	15.31
家鹅胫骨		21.4	
家鹅胫骨		17.51	
家鹅胫骨		18.28	
家鹅胫骨		21.05	
家鹅胫骨			16.91
家鹅胫骨			18.8
家鹅胫骨			18.45
家鹅胫骨			12.11
家鹅胫骨			13.25
家鹅胫骨			13.36
家鹅胫骨			12.21
家鹅胫骨			12.62

动物种属及骨骼部位	长度（毫米）	近端宽度（毫米）	远端宽度（毫米）
家鹅胫骨			11.77
家鹅胫骨		18.37	
家鹅胫骨		15.82	
家鹅胫骨		14.24	
家鹅胫骨		12.29	
家鹅胫骨		22.76	
家鹅胫骨		16.85	
家鹅胫骨		16.18	
家鹅胫骨		14.94	
家鹅胫骨		18.63	
家鹅胫骨		16.83	
家鹅胫骨		18.67	
家鹅胫骨		16.96	
家鹅胫骨	131.94	14.82	12
家鹅胫骨	132.1	12.38	13.11
家鹅胫骨		24.84	
家鹅胫骨			18.13
家鹅胫骨			17.72
家鹅胫骨			17.93
家鹅胫骨			17.22
家鹅胫骨			17.92
家鹅胫骨		19.22	
家鹅胫骨			18.2
家鹅胫骨			15.94
家鹅胫骨			17.82
家鹅胫骨	150	18.1	13.01
家鹅胫骨	143.55	15.67	11.48
家鹅胫骨	141.3	16.92	11.47
家鹅胫骨	144.95	19.12	11.94
家鹅胫骨			12.56
家鹅胫骨			13.55
家鹅胫骨			12.28
家鹅胫骨			13.57
家鹅胫骨			12.38
家鹅胫骨			12.17
家鹅胫骨			12.32
家鹅胫骨			13.16

动物种属及骨骼部位	长度（毫米）	近端宽度（毫米）	远端宽度（毫米）
家鹅胫骨			10.95
家鹅胫骨			12.54
家鹅胫骨	154.8	17.97	17.25
家鹅胫骨			17.15
家鹅胫骨			16.01
家鹅胫骨			17.39
家鹅胫骨			18.08
家鹅胫骨			18.53
家鹅胫骨			14.59
家鹅胫骨			16.44
家鹅胫骨	143.34	21.34	17.02
家鹅胫骨		20.11	
家鹅胫骨		19.86	
家鹅胫骨		22.96	
家鹅胫骨		18.22	
家鹅胫骨		17.44	
家鹅胫骨		18.25	
家鹅胫骨		17.82	
家鹅胫骨		18.34	
家鹅胫骨		18.73	
家鹅胫骨		18.33	
家鹅胫骨		21.34	
家鹅胫骨			18.5
家鹅胫骨			16.24
家鹅胫骨			17.7
家鹅胫骨			18.4
家鹅胫骨			18.21
家鹅胫骨		21.11	
家鹅胫骨		20.8	
家鹅胫骨		21.6	
家鹅胫骨		22.19	
家鹅胫骨			17.13
家鹅胫骨			16.4
家鹅胫骨			17.89
家鹅胫骨			16.04
家鹅胫骨			17.68
家鹅胫骨			17.88

动物种属及骨骼部位	长度（毫米）	近端宽度（毫米）	远端宽度（毫米）
家鹅胫骨			16.85
家鹅胫骨	147.87	21.34	18.24
家鹅胫骨		18.73	
家鹅胫骨		23.48	
家鹅胫骨			17.85
家鹅胫骨			18.45
家鹅胫骨			18.23
家鹅胫骨			18.3
家鹅胫骨			16.65
家鹅胫骨			18.11
家鹅胫骨			16.02
家鹅胫骨			15.41
家鹅胫骨			14.88
家鹅胫骨			16.23
家鹅胫骨			16.79
家鹅胫骨			17.74
家鹅胫骨			18.61
家鹅胫骨			19.51
家鹅胫骨			17.63
家鹅胫骨			18.65
家鹅胫骨			16.32
家鹅胫骨			15.93
家鹅胫骨		16.95	
家鹅胫骨	155.3	21.41	18.95
家鹅胫骨		21.22	
家鹅胫骨		19.47	
家鹅胫骨			18.36
家鹅胫骨			17.55
家鹅胫骨			17.08
家鹅胫骨			19.37
家鹅胫骨			16.91
家鹅胫骨			15.64
家鹅胫骨			17.23
家鹅胫骨			16.43
家鹅胫骨			16.5
家鹅胫骨			15.88
家鹅胫骨		22.18	

动物种属及骨骼部位	长度（毫米）	近端宽度（毫米）	远端宽度（毫米）
家鹅胫骨			18.21
家鹅胫骨			17.25
家鹅胫骨			19.39
家鹅胫骨			16.01
家鹅胫骨	153.5		17.2
家鹅胫骨	147.5	20.68	16.9
家鹅胫骨		20.98	
家鹅胫骨		22.8	
家鹅胫骨		20.6	
家鹅胫骨		23.08	
家鹅胫骨			19.76
家鹅胫骨			17.93
家鹅胫骨			16.75
家鹅胫骨			17.66
家鹅胫骨			18.57
家鹅胫骨			17.88
家鹅胫骨			17.57
家鹅胫骨			18.07
家鹅胫骨			18.14
家鹅胫骨			17.92
家鹅胫骨		21.82	
家鹅胫骨			18.31
家鹅胫骨			18.55
家鹅胫骨			17.79
家鹅胫骨			17.61
家鹅胫骨			18.84
家鹅胫骨		20.29	
家鹅胫骨		20.29	
家鹅胫骨		20.29	
家鹅胫骨		20.29	
家鹅胫骨		20.29	
家鹅胫骨		21.4	
家鹅胫骨		24.62	
家鹅胫骨			17.4
家鹅胫骨			18.92
家鹅胫骨			18.52
家鹅胫骨			17.4

动物种属及骨骼部位	长度（毫米）	近端宽度（毫米）	远端宽度（毫米）
家鹅胫骨			18.12
家鹅胫骨			17.88
家鹅胫骨			17.71
家鹅胫骨			16.75
家鹅胫骨			19.71
家鹅胫骨		21.81	
家鹅胫骨		23.11	
家鹅胫骨		21.54	
家鹅胫骨		18.35	
家鹅胫骨		17.75	
家鹅胫骨		17.07	
家鹅胫骨		18.2	
家鹅胫骨		17.08	
家鹅胫骨		16.21	
家鹅胫骨		17.14	
家鹅胫骨		17.29	
家鹅胫骨			17.85
家鹅胫骨		22.56	
家鹅胫骨		22.84	
家鹅胫骨			17.44
家鹅胫骨			17.38
家鹅胫骨			18.12
家鹅胫骨			19.95
家鹅胫骨			18.39
家鹅胫骨			16.81
家鹅胫骨			17.35
家鹅胫骨			16.55
家鹅胫骨			17.87
家鹅胫骨			17
家鹅胫骨		21.68	
家鹅胫骨		20.47	
家鹅胫骨			18.67
家鹅胫骨			18.07
家鹅胫骨			19.17
家鹅胫骨			17.44
家鹅胫骨			17.1
家鹅胫骨			16.98

动物种属及骨骼部位	长度（毫米）	近端宽度（毫米）	远端宽度（毫米）
家鹅胫骨			18.3
家鹅胫骨		20.49	
家鹅胫骨		20.55	
家鹅胫骨		17.89	
家鹅胫骨		25.27	
家鹅胫骨		19.86	
家鹅胫骨			22.8
家鹅胫骨			20.68
家鹅胫骨			22.56
家鹅胫骨			23.55
家鹅胫骨	146.36		19.03
家鹅胫骨	150.42		
家鹅胫骨	138.99		
家鹅胫骨		22.8	
家鹅胫骨		20.68	
家鹅胫骨			22.56
家鹅胫骨			23.55
家鹅胫骨	142.18		21.29
家鹅胫骨		22.56	
家鹅胫骨		23.55	
家鹅胫骨		22.31	
家鹅胫骨		21.79	
家鹅胫骨		21.23	
家鹅胫骨			16.94
家鹅胫骨			18.65
家鹅胫骨			18.29
家鹅胫骨			17.56
家鹅胫骨			16.4
家鹅胫骨			17.42
家鹅胫骨			20.44
家鹅胫骨			17.15
家鹅胫骨			18.34
家鹅胫骨			18.37
家鹅胫骨		20.04	
家鹅胫骨			17.37
家鹅胫骨			18.76
家鹅胫骨			19.14

动物种属及骨骼部位	长度（毫米）	近端宽度（毫米）	远端宽度（毫米）
家鹅胫骨			17.65
家鹅胫骨			17.35
家鹅胫骨			17.97
家鹅胫骨			17.85
家鹅胫骨			18.04
家鹅胫骨			16.88
家鹅胫骨			17.48
家鹅胫骨			17.66
家鹅胫骨			17.77
家鹅胫骨	153.42	22.83	19.41
家鹅胫骨	146.68		16.42
家鹅胫骨		22.95	
家鹅胫骨		22.72	
家鹅胫骨		23.57	
家鹅胫骨			18
家鹅胫骨			16.36
家鹅胫骨			17.48
家鹅胫骨			17.53
家鹅胫骨			17.14
家鹅胫骨			17.31
家鹅胫骨		22.38	
家鹅胫骨			17.63
家鹅胫骨			17.37
家鹅胫骨			15.32
家鹅胫骨			17.95
家鹅胫骨			17.21
家鹅胫骨	129.95	14.78	10.23
家鹅胫骨		16.29	
家鹅胫骨		16.84	
家鹅胫骨			12.99
家鹅胫骨			12.4
家鹅胫骨			13.99
家鹅胫骨			12.74
家鹅胫骨			13.36
家鹅胫骨			14.38
家鹅胫骨			11.65
家鹅胫骨	137.51	16.64	13.09

动物种属及骨骼部位	长度（毫米）	近端宽度（毫米）	远端宽度（毫米）
家鹅胫骨	133.89	13.09	12.98
家鹅胫骨	134		12.4
家鹅胫骨		15.47	
家鹅胫骨		15.03	
家鹅胫骨		13.33	
家鹅胫骨		13.41	
家鹅胫骨	148.5	21.85	
家鹅胫骨		23.81	
家鹅胫骨		25.6	
家鹅胫骨		23.2	
家鹅胫骨			17.6
家鹅胫骨			15.92
家鹅胫骨			17.31
家鹅胫骨			16.49
家鹅胫骨			18.7
家鹅胫骨	136.68	19.17	16.32
家鹅胫骨	147.13	21.08	17.68
家鹅胫骨	131.3		17.52
家鹅胫骨		22.84	
家鹅胫骨		21.75	
家鹅胫骨			17.14
家鹅胫骨			17.25
家鹅胫骨			17.75
家鹅胫骨			17.11
家鹅胫骨			17.04
家鹅胫骨		22.77	
家鹅胫骨			21.36
家鹅胫骨	148.25		21.61
家鹅胫骨		21.36	
家鹅胫骨		22.99	
家鹅胫骨		21.1	
家鹅胫骨		24.59	
家鹅胫骨			18.04
家鹅胫骨			18.92
家鹅胫骨			16.82
家鹅胫骨		22.38	
家鹅胫骨		20.02	

动物种属及骨骼部位	长度（毫米）	近端宽度（毫米）	远端宽度（毫米）
家鹅胫骨		20.63	
家鹅胫骨		20.47	
家鹅胫骨			17.86
家鹅胫骨			17.64
家鹅胫骨			17.94
家鹅胫骨			17.6
家鹅胫骨			17.46
家鹅胫骨			18.51
家鹅胫骨	144.2		
家鹅胫骨			17.7
家鹅胫骨			17.53
家鹅胫骨		21.4	
家鹅胫骨			17.98
家鹅胫骨			18.76
家鹅胫骨			18.59
家鹅胫骨			18.56
家鹅胫骨			19.51
家鹅胫骨		22.51	
家鹅胫骨		21.6	
家鹅胫骨		23.04	
家鹅胫骨			17.9
家鹅胫骨			17.2
家鹅胫骨			17.94
家鹅胫骨			19.06
家鹅胫骨			17.35
家鹅胫骨			18.24
家鹅胫骨			18.74
家鹅胫骨			17.7
家鹅胫骨			17.03
家鹅胫骨		21.98	
家鹅胫骨		21.23	
家鹅胫骨		22.71	
家鹅胫骨			16.64
家鹅胫骨			17.72
家鹅胫骨			19.22
家鹅胫骨			17.98
家鹅胫骨			17.9

动物种属及骨骼部位	长度（毫米）	近端宽度（毫米）	远端宽度（毫米）
家鹅胫骨			16.98
家鹅胫骨			18.05
家鹅胫骨			17.7
家鹅胫骨			18.8
家鹅胫骨			18.07
家鹅胫骨			20.03
家鹅胫骨		20.11	
家鹅胫骨			19.11
家鹅胫骨			18.25
家鹅胫骨			16.98
家鹅胫骨		24.46	
家鹅胫骨			17.07
家鹅胫骨			16.83
家鹅胫骨			18.21
家鹅胫骨			17.56
家鹅胫骨			16.83
家鹅胫骨			17.29
家鹅胫骨			17.89
家鹅胫骨			18.61
家鹅胫骨			18.18
家鹅胫骨			18.69
家鹅胫骨		21	
家鹅胫骨			15.54
家鹅胫骨			15.71
家鹅胫骨			15.55
家鹅胫骨	147.64	17.62	17.27
家鹅胫骨			18.16
家鹅胫骨			17.52
家鹅胫骨			16.13
家鹅胫骨			16.93
家鹅胫骨			18.71
家鹅胫骨			16.17
家鹅胫骨	143.94	17.75	18.27
家鹅胫骨			17.08
家鹅胫骨			20.64
家鹅胫骨			18.61
家鹅胫骨			20.33

续表

动物种属及骨骼部位	长度（毫米）	近端宽度（毫米）	远端宽度（毫米）
家鹅胫骨	144.53	25.51	19.62
家鹅胫骨		25.11	
家鹅胫骨			18.61
家鹅胫骨			18.79
家鹅胫骨			18.35
家鹅胫骨			16.78
家鹅胫骨			19.22
家鹅胫骨			18.86
家鹅胫骨			18.11
家鹅胫骨			17.77
家鹅胫骨		27.23	
家鹅胫骨			17.25
家鹅胫骨			18.28
家鹅胫骨			18.08
家鹅胫骨			18.89
家鹅胫骨			17.24
家鹅胫骨			16.89
家鹅胫骨			18.01
家鹅胫骨			17.04
家鹅胫骨			16.16
家鹅胫骨			17.33
家鹅胫骨			17.24
家鹅胫骨			18.37
家鹅胫骨			17.87
家鹅胫骨			17.88
家鹅胫骨		25.47	
家鹅胫骨		23.08	
家鹅胫骨		20.15	
家鹅胫骨		26.17	
家鹅胫骨		25.88	
家鹅胫骨		25.85	
家鹅胫骨			18.61
家鹅胫骨			18.37
家鹅胫骨			17.04
家鹅胫骨			18.31
家鹅胫骨			18.13
家鹅胫骨			18.39

动物种属及骨骼部位	长度（毫米）	近端宽度（毫米）	远端宽度（毫米）
家鹅胫骨			18.37
家鹅胫骨		23.52	
家鹅胫骨		27.96	
家鹅胫骨		17.62	
家鹅胫骨			17.64
家鹅胫骨			18.22
家鹅胫骨		25.15	
家鹅胫骨		24.33	
家鹅胫骨		22.21	
家鹅胫骨			18.77
家鹅胫骨			18.57
家鹅胫骨			18.94
家鹅胫骨			17.56
家鹅胫骨			16.93
家鹅胫骨			18.02
家鹅胫骨			19.27
家鹅胫骨			17.88
家鹅胫骨			18.61
家鹅胫骨		23.45	
家鹅胫骨		26.87	
家鹅胫骨			15.84
家鹅胫骨			18.72
家鹅胫骨			16.71
家鹅胫骨			17.01
家鹅胫骨			18.63
家鹅胫骨			17.21
家鹅胫骨			17.99
家鹅胫骨			17.63
家鹅胫骨			17.81
家鹅胫骨			17.96
家鹅胫骨			16.99
家鹅胫骨			17.41
家鹅胫骨			16.28
家鹅胫骨		25.08	
家鹅胫骨		25.16	
家鹅胫骨		27.38	
家鹅胫骨		23.54	

动物种属及骨骼部位	长度（毫米）	近端宽度（毫米）	远端宽度（毫米）
家鹅胫骨		23.77	
家鹅胫骨		27.88	
家鹅胫骨		25.24	
家鹅胫骨		24.98	
家鹅胫骨			17.91
家鹅胫骨			17.76
家鹅胫骨			18.25
家鹅胫骨			16.71
家鹅胫骨			18.21
家鹅胫骨			17.81
家鹅胫骨	66.76	11.08	
家鹅胫骨		27.62	
家鹅胫骨		26.05	
家鹅胫骨			18.23
家鹅胫骨			17.42
家鹅胫骨			17.66
家鹅胫骨			17.22
家鹅胫骨			18.7
家鹅胫骨			16.03
家鹅胫骨			15.56
家鹅胫骨		26.75	
家鹅胫骨		25.77	
家鹅胫骨		20.28	
家鹅胫骨			17.35
家鹅胫骨			18.49
家鹅胫骨			18.88
家鹅胫骨			18.18
家鹅胫骨			18.89
家鹅胫骨			16.88
家鹅胫骨			19.3
家鹅胫骨			18.59
家鹅胫骨			17.46
家鹅胫骨			16.44
家鹅胫骨			17.55
家鹅胫骨			17.24
家鹅胫骨		26.02	
家鹅胫骨			16.91

动物种属及骨骼部位	长度（毫米）	近端宽度（毫米）	远端宽度（毫米）
家鹅胫骨			17.92
家鹅胫骨			17.77
家鹅胫骨			17.83
家鹅胫骨			18.43
家鹅胫骨			16.15
家鹅胫骨			17.47
家鹅胫骨		26.75	18.18
家鹅胫骨		26.28	
家鹅胫骨		25.28	
家鹅胫骨			18.83
家鹅胫骨			18.45
家鹅胫骨			18.61
家鹅胫骨			18.29
家鹅胫骨			18.34
家鹅胫骨			17.37
家鹅胫骨			17.47
家鹅胫骨			18.02
家鹅胫骨			18.08
家鹅胫骨		26.67	
家鹅胫骨			16.91
家鹅胫骨			18.84
家鹅胫骨			18.41
家鹅胫骨			17.72
家鹅胫骨			16.96
家鹅胫骨			17.21
家鹅胫骨			18.64
家鹅胫骨			17.21
家鹅胫骨			17.45
家鹅胫骨			17.04
家鹅胫骨			17.52
家鹅胫骨		26.66	
家鹅胫骨			17.91
家鹅胫骨			16.11
家鹅胫骨			19.6
家鹅胫骨			17.03
家鹅胫骨			16.95
家鹅胫骨		24.47	

动物种属及骨骼部位	长度（毫米）	近端宽度（毫米）	远端宽度（毫米）
家鹅胫骨			17.18
家鹅胫骨			17.28
家鹅胫骨			17.87

附表 7　蜀王府遗址出土大型鸭科（家鹅）桡骨测量数据一览表

动物种属及骨骼部位	长度（毫米）	近端宽度（毫米）	远端宽度（毫米）
大型鸭科桡骨		8.92	
大型鸭科桡骨			9.89
大型鸭科桡骨	144.37	8.23	10.72
大型鸭科桡骨	142.05	7.75	10.5
大型鸭科桡骨		7.73	
大型鸭科桡骨			10.73
大型鸭科桡骨			10.71
大型鸭科桡骨			10.45
大型鸭科桡骨		7.63	
大型鸭科桡骨		8.68	
大型鸭科桡骨		8.54	
大型鸭科桡骨		7.73	
大型鸭科桡骨			11.63
大型鸭科桡骨			10.96
大型鸭科桡骨		8.41	
大型鸭科桡骨			11.02
大型鸭科桡骨		7.89	
大型鸭科桡骨		8.57	
大型鸭科桡骨		8.39	
大型鸭科桡骨		8.34	
大型鸭科桡骨		7.53	
大型鸭科桡骨		8.59	
大型鸭科桡骨			11.87
大型鸭科桡骨			10.48
大型鸭科桡骨		8.42	
大型鸭科桡骨		7.9	
大型鸭科桡骨		8.64	
大型鸭科桡骨		8.33	
大型鸭科桡骨		7.72	
大型鸭科桡骨			10.49
大型鸭科桡骨			9.59
大型鸭科桡骨			9.48

续表

动物种属及骨骼部位	长度（毫米）	近端宽度（毫米）	远端宽度（毫米）
大型鸭科桡骨			9.66
大型鸭科桡骨	135.42	7.66	
大型鸭科桡骨		8.26	
大型鸭科桡骨		7.99	
大型鸭科桡骨		8.41	
大型鸭科桡骨		8.02	
大型鸭科桡骨			10.45
大型鸭科桡骨			10.51
大型鸭科桡骨			11.08
大型鸭科桡骨		8.73	
大型鸭科桡骨		7.43	
大型鸭科桡骨		8.09	
大型鸭科桡骨			10.43
大型鸭科桡骨			10.27
大型鸭科桡骨			10.92
大型鸭科桡骨			10.9
大型鸭科桡骨			11.21
大型鸭科桡骨			10.47
大型鸭科桡骨			10.92
大型鸭科桡骨			11.09
大型鸭科桡骨			9.95
大型鸭科桡骨	135.98	7.8	10.25
大型鸭科桡骨		8.92	
大型鸭科桡骨		7.49	
大型鸭科桡骨		7.47	
大型鸭科桡骨		8	
大型鸭科桡骨		7.62	
大型鸭科桡骨			10.74
大型鸭科桡骨			9.43
大型鸭科桡骨			10.49
大型鸭科桡骨			9.86
大型鸭科桡骨			9.8
大型鸭科桡骨			10.3
大型鸭科桡骨		9.12	
大型鸭科桡骨		8.06	
大型鸭科桡骨			11.31
大型鸭科桡骨			11.55

动物种属及骨骼部位	长度（毫米）	近端宽度（毫米）	远端宽度（毫米）
大型鸭科桡骨			10.45
大型鸭科桡骨		8.08	
大型鸭科桡骨		7.86	
大型鸭科桡骨		7.86	
大型鸭科桡骨		8.02	
大型鸭科桡骨		7.96	
大型鸭科桡骨			10.98
大型鸭科桡骨			10.89
大型鸭科桡骨			9.85
大型鸭科桡骨			11.56
大型鸭科桡骨		8.18	
大型鸭科桡骨		8.3	
大型鸭科桡骨		8.36	
大型鸭科桡骨		8.1	
大型鸭科桡骨			10.57
大型鸭科桡骨			10.95
大型鸭科桡骨			10.32
大型鸭科桡骨			10.64
大型鸭科桡骨			10.1
大型鸭科桡骨			9.85
大型鸭科桡骨			10.26
大型鸭科桡骨		8.53	
大型鸭科桡骨		9	
大型鸭科桡骨			11.22
大型鸭科桡骨			10.33
大型鸭科桡骨		9.17	
大型鸭科桡骨		9	
大型鸭科桡骨			11.37
大型鸭科桡骨			9.95
大型鸭科桡骨	138	7.43	9.78
大型鸭科桡骨		8.12	
大型鸭科桡骨		8.22	
大型鸭科桡骨			10.97
大型鸭科桡骨			10.96
大型鸭科桡骨		8	
大型鸭科桡骨			10.37
大型鸭科桡骨			11.21

动物种属及骨骼部位	长度（毫米）	近端宽度（毫米）	远端宽度（毫米）
大型鸭科桡骨			10.25
大型鸭科桡骨		8.34	
大型鸭科桡骨		7.43	
大型鸭科桡骨		8.3	
大型鸭科桡骨		9.68	
大型鸭科桡骨		8.04	
大型鸭科桡骨		8.5	
大型鸭科桡骨		7.91	
大型鸭科桡骨		8.2	
大型鸭科桡骨			9.84
大型鸭科桡骨			11.29
大型鸭科桡骨			10.54
大型鸭科桡骨		8.72	
大型鸭科桡骨			10.61
大型鸭科桡骨			10.23
大型鸭科桡骨			10.7
大型鸭科桡骨	149.8	8.87	10.17
大型鸭科桡骨	145.94	7.73	10.2
大型鸭科桡骨	142.47	8.54	10.6
大型鸭科桡骨		7.9	
大型鸭科桡骨		7.98	
大型鸭科桡骨		8.06	
大型鸭科桡骨		7.94	
大型鸭科桡骨		7.43	
大型鸭科桡骨			9.7
大型鸭科桡骨			10.13
大型鸭科桡骨			9.59
大型鸭科桡骨			11.02
大型鸭科桡骨			10.22
大型鸭科桡骨			9.62
大型鸭科桡骨	151.88		
大型鸭科桡骨			10.1
家鹅桡骨		8.87	
家鹅桡骨		9.39	
家鹅桡骨			10.67
家鹅桡骨			10.94

动物种属及骨骼部位	长度（毫米）	近端宽度（毫米）	远端宽度（毫米）
家鹅桡骨			10.53
家鹅桡骨			10.13
家鹅桡骨			9.62
家鹅桡骨		9.4	
家鹅桡骨		8.9	
家鹅桡骨		8.86	
家鹅桡骨		8.89	
家鹅桡骨		8.55	
家鹅桡骨		10.18	
家鹅桡骨			10.43
家鹅桡骨			11.8
家鹅桡骨			10.95
家鹅桡骨			11.12
家鹅桡骨			9.55
家鹅桡骨		8.32	
家鹅桡骨		8.7	
家鹅桡骨		8.44	
家鹅桡骨		8.29	
家鹅桡骨			10.02
家鹅桡骨			11.7
家鹅桡骨			10.14
家鹅桡骨			11.08
家鹅桡骨			10.37
家鹅桡骨		7.45	
家鹅桡骨		8.87	
家鹅桡骨		9.06	
家鹅桡骨		8.46	
家鹅桡骨		7.84	
家鹅桡骨			10.19
家鹅桡骨			10.56
家鹅桡骨			11.47
家鹅桡骨		8.52	
家鹅桡骨		8.52	
家鹅桡骨		8.47	
家鹅桡骨		7.49	
家鹅桡骨		7.97	
家鹅桡骨			10.89

动物种属及骨骼部位	长度（毫米）	近端宽度（毫米）	远端宽度（毫米）
家鹅桡骨			11.47
家鹅桡骨			9.63
家鹅桡骨			10.25
家鹅桡骨			10.54
家鹅桡骨			10.74
家鹅桡骨		7.85	
家鹅桡骨			10.86
家鹅桡骨			11.41
家鹅桡骨			9.9
家鹅桡骨		7.81	
家鹅桡骨		7.89	
家鹅桡骨		7.95	
家鹅桡骨		7.97	
家鹅桡骨		9.1	
家鹅桡骨			9.57
家鹅桡骨			11.07
家鹅桡骨			9.95
家鹅桡骨			10.83
家鹅桡骨		8.4	
家鹅桡骨		8.843	
家鹅桡骨		7.95	
家鹅桡骨		7.57	
家鹅桡骨		7.8	
家鹅桡骨		9	
家鹅桡骨			10.07
家鹅桡骨			10.29
家鹅桡骨			9.87
家鹅桡骨			10.16
家鹅桡骨	137.88	8.03	10.28
家鹅桡骨		8.54	
家鹅桡骨			11.13
家鹅桡骨			10.99
家鹅桡骨	134.97	7.24	9.62
家鹅桡骨		8.3	
家鹅桡骨		8.48	
家鹅桡骨		8.44	
家鹅桡骨		8.2	

动物种属及骨骼部位	长度（毫米）	近端宽度（毫米）	远端宽度（毫米）
家鹅桡骨		8.67	
家鹅桡骨			10.99
家鹅桡骨			10.32
家鹅桡骨			10.66
家鹅桡骨			10.52
家鹅桡骨		9.7	
家鹅桡骨		8.29	
家鹅桡骨		8.34	
家鹅桡骨		7.53	
家鹅桡骨		7.68	
家鹅桡骨		8.19	
家鹅桡骨		8.68	
家鹅桡骨			10.36
家鹅桡骨			10.68
家鹅桡骨			10.34
家鹅桡骨			9.54
家鹅桡骨			9.81
家鹅桡骨			9.76
家鹅桡骨		8.87	
家鹅桡骨		7.81	
家鹅桡骨		8.39	
家鹅桡骨		8.67	
家鹅桡骨			10.8
家鹅桡骨			10.12
家鹅桡骨			11.5
家鹅桡骨			9.77
家鹅桡骨			10.35
家鹅桡骨			10.39
家鹅桡骨		8.16	
家鹅桡骨		7.97	
家鹅桡骨		8.03	
家鹅桡骨			11.55
家鹅桡骨			11
家鹅桡骨			11.08
家鹅桡骨			9.43
家鹅桡骨		8.43	
家鹅桡骨		8.57	

动物种属及骨骼部位	长度（毫米）	近端宽度（毫米）	远端宽度（毫米）
家鹅桡骨			10.5
家鹅桡骨			10.83
家鹅桡骨			10.19
家鹅桡骨			10.34
家鹅桡骨			10.34
家鹅桡骨		8	
家鹅桡骨		9.26	
家鹅桡骨		8.76	
家鹅桡骨			11.3
家鹅桡骨		7.55	
家鹅桡骨		10.29	
家鹅桡骨		10.75	
家鹅桡骨		9.31	
家鹅桡骨		9.1	
家鹅桡骨		8.05	
家鹅桡骨		8.34	
家鹅桡骨		7.72	
家鹅桡骨		7.89	
家鹅桡骨		7.91	
家鹅桡骨			9.9
家鹅桡骨			11.31
家鹅桡骨			10.04
家鹅桡骨			10.09
家鹅桡骨		7.9	
家鹅桡骨		8.45	
家鹅桡骨		9.12	
家鹅桡骨		9	
家鹅桡骨		9.83	
家鹅桡骨		9.8	
家鹅桡骨		11.31	
家鹅桡骨		8.87	
家鹅桡骨		8.97	
家鹅桡骨		8.52	
家鹅桡骨			10.09
家鹅桡骨			10.38
家鹅桡骨			10.99
家鹅桡骨			10.21

动物种属及骨骼部位	长度（毫米）	近端宽度（毫米）	远端宽度（毫米）
家鹅桡骨			9.93
家鹅桡骨		8.33	
家鹅桡骨		8	
家鹅桡骨		8.24	
家鹅桡骨		7.41	
家鹅桡骨			10.08
家鹅桡骨			10.62
家鹅桡骨		8.84	
家鹅桡骨		8.38	
家鹅桡骨		7.54	
家鹅桡骨		8.87	
家鹅桡骨			10.98
家鹅桡骨			10.27
家鹅桡骨			10.04
家鹅桡骨		8.1	
家鹅桡骨		8.72	
家鹅桡骨		8.28	
家鹅桡骨		8.49	
家鹅桡骨			10.96
家鹅桡骨			11.46
家鹅桡骨			12.52
家鹅桡骨			10.53
家鹅桡骨			9.72
家鹅桡骨			11.49
家鹅桡骨	144.17	8.06	10.48
家鹅桡骨		7.94	
家鹅桡骨		7.41	
家鹅桡骨		8.67	
家鹅桡骨		8.1	
家鹅桡骨			11.34
家鹅桡骨			9.89
家鹅桡骨			10.95
家鹅桡骨			10.18
家鹅桡骨		8	
家鹅桡骨			10.17
家鹅桡骨			11.31
家鹅桡骨			11.05

动物种属及骨骼部位	长度（毫米）	近端宽度（毫米）	远端宽度（毫米）
家鹅桡骨			10.32
家鹅桡骨			10.49
家鹅桡骨			10.22
家鹅桡骨			10.47
家鹅桡骨		8.21	
家鹅桡骨		8.73	
家鹅桡骨		8.46	
家鹅桡骨		8.57	
家鹅桡骨		9.32	
家鹅桡骨		8.06	
家鹅桡骨			9.67
家鹅桡骨			10.27
家鹅桡骨			10.21
家鹅桡骨	154		10.63
家鹅桡骨		8.03	
家鹅桡骨			9.7
家鹅桡骨			9.35
家鹅桡骨			10.08
家鹅桡骨			9.8
家鹅桡骨		7.96	
家鹅桡骨		8.92	
家鹅桡骨		8.2	
家鹅桡骨		8.16	
家鹅桡骨		7.56	
家鹅桡骨			10.47
家鹅桡骨			9.95
家鹅桡骨		7.64	
家鹅桡骨		7.69	
家鹅桡骨			10.18
家鹅桡骨			9.96
家鹅桡骨			11.77
家鹅桡骨	134.14	7.82	10.43
家鹅桡骨		8.91	
家鹅桡骨		9.05	
家鹅桡骨			10.33
家鹅桡骨			10
家鹅桡骨			10.6

续表

动物种属及骨骼部位	长度（毫米）	近端宽度（毫米）	远端宽度（毫米）
家鹅桡骨			10.8
家鹅桡骨			10.71
家鹅桡骨		7.84	
家鹅桡骨		8.03	
家鹅桡骨		8.01	
家鹅桡骨		7.96	
家鹅桡骨			10.52
家鹅桡骨			10.07
家鹅桡骨			10.67
家鹅桡骨			11
家鹅桡骨			10.34
家鹅桡骨			9.93
家鹅桡骨		8.24	
家鹅桡骨			11.19
家鹅桡骨			10.39
家鹅桡骨			10.11
家鹅桡骨		8.11	
家鹅桡骨		8.12	
家鹅桡骨			9.68
家鹅桡骨			10.51
家鹅桡骨		7.35	
家鹅桡骨		10.48	
家鹅桡骨		10.12	
家鹅桡骨		10.94	
家鹅桡骨		11.18	
家鹅桡骨		7.88	
家鹅桡骨		8.31	
家鹅桡骨			10.33
家鹅桡骨		8.76	
家鹅桡骨		8.21	
家鹅桡骨			11.58
家鹅桡骨			10.86
家鹅桡骨			10.81
家鹅桡骨		8.65	
家鹅桡骨		8.22	
家鹅桡骨		7.62	
家鹅桡骨			10.01

动物种属及骨骼部位	长度（毫米）	近端宽度（毫米）	远端宽度（毫米）
家鹅桡骨			9.63
家鹅桡骨			10.32
家鹅桡骨			10.56
家鹅桡骨	136.21	7.63	9.22
家鹅桡骨		7.7	
家鹅桡骨		7.83	
家鹅桡骨		8.11	
家鹅桡骨		7.89	
家鹅桡骨		8.02	
家鹅桡骨			10.74
家鹅桡骨			10.73
家鹅桡骨			11.75
家鹅桡骨			10.7
家鹅桡骨			10.55
家鹅桡骨			10.05
家鹅桡骨			10.77
家鹅桡骨			10.9
家鹅桡骨			10.3
家鹅桡骨			9.87
家鹅桡骨			10.12
家鹅桡骨			9.6
家鹅桡骨			10.68
家鹅桡骨			10.53
家鹅桡骨			10.87
家鹅桡骨			9.86
家鹅桡骨		8.36	
家鹅桡骨		7.71	
家鹅桡骨		8.56	
家鹅桡骨		8.79	
家鹅桡骨			10.56
家鹅桡骨			9.75
家鹅桡骨			10.73
家鹅桡骨			10.06
家鹅桡骨			11.12
家鹅桡骨			9.91
家鹅桡骨		9.15	
家鹅桡骨		9.83	

动物种属及骨骼部位	长度（毫米）	近端宽度（毫米）	远端宽度（毫米）
家鹅桡骨		7.64	
家鹅桡骨		8.15	
家鹅桡骨		8.09	
家鹅桡骨			10.82
家鹅桡骨			10.63
家鹅桡骨		8.86	
家鹅桡骨		8.51	
家鹅桡骨		8.25	
家鹅桡骨			10.32
家鹅桡骨			9.55
家鹅桡骨			10.37
家鹅桡骨			10.54
家鹅桡骨			10.32
家鹅桡骨			11.4
家鹅桡骨			9.89
家鹅桡骨		8.42	
家鹅桡骨			11.07
家鹅桡骨			11.55
家鹅桡骨		8.17	
家鹅桡骨		8.47	
家鹅桡骨			10.66
家鹅桡骨			10.52
家鹅桡骨			10.89
家鹅桡骨		8.31	
家鹅桡骨		7.76	
家鹅桡骨		7.06	
家鹅桡骨			11.21
家鹅桡骨			10.18
家鹅桡骨			10.6
家鹅桡骨			11.03
家鹅桡骨	129.95		9.99
家鹅桡骨		8.97	
家鹅桡骨		8.24	
家鹅桡骨		7.93	
家鹅桡骨		7.53	
家鹅桡骨		9.26	
家鹅桡骨		7.84	

动物种属及骨骼部位	长度（毫米）	近端宽度（毫米）	远端宽度（毫米）
家鹅桡骨			10
家鹅桡骨			10.14
家鹅桡骨		8.69	
家鹅桡骨			11.29
家鹅桡骨		8.19	
家鹅桡骨		7.5	
家鹅桡骨		8.7	
家鹅桡骨			10.74
家鹅桡骨			9.67
家鹅桡骨	151.13	8.76	10.78
家鹅桡骨		7.78	
家鹅桡骨		8.86	
家鹅桡骨		8.59	
家鹅桡骨		8.48	
家鹅桡骨		9.07	
家鹅桡骨		8.46	
家鹅桡骨		8.11	
家鹅桡骨		9.9	
家鹅桡骨			10.93
家鹅桡骨			10.84
家鹅桡骨			10.71
家鹅桡骨			10.95
家鹅桡骨			9.86
家鹅桡骨			10.23
家鹅桡骨			10.34
家鹅桡骨			10.93
家鹅桡骨			10.44
家鹅桡骨			10.71
家鹅桡骨			10.33
家鹅桡骨		8.3	
家鹅桡骨		8.27	
家鹅桡骨		7.55	
家鹅桡骨		7.99	
家鹅桡骨			10.17
家鹅桡骨			11.38
家鹅桡骨			11.09
家鹅桡骨			11.13

动物种属及骨骼部位	长度（毫米）	近端宽度（毫米）	远端宽度（毫米）
家鹅桡骨	146.21	8.49	11.11
家鹅桡骨		8.09	
家鹅桡骨		8.36	
家鹅桡骨		8.9	
家鹅桡骨		8.56	
家鹅桡骨		8.23	
家鹅桡骨			10.75
家鹅桡骨			10.23
家鹅桡骨		7.92	
家鹅桡骨		7.88	
家鹅桡骨			10.56
家鹅桡骨			10.54
家鹅桡骨			10.95
家鹅桡骨			10.76
家鹅桡骨			9.21
家鹅桡骨		7.53	
家鹅桡骨		7.98	
家鹅桡骨		8.48	
家鹅桡骨		8.05	
家鹅桡骨			10.93
家鹅桡骨			10.72
家鹅桡骨			10.34
家鹅桡骨		8.21	
家鹅桡骨		7.67	
家鹅桡骨		8.05	
家鹅桡骨		8.68	
家鹅桡骨			10.11
家鹅桡骨			10.03
家鹅桡骨			10.62
家鹅桡骨		8.84	
家鹅桡骨		8.12	
家鹅桡骨		7.84	
家鹅桡骨		7.33	
家鹅桡骨			10.53
家鹅桡骨		7.79	
家鹅桡骨		8.36	
家鹅桡骨			9.77

动物种属及骨骼部位	长度（毫米）	近端宽度（毫米）	远端宽度（毫米）
家鹅桡骨			9.66
家鹅桡骨			10.9
家鹅桡骨		7.94	
家鹅桡骨		7.52	
家鹅桡骨		8.33	
家鹅桡骨			9.49
家鹅桡骨			10.17
家鹅桡骨			10.78
家鹅桡骨	145.25	7.33	10.54
家鹅桡骨		8.03	
家鹅桡骨		9.05	
家鹅桡骨		8.09	
家鹅桡骨		8.44	
家鹅桡骨			10.43
家鹅桡骨			10.34
家鹅桡骨	143.86	8.04	10.18
家鹅桡骨		7.34	
家鹅桡骨		7.81	
家鹅桡骨		7.41	
家鹅桡骨			10.17
家鹅桡骨			10.69
家鹅桡骨			10.01
家鹅桡骨			10.28
家鹅桡骨			9.82
家鹅桡骨	143.88	8.45	11.07
家鹅桡骨			9.84
家鹅桡骨		8.05	
家鹅桡骨		9.02	
家鹅桡骨			13.62
家鹅桡骨			10.05
家鹅桡骨			10.25
家鹅桡骨	138.8	8.35	10.44
家鹅桡骨			9.82
家鹅桡骨			10.73
家鹅桡骨	148.5	8.06	10.6
家鹅桡骨		7.37	
家鹅桡骨		8.3	

续表

动物种属及骨骼部位	长度（毫米）	近端宽度（毫米）	远端宽度（毫米）
家鹅桡骨		7.72	
家鹅桡骨		8.69	
家鹅桡骨		8.32	
家鹅桡骨			10.54
家鹅桡骨			10.96
家鹅桡骨			9.61
家鹅桡骨		8.59	
家鹅桡骨			10.53
家鹅桡骨		8.48	
家鹅桡骨		8.39	
家鹅桡骨		8.26	
家鹅桡骨			10.37
家鹅桡骨		7.54	
家鹅桡骨		8.52	
家鹅桡骨			11.5
家鹅桡骨		8.93	
家鹅桡骨		8.57	
家鹅桡骨			10.73
家鹅桡骨			10.78
家鹅桡骨	148.15	8.29	10.86
家鹅桡骨		8.5	
家鹅桡骨		9.07	
家鹅桡骨			10.61
家鹅桡骨			10.5
家鹅桡骨		8.1	
家鹅桡骨			10.04
家鹅桡骨			10.01
家鹅桡骨	142.05	7.82	10.69
家鹅桡骨		8.84	
家鹅桡骨		7.86	
家鹅桡骨			9.67
家鹅桡骨			10.65
家鹅桡骨			11.25
家鹅桡骨		8.37	
家鹅桡骨		9.59	
家鹅桡骨		8.82	
家鹅桡骨			9.61

动物种属及骨骼部位	长度（毫米）	近端宽度（毫米）	远端宽度（毫米）
家鹅桡骨		8.88	
家鹅桡骨		7.65	
家鹅桡骨			9.98
家鹅桡骨			9.94
家鹅桡骨			9.82
家鹅桡骨		9.03	
家鹅桡骨		8.76	
家鹅桡骨		8.07	
家鹅桡骨			9.53
家鹅桡骨		8.71	
家鹅桡骨		8.44	
家鹅桡骨		7.8	
家鹅桡骨			9.72
家鹅桡骨		7.11	
家鹅桡骨		8.95	
家鹅桡骨		8.59	
家鹅桡骨			10.43
家鹅桡骨			10.65
家鹅桡骨		7.85	
家鹅桡骨		10.05	
家鹅桡骨		8.5	
家鹅桡骨			11.45

附表 8　蜀王府遗址出土大型鸭科（家鹅）腕掌骨测量数据一览表

动物种属及骨骼部位	长度（毫米）	近端宽度（毫米）	远端宽度（毫米）
大型鸭科腕掌骨	92.88	22.36	11.95
大型鸭科腕掌骨		21.44	
大型鸭科腕掌骨		22.26	
大型鸭科腕掌骨		20.33	
大型鸭科腕掌骨		20.88	
大型鸭科腕掌骨			11.8
大型鸭科腕掌骨			12.05
大型鸭科腕掌骨			13.22
大型鸭科腕掌骨			11.22
大型鸭科腕掌骨			10.66
大型鸭科腕掌骨			10.95
大型鸭科腕掌骨			10.64
大型鸭科腕掌骨	96.65	21.64	11.4

动物种属及骨骼部位	长度（毫米）	近端宽度（毫米）	远端宽度（毫米）
大型鸭科腕掌骨		20.32	
大型鸭科腕掌骨	88.64	19.94	9.07
大型鸭科腕掌骨		20.87	
大型鸭科腕掌骨		20.19	
大型鸭科腕掌骨			11.14
大型鸭科腕掌骨			12.2
大型鸭科腕掌骨		20.92	
大型鸭科腕掌骨			9.8
大型鸭科腕掌骨			11.2
大型鸭科腕掌骨		20.03	10.42
大型鸭科腕掌骨		21.81	
大型鸭科腕掌骨		21.1	
大型鸭科腕掌骨		18.9	
大型鸭科腕掌骨		20.7	
大型鸭科腕掌骨		20.27	
大型鸭科腕掌骨		19.84	
大型鸭科腕掌骨			11.84
大型鸭科腕掌骨			11.24
大型鸭科腕掌骨		21.03	
大型鸭科腕掌骨		21.2	
大型鸭科腕掌骨		21.8	
大型鸭科腕掌骨			11.78
大型鸭科腕掌骨			10.86
大型鸭科腕掌骨			11.88
大型鸭科腕掌骨		20.74	
大型鸭科腕掌骨			12.03
大型鸭科腕掌骨		21.49	
大型鸭科腕掌骨		22.44	
大型鸭科腕掌骨		21.78	
大型鸭科腕掌骨		24.61	
大型鸭科腕掌骨		21.24	
大型鸭科腕掌骨		24.8	
大型鸭科腕掌骨		22.23	
大型鸭科腕掌骨		19.39	
大型鸭科腕掌骨		22.49	
大型鸭科腕掌骨		15.82	
大型鸭科腕掌骨			10.95

动物种属及骨骼部位	长度（毫米）	近端宽度（毫米）	远端宽度（毫米）
大型鸭科腕掌骨		20.26	
大型鸭科腕掌骨		22.77	
大型鸭科腕掌骨			12.3
大型鸭科腕掌骨			11.32
大型鸭科腕掌骨			13.12
大型鸭科腕掌骨		20.54	
大型鸭科腕掌骨		20.88	
大型鸭科腕掌骨		21.73	
大型鸭科腕掌骨		22.95	
大型鸭科腕掌骨		20.83	
大型鸭科腕掌骨			12.7
大型鸭科腕掌骨			12.27
大型鸭科腕掌骨			10.4
大型鸭科腕掌骨			10.34
大型鸭科腕掌骨		18	
大型鸭科腕掌骨		19.68	
大型鸭科腕掌骨			10.61
大型鸭科腕掌骨			12.52
大型鸭科腕掌骨			11.46
大型鸭科腕掌骨		23.46	
大型鸭科腕掌骨		21.31	
大型鸭科腕掌骨		19.91	
大型鸭科腕掌骨			11.21
大型鸭科腕掌骨			10.95
大型鸭科腕掌骨	98.81	23.81	13.05
大型鸭科腕掌骨	94.96	22.88	12.32
大型鸭科腕掌骨		20.41	
大型鸭科腕掌骨		22.53	
大型鸭科腕掌骨			12.53
大型鸭科腕掌骨			11.44
大型鸭科腕掌骨			12.5
大型鸭科腕掌骨			11.98
大型鸭科腕掌骨			11.43
大型鸭科腕掌骨	78.56		11.93
大型鸭科腕掌骨	89.85	21.27	
大型鸭科腕掌骨		20.28	

动物种属及骨骼部位	长度（毫米）	近端宽度（毫米）	远端宽度（毫米）
大型鸭科腕掌骨		22.93	
大型鸭科腕掌骨			13.29
大型鸭科腕掌骨			13.4
大型鸭科腕掌骨	91.44	21.43	10.65
大型鸭科腕掌骨		23.02	
大型鸭科腕掌骨		23.48	
大型鸭科腕掌骨		21.83	
大型鸭科腕掌骨		20.95	
大型鸭科腕掌骨			10.62
大型鸭科腕掌骨			10.14
大型鸭科腕掌骨			10.48
大型鸭科腕掌骨			10.91
大型鸭科腕掌骨		22.11	
家鹅腕掌骨	80.8	20.98	10.43
家鹅腕掌骨		21.34	
家鹅腕掌骨			11.27
家鹅腕掌骨			12.44
家鹅腕掌骨		20.55	
家鹅腕掌骨		21.05	
家鹅腕掌骨		19.28	
家鹅腕掌骨			13.23
家鹅腕掌骨		24.36	
家鹅腕掌骨		23	
家鹅腕掌骨			11.47
家鹅腕掌骨	85.86	19.87	10.63
家鹅腕掌骨		21.41	
家鹅腕掌骨		20.74	
家鹅腕掌骨		20.24	
家鹅腕掌骨		21.08	
家鹅腕掌骨			11.22
家鹅腕掌骨			10.96
家鹅腕掌骨	94.19	22.37	10.91
家鹅腕掌骨		22.77	
家鹅腕掌骨		21.5	
家鹅腕掌骨		22.28	
家鹅腕掌骨		22.17	
家鹅腕掌骨			11.2

动物种属及骨骼部位	长度（毫米）	近端宽度（毫米）	远端宽度（毫米）
家鹅腕掌骨			11.15
家鹅腕掌骨		20.47	
家鹅腕掌骨		19.12	
家鹅腕掌骨		20.64	
家鹅腕掌骨		26.64	
家鹅腕掌骨		17.05	
家鹅腕掌骨		19.32	
家鹅腕掌骨		23.4	
家鹅腕掌骨		21.02	
家鹅腕掌骨		17.52	
家鹅腕掌骨			10.87
家鹅腕掌骨			10.45
家鹅腕掌骨			11.32
家鹅腕掌骨		23.97	
家鹅腕掌骨		10.72	
家鹅腕掌骨	79.72	18.97	10.86
家鹅腕掌骨	92.36	22.06	12.34
家鹅腕掌骨		21.16	
家鹅腕掌骨		21.54	
家鹅腕掌骨		20.51	
家鹅腕掌骨			10.64
家鹅腕掌骨	86.13	21.28	11.22
家鹅腕掌骨	96.01	21.93	10.73
家鹅腕掌骨	92.99	20.59	10.46
家鹅腕掌骨	91.1	20.66	11.21
家鹅腕掌骨		21.58	
家鹅腕掌骨		22.88	
家鹅腕掌骨			11.6
家鹅腕掌骨			10.05
家鹅腕掌骨		22.22	
家鹅腕掌骨		20.49	
家鹅腕掌骨			11
家鹅腕掌骨			9.7
家鹅腕掌骨	88.3	22.62	9.26
家鹅腕掌骨		21.68	
家鹅腕掌骨		19.47	
家鹅腕掌骨			10.02

动物种属及骨骼部位	长度（毫米）	近端宽度（毫米）	远端宽度（毫米）
家鹅腕掌骨			10.84
家鹅腕掌骨		18.9	
家鹅腕掌骨			12.99
家鹅腕掌骨			11.85
家鹅腕掌骨			11.99
家鹅腕掌骨		20.58	
家鹅腕掌骨	79.75		11.11
家鹅腕掌骨			12.07
家鹅腕掌骨			11.9
家鹅腕掌骨	90.9	21.73	11.06
家鹅腕掌骨		20.77	
家鹅腕掌骨		20.46	
家鹅腕掌骨		19.84	
家鹅腕掌骨		20.23	
家鹅腕掌骨		21.65	
家鹅腕掌骨			10.6
家鹅腕掌骨			10.15
家鹅腕掌骨	82.35	20.29	9.56
家鹅腕掌骨		20.86	
家鹅腕掌骨		22.15	
家鹅腕掌骨		20.3	
家鹅腕掌骨			10.48
家鹅腕掌骨		21.57	
家鹅腕掌骨		20.62	
家鹅腕掌骨		18.66	
家鹅腕掌骨		19.38	
家鹅腕掌骨		19.97	
家鹅腕掌骨		21.63	
家鹅腕掌骨	90.7	28.6	10.76
家鹅腕掌骨	90.22	20.52	10.05
家鹅腕掌骨		19.1	
家鹅腕掌骨			11.4
家鹅腕掌骨			10.92
家鹅腕掌骨			11.63
家鹅腕掌骨			9.44
家鹅腕掌骨	93.31	20.83	11.39
家鹅腕掌骨		20.86	

动物种属及骨骼部位	长度（毫米）	近端宽度（毫米）	远端宽度（毫米）
家鹅腕掌骨		10.18	
家鹅腕掌骨	86.27	19.91	10.71
家鹅腕掌骨		21.79	
家鹅腕掌骨		20.91	
家鹅腕掌骨			10.75
家鹅腕掌骨	85.13	20.83	10.46
家鹅腕掌骨		21.05	
家鹅腕掌骨		21.32	
家鹅腕掌骨			9.95
家鹅腕掌骨		20.1	
家鹅腕掌骨			11.4
家鹅腕掌骨			12.3
家鹅腕掌骨			10.57
家鹅腕掌骨		21.08	
家鹅腕掌骨		29.83	
家鹅腕掌骨			12.42
家鹅腕掌骨		10.36	
家鹅腕掌骨	81.63	20.11	
家鹅腕掌骨		19.91	
家鹅腕掌骨		20.91	
家鹅腕掌骨		17.91	
家鹅腕掌骨		22.48	
家鹅腕掌骨		20.67	
家鹅腕掌骨			11.2
家鹅腕掌骨		21.49	
家鹅腕掌骨		19.36	
家鹅腕掌骨		20.73	
家鹅腕掌骨		19.82	
家鹅腕掌骨			10.57
家鹅腕掌骨		21.31	
家鹅腕掌骨		20.91	
家鹅腕掌骨			12.38
家鹅腕掌骨			12.77
家鹅腕掌骨			12.13
家鹅腕掌骨		22.92	
家鹅腕掌骨		19.81	
家鹅腕掌骨			11.66

动物种属及骨骼部位	长度（毫米）	近端宽度（毫米）	远端宽度（毫米）
家鹅腕掌骨			11.89
家鹅腕掌骨	88.82	11.92	11.27
家鹅腕掌骨		22.27	
家鹅腕掌骨			11.29
家鹅腕掌骨	110.63	12.44	10.83
家鹅腕掌骨		20.5	
家鹅腕掌骨		21.51	
家鹅腕掌骨		22.15	
家鹅腕掌骨		20.72	
家鹅腕掌骨		23.1	
家鹅腕掌骨		21.33	
家鹅腕掌骨		23.13	
家鹅腕掌骨		20.75	
家鹅腕掌骨		20.29	
家鹅腕掌骨		20.8	
家鹅腕掌骨			9.94
家鹅腕掌骨	100.76	23.16	10.97
家鹅腕掌骨		21.6	
家鹅腕掌骨		21.06	
家鹅腕掌骨		21.72	
家鹅腕掌骨		18.41	
家鹅腕掌骨		19.28	
家鹅腕掌骨		20.05	
家鹅腕掌骨			10.74
家鹅腕掌骨	91.8	23.38	11.85
家鹅腕掌骨		20.9	
家鹅腕掌骨		20.52	
家鹅腕掌骨			11.5
家鹅腕掌骨	85.45	20.55	11.44
家鹅腕掌骨	89.56	20.91	10.96
家鹅腕掌骨		20.73	
家鹅腕掌骨		21.2	
家鹅腕掌骨		20.28	
家鹅腕掌骨		22.88	
家鹅腕掌骨			12.08
家鹅腕掌骨			12.04
家鹅腕掌骨			11.46

动物种属及骨骼部位	长度（毫米）	近端宽度（毫米）	远端宽度（毫米）
家鹅腕掌骨			11.96
家鹅腕掌骨		20.96	
家鹅腕掌骨		22	
家鹅腕掌骨		20	
家鹅腕掌骨			9.46
家鹅腕掌骨			9.9
家鹅腕掌骨	87.04	20	9.09
家鹅腕掌骨		19.5	
家鹅腕掌骨		20.19	
家鹅腕掌骨		19.77	
家鹅腕掌骨		21.24	
家鹅腕掌骨			10.51
家鹅腕掌骨			11.8
家鹅腕掌骨			9.65
家鹅腕掌骨			9.46
家鹅腕掌骨			9.68
家鹅腕掌骨			9.85
家鹅腕掌骨	90.71	20.7	9.91
家鹅腕掌骨		20.13	
家鹅腕掌骨		22.54	
家鹅腕掌骨			10.48
家鹅腕掌骨		21.83	
家鹅腕掌骨		20.22	
家鹅腕掌骨		20.68	
家鹅腕掌骨		23.47	
家鹅腕掌骨			12.84
家鹅腕掌骨	93.8	22.51	10.64
家鹅腕掌骨		22.41	
家鹅腕掌骨		23.23	
家鹅腕掌骨		20.82	
家鹅腕掌骨		22.36	
家鹅腕掌骨		19.74	
家鹅腕掌骨		20.28	
家鹅腕掌骨		18.42	
家鹅腕掌骨	86.6	18.16	11.18
家鹅腕掌骨	93.46	20.92	11.6
家鹅腕掌骨		20.48	

动物种属及骨骼部位	长度（毫米）	近端宽度（毫米）	远端宽度（毫米）
家鹅腕掌骨		21.96	
家鹅腕掌骨		19.35	
家鹅腕掌骨			11.3
家鹅腕掌骨		21.4	
家鹅腕掌骨		21.43	
家鹅腕掌骨		21.12	
家鹅腕掌骨		20.19	
家鹅腕掌骨		14.27	
家鹅腕掌骨		20.55	
家鹅腕掌骨		23.18	
家鹅腕掌骨		21.24	
家鹅腕掌骨		21.26	
家鹅腕掌骨			11.08
家鹅腕掌骨			11.15
家鹅腕掌骨			11.91
家鹅腕掌骨	80.46	19.73	9.98
家鹅腕掌骨	88.99		11.73
家鹅腕掌骨	81.45	19.74	10.16
家鹅腕掌骨		21.98	
家鹅腕掌骨		20.96	
家鹅腕掌骨		20.19	
家鹅腕掌骨		21.02	
家鹅腕掌骨		18.48	
家鹅腕掌骨		20.47	
家鹅腕掌骨		19.79	
家鹅腕掌骨		19.38	
家鹅腕掌骨		20.57	
家鹅腕掌骨		21.89	
家鹅腕掌骨		19.46	
家鹅腕掌骨		22.39	
家鹅腕掌骨		21.09	
家鹅腕掌骨	99.07	22.7	10.9
家鹅腕掌骨	95.14	20.56	
家鹅腕掌骨	84.73		11.17
家鹅腕掌骨	94.95		
家鹅腕掌骨	90.12	22.45	11.78
家鹅腕掌骨		20.02	

动物种属及骨骼部位	长度（毫米）	近端宽度（毫米）	远端宽度（毫米）
家鹅腕掌骨		23.63	
家鹅腕掌骨		20.66	
家鹅腕掌骨		19.78	
家鹅腕掌骨		20.38	
家鹅腕掌骨			9.28
家鹅腕掌骨			9.79
家鹅腕掌骨			10.32
家鹅腕掌骨			11.81
家鹅腕掌骨	89.01	21.5	10.48
家鹅腕掌骨		19.6	
家鹅腕掌骨		23.2	
家鹅腕掌骨		22.35	
家鹅腕掌骨		22.32	
家鹅腕掌骨		21.8	
家鹅腕掌骨			11.11
家鹅腕掌骨			10.8
家鹅腕掌骨			9.98
家鹅腕掌骨	89.46	22.03	10.87
家鹅腕掌骨		20.27	
家鹅腕掌骨		28.03	
家鹅腕掌骨		19.398	
家鹅腕掌骨			9.86
家鹅腕掌骨		22.03	
家鹅腕掌骨		21.02	
家鹅腕掌骨		21.04	
家鹅腕掌骨			11.18
家鹅腕掌骨			9.71
家鹅腕掌骨			10.55
家鹅腕掌骨	86.7	20.25	10.92
家鹅腕掌骨		20.78	
家鹅腕掌骨		21.4	
家鹅腕掌骨		21.04	
家鹅腕掌骨		21.65	
家鹅腕掌骨			10.66
家鹅腕掌骨		20.89	
家鹅腕掌骨		18.65	
家鹅腕掌骨		22.04	

动物种属及骨骼部位	长度（毫米）	近端宽度（毫米）	远端宽度（毫米）
家鹅腕掌骨		20.23	
家鹅腕掌骨			11.18
家鹅腕掌骨			10.31
家鹅腕掌骨	89.09	21.72	10.22
家鹅腕掌骨		20.14	
家鹅腕掌骨		22.81	
家鹅腕掌骨			10.38
家鹅腕掌骨	87.99	20.58	10.51
家鹅腕掌骨		19.57	
家鹅腕掌骨		21.59	
家鹅腕掌骨			10.14
家鹅腕掌骨		20.77	
家鹅腕掌骨		21.01	
家鹅腕掌骨		22	
家鹅腕掌骨			10.38
家鹅腕掌骨			11.75
家鹅腕掌骨			11.63
家鹅腕掌骨			11.12
家鹅腕掌骨			10.51
家鹅腕掌骨		20.78	
家鹅腕掌骨		21.09	
家鹅腕掌骨		19.83	
家鹅腕掌骨		20.53	
家鹅腕掌骨			10.1
家鹅腕掌骨			10.26
家鹅腕掌骨			10.04
家鹅腕掌骨			9.76
家鹅腕掌骨			11.75
家鹅腕掌骨		20.13	
家鹅腕掌骨		20.16	
家鹅腕掌骨		21.49	
家鹅腕掌骨		20.39	
家鹅腕掌骨		20.48	
家鹅腕掌骨			10.9
家鹅腕掌骨		21.22	
家鹅腕掌骨		19.83	
家鹅腕掌骨		20.39	

动物种属及骨骼部位	长度（毫米）	近端宽度（毫米）	远端宽度（毫米）
家鹅腕掌骨		20.89	
家鹅腕掌骨		21.68	
家鹅腕掌骨		21.25	
家鹅腕掌骨			11.1
家鹅腕掌骨	90.01	21.52	21.52
家鹅腕掌骨	99.7	22.95	12.12
家鹅腕掌骨	90.45	22.26	11.25
家鹅腕掌骨		21.38	
家鹅腕掌骨		22.91	
家鹅腕掌骨		20.82	
家鹅腕掌骨		22.37	
家鹅腕掌骨		21.94	
家鹅腕掌骨		20.66	
家鹅腕掌骨			10.57
家鹅腕掌骨			9.78
家鹅腕掌骨			10.3
家鹅腕掌骨		21.89	
家鹅腕掌骨		22.35	
家鹅腕掌骨			10.54
家鹅腕掌骨			10.02
家鹅腕掌骨			9.85
家鹅腕掌骨		21.93	
家鹅腕掌骨		19.61	
家鹅腕掌骨			10.79
家鹅腕掌骨			11.01
家鹅腕掌骨			9.84
家鹅腕掌骨		21.21	
家鹅腕掌骨		20.21	
家鹅腕掌骨		21.53	
家鹅腕掌骨		20.74	
家鹅腕掌骨		22.98	
家鹅腕掌骨		24.15	
家鹅腕掌骨	91.84	23.58	10.18
家鹅腕掌骨		23.52	
家鹅腕掌骨		20.78	
家鹅腕掌骨			11.06
家鹅腕掌骨			9.91

动物种属及骨骼部位	长度（毫米）	近端宽度（毫米）	远端宽度（毫米）
家鹅腕掌骨	93.91	23.18	
家鹅腕掌骨		19.78	
家鹅腕掌骨		20.63	
家鹅腕掌骨		20.5	
家鹅腕掌骨		22.75	
家鹅腕掌骨	96.54		22.62
家鹅腕掌骨			10.36
家鹅腕掌骨		20.71	
家鹅腕掌骨	92.78	22.73	10.42
家鹅腕掌骨		20.87	
家鹅腕掌骨		21.41	
家鹅腕掌骨		19.7	
家鹅腕掌骨			11.44
家鹅腕掌骨			10.68
家鹅腕掌骨		21.2	
家鹅腕掌骨		21.55	
家鹅腕掌骨		18.9	
家鹅腕掌骨		17.45	
家鹅腕掌骨			10.37
家鹅腕掌骨			9.68
家鹅腕掌骨			11.21
家鹅腕掌骨			10.82
家鹅腕掌骨		11.61	
家鹅腕掌骨		13.26	
家鹅腕掌骨		22.13	
家鹅腕掌骨		20.61	
家鹅腕掌骨		21.44	
家鹅腕掌骨		20.03	
家鹅腕掌骨		20.23	
家鹅腕掌骨			10.59
家鹅腕掌骨			10.38
家鹅腕掌骨	90.06	21.2	10.71
家鹅腕掌骨			10.79
家鹅腕掌骨			10.35
家鹅腕掌骨			9.95
家鹅腕掌骨	92.54	22.64	

动物种属及骨骼部位	长度（毫米）	近端宽度（毫米）	远端宽度（毫米）
家鹅腕掌骨		22.76	
家鹅腕掌骨			10.4
家鹅腕掌骨			10.43
家鹅腕掌骨	85.78	18.68	9.81
家鹅腕掌骨		21.12	
家鹅腕掌骨		20.43	
家鹅腕掌骨	85.48	20.09	10.29
家鹅腕掌骨		18.67	
家鹅腕掌骨		19.2	
家鹅腕掌骨		21.45	
家鹅腕掌骨			10.54
家鹅腕掌骨		18.12	
家鹅腕掌骨			10.21
家鹅腕掌骨			10.55
家鹅腕掌骨			10.39
家鹅腕掌骨			10.04
家鹅腕掌骨	83.88	20.31	
家鹅腕掌骨	91.43		10.76
家鹅腕掌骨	83.11		9.56
家鹅腕掌骨		22.84	
家鹅腕掌骨		20.1	
家鹅腕掌骨		20.18	
家鹅腕掌骨		21.18	
家鹅腕掌骨		19.93	
家鹅腕掌骨	90.06	21.85	11.11
家鹅腕掌骨	90.04	21.19	11.35
家鹅腕掌骨	86.2	20.81	9.82
家鹅腕掌骨	86.6	20.56	10.67
家鹅腕掌骨		19.46	
家鹅腕掌骨		20.16	
家鹅腕掌骨		20.16	
家鹅腕掌骨			10.67
家鹅腕掌骨		20.09	
家鹅腕掌骨			10.09
家鹅腕掌骨			9.83
家鹅腕掌骨			9.36
家鹅腕掌骨	90.2	21.41	

动物种属及骨骼部位	长度（毫米）	近端宽度（毫米）	远端宽度（毫米）
家鹅腕掌骨	86.09		10.81
家鹅腕掌骨		19.97	
家鹅腕掌骨		21.1	
家鹅腕掌骨	87.7	21.2	10.54
家鹅腕掌骨	96.11	23.03	10.21
家鹅腕掌骨		22.6	
家鹅腕掌骨			11.07
家鹅腕掌骨	90.01	20.87	10.61
家鹅腕掌骨		23.88	
家鹅腕掌骨		20.78	
家鹅腕掌骨		22.06	
家鹅腕掌骨			11.52
家鹅腕掌骨			10.52
家鹅腕掌骨			10.77
家鹅腕掌骨		21.68	
家鹅腕掌骨			11.53
家鹅腕掌骨		19.3	
家鹅腕掌骨			10.13
家鹅腕掌骨			10.34
家鹅腕掌骨	82.34	20.36	10.57
家鹅腕掌骨		21.7	
家鹅腕掌骨			9.96
家鹅腕掌骨			11.03
家鹅腕掌骨		20.38	
家鹅腕掌骨			13.1
家鹅腕掌骨		20.22	
家鹅腕掌骨		21.28	
家鹅腕掌骨		21.5	
家鹅腕掌骨		20.82	
家鹅腕掌骨		22.21	
家鹅腕掌骨		21.16	
家鹅腕掌骨	86.92	21.45	11.18
家鹅腕掌骨			12.35
家鹅腕掌骨	94.21	22.7	11.37
家鹅腕掌骨		23.29	
家鹅腕掌骨		21.27	
家鹅腕掌骨		21.22	

动物种属及骨骼部位	长度（毫米）	近端宽度（毫米）	远端宽度（毫米）
家鹅腕掌骨			10.53
家鹅腕掌骨			10.92
家鹅腕掌骨		20.42	
家鹅腕掌骨		21.3	
家鹅腕掌骨		21.59	
家鹅腕掌骨		18.58	
家鹅腕掌骨		20.66	
家鹅腕掌骨		20.18	
家鹅腕掌骨		21.44	
家鹅腕掌骨			11.54
家鹅腕掌骨		23.12	
家鹅腕掌骨		21.37	
家鹅腕掌骨		19.31	
家鹅腕掌骨			13.11
家鹅腕掌骨		20.28	
家鹅腕掌骨		21.96	
家鹅腕掌骨		20.84	
家鹅腕掌骨		21.12	
家鹅腕掌骨			11.73
家鹅腕掌骨			11.31
家鹅腕掌骨		22.26	
家鹅腕掌骨		20.33	
家鹅腕掌骨		20.55	
家鹅腕掌骨		10.57	
家鹅腕掌骨			11.11
家鹅腕掌骨			11.54
家鹅腕掌骨	87.98	20.02	10.72
家鹅腕掌骨	84.93		
家鹅腕掌骨		21.15	
家鹅腕掌骨		19.5	
家鹅腕掌骨		21.34	
家鹅腕掌骨		20.71	
家鹅腕掌骨		19.82	
家鹅腕掌骨			11.28
家鹅腕掌骨			11.13
家鹅腕掌骨			10.98
家鹅腕掌骨			10.41

续表

动物种属及骨骼部位	长度（毫米）	近端宽度（毫米）	远端宽度（毫米）
家鹅腕掌骨			11.94
家鹅腕掌骨		19.31	
家鹅腕掌骨		22.18	
家鹅腕掌骨		21.27	
家鹅腕掌骨			11.51
家鹅腕掌骨			9.94
家鹅腕掌骨			12.32
家鹅腕掌骨			11.51
家鹅腕掌骨			10.95
家鹅腕掌骨			10.68

附表 9　蜀王府遗址出土大型鸭科（家鹅）乌喙骨测量数据一览表

动物种属及骨骼部位	长度（毫米）	近端宽度（毫米）	远端宽度（毫米）
大型鸭科乌喙骨	69.37		22.21
大型鸭科乌喙骨	75.37		26.8
大型鸭科乌喙骨	73.83		28.9
大型鸭科乌喙骨	72.85		28.07
大型鸭科乌喙骨	76.33		30.73
大型鸭科乌喙骨	80.81		
大型鸭科乌喙骨	70.34		
大型鸭科乌喙骨			29.12
大型鸭科乌喙骨	64.41		
大型鸭科乌喙骨	70.81		30.79
大型鸭科乌喙骨	79.32		29.85
大型鸭科乌喙骨	69.54	27.89	
家鹅乌喙骨	78.81		30.69
家鹅乌喙骨	70.04		26.75
家鹅乌喙骨	69.74		28.1
家鹅乌喙骨	69.04		27.25
家鹅乌喙骨	78.24		31.14
家鹅乌喙骨	75.9		
家鹅乌喙骨	70.9		23.33
家鹅乌喙骨	77.87		27.45
家鹅乌喙骨	71.46		
家鹅乌喙骨	71.43		
家鹅乌喙骨	70.22		26
家鹅乌喙骨	73.73		28.84

动物种属及骨骼部位	长度（毫米）	近端宽度（毫米）	远端宽度（毫米）
家鹅乌喙骨	84.58		30.89
家鹅乌喙骨	74.83		29.7
家鹅乌喙骨	76.79		
家鹅乌喙骨	79.04		31.27
家鹅乌喙骨			28.73
家鹅乌喙骨	75.34		28.19
家鹅乌喙骨	82.32		29.72
家鹅乌喙骨	71.6		
家鹅乌喙骨	77.98		
家鹅乌喙骨	75.97		29.6
家鹅乌喙骨			28.96
家鹅乌喙骨			24.08
家鹅乌喙骨	79.96		31.87
家鹅乌喙骨	71.21		27.77
家鹅乌喙骨	75.8		24.52
家鹅乌喙骨	71.66		25.66
家鹅乌喙骨	74.74		28.5
家鹅乌喙骨	75.33		29.44
家鹅乌喙骨	57.63		18.77
家鹅乌喙骨	68.33		25.9
家鹅乌喙骨	73.21		28.51
家鹅乌喙骨	74		30.41
家鹅乌喙骨	69.8		27.08
家鹅乌喙骨	66.99		25.25
家鹅乌喙骨	76.05		28.17
家鹅乌喙骨	74.26		26.43
家鹅乌喙骨	76.81		
家鹅乌喙骨	71.5		21.89
家鹅乌喙骨	59.09		
家鹅乌喙骨	54.24		
家鹅乌喙骨	73.39	27.68	
家鹅乌喙骨	79.82		
家鹅乌喙骨	68.99		26.04
家鹅乌喙骨			26.68
家鹅乌喙骨	78.59		28.05
家鹅乌喙骨			26.7
家鹅乌喙骨	73.4		29.27

动物种属及骨骼部位	长度（毫米）	近端宽度（毫米）	远端宽度（毫米）
家鹅乌喙骨	73.29	30.28	
家鹅乌喙骨	63.85		

附表 10　蜀王府遗址出土中型鸭科（家鸭）尺骨测量数据一览表

动物种属及骨骼部位	长度（毫米）	近端宽度（毫米）	远端宽度（毫米）
家鸭尺骨		6.68	
家鸭尺骨		6.64	
家鸭尺骨		8.56	
家鸭尺骨	53.52	7.53	7.19
家鸭尺骨			11.61
家鸭尺骨	55.29	7.35	7.38
家鸭尺骨	51.9	6.34	6.76
家鸭尺骨	52.83	6.3	6.91
家鸭尺骨			7.04
家鸭尺骨	66.86	7.54	7.92
家鸭尺骨		7.08	
家鸭尺骨	72.31	9.46	9.35
家鸭尺骨			9.33
家鸭尺骨			8.74
家鸭尺骨	72.4	8.62	9.15
家鸭尺骨		7.89	
家鸭尺骨			10.04
家鸭尺骨			10.78
家鸭尺骨			9.84
家鸭尺骨	53.16	6.57	7.06
家鸭尺骨			5.92
家鸭尺骨		9.09	
家鸭尺骨	50.2	6.17	6.65
家鸭尺骨			9.43
家鸭尺骨			12.21
家鸭尺骨		10.48	
家鸭尺骨			8.9
家鸭尺骨		8.95	
家鸭尺骨	82.28	9.91	11.18
家鸭尺骨			10.67
家鸭尺骨			9.94

附表 11　蜀王府遗址出土中型鸭科（家鸭）肱骨测量数据一览表

动物种属及骨骼部位	长度（毫米）	近端宽度（毫米）	远端宽度（毫米）
家鸭肱骨			9.28
家鸭肱骨	61.23	13.81	9.85
家鸭肱骨	80.7	17.4	
家鸭肱骨	89.7		
家鸭肱骨			12.45
家鸭肱骨	78.65	17.5	16.15
家鸭肱骨			10.88
家鸭肱骨	65.51	14.6	10.27
家鸭肱骨			12.38
家鸭肱骨		17.21	
家鸭肱骨		17.26	
家鸭肱骨			9.89
家鸭肱骨			9.74
家鸭肱骨			8.85
家鸭肱骨	56.78		9.22
家鸭肱骨		16.93	
家鸭肱骨		13.62	
家鸭肱骨			12.62
家鸭肱骨		12.48	
家鸭肱骨	55.5		13.58
家鸭肱骨			15.12
家鸭肱骨			12.3
家鸭肱骨			15.14
家鸭肱骨	87.3	18.68	13.53
家鸭肱骨	78.09	16.24	10.49
家鸭肱骨	82.34	18.43	12.63
家鸭肱骨	75.12	16.56	11.73
家鸭肱骨			12.46
家鸭肱骨			11.31
家鸭肱骨			10.38
家鸭肱骨		15.63	
家鸭肱骨	61.18	14.1	9.22
家鸭肱骨		13.02	
家鸭肱骨		16.04	
家鸭肱骨		18.63	
家鸭肱骨			12.42
家鸭肱骨			11.1

动物种属及骨骼部位	长度（毫米）	近端宽度（毫米）	远端宽度（毫米）
家鸭肱骨			11.4
家鸭肱骨			9.74
家鸭肱骨		16.57	
家鸭肱骨		16.27	
家鸭肱骨			10.94
家鸭肱骨			12.58
家鸭肱骨			11.39
家鸭肱骨		12.46	
家鸭肱骨		11.39	
家鸭肱骨	81.95	19.02	13.29
家鸭肱骨		19.46	
家鸭肱骨			17.93
家鸭肱骨	85.36	18.52	12.96
家鸭肱骨		20.05	
家鸭肱骨		17.21	
家鸭肱骨			13.83
家鸭肱骨			12.48
家鸭肱骨			12.07
家鸭肱骨			11.11
家鸭肱骨		14.86	
家鸭肱骨			9.09
家鸭肱骨		25.82	
家鸭肱骨			14.41
家鸭肱骨		19.35	
家鸭肱骨			14.08
家鸭肱骨			12.65
家鸭肱骨			11.88
家鸭肱骨			15
家鸭肱骨			17.65
家鸭肱骨		20.08	
家鸭肱骨		21.12	
家鸭肱骨			16.87
家鸭肱骨	98.17		15.23
家鸭肱骨			11.38
家鸭肱骨			11.72

附表 12　蜀王府遗址出土中型鸭科（家鸭）股骨测量数据一览表

动物种属及骨骼部位	长度（毫米）	近端宽度（毫米）	远端宽度（毫米）
家鸭股骨			9.48
家鸭股骨			10.74
家鸭股骨	60.96	13.15	9.34
家鸭股骨	60.81	13.79	14.62
家鸭股骨		20.35	
家鸭股骨			11.6
家鸭股骨		12.95	
家鸭股骨		19.56	
家鸭股骨		19.8	
家鸭股骨			16.57

附表 13　蜀王府遗址出土中型鸭科（家鸭）肩胛骨测量数据一览表

动物种属	骨骼名称	肩胛结节长（毫米）
家鸭	肩胛骨	11.09
家鸭	肩胛骨	14.56
家鸭	肩胛骨	12.16
家鸭	肩胛骨	10.57
家鸭	肩胛骨	11.3
家鸭	肩胛骨	11.78

附表 14　蜀王府遗址出土中型鸭科（家鸭）胫骨测量数据一览表

动物种属及骨骼部位	近端宽度（毫米）	远端宽度（毫米）
家鸭胫骨		8.92
家鸭胫骨		8.05
家鸭胫骨		7.32
家鸭胫骨		6.86
家鸭胫骨	9.55	
家鸭胫骨		8.15
家鸭胫骨		8.4
家鸭胫骨	5.14	
家鸭胫骨		10.36
家鸭胫骨		10.47
家鸭胫骨		11.87
家鸭胫骨		8.77
家鸭胫骨		8.38
家鸭胫骨		7.08
家鸭胫骨		8.25
家鸭胫骨		7.48

附表 15　蜀王府遗址出土中型鸭科（家鸭）桡骨测量数据一览表

动物种属及骨骼部位	长度（毫米）	近端宽度（毫米）	远端宽度（毫米）
家鸭桡骨	54.78	3.8	4.91
家鸭桡骨			5.7
家鸭桡骨			8.64
家鸭桡骨	48.84	4.63	4.96
家鸭桡骨	48.25	4.22	4.98
家鸭桡骨	64.62	4.68	6.05
家鸭桡骨			5.9
家鸭桡骨			6.43
家鸭桡骨			8.18
家鸭桡骨			6.54
家鸭桡骨			10.38
家鸭桡骨		8.15	
家鸭桡骨		6.53	
家鸭桡骨	81.84	7.12	8.97
家鸭桡骨			8.66

附表 16　蜀王府遗址出土中型鸭科（家鸭）腕掌骨测量数据一览表

动物种属及骨骼部位	长度（毫米）	近端宽度（毫米）	远端宽度（毫米）
家鸭腕掌骨	60.48		7.65
家鸭腕掌骨	56.12		9.64
家鸭腕掌骨	50.55		7.15
家鸭腕掌骨	51.73		5.88
家鸭腕掌骨	42.04	9.46	5.14
家鸭腕掌骨	44.83	9.01	4.38
家鸭腕掌骨	43.64	9.34	5.1
家鸭腕掌骨	41.35	9.06	4.78
家鸭腕掌骨	55.32		6.76
家鸭腕掌骨	47.32		6.1
家鸭腕掌骨			5.48
家鸭腕掌骨	52.72		5.92

附表 17　蜀王府遗址出土中型鸭科（家鸭）乌喙骨测量数据一览表

动物种属及骨骼部位	长度（毫米）	近端宽度（毫米）	远端宽度（毫米）
家鸭乌喙骨	45.2		18.81
家鸭乌喙骨	44.25		17.39
家鸭乌喙骨	48.33		18.87
家鸭乌喙骨	47.51		17.05

动物种属及骨骼部位	长度（毫米）	近端宽度（毫米）	远端宽度（毫米）
家鸭乌喙骨	45.76		19.13
家鸭乌喙骨	44.54		16.22
家鸭乌喙骨	46.89		16.82
家鸭乌喙骨	51.13		18.24
家鸭乌喙骨	44.91		18.35
家鸭乌喙骨		17.22	18.13
家鸭乌喙骨	48.64		18.96
家鸭乌喙骨	45.29		18.19
家鸭乌喙骨	49.28		17.91

附表 18　蜀王府遗址出土小型鸭科肱骨测量数据一览表

动物种属及骨骼部位	长度（毫米）	近端宽度（毫米）	远端宽度（毫米）
小型鸭科肱骨			9.23
小型鸭科肱骨			9.38
小型鸭科肱骨			9.38
小型鸭科肱骨			9.63
小型鸭科肱骨			9.78
小型鸭科肱骨			8.9
小型鸭科肱骨	57.95		
小型鸭科肱骨			9.37
小型鸭科肱骨			9.71
小型鸭科肱骨	60.71		
小型鸭科肱骨			9.24
小型鸭科肱骨			9.17
小型鸭科肱骨			8.86
小型鸭科肱骨		7.64	
小型鸭科肱骨			3.61
小型鸭科肱骨			3.81
小型鸭科肱骨			9.3
小型鸭科肱骨			9.83
小型鸭科肱骨	55.67		
小型鸭科肱骨			9.67
小型鸭科肱骨			8.8
小型鸭科肱骨			9.18
小型鸭科肱骨			9.69
小型鸭科肱骨			8.57
小型鸭科肱骨			9.59
小型鸭科肱骨			9.21

续表

动物种属及骨骼部位	长度（毫米）	近端宽度（毫米）	远端宽度（毫米）
小型鸭科肱骨			9.17
小型鸭科肱骨			8.9
小型鸭科肱骨			9.52
小型鸭科肱骨			9.01
小型鸭科肱骨			9.23
小型鸭科肱骨	57		
小型鸭科肱骨	59.97		

附表 19　蜀王府遗址出土小型鸭科股骨测量数据一览表

动物种属及骨骼部位	长度（毫米）	近端宽度（毫米）	远端宽度（毫米）
小型鸭科股骨			6.78
小型鸭科股骨	43.43	9.75	9.48
小型鸭科股骨	46.47	9.64	8.7
小型鸭科股骨			8.3
小型鸭科股骨	33.07	7.5	6.71
小型鸭科股骨	44.7		9.29
小型鸭科股骨			7.1
小型鸭科股骨		11.07	
小型鸭科股骨		9.63	
小型鸭科股骨	42.67	8.96	
小型鸭科股骨	38.74	4.72	4.23
小型鸭科股骨		4.82	
小型鸭科股骨			4.34
小型鸭科股骨		5.29	
小型鸭科股骨		8.85	
小型鸭科股骨		9.01	
小型鸭科股骨	33.05	7.24	7.07

附表 20　蜀王府遗址出土小型鸭科肩胛骨测量数据一览表

动物种属	骨骼名称	肩胛结节长（毫米）
小型鸭科	肩胛骨	8.37
小型鸭科	肩胛骨	6.84
小型鸭科	肩胛骨	7.56
小型鸭科	肩胛骨	8.66
小型鸭科	肩胛骨	8.46

附表 21　蜀王府遗址出土小型鸭科桡骨测量数据一览表

动物种属及骨骼部位	长度（毫米）	近端宽度（毫米）	远端宽度（毫米）
小型鸭科桡骨			4.44
小型鸭科桡骨	18.38	4.32	5.01
小型鸭科桡骨	49.27	4.75	4.89
小型鸭科桡骨		4.57	
小型鸭科桡骨	49.43	3.54	4.78

附表 22　蜀王府遗址出土小型鸭科腕掌骨测量数据一览表

动物种属及骨骼部位	长度（毫米）	近端宽度（毫米）	远端宽度（毫米）
小型鸭科腕掌骨	33		
小型鸭科腕掌骨	36.78	8.5	4.03
小型鸭科腕掌骨	37.49		
小型鸭科腕掌骨	34.72		
小型鸭科腕掌骨	37.64	8.94	
小型鸭科腕掌骨	35.08	8.59	
小型鸭科腕掌骨	31.37		
小型鸭科腕掌骨	34.2		
小型鸭科腕掌骨	40.95		
小型鸭科腕掌骨	36.24	8.84	
小型鸭科腕掌骨	32.75		
小型鸭科腕掌骨	37.51	8.65	
小型鸭科腕掌骨	37.99	8.56	
小型鸭科腕掌骨	36.73	8.53	
小型鸭科腕掌骨	35.18		
小型鸭科腕掌骨	36.64	8.42	
小型鸭科腕掌骨	34.64	8.4	
小型鸭科腕掌骨	38.46	8.73	
小型鸭科腕掌骨	32.65		
小型鸭科腕掌骨	37.74	8.73	
小型鸭科腕掌骨		8.11	4.3
小型鸭科腕掌骨	36.43	8.5	4.58
小型鸭科腕掌骨	35.62	8.7	

附表 23　蜀王府遗址出土小型鸭科乌喙骨测量数据一览表

动物种属及骨骼部位	长度（毫米）	远端宽度（毫米）
小型鸭科乌喙骨	35.9	9.91
小型鸭科乌喙骨	34.9	10.35
小型鸭科乌喙骨	35.87	13.18
小型鸭科乌喙骨		15.7

续表

动物种属及骨骼部位	长度（毫米）	远端宽度（毫米）
小型鸭科乌喙骨		13.63
小型鸭科乌喙骨	43.03	
小型鸭科乌喙骨	33.39	
小型鸭科乌喙骨	36.05	9.72

附表 24　蜀王府遗址出土鸽骨骼测量数据一览表

骨骼名称	长度（毫米）	近端宽度（毫米）	远端宽度（毫米）
尺骨	57.7	7.7	7.6
尺骨		8.38	
尺骨		6.94	
跗跖骨	26.65	5.71	5.84
肱骨		14.5	
肱骨			11.17
肱骨			11.67
肱骨			11.19
肱骨	45.65	16.34	11.24
肱骨	46.02	17.65	11.53
肱骨		17.25	
肱骨			11.26
肱骨			11.15
股骨	37.54	8.45	7.5
股骨	41.75	9.06	7.78
股骨		9.02	
股骨			7.17
股骨	41.61	8.79	8.1
股骨		9.51	
股骨		3.26	
股骨	41.01	8.63	7.55
胫骨			6.66
胫骨			7.4
胫骨			6.75
胫骨			6.94
乌喙骨	33.28		10.18
乌喙骨	34.19		10.27
乌喙骨	29.04		8.27
乌喙骨	35.81		11.38
乌喙骨	35.91		10.84
乌喙骨	34.68		10.36

骨骼名称	长度（毫米）	近端宽度（毫米）	远端宽度（毫米）
乌喙骨	33.14		9.57
乌喙骨	36.06		9.92

附表 25　蜀王府遗址出土鹤骨骼测量数据一览表

骨骼名称	长度（毫米）	近端宽度（毫米）	远端宽度（毫米）
肱骨			39.85
尺骨	261.05	21.98	17.84
尺骨	243.38	21.25	17.3
尺骨		23.38	
尺骨			17.62
桡骨		9.02	
桡骨			14.32
桡骨			13.97
桡骨		9.36	
桡骨			15.65
桡骨			14.45
桡骨			14.4
桡骨		8.82	
胫骨		26.6	
胫骨			19.32
胫骨			19.22
胫骨			21.1
腕掌骨	102.61	21.37	15.08
腕掌骨		22.77	

附表 26　蜀王府遗址出土环颈雉（野鸡）骨骼测量数据一览表

骨骼名称	长度（毫米）	近端宽度（毫米）	远端宽度（毫米）
肱骨			12.12
肱骨			14.87
肱骨	65.83	18.22	14.27
股骨			16.69
股骨		14.78	
股骨		17.47	
胫骨		14.4	
胫骨		15.88	
胫骨			10.6
胫骨			14
胫骨		16.01	

骨骼名称	长度（毫米）	近端宽度（毫米）	远端宽度（毫米）
胫骨		15.78	
胫骨			12.89
胫骨	130.8	17.62	13.56
胫骨		15.53	
胫骨	130.41	17.79	14.64
胫骨		14.65	
乌喙骨	58.01		12.66
乌喙骨	58.15		12.28
乌喙骨	61.97		14.63
乌喙骨	52.4		11.47
乌喙骨	64.5		13.06
乌喙骨	57.24		12.62
乌喙骨	62.17		12.8
乌喙骨	60.31		12.81
乌喙骨	61.47		13.32
乌喙骨	57.37		12.7
乌喙骨	54.27		12.42
乌喙骨	56.37		13.25
乌喙骨	56.61		14.77
乌喙骨	54.4		12.47
乌喙骨	62.8		14.35
乌喙骨	51.34		11.32
乌喙骨	53.58		12.06
乌喙骨	64.34		13.84
乌喙骨	59.43		12.75
乌喙骨	62.41		12.53
乌喙骨	61.34		13.9
乌喙骨	62.92		12.55
乌喙骨	62.18		14.08
乌喙骨	64.6		13.42
乌喙骨	55.05		11.21
乌喙骨	55.75		11.43
乌喙骨	56.4		12.77
乌喙骨	54.15		12.5
乌喙骨	56.57		11.85
乌喙骨	56.93		11.16
乌喙骨	64.66		12.62

骨骼名称	长度（毫米）	近端宽度（毫米）	远端宽度（毫米）
乌喙骨	57.91		12.5
乌喙骨	54.98		11.95
乌喙骨	53.18		12.52
乌喙骨	46.07		10.88
乌喙骨	51.9		10.9
乌喙骨	54.97		13.69
乌喙骨	58.61		12.19
乌喙骨	68.85		13.97
乌喙骨	65.73		14.82
乌喙骨	56.83		11.54
乌喙骨	54.66		13.21
乌喙骨	51.24		11.07
乌喙骨	63.15		17.29
乌喙骨	64.01		16.08
跗跖骨			13.62
跗跖骨	82.28		18.82

附表 27　蜀王府遗址出土家鸡肱骨测量数据一览表

动物种属及骨骼名称	长度（毫米）	近端宽度（毫米）	远端宽度（毫米）
家鸡肱骨	66.42	17.94	14.6
家鸡肱骨	80.14	20.12	16.9
家鸡肱骨	76.91	19.8	15.57
家鸡肱骨	67.9	17.94	13.96
家鸡肱骨	71.37	19.58	15.16
家鸡肱骨	71.87	19.57	15.79
家鸡肱骨	79.12	20.16	16.19
家鸡肱骨			15.57
家鸡肱骨			14.56
家鸡肱骨			15.5
家鸡肱骨			17.05
家鸡肱骨	94.06	26.89	20.93
家鸡肱骨	76.5	26.1	16.5
家鸡肱骨	73.82	15.14	15.57
家鸡肱骨	60.87	18.11	
家鸡肱骨	79.52	19.76	15.73
家鸡肱骨	71.72	19	15.1
家鸡肱骨			18.34
家鸡肱骨			15.08

动物种属及骨骼名称	长度（毫米）	近端宽度（毫米）	远端宽度（毫米）
家鸡肱骨			15.1
家鸡肱骨			15.05
家鸡肱骨			16.68
家鸡肱骨			17.8
家鸡肱骨	85.4	23.57	17.66
家鸡肱骨			15.17
家鸡肱骨			15.15
家鸡肱骨			15.2
家鸡肱骨			15.86
家鸡肱骨			16.6
家鸡肱骨	69.37	19.07	15.28
家鸡肱骨	68.74	16.48	13.75
家鸡肱骨			16
家鸡肱骨			16.01
家鸡肱骨			14.58
家鸡肱骨			13.98
家鸡肱骨			16.55
家鸡肱骨			13.5
家鸡肱骨			17.44
家鸡肱骨			14.85
家鸡肱骨	75.73	20.16	16.33
家鸡肱骨	66.48		14.13
家鸡肱骨			17.21
家鸡肱骨			15.69
家鸡肱骨			12.67
家鸡肱骨			15.08
家鸡肱骨			15.28
家鸡肱骨	72.18	19.21	15.15
家鸡肱骨	71.82		14.97
家鸡肱骨	76.78	21.21	16.01
家鸡肱骨			16.4
家鸡肱骨			14.76
家鸡肱骨	80.8	22.46	17.04
家鸡肱骨	73.82	18.86	15.38
家鸡肱骨			15.46
家鸡肱骨			15.64
家鸡肱骨			15.08

动物种属及骨骼名称	长度（毫米）	近端宽度（毫米）	远端宽度（毫米）
家鸡肱骨			13.3
家鸡肱骨			14.52
家鸡肱骨			12.86
家鸡肱骨			13.88
家鸡肱骨			17.1
家鸡肱骨			14.73
家鸡肱骨	65.08	18.49	14.51
家鸡肱骨	75.35	20.36	16.02
家鸡肱骨	80.87	21.6	16.88
家鸡肱骨	69.81	19.98	15.42
家鸡肱骨	76.34	21.62	16.46
家鸡肱骨	76.34	19.72	16.83
家鸡肱骨	68.69		14.45
家鸡肱骨	73.83	19.29	15.56
家鸡肱骨	70.06	19.21	15.43
家鸡肱骨	69.85	18.67	14.3
家鸡肱骨	81.03	21.82	16.65
家鸡肱骨	69.59	19.28	15.2
家鸡肱骨	67.77	17.3	13.6
家鸡肱骨			14.06
家鸡肱骨	75.3	21	
家鸡肱骨	65.77	18.16	14.85
家鸡肱骨	74.51	20.05	16.13
家鸡肱骨			15.77
家鸡肱骨			14.3
家鸡肱骨			15.62
家鸡肱骨			14.64
家鸡肱骨	76.19	19.77	16.11
家鸡肱骨	80.41	20.97	16.85
家鸡肱骨	80.79	22.01	17.28
家鸡肱骨	63.55	17.62	13.85
家鸡肱骨			13.73
家鸡肱骨			18.37
家鸡肱骨			16.66
家鸡肱骨			13.43
家鸡肱骨			10.63
家鸡肱骨			15.59

续表

动物种属及骨骼名称	长度（毫米）	近端宽度（毫米）	远端宽度（毫米）
家鸡肱骨			15.69
家鸡肱骨			14.46
家鸡肱骨			16.55
家鸡肱骨			13.9
家鸡肱骨			17.68
家鸡肱骨			15.22
家鸡肱骨			15.76
家鸡肱骨			14.81
家鸡肱骨			15.59
家鸡肱骨			12.8
家鸡肱骨			18.37
家鸡肱骨			16.7
家鸡肱骨			14.96
家鸡肱骨			14.23
家鸡肱骨			17.81
家鸡肱骨			10.5
家鸡肱骨	69.59	18.71	15.07
家鸡肱骨	72.07	19.44	15.6
家鸡肱骨	67.38	17.55	14.06
家鸡肱骨			14.29
家鸡肱骨			14.51
家鸡肱骨			17.1
家鸡肱骨	69.52	18.53	15.16
家鸡肱骨	72.05	20.41	15.85
家鸡肱骨	79.58	21.65	15.71
家鸡肱骨	72.3	19.98	15.48
家鸡肱骨	72.37	19.57	14.91
家鸡肱骨	79.71		
家鸡肱骨			15.14
家鸡肱骨			14.45
家鸡肱骨			14.92
家鸡肱骨			16.6
家鸡肱骨			14.93
家鸡肱骨			16.06
家鸡肱骨			13.44
家鸡肱骨			15.74
家鸡肱骨			15.25

动物种属及骨骼名称	长度（毫米）	近端宽度（毫米）	远端宽度（毫米）
家鸡肱骨	75.68	21.1	16.8
家鸡肱骨	82.04	21.86	17.78
家鸡肱骨	65.1	17.03	13.45
家鸡肱骨			20.47
家鸡肱骨			16.47
家鸡肱骨			18.39
家鸡肱骨			17.17
家鸡肱骨			15.14
家鸡肱骨			16.49
家鸡肱骨			16.11
家鸡肱骨			11.68
家鸡肱骨			13.56
家鸡肱骨			16.4
家鸡肱骨			14.69
家鸡肱骨	69.34	18.89	15.36
家鸡肱骨	65.01	18.14	13.71
家鸡肱骨	75.66	21.46	16.05
家鸡肱骨			16.87
家鸡肱骨			15.84
家鸡肱骨			15.33
家鸡肱骨			15.31
家鸡肱骨			15.76
家鸡肱骨			17.3
家鸡肱骨			14.55
家鸡肱骨			16.99
家鸡肱骨			15.68
家鸡肱骨	70.2	19.9	14.32
家鸡肱骨	80.02	22.24	16.85
家鸡肱骨	84.85	23.09	17.89
家鸡肱骨			13.7
家鸡肱骨			14.35
家鸡肱骨			14.68
家鸡肱骨			16.45
家鸡肱骨			15.89
家鸡肱骨			14.58
家鸡肱骨	69.44	19.8	15.27
家鸡肱骨			17.47

动物种属及骨骼名称	长度（毫米）	近端宽度（毫米）	远端宽度（毫米）
家鸡肱骨			15.01
家鸡肱骨			16.43
家鸡肱骨			15.62
家鸡肱骨			16.34
家鸡肱骨			15.18
家鸡肱骨			15.1
家鸡肱骨			14.22
家鸡肱骨			16.96
家鸡肱骨	81.45	22.14	18.28
家鸡肱骨			17.89
家鸡肱骨			15.75
家鸡肱骨			17.09
家鸡肱骨			14.77
家鸡肱骨			16.6
家鸡肱骨			16.31
家鸡肱骨			17.86
家鸡肱骨			15.14
家鸡肱骨			15.46
家鸡肱骨			13.92
家鸡肱骨			12.14
家鸡肱骨			14.35
家鸡肱骨			15.65
家鸡肱骨			15.92
家鸡肱骨			14.71
家鸡肱骨			16.1
家鸡肱骨			16.93
家鸡肱骨			17.72
家鸡肱骨			13.16
家鸡肱骨			16.46
家鸡肱骨			19.46
家鸡肱骨			16.33
家鸡肱骨			16.05
家鸡肱骨			14.12
家鸡肱骨			16.75
家鸡肱骨			15.51
家鸡肱骨	79.21	21.81	17.5
家鸡肱骨	84.42	23.85	18.04

动物种属及骨骼名称	长度（毫米）	近端宽度（毫米）	远端宽度（毫米）
家鸡肱骨			15.98
家鸡肱骨			17.51
家鸡肱骨			14.81
家鸡肱骨			13.84
家鸡肱骨			15.21
家鸡肱骨			15.59
家鸡肱骨			18.09
家鸡肱骨			14.71
家鸡肱骨	79.56	21.7	17.91
家鸡肱骨	71.57	20.23	15.75
家鸡肱骨	65.87	17.85	14.14
家鸡肱骨			16.17
家鸡肱骨			13.98
家鸡肱骨			13.66
家鸡肱骨			17.14
家鸡肱骨			16.61
家鸡肱骨			14.96
家鸡肱骨	71.07	19.07	14.87
家鸡肱骨	87.35	24.03	18.71
家鸡肱骨	89.49	21.95	17.33
家鸡肱骨	68.51	17.49	14.1
家鸡肱骨	76.59	20.59	10.14
家鸡肱骨	63.81	19.13	13.8
家鸡肱骨			17.03
家鸡肱骨			14.35
家鸡肱骨			13.38
家鸡肱骨			14.88
家鸡肱骨			17.75
家鸡肱骨	71.35	19.76	15.64
家鸡肱骨			16.88
家鸡肱骨			15.11
家鸡肱骨			13.3
家鸡肱骨			16.71
家鸡肱骨			14.14
家鸡肱骨			15.22
家鸡肱骨			12.94
家鸡肱骨			14.86

动物种属及骨骼名称	长度（毫米）	近端宽度（毫米）	远端宽度（毫米）
家鸡肱骨			14.14
家鸡肱骨			14.76
家鸡肱骨			15.9
家鸡肱骨			14.95
家鸡肱骨			14.87
家鸡肱骨			18.26
家鸡肱骨			15.82
家鸡肱骨			13.99
家鸡肱骨			16.06
家鸡肱骨			16.84
家鸡肱骨	66.66	17.11	13.65
家鸡肱骨	77.24	21.51	16
家鸡肱骨	74.45	20.6	16
家鸡肱骨			14.45
家鸡肱骨			18.44
家鸡肱骨			16.94
家鸡肱骨			15.4
家鸡肱骨			14.74
家鸡肱骨			14.92
家鸡肱骨			14.58
家鸡肱骨	65.81	17.22	14.3
家鸡肱骨	67.2	16.9	13.5
家鸡肱骨			15.5
家鸡肱骨			10.18
家鸡肱骨			16.89
家鸡肱骨			15.53
家鸡肱骨			14.7
家鸡肱骨			16.47
家鸡肱骨	65.63	18.03	14.64
家鸡肱骨	71.4	18.43	15.24
家鸡肱骨			17.37
家鸡肱骨			15.36
家鸡肱骨			15.99
家鸡肱骨			15.66
家鸡肱骨	79.18	21.31	17.11
家鸡肱骨			15.01
家鸡肱骨			16.76

动物种属及骨骼名称	长度（毫米）	近端宽度（毫米）	远端宽度（毫米）
家鸡肱骨			18.79
家鸡肱骨			15
家鸡肱骨			15.69
家鸡肱骨			18.41
家鸡肱骨			14.8
家鸡肱骨	82.14	22.79	18.24
家鸡肱骨	69.45	18.43	14.13
家鸡肱骨	64.42	17.51	13.42
家鸡肱骨			14.86
家鸡肱骨			17.31
家鸡肱骨			14.2
家鸡肱骨			15.44
家鸡肱骨			15.63
家鸡肱骨			15.69
家鸡肱骨			13.88
家鸡肱骨			16.26
家鸡肱骨			14.84
家鸡肱骨			14.17
家鸡肱骨			15.08
家鸡肱骨			15.08
家鸡肱骨			18.03
家鸡肱骨			13.51
家鸡肱骨			14.91
家鸡肱骨			7.67
家鸡肱骨	87.12	21.96	18.38
家鸡肱骨	72.92	18.88	15.48
家鸡肱骨	72.37	19.5	15.64
家鸡肱骨	72.08	19.83	15.87
家鸡肱骨	71.71	18.73	15.3
家鸡肱骨	72.67	18.69	15.4
家鸡肱骨	74.41	19.98	16.24
家鸡肱骨	73.15	19.26	15.45
家鸡肱骨	70.61	18.77	15.05
家鸡肱骨	68.25	18.38	14.59
家鸡肱骨	78.95	21.68	17.7
家鸡肱骨	78.48	18.6	14.68
家鸡肱骨			16.59

动物种属及骨骼名称	长度（毫米）	近端宽度（毫米）	远端宽度（毫米）
家鸡肱骨			13.75
家鸡肱骨			15.88
家鸡肱骨			14.14
家鸡肱骨			15.6
家鸡肱骨			15.95
家鸡肱骨			17.17
家鸡肱骨			16.31
家鸡肱骨			15.17
家鸡肱骨			15.42
家鸡肱骨			14.97
家鸡肱骨			18.85
家鸡肱骨			16.5
家鸡肱骨			14.81
家鸡肱骨			16
家鸡肱骨			15.4
家鸡肱骨			17.05
家鸡肱骨			12.66
家鸡肱骨			15.38
家鸡肱骨			14.08
家鸡肱骨			14.04
家鸡肱骨			15.44
家鸡肱骨	75.37	21.01	16.94
家鸡肱骨			13.64
家鸡肱骨			16.37
家鸡肱骨			16.97
家鸡肱骨			15.08
家鸡肱骨			15.55
家鸡肱骨			15.72
家鸡肱骨	75.48	19.91	15.69
家鸡肱骨	88.42	11.3	23.98
家鸡肱骨			15.93
家鸡肱骨			16.09
家鸡肱骨	71.26	19.67	15.51
家鸡肱骨	85.45	23.65	19.01
家鸡肱骨			16.01
家鸡肱骨			15.32
家鸡肱骨			17.86

动物种属及骨骼名称	长度（毫米）	近端宽度（毫米）	远端宽度（毫米）
家鸡肱骨			14.6
家鸡肱骨			15.43
家鸡肱骨			14.67
家鸡肱骨			14.8
家鸡肱骨	67.92	18.54	14.84
家鸡肱骨	70.1	18.98	14.93
家鸡肱骨			15.4
家鸡肱骨			17.42
家鸡肱骨			16.57
家鸡肱骨			17.04
家鸡肱骨			14.45
家鸡肱骨			15
家鸡肱骨			17.02
家鸡肱骨			14.42
家鸡肱骨	73.89		
家鸡肱骨	64.89		
家鸡肱骨	82.01		
家鸡肱骨			16.82
家鸡肱骨			13.56
家鸡肱骨			16.44
家鸡肱骨			13.68
家鸡肱骨			15.02
家鸡肱骨			15.35
家鸡肱骨			15.52
家鸡肱骨			15.01
家鸡肱骨	66.3	18.2	14.44
家鸡肱骨	74.92	19.98	16.19
家鸡肱骨			17.1
家鸡肱骨			15.9
家鸡肱骨			14.42
家鸡肱骨			14.79
家鸡肱骨			15.13
家鸡肱骨			14.72
家鸡肱骨	69.04	17.9	14.06
家鸡肱骨	68.08	19.2	14.17
家鸡肱骨	77.15	20.86	15.92
家鸡肱骨			17.48

动物种属及骨骼名称	长度（毫米）	近端宽度（毫米）	远端宽度（毫米）
家鸡肱骨			15.93
家鸡肱骨			15.11
家鸡肱骨			16.2
家鸡肱骨			16.09
家鸡肱骨			14.32
家鸡肱骨			16.11
家鸡肱骨			13.4
家鸡肱骨	72.48	20.37	
家鸡肱骨	75.07	19.76	
家鸡肱骨			18.5
家鸡肱骨			17.63
家鸡肱骨			18.36
家鸡肱骨			15.59
家鸡肱骨	85.29	27.44	19.61
家鸡肱骨	74.61	19.9	15.67
家鸡肱骨	79.93		17.3
家鸡肱骨			18.39
家鸡肱骨			17.14
家鸡肱骨			16.22
家鸡肱骨			16.72
家鸡肱骨			14.81
家鸡肱骨			14.73
家鸡肱骨			17.07
家鸡肱骨			15.87
家鸡肱骨			14.68
家鸡肱骨			16.38
家鸡肱骨			16.95
家鸡肱骨			15.58
家鸡肱骨			17
家鸡肱骨			15.66
家鸡肱骨	74.4	19.8	14.88
家鸡肱骨	83.4	21.78	17.33
家鸡肱骨	79.16	26.12	15.87
家鸡肱骨	64.51	17.18	13.81
家鸡肱骨	68.02	17.05	14.03
家鸡肱骨			17.84
家鸡肱骨			16.53

动物种属及骨骼名称	长度（毫米）	近端宽度（毫米）	远端宽度（毫米）
家鸡肱骨			18.85
家鸡肱骨			16.65
家鸡肱骨			17.17
家鸡肱骨			14.58
家鸡肱骨			14.46
家鸡肱骨			16.97
家鸡肱骨	72.45	19.35	15.14
家鸡肱骨	72.18	21.26	
家鸡肱骨	68.86		14.94
家鸡肱骨			14.25
家鸡肱骨			15.83
家鸡肱骨			16.66
家鸡肱骨			16.45
家鸡肱骨	71.14	19.93	15.1
家鸡肱骨	75.07	20.14	16.62
家鸡肱骨	83.15	21.51	16.72
家鸡肱骨			14.54
家鸡肱骨			16.55
家鸡肱骨			12.49
家鸡肱骨	65.3	16.22	13.15
家鸡肱骨	71.44	19.34	15.4
家鸡肱骨	75.8	20	15.9
家鸡肱骨	77.77	21.55	17
家鸡肱骨	78.82	19.02	17.1
家鸡肱骨	70.46	19.02	15.32
家鸡肱骨			16.39
家鸡肱骨			15.14
家鸡肱骨			15.44
家鸡肱骨			17.38
家鸡肱骨			14.92
家鸡肱骨	69.8	17.76	14.46
家鸡肱骨			16.9
家鸡肱骨			15.76
家鸡肱骨			17.49
家鸡肱骨			16.83
家鸡肱骨			15.55
家鸡肱骨			16.13

动物种属及骨骼名称	长度（毫米）	近端宽度（毫米）	远端宽度（毫米）
家鸡肱骨			17.74
家鸡肱骨			17.4
家鸡肱骨			15.04
家鸡肱骨			17.2
家鸡肱骨			14.21
家鸡肱骨			14.78
家鸡肱骨			16.59
家鸡肱骨	65.7	18.31	14.5
家鸡肱骨	77.98	21.75	17.55
家鸡肱骨			14.14
家鸡肱骨			15.66
家鸡肱骨			15.67
家鸡肱骨	74.93	20.12	15.88
家鸡肱骨	72.64	20.06	15.88
家鸡肱骨			17.09
家鸡肱骨	66.96	17.77	14.36
家鸡肱骨	68.81	17.85	14.31
家鸡肱骨	73.73	19.48	15.88
家鸡肱骨	65.01	17.14	13.96
家鸡肱骨			16.9
家鸡肱骨			14.21
家鸡肱骨			15.56
家鸡肱骨			15.11
家鸡肱骨			16.31
家鸡肱骨			17.57
家鸡肱骨			14.74
家鸡肱骨	79.23	20.53	17.35
家鸡肱骨			18.68
家鸡肱骨	77.01	20.15	17.35
家鸡肱骨		18.14	
家鸡肱骨		19.56	
家鸡肱骨	68.87	20.07	
家鸡肱骨		16.88	
家鸡肱骨		15.59	
家鸡肱骨		16.05	
家鸡肱骨		19.24	
家鸡肱骨		12.7	

动物种属及骨骼名称	长度（毫米）	近端宽度（毫米）	远端宽度（毫米）
家鸡肱骨		15.54	
家鸡肱骨	64.74		17.16
家鸡肱骨	67.15		17.85
家鸡肱骨	72.73		19.58
家鸡肱骨	73.81		18.71
家鸡肱骨	82.08		16.93
家鸡肱骨	70.41		18.8
家鸡肱骨	84.15		22.28
家鸡肱骨	72.65		19.32
家鸡肱骨	78.95		21.54
家鸡肱骨	70		18.23
家鸡肱骨	75.6		20.17
家鸡肱骨	68.23		18.49
家鸡肱骨	73.58	20.09	15.7
家鸡肱骨			16.26
家鸡肱骨	67.6	17.82	14.62
家鸡肱骨	74.67	19.37	15.56
家鸡肱骨			16.55
家鸡肱骨			16.63
家鸡肱骨			14
家鸡肱骨			13.71
家鸡肱骨			16.74
家鸡肱骨			15.15
家鸡肱骨	76.97	20.95	16.25
家鸡肱骨	78.24	20.31	16.8
家鸡肱骨	74.61	20.04	15.41
家鸡肱骨			16.57
家鸡肱骨			12.18
家鸡肱骨			11.12
家鸡肱骨			15.35
家鸡肱骨			16.94
家鸡肱骨			15.98
家鸡肱骨	78.66	17.13	11.72
家鸡肱骨	74.02	16.76	11.4
家鸡肱骨	68.38	14.38	10.4
家鸡肱骨	65.52	13.26	9.56
家鸡肱骨	66.04	13.42	10.46

动物种属及骨骼名称	长度（毫米）	近端宽度（毫米）	远端宽度（毫米）
家鸡肱骨	66.2	13.9	9.88
家鸡肱骨	61.84	11.84	9.2
家鸡肱骨	74.15	16.49	
家鸡肱骨	67.43	13.92	9.7
家鸡肱骨			13.78
家鸡肱骨			9.87
家鸡肱骨			10.1
家鸡肱骨	63.51	14.14	9.56
家鸡肱骨	68.41	14.06	10.38
家鸡肱骨	69.6	13.96	
家鸡肱骨	70.7	15.83	11.41
家鸡肱骨	66.35	14.31	10.21
家鸡肱骨			10.35
家鸡肱骨	70.32	18.91	14.57
家鸡肱骨	69.26	17.4	13.48
家鸡肱骨	80.6	22.43	17.23
家鸡肱骨			18.62
家鸡肱骨			14.52
家鸡肱骨			17.13
家鸡肱骨			17.62
家鸡肱骨			15.51
家鸡肱骨			18.13
家鸡肱骨			19.53
家鸡肱骨			17.88
家鸡肱骨			16.33
家鸡肱骨	87.46	23.23	19.02
家鸡肱骨	83.67	22.15	17.55
家鸡肱骨			16.4
家鸡肱骨			15.97
家鸡肱骨			18.68
家鸡肱骨			15.31
家鸡肱骨			14.52
家鸡肱骨			15.62
家鸡肱骨			15.32
家鸡肱骨			15.04
家鸡肱骨	71.07	18.91	15.71
家鸡肱骨	83.25	23.58	18.82

动物种属及骨骼名称	长度（毫米）	近端宽度（毫米）	远端宽度（毫米）
家鸡肱骨	77.19	19.7	15.24
家鸡肱骨			16.88
家鸡肱骨			14.92
家鸡肱骨			16.82
家鸡肱骨			18.46
家鸡肱骨			15.34
家鸡肱骨			17.7
家鸡肱骨			18.15
家鸡肱骨	63.3	16.45	13.2
家鸡肱骨			17.72
家鸡肱骨			16.74
家鸡肱骨			17.18
家鸡肱骨	76.21	20.3	15.93
家鸡肱骨			18.84
家鸡肱骨			16.4
家鸡肱骨			17.68
家鸡肱骨			17.87
家鸡肱骨	66.2	11.15	14.11
家鸡肱骨			15.51
家鸡肱骨			14.45
家鸡肱骨	72.46	19.67	14.22
家鸡肱骨	86.34	23.37	17.23
家鸡肱骨	70.22	19.19	15.75
家鸡肱骨			14.08
家鸡肱骨	83.46	23.35	
家鸡肱骨	85.85	22.24	18.02
家鸡肱骨	79.18	21.26	16.43
家鸡肱骨	76.98	19.78	15.97
家鸡肱骨		27.89	
家鸡肱骨	81.92	23.72	18.16
家鸡肱骨	76.79	20.83	16.73
家鸡肱骨			17.34
家鸡肱骨		22.65	
家鸡肱骨			19.57
家鸡肱骨			15.02
家鸡肱骨	69.87		14.75
家鸡肱骨			17.99

续表

动物种属及骨骼名称	长度（毫米）	近端宽度（毫米）	远端宽度（毫米）
家鸡肱骨	84.24	22.62	17.76
家鸡肱骨			13.84
家鸡肱骨			17.92
家鸡肱骨	69.82	18.85	14.81
家鸡肱骨	71.46	19.84	15.37
家鸡肱骨	80.58	21.03	16.99
家鸡肱骨	80.87	22.21	16.92
家鸡肱骨	67.34	16.98	13.66
家鸡肱骨			14.52
家鸡肱骨	74.26	19.07	14.36
家鸡肱骨	64.03	17.89	14.41
家鸡肱骨			14.48
家鸡肱骨			11.98
家鸡肱骨	82.06	21.1	15.91
家鸡肱骨	67.55	19.57	15.17
家鸡肱骨	70.97	18.54	14.32
家鸡肱骨			14.84
家鸡肱骨			15.95
家鸡肱骨			19.61
家鸡肱骨			14.04
家鸡肱骨			14.8
家鸡肱骨			15.08
家鸡肱骨			17.62
家鸡肱骨			17.39
家鸡肱骨			15.63
家鸡肱骨			17.23
家鸡肱骨			16.55
家鸡肱骨			17.52
家鸡肱骨			14.28
家鸡肱骨			13.77
家鸡肱骨	81.83	21.82	17.19
家鸡肱骨			16.59
家鸡肱骨	78.83	21.84	17.28
家鸡肱骨		22.25	
家鸡肱骨		17.79	
家鸡肱骨			16.69
家鸡肱骨			16.6

续表

动物种属及骨骼名称	长度（毫米）	近端宽度（毫米）	远端宽度（毫米）
家鸡肱骨	78.79	22.99	
家鸡肱骨			15.42
家鸡肱骨	76.9	21.88	16.81
家鸡肱骨	76.9	21.88	16.81
家鸡肱骨			16.8
家鸡肱骨			17.32
家鸡肱骨			14.86
家鸡肱骨			16.72

附表 28　蜀王府遗址出土家鸡股骨测量数据一览表

动物种属及骨骼名称	长度（毫米）	近端宽度（毫米）	远端宽度（毫米）
家鸡股骨	90.88	19.54	18.6
家鸡股骨		16.38	
家鸡股骨		16.87	
家鸡股骨		16.96	
家鸡股骨		18.19	
家鸡股骨		15.88	
家鸡股骨	75.5	14	11.89
家鸡股骨	84.1	17.14	16.2
家鸡股骨	80.92	17.24	15.85
家鸡股骨		17.13	17
家鸡股骨		18.36	
家鸡股骨		18.95	
家鸡股骨		18.35	
家鸡股骨		17.5	
家鸡股骨	86.64	17.22	17.15
家鸡股骨		15.97	
家鸡股骨		17.48	
家鸡股骨		17.04	
家鸡股骨		18.08	
家鸡股骨		16.35	
家鸡股骨		18.3	
家鸡股骨	75.33	14.31	
家鸡股骨	88.6	17.35	17.7
家鸡股骨		17.36	
家鸡股骨		19.82	
家鸡股骨	95.43	21.6	19.69
家鸡股骨	81.87	16.85	16

续表

动物种属及骨骼名称	长度（毫米）	近端宽度（毫米）	远端宽度（毫米）
家鸡股骨	73.66	15.92	13.74
家鸡股骨		17.77	
家鸡股骨		17.11	
家鸡股骨		16.96	
家鸡股骨		17.91	
家鸡股骨	78.02	18.51	15.26
家鸡股骨	83.87	16.24	15.77
家鸡股骨	87	17.91	17.4
家鸡股骨	78.25	15.23	15.66
家鸡股骨	91.06	17.97	17.6
家鸡股骨		17.24	
家鸡股骨		15.68	
家鸡股骨		18.55	
家鸡股骨		19.62	
家鸡股骨		16.19	
家鸡股骨	75.9	15.98	14.57
家鸡股骨		17.95	
家鸡股骨		16.4	
家鸡股骨		21.2	
家鸡股骨		15.42	
家鸡股骨		16.19	
家鸡股骨		19.75	
家鸡股骨	84.71	16.71	16.56
家鸡股骨		20.66	
家鸡股骨		18.44	
家鸡股骨		16.31	
家鸡股骨		16.75	
家鸡股骨		17.52	
家鸡股骨		18.56	
家鸡股骨	76.44	16.66	15.2
家鸡股骨	74.99	15.7	14.8
家鸡股骨	86.46	18.57	16.29
家鸡股骨		16.4	
家鸡股骨		13.62	
家鸡股骨		16.24	
家鸡股骨		19.33	
家鸡股骨		16.83	

动物种属及骨骼名称	长度（毫米）	近端宽度（毫米）	远端宽度（毫米）
家鸡股骨		16.06	
家鸡股骨		15.54	
家鸡股骨		15.26	
家鸡股骨		11.83	
家鸡股骨		17.2	16.53
家鸡股骨	88.11	18.44	17.18
家鸡股骨	82.81	16.77	16.04
家鸡股骨		15.45	
家鸡股骨		18.12	
家鸡股骨		21.12	
家鸡股骨	78.98	17.78	16.46
家鸡股骨	79.44	17.11	15.69
家鸡股骨	79.33	16.79	15.29
家鸡股骨	89.3	19.1	
家鸡股骨	78.77	17.16	15.3
家鸡股骨	78.38	17.11	15.26
家鸡股骨	78.82	17.66	15.32
家鸡股骨		19.3	
家鸡股骨		16.97	
家鸡股骨		17.93	
家鸡股骨		13.5	
家鸡股骨		16.86	
家鸡股骨	73.25	16.89	15.8
家鸡股骨	96.35	18.24	
家鸡股骨	95.72	19.59	
家鸡股骨	84.13	16.62	15.96
家鸡股骨		16.61	
家鸡股骨		16.77	
家鸡股骨		15.74	
家鸡股骨		16.24	
家鸡股骨		16.48	
家鸡股骨		17.14	
家鸡股骨	90.85	18.85	18.24
家鸡股骨	87.67	18.3	17.07
家鸡股骨	77.55	16.19	15.86
家鸡股骨	82.55	17.35	16.03
家鸡股骨		19.91	

动物种属及骨骼名称	长度（毫米）	近端宽度（毫米）	远端宽度（毫米）
家鸡股骨		17.26	
家鸡股骨		16.98	
家鸡股骨		17.9	
家鸡股骨		19.16	
家鸡股骨		19.45	
家鸡股骨	79.12	16.86	16.21
家鸡股骨	88.2	18.17	17.4
家鸡股骨	95.04	20.63	
家鸡股骨	89.55		
家鸡股骨		18.13	
家鸡股骨		15.73	
家鸡股骨		18.61	
家鸡股骨		17.82	
家鸡股骨		15.24	
家鸡股骨		18.55	
家鸡股骨		16.47	
家鸡股骨	76.1	15.31	14.82
家鸡股骨	84.1	17.86	15.82
家鸡股骨		18.26	16.58
家鸡股骨		19.46	
家鸡股骨		17.48	
家鸡股骨	91.52	17.75	17.99
家鸡股骨	89.16	19.35	18.32
家鸡股骨		17.07	
家鸡股骨		15.33	
家鸡股骨		18.91	
家鸡股骨		16.51	
家鸡股骨		16.94	
家鸡股骨		17.66	
家鸡股骨	87.76	15.86	15.86
家鸡股骨	81.56	17.29	16.33
家鸡股骨	83.73	18.62	17.04
家鸡股骨	81.48	16.83	16.5
家鸡股骨	89.18		
家鸡股骨	94.25	19.8	
家鸡股骨		17.21	
家鸡股骨		18.91	

动物种属及骨骼名称	长度（毫米）	近端宽度（毫米）	远端宽度（毫米）
家鸡股骨		18.19	
家鸡股骨	80.54	16.78	16.1
家鸡股骨		16.87	
家鸡股骨		19.31	
家鸡股骨		16.84	
家鸡股骨		15.28	
家鸡股骨		18.06	
家鸡股骨		17.38	
家鸡股骨		15.72	
家鸡股骨		16.8	
家鸡股骨		16.76	
家鸡股骨		16.64	
家鸡股骨	74.83	15.38	14.8
家鸡股骨		16.33	
家鸡股骨	76.65	16.9	16.27
家鸡股骨	82.18	16.98	16.41
家鸡股骨	80.22	17.8	16.15
家鸡股骨		16.82	
家鸡股骨	96.28	19.9	18.59
家鸡股骨	95.7	20.65	19.27
家鸡股骨	84.75	18.64	16.77
家鸡股骨	80.61	16.5	15.72
家鸡股骨		17.48	
家鸡股骨		17.27	
家鸡股骨		19.42	
家鸡股骨		18.37	
家鸡股骨		17.71	
家鸡股骨		14.42	
家鸡股骨		15.12	
家鸡股骨	80.67	16.77	15.19
家鸡股骨	90.26	18.77	17.44
家鸡股骨	80.27	16.65	16.07
家鸡股骨		19.91	
家鸡股骨		19.24	
家鸡股骨		17.91	
家鸡股骨		19.8	
家鸡股骨		19.52	

动物种属及骨骼名称	长度（毫米）	近端宽度（毫米）	远端宽度（毫米）
家鸡股骨		16.08	
家鸡股骨		17.3	
家鸡股骨		15.69	
家鸡股骨		16.01	
家鸡股骨		15.31	
家鸡股骨		17.96	
家鸡股骨		19.52	
家鸡股骨	68.22	15.21	14.43
家鸡股骨	84.25	18.86	17.99
家鸡股骨	84.35	16.9	15.63
家鸡股骨		18.44	
家鸡股骨		16.26	
家鸡股骨	79.36	15.76	14.84
家鸡股骨		15.67	
家鸡股骨		15.16	
家鸡股骨		15.58	
家鸡股骨		16.24	
家鸡股骨		17.84	
家鸡股骨	80.02	16.67	16.17
家鸡股骨	81		16.48
家鸡股骨	83.44	16.97	
家鸡股骨	87.42	18.83	8.57
家鸡股骨		16.26	
家鸡股骨		16.5	
家鸡股骨		14.46	
家鸡股骨		18.52	
家鸡股骨		15.55	
家鸡股骨		17.75	
家鸡股骨		14.72	
家鸡股骨	83.69	17.89	16.88
家鸡股骨	91.82	18.38	18.33
家鸡股骨	79.91		16.4
家鸡股骨	86.74	17.8	16.3
家鸡股骨		18.17	
家鸡股骨		19.32	
家鸡股骨		15.42	
家鸡股骨		13.99	

动物种属及骨骼名称	长度（毫米）	近端宽度（毫米）	远端宽度（毫米）
家鸡股骨	92.71	19.84	16.81
家鸡股骨	87.58	19.14	
家鸡股骨		18.28	
家鸡股骨		19.17	
家鸡股骨		14.89	
家鸡股骨		17.35	
家鸡股骨		18.28	
家鸡股骨	76.85	15.19	15.11
家鸡股骨	92.74	18.53	19.32
家鸡股骨	90.04	17.97	
家鸡股骨	93.26	21.25	19.56
家鸡股骨	87.72	18.75	18.7
家鸡股骨	82.2		15.93
家鸡股骨		17.03	
家鸡股骨		21.77	
家鸡股骨		21.5	
家鸡股骨	79.35	16.12	16.14
家鸡股骨		19.05	
家鸡股骨		16.93	
家鸡股骨		19.39	
家鸡股骨	80.1	16.6	16.17
家鸡股骨	85.91	16.12	17.08
家鸡股骨		16.62	
家鸡股骨		20.15	
家鸡股骨		17.88	
家鸡股骨		16.26	
家鸡股骨	87.09	19.1	18.6
家鸡股骨		18.23	
家鸡股骨		18.51	
家鸡股骨		19.68	
家鸡股骨		15.52	
家鸡股骨		19.21	
家鸡股骨	95.4	22.19	22.6
家鸡股骨	82.64	17.66	17.19
家鸡股骨		19.1	
家鸡股骨		18.81	
家鸡股骨		16.82	

动物种属及骨骼名称	长度（毫米）	近端宽度（毫米）	远端宽度（毫米）
家鸡股骨		15.95	
家鸡股骨	92.74	20.13	19.5
家鸡股骨	88.84	19.23	18.41
家鸡股骨		17.3	
家鸡股骨		16.85	
家鸡股骨		16.95	
家鸡股骨		15.7	
家鸡股骨		16.63	
家鸡股骨		15.38	
家鸡股骨		16.88	
家鸡股骨		15.7	
家鸡股骨		16.61	
家鸡股骨		19.34	
家鸡股骨		16.82	
家鸡股骨		16.28	
家鸡股骨		15.52	
家鸡股骨		16.03	
家鸡股骨		16.95	
家鸡股骨		17.14	
家鸡股骨		17.36	
家鸡股骨		15.93	
家鸡股骨		17.67	
家鸡股骨		19.74	
家鸡股骨		17.24	
家鸡股骨		15.5	
家鸡股骨	84.69		16.41
家鸡股骨	91.71	18.24	18.08
家鸡股骨		16.4	
家鸡股骨			17.28
家鸡股骨			17.67
家鸡股骨			18.03
家鸡股骨	72.82	15.05	14.59
家鸡股骨		19.9	
家鸡股骨		19.89	
家鸡股骨		15.59	
家鸡股骨		16.69	
家鸡股骨		14.47	

动物种属及骨骼名称	长度（毫米）	近端宽度（毫米）	远端宽度（毫米）
家鸡股骨		17.87	
家鸡股骨		15.87	
家鸡股骨			14.93
家鸡股骨			14.28
家鸡股骨			18.94
家鸡股骨			15.5
家鸡股骨			16.94
家鸡股骨	75.86	13.89	12.22
家鸡股骨	98.95	20.4	21.4
家鸡股骨		18.16	
家鸡股骨			16.12
家鸡股骨			16.57
家鸡股骨		16.21	
家鸡股骨		17.27	
家鸡股骨		16.77	
家鸡股骨		17.88	
家鸡股骨		17.92	
家鸡股骨		16.15	
家鸡股骨	89.82	19.22	18.25
家鸡股骨	75.3	16.35	15.7
家鸡股骨	78.84	15.98	14.24
家鸡股骨	79.3	16.14	15.3
家鸡股骨	78.6	16.45	15.46
家鸡股骨		18.43	
家鸡股骨		16.33	
家鸡股骨		17	
家鸡股骨		19.9	
家鸡股骨		16.8	
家鸡股骨		19.34	
家鸡股骨	82.46	19.41	17.2
家鸡股骨	83.17	17.01	16.17
家鸡股骨		16.38	
家鸡股骨	90.55	19.37	19.52
家鸡股骨	94.43	20	19.98
家鸡股骨		15.36	15.31
家鸡股骨		19.25	
家鸡股骨		16.04	

动物种属及骨骼名称	长度（毫米）	近端宽度（毫米）	远端宽度（毫米）
家鸡股骨		18.17	
家鸡股骨		16.57	
家鸡股骨	79.86	17.09	15.96
家鸡股骨	81.31	17.65	17.14
家鸡股骨	77.42	15.53	16.04
家鸡股骨		18.13	
家鸡股骨		15.16	
家鸡股骨		19.71	
家鸡股骨		16.32	
家鸡股骨			20.3
家鸡股骨	75.98	16.36	16
家鸡股骨	83.92	18.09	16.21
家鸡股骨	83.3	17	15.58
家鸡股骨	72.71	14.6	14.22
家鸡股骨		17.32	
家鸡股骨		19.4	
家鸡股骨		17.47	
家鸡股骨		17.62	
家鸡股骨		17.53	
家鸡股骨		15.4	
家鸡股骨		14.84	
家鸡股骨		15.16	
家鸡股骨	88.52	18.71	18.08
家鸡股骨	95.54	19.48	19.98
家鸡股骨	74.4	15.91	14.17
家鸡股骨	76.94	16.24	15.78
家鸡股骨	78.28	15.96	15.08
家鸡股骨	75.5	14.45	14.82
家鸡股骨	73.62	16.09	16.41
家鸡股骨		17.06	
家鸡股骨		16.16	
家鸡股骨		18.66	
家鸡股骨		16.12	
家鸡股骨		16.57	
家鸡股骨		16.79	
家鸡股骨		15.4	
家鸡股骨		18.52	

动物种属及骨骼名称	长度（毫米）	近端宽度（毫米）	远端宽度（毫米）
家鸡股骨		19.52	
家鸡股骨		16	
家鸡股骨		18.1	
家鸡股骨		17.2	
家鸡股骨		17.1	
家鸡股骨		20.1	
家鸡股骨	81.03	21.41	17.6
家鸡股骨	74.6	17.53	15.05
家鸡股骨	78.7	21	17.3
家鸡股骨	67.61	16.75	14.13
家鸡股骨	70.85	18.99	15.1
家鸡股骨	69.64	19.03	15.09
家鸡股骨	78.66	17.61	16.67
家鸡股骨	92.3	20.12	20.37
家鸡股骨		17.25	
家鸡股骨		16.64	
家鸡股骨		16.99	
家鸡股骨		17.03	
家鸡股骨	93.2	18.9	18.63
家鸡股骨	76.15	15.74	15.06
家鸡股骨		18.92	
家鸡股骨		17.89	
家鸡股骨		16.75	
家鸡股骨	80.99	17.31	15.97
家鸡股骨	85.09	16.38	15.86
家鸡股骨	81.98	16.26	14.99
家鸡股骨		17.84	
家鸡股骨		17.98	
家鸡股骨		16.73	
家鸡股骨		17.7	
家鸡股骨		16	
家鸡股骨		13.7	
家鸡股骨		20.14	
家鸡股骨		17.47	
家鸡股骨		19.49	
家鸡股骨	92.54	17.35	19.34
家鸡股骨	81.41	16.67	16.45

续表

动物种属及骨骼名称	长度（毫米）	近端宽度（毫米）	远端宽度（毫米）
家鸡股骨	73.5		15.21
家鸡股骨		16.93	
家鸡股骨		17.27	
家鸡股骨		16.46	
家鸡股骨		17.47	
家鸡股骨	108.82	18.64	17.45
家鸡股骨	92.09	18.28	18.08
家鸡股骨	81.16		15.62
家鸡股骨		15.06	
家鸡股骨		17.45	
家鸡股骨		18.51	
家鸡股骨		16.52	
家鸡股骨		17.27	
家鸡股骨		19.74	
家鸡股骨		15.75	
家鸡股骨		15.73	
家鸡股骨	83.33	16.17	16.86
家鸡股骨	75.77		14.88
家鸡股骨	90.11	19.11	17.8
家鸡股骨		20.32	
家鸡股骨		17.06	
家鸡股骨		17.26	
家鸡股骨		17.08	
家鸡股骨		16.51	
家鸡股骨		15.34	
家鸡股骨		17.58	
家鸡股骨		15.86	
家鸡股骨		20.43	
家鸡股骨	86.53	19.94	18.08
家鸡股骨		18.82	
家鸡股骨		17.14	
家鸡股骨		19.42	
家鸡股骨		13.7	
家鸡股骨		15.32	
家鸡股骨	82.63	17.13	17.72
家鸡股骨	78.46	16.55	15.6
家鸡股骨		16.85	

动物种属及骨骼名称	长度（毫米）	近端宽度（毫米）	远端宽度（毫米）
家鸡股骨		16.45	
家鸡股骨		16.8	
家鸡股骨		16.83	
家鸡股骨		15.2	
家鸡股骨	82.22	17.07	16.12
家鸡股骨		19.5	
家鸡股骨		15.35	
家鸡股骨		17.17	
家鸡股骨		16.99	
家鸡股骨		18.34	
家鸡股骨		17.78	
家鸡股骨		19.85	
家鸡股骨		16.35	
家鸡股骨		19.14	
家鸡股骨	86.79	18.18	17.68
家鸡股骨	79.48	17.31	15.88
家鸡股骨	75.68	15.52	14.91
家鸡股骨		18.61	
家鸡股骨		15.43	
家鸡股骨		19.06	
家鸡股骨		19.15	
家鸡股骨		19.2	
家鸡股骨		16.7	
家鸡股骨		18.84	
家鸡股骨		19.02	
家鸡股骨		15.81	
家鸡股骨		18.34	
家鸡股骨		17.92	
家鸡股骨	85.98	16.77	17.86
家鸡股骨	85.97	17.48	19.22
家鸡股骨	77.88	16.4	14.3
家鸡股骨	77.01	15.87	14.87
家鸡股骨		16.2	
家鸡股骨		18.63	
家鸡股骨		16.38	
家鸡股骨		16.16	
家鸡股骨		19.13	

续表

动物种属及骨骼名称	长度（毫米）	近端宽度（毫米）	远端宽度（毫米）
家鸡股骨		19.9	
家鸡股骨		16.69	
家鸡股骨	85.51	20.25	18.25
家鸡股骨		17.27	
家鸡股骨		19.28	
家鸡股骨		21.05	
家鸡股骨		16.03	
家鸡股骨		16.57	
家鸡股骨		16.03	
家鸡股骨		19.14	
家鸡股骨	85.53	17.14	17.6
家鸡股骨	75.32	15.58	15
家鸡股骨	91.97	15.58	17.32
家鸡股骨	71.2	14.36	14.8
家鸡股骨		17.74	
家鸡股骨		14.72	
家鸡股骨		15.52	
家鸡股骨		16.88	
家鸡股骨		16.09	
家鸡股骨		17.22	
家鸡股骨		17.56	
家鸡股骨		14.54	
家鸡股骨		18.93	
家鸡股骨		18.78	
家鸡股骨		15.57	
家鸡股骨		15.14	
家鸡股骨		17.64	
家鸡股骨		17.44	
家鸡股骨		18.24	
家鸡股骨		15.37	
家鸡股骨		16.53	
家鸡股骨		17.87	
家鸡股骨		17.65	
家鸡股骨		15.6	
家鸡股骨		13.72	
家鸡股骨		15.04	
家鸡股骨	75.05	16.38	15.62

续表

动物种属及骨骼名称	长度（毫米）	近端宽度（毫米）	远端宽度（毫米）
家鸡股骨	76.1	16.3	14.5
家鸡股骨	82.98	16.77	17
家鸡股骨		18.42	
家鸡股骨		18.08	
家鸡股骨		19.63	
家鸡股骨		17.75	
家鸡股骨		15.32	
家鸡股骨		14.52	
家鸡股骨	81.83	16.16	15.48
家鸡股骨	95.29	16.16	19.32
家鸡股骨	76.97	16.16	14.27
家鸡股骨		15.35	
家鸡股骨		17.3	
家鸡股骨		15.84	
家鸡股骨	93.75	18.51	18.51
家鸡股骨	94.77	21.02	20.26
家鸡股骨	76.75	21.02	14.8
家鸡股骨		20.67	
家鸡股骨		19.56	
家鸡股骨		20.88	
家鸡股骨		17.32	
家鸡股骨		16.71	
家鸡股骨		16.34	
家鸡股骨		16.14	
家鸡股骨	94.46	19.39	18.51
家鸡股骨	88.55	18.34	18.51
家鸡股骨	75.02	16.32	14.92
家鸡股骨		17.58	
家鸡股骨		15.87	
家鸡股骨	78.33	16.21	15.4
家鸡股骨		15.3	
家鸡股骨		18.57	
家鸡股骨		16.55	
家鸡股骨		19.75	
家鸡股骨		17.78	
家鸡股骨		17.02	
家鸡股骨		14.79	

动物种属及骨骼名称	长度（毫米）	近端宽度（毫米）	远端宽度（毫米）
家鸡股骨		20.1	
家鸡股骨		18.13	
家鸡股骨		16.09	
家鸡股骨	83.75	18.6	17.3
家鸡股骨	74.89	15.7	15.14
家鸡股骨		14.58	
家鸡股骨		16.06	
家鸡股骨		14.52	
家鸡股骨		16.57	
家鸡股骨		20.78	
家鸡股骨		16.49	
家鸡股骨		18.96	
家鸡股骨		17.99	
家鸡股骨			14.58
家鸡股骨			14.31
家鸡股骨			14.23
家鸡股骨			19.46
家鸡股骨			15.86
家鸡股骨	81.8		
家鸡股骨	80.72		
家鸡股骨			16.21
家鸡股骨			19.51
家鸡股骨			19.99
家鸡股骨			17.05
家鸡股骨			19.37
家鸡股骨			15.04
家鸡股骨			18.28
家鸡股骨			15.2
家鸡股骨	83.97		17.62
家鸡股骨	83.63		18.01
家鸡股骨			16.97
家鸡股骨			16.86
家鸡股骨			16.13
家鸡股骨			15.64
家鸡股骨			17.8
家鸡股骨			17.16
家鸡股骨			17.7

动物种属及骨骼名称	长度（毫米）	近端宽度（毫米）	远端宽度（毫米）
家鸡股骨			20.02
家鸡股骨	90.02		19.2
家鸡股骨	76.22		15.2
家鸡股骨	84.66		
家鸡股骨	73.15		14.46
家鸡股骨			18.28
家鸡股骨			18.76
家鸡股骨			20.55
家鸡股骨			15.22
家鸡股骨			16.12
家鸡股骨			18.27
家鸡股骨			19.57
家鸡股骨			17.56
家鸡股骨	79.55		15.68
家鸡股骨	94.06	18.83	18.32
家鸡股骨	78.23		16.24
家鸡股骨	78.99	15.64	15.23
家鸡股骨		17.24	
家鸡股骨		17.64	
家鸡股骨		20.13	
家鸡股骨		14.36	
家鸡股骨		14.34	
家鸡股骨		16.24	
家鸡股骨		15.98	14.69
家鸡股骨	77.87		16.33
家鸡股骨	76.23		15.78
家鸡股骨		18.1	
家鸡股骨		19.46	
家鸡股骨		15.81	
家鸡股骨		17.19	
家鸡股骨		16.16	
家鸡股骨	88.37	17.07	17.07
家鸡股骨	88.95	18.67	18.37
家鸡股骨	79.33	16.58	
家鸡股骨	84.75	16.99	15.66
家鸡股骨	83.26	16.17	16.33
家鸡股骨		17.8	

续表

动物种属及骨骼名称	长度（毫米）	近端宽度（毫米）	远端宽度（毫米）
家鸡股骨		19.7	
家鸡股骨		19.09	
家鸡股骨		15.29	
家鸡股骨	95.55	19.36	19.81
家鸡股骨		19.36	
家鸡股骨		19.04	
家鸡股骨		19.67	
家鸡股骨	78.67	15.48	15.56
家鸡股骨	79.69	15.44	15.62
家鸡股骨	93.24	19.17	18.72
家鸡股骨		18.39	
家鸡股骨		21.41	
家鸡股骨		14.83	
家鸡股骨		17.42	
家鸡股骨	71.42		13.8
家鸡股骨	93.23	17.95	
家鸡股骨	84.7	18.95	
家鸡股骨		19.84	
家鸡股骨		16.62	
家鸡股骨		18.14	
家鸡股骨	77.71	15.8	15.5
家鸡股骨	89	18.71	18.09
家鸡股骨		20.5	
家鸡股骨		14.6	
家鸡股骨	77.41	14.84	14.95
家鸡股骨		15.22	
家鸡股骨	84.6		18.84
家鸡股骨			15.44
家鸡股骨			19.45
家鸡股骨			16.18
家鸡股骨			16.79
家鸡股骨			15.07
家鸡股骨	86.97		18.7
家鸡股骨	80.97		16.76
家鸡股骨	80.25		15.73
家鸡股骨	87.2		18.01
家鸡股骨	73.16		15.66

动物种属及骨骼名称	长度（毫米）	近端宽度（毫米）	远端宽度（毫米）
家鸡股骨			19.8
家鸡股骨			16.83
家鸡股骨	81.33	17.5	17.83
家鸡股骨	88.12	17.1	16.43
家鸡股骨	85.43	17.68	17.48
家鸡股骨	88.46	18.16	
家鸡股骨		16.42	
家鸡股骨		15.28	
家鸡股骨	94.86	19.72	20.01
家鸡股骨	84.72	17.15	16.29
家鸡股骨	96.12	19.05	19.02
家鸡股骨	73.16	16.02	14.82
家鸡股骨	79.03	15.3	15
家鸡股骨	99.72	21.25	20.88
家鸡股骨		18.01	
家鸡股骨	88.95		18.97
家鸡股骨	75.66	14.65	14.26
家鸡股骨		17.55	
家鸡股骨	81.65	17.28	16.23
家鸡股骨	87.23	18.12	17.82
家鸡股骨	83.16	15.97	16.36
家鸡股骨	77.24	15.92	14.67
家鸡股骨		16.68	
家鸡股骨		18.9	
家鸡股骨		16.33	
家鸡股骨		17.26	
家鸡股骨		17.93	
家鸡股骨	85.57	16.25	17.2
家鸡股骨	79.54		15.13
家鸡股骨		15.47	
家鸡股骨	80.8	18.3	
家鸡股骨		19.28	
家鸡股骨		16.13	
家鸡股骨	80.43	16.36	
家鸡股骨	87.39	19.05	
家鸡股骨		19.33	
家鸡股骨		17.17	

动物种属及骨骼名称	长度（毫米）	近端宽度（毫米）	远端宽度（毫米）
家鸡股骨		17.15	
家鸡股骨			15.07
家鸡股骨		16.72	
家鸡股骨		17.22	
家鸡股骨	87.23	17.22	16.65
家鸡股骨		19.45	
家鸡股骨		15.36	
家鸡股骨	90.92	18.44	19.16
家鸡股骨	78.47	14.59	14
家鸡股骨	75.58	15.39	15.06
家鸡股骨	93.93	18.94	
家鸡股骨	96.5	19.16	19.45
家鸡股骨	86.93		18.07
家鸡股骨	79.88		15.39
家鸡股骨	100.34	21.31	22.58
家鸡股骨	96.15	19.19	20.59
家鸡股骨		16.64	
家鸡股骨	88.39		18.23
家鸡股骨		17.6	
家鸡股骨		16.65	
家鸡股骨		19.45	
家鸡股骨		14.66	
家鸡股骨		15.71	
家鸡股骨	88.89	18.91	18.01
家鸡股骨		20.47	
家鸡股骨		18.27	
家鸡股骨	74.51	15.04	12.4
家鸡股骨		17.59	
家鸡股骨		17.01	
家鸡股骨	78.89	15.13	15.54
家鸡股骨	86.04	17.56	17.47
家鸡股骨	97.29	19.02	19.09
家鸡股骨	74.36	14.4	
家鸡股骨	82.14	16.38	17.46
家鸡股骨	96.52	19.47	
家鸡股骨		14.77	
家鸡股骨		15.93	

动物种属及骨骼名称	长度（毫米）	近端宽度（毫米）	远端宽度（毫米）
家鸡股骨		20.93	
家鸡股骨	101.07	20.21	21.3
家鸡股骨	81.2	16.69	16.01
家鸡股骨	81.2	16.69	16.01
家鸡股骨	87.61	18.03	17.55
家鸡股骨	81.08	16.23	15.73
家鸡股骨		18.86	
家鸡股骨		18.01	
家鸡股骨		17.42	
家鸡股骨		15.98	
家鸡股骨		17.16	
家鸡股骨		15.86	
家鸡股骨	92.38	18.51	19.19
家鸡股骨	91.12	16.84	17.86
家鸡股骨	85.99	17.22	17.13
家鸡股骨		17.3	
家鸡股骨		18.25	
家鸡股骨		15.38	
家鸡股骨	80.45	16.11	15.88
家鸡股骨	79.62	15.52	14.52
家鸡股骨		18.6	
家鸡股骨		15.53	
家鸡股骨		15.9	
家鸡股骨	80.43	15.51	16.65
家鸡股骨	75.15	14.63	13.94
家鸡股骨		14.84	
家鸡股骨		17.07	
家鸡股骨		16.04	
家鸡股骨		14.46	
家鸡股骨		13.24	
家鸡股骨		17.11	
家鸡股骨		14.18	
家鸡股骨		16.96	
家鸡股骨		19.08	
家鸡股骨		16.35	
家鸡股骨		17.05	
家鸡股骨	78.11	15.67	14.92

续表

动物种属及骨骼名称	长度（毫米）	近端宽度（毫米）	远端宽度（毫米）
家鸡股骨	77.79	15.37	15.21
家鸡股骨		15.99	
家鸡股骨		20.29	
家鸡股骨		·17.13	
家鸡股骨		15.64	
家鸡股骨		15.56	
家鸡股骨	87.43	18.81	19.26
家鸡股骨	76.47	15.88	15.43
家鸡股骨	97.04	20.11	20.64
家鸡股骨	78.32	15.42	14.86
家鸡股骨	79.91	16.21	14.92
家鸡股骨		17.59	
家鸡股骨	81.11	16.08	15.86
家鸡股骨	92.38	19.05	
家鸡股骨			14.59
家鸡股骨		24.89	
家鸡股骨		15.96	
家鸡股骨		18.7	

附表 29　蜀王府遗址出土家鸡胫骨测量数据一览表

动物种属及骨骼名称	长度（毫米）	近端宽度（毫米）	远端宽度（毫米）
家鸡胫骨		16.44	
家鸡胫骨		17.27	
家鸡胫骨		15.4	
家鸡胫骨			11.54
家鸡胫骨			12.33
家鸡胫骨			14.01
家鸡胫骨			12.02
家鸡胫骨			12.96
家鸡胫骨			13.21
家鸡胫骨			12.51
家鸡胫骨			15.13
家鸡胫骨			13.78
家鸡胫骨			14.28
家鸡胫骨			10.39
家鸡胫骨			12.1
家鸡胫骨			11.2

动物种属及骨骼名称	长度（毫米）	近端宽度（毫米）	远端宽度（毫米）
家鸡胫骨			13.16
家鸡胫骨			12.91
家鸡胫骨			12.25
家鸡胫骨			12.28
家鸡胫骨		18.7	
家鸡胫骨		18.2	
家鸡胫骨		16.34	
家鸡胫骨		15.7	
家鸡胫骨		15.57	
家鸡胫骨		15.45	
家鸡胫骨			12.73
家鸡胫骨			12.84
家鸡胫骨			13.08
家鸡胫骨			12.55
家鸡胫骨			14.57
家鸡胫骨			13.99
家鸡胫骨			14.9
家鸡胫骨			12.82
家鸡胫骨			12.4
家鸡胫骨			12.76
家鸡胫骨			12.75
家鸡胫骨			14.12
家鸡胫骨			12.59
家鸡胫骨			12.37
家鸡胫骨			14.43
家鸡胫骨	113.51	16.53	12.37
家鸡胫骨	107.24	13.4	9.7
家鸡胫骨		15.33	
家鸡胫骨			13.89
家鸡胫骨			12.5
家鸡胫骨			14.17
家鸡胫骨			12.99
家鸡胫骨			12.8
家鸡胫骨			12.87
家鸡胫骨			13.39
家鸡胫骨			13.22
家鸡胫骨		14.58	

动物种属及骨骼名称	长度（毫米）	近端宽度（毫米）	远端宽度（毫米）
家鸡胫骨		14.78	
家鸡胫骨		14.11	
家鸡胫骨		14.8	
家鸡胫骨			11.91
家鸡胫骨			11.89
家鸡胫骨			11.15
家鸡胫骨			11.96
家鸡胫骨			13.26
家鸡胫骨			13.97
家鸡胫骨			14.9
家鸡胫骨			12.8
家鸡胫骨			15.92
家鸡胫骨			12.11
家鸡胫骨			11.77
家鸡胫骨			11.33
家鸡胫骨			10.44
家鸡胫骨			11.61
家鸡胫骨			12.33
家鸡胫骨			12.9
家鸡胫骨			12.02
家鸡胫骨			10.44
家鸡胫骨			13.8
家鸡胫骨	140.4	18.5	14.08
家鸡胫骨			13.82
家鸡胫骨			13.36
家鸡胫骨			13.43
家鸡胫骨			13.84
家鸡胫骨			14.73
家鸡胫骨			13
家鸡胫骨			12.83
家鸡胫骨			12.56
家鸡胫骨			13.7
家鸡胫骨			12.21
家鸡胫骨			13.86
家鸡胫骨		18.17	
家鸡胫骨		18.96	
家鸡胫骨		15.22	

动物种属及骨骼名称	长度（毫米）	近端宽度（毫米）	远端宽度（毫米）
家鸡胫骨		11.72	
家鸡胫骨		12.03	
家鸡胫骨		14.79	
家鸡胫骨		12.03	
家鸡胫骨		14.47	
家鸡胫骨		11.58	
家鸡胫骨		11.46	
家鸡胫骨		12.41	
家鸡胫骨		11.5	
家鸡胫骨			14.12
家鸡胫骨			12.77
家鸡胫骨	109.48	14.02	12.06
家鸡胫骨		15.18	
家鸡胫骨		14.69	
家鸡胫骨			14.27
家鸡胫骨			15.66
家鸡胫骨			14.27
家鸡胫骨			11.93
家鸡胫骨			13.11
家鸡胫骨			12
家鸡胫骨			14.19
家鸡胫骨			14.03
家鸡胫骨			13.93
家鸡胫骨			12.99
家鸡胫骨			12.67
家鸡胫骨			12.25
家鸡胫骨			10.8
家鸡胫骨			15.22
家鸡胫骨			12.24
家鸡胫骨	118.12	14.98	12.47
家鸡胫骨		16.93	
家鸡胫骨		15.48	
家鸡胫骨		17.22	
家鸡胫骨		16.19	
家鸡胫骨			13.75
家鸡胫骨			11.03
家鸡胫骨			12.38

动物种属及骨骼名称	长度（毫米）	近端宽度（毫米）	远端宽度（毫米）
家鸡胫骨			11.89
家鸡胫骨			13.05
家鸡胫骨			12.44
家鸡胫骨			12.8
家鸡胫骨	122.9	18.51	14.14
家鸡胫骨		15.54	
家鸡胫骨		17.38	
家鸡胫骨		14.88	
家鸡胫骨		18.47	
家鸡胫骨		12.78	
家鸡胫骨		14.22	
家鸡胫骨			13.35
家鸡胫骨			13.12
家鸡胫骨			12.1
家鸡胫骨			12.8
家鸡胫骨			12.45
家鸡胫骨			13.53
家鸡胫骨			13.45
家鸡胫骨			12.62
家鸡胫骨			14.57
家鸡胫骨			14.46
家鸡胫骨			12.96
家鸡胫骨			10.89
家鸡胫骨			14.94
家鸡胫骨			13
家鸡胫骨			11.53
家鸡胫骨			11.61
家鸡胫骨			13.26
家鸡胫骨			12.44
家鸡胫骨			13.12
家鸡胫骨			12.63
家鸡胫骨		15.1	
家鸡胫骨		18.85	
家鸡胫骨			16.58
家鸡胫骨			13.7
家鸡胫骨			12.11
家鸡胫骨			12.75

动物种属及骨骼名称	长度（毫米）	近端宽度（毫米）	远端宽度（毫米）
家鸡胫骨			11.91
家鸡胫骨			13.56
家鸡胫骨			11.68
家鸡胫骨			12.35
家鸡胫骨			11.27
家鸡胫骨			11.87
家鸡胫骨			14.04
家鸡胫骨			15.31
家鸡胫骨	111.67	15.52	11.83
家鸡胫骨		18.7	
家鸡胫骨		15.89	
家鸡胫骨			14.42
家鸡胫骨			12.28
家鸡胫骨			13.32
家鸡胫骨			14.8
家鸡胫骨			11.96
家鸡胫骨			12.8
家鸡胫骨			12.7
家鸡胫骨			12
家鸡胫骨			13.8
家鸡胫骨			12.58
家鸡胫骨			12.31
家鸡胫骨			13.01
家鸡胫骨			12.29
家鸡胫骨			12.67
家鸡胫骨	133.54	19.55	14.95
家鸡胫骨	140.95	17.74	14.93
家鸡胫骨	134.88	17.79	13.76
家鸡胫骨	129.71	17.27	12.69
家鸡胫骨	136.6	18.14	14.63
家鸡胫骨	117.62	14.67	12.6
家鸡胫骨	135.57	17.42	14.15
家鸡胫骨	125.15	15.43	13.19
家鸡胫骨			13.18
家鸡胫骨		16.44	
家鸡胫骨		13.66	
家鸡胫骨		14.64	

动物种属及骨骼名称	长度（毫米）	近端宽度（毫米）	远端宽度（毫米）
家鸡胫骨		15.91	
家鸡胫骨		14.97	
家鸡胫骨		12.45	
家鸡胫骨			12.06
家鸡胫骨			12.47
家鸡胫骨			13.62
家鸡胫骨			11.81
家鸡胫骨			12.45
家鸡胫骨			11.03
家鸡胫骨			11.82
家鸡胫骨			12.24
家鸡胫骨			12.06
家鸡胫骨			14.15
家鸡胫骨			14.53
家鸡胫骨			12
家鸡胫骨			14.6
家鸡胫骨			12.58
家鸡胫骨			15.61
家鸡胫骨			14.33
家鸡胫骨	136.23	18.4	13.55
家鸡胫骨	115.03	14.6	11.59
家鸡胫骨		15.14	
家鸡胫骨		17.41	
家鸡胫骨			12.8
家鸡胫骨			12.73
家鸡胫骨			12.77
家鸡胫骨			13.03
家鸡胫骨			11.59
家鸡胫骨			11.25
家鸡胫骨			10.49
家鸡胫骨			13.63
家鸡胫骨			11.2
家鸡胫骨			11.96
家鸡胫骨			12.65
家鸡胫骨			12.61
家鸡胫骨			13.08
家鸡胫骨			14.78

动物种属及骨骼名称	长度（毫米）	近端宽度（毫米）	远端宽度（毫米）
家鸡胫骨			12.64
家鸡胫骨			13.9
家鸡胫骨		18.83	
家鸡胫骨		15.03	
家鸡胫骨		16.05	
家鸡胫骨		16.01	
家鸡胫骨			11.06
家鸡胫骨			14.14
家鸡胫骨			13.34
家鸡胫骨			12.95
家鸡胫骨			11.36
家鸡胫骨			13.79
家鸡胫骨			12.13
家鸡胫骨			11.38
家鸡胫骨			11.67
家鸡胫骨			11.71
家鸡胫骨			12.85
家鸡胫骨			11.71
家鸡胫骨			11.95
家鸡胫骨			13.79
家鸡胫骨			12.98
家鸡胫骨			13.33
家鸡胫骨			13.71
家鸡胫骨	127.92	16.99	
家鸡胫骨	108.15	12.45	17.6
家鸡胫骨		16.45	
家鸡胫骨		19.4	
家鸡胫骨		17.14	
家鸡胫骨			13.95
家鸡胫骨			12.27
家鸡胫骨			12.98
家鸡胫骨			11.97
家鸡胫骨			13.74
家鸡胫骨			13.91
家鸡胫骨			12.9
家鸡胫骨			12.91
家鸡胫骨			11.69

动物种属及骨骼名称	长度（毫米）	近端宽度（毫米）	远端宽度（毫米）
家鸡胫骨			11.99
家鸡胫骨		16.32	
家鸡胫骨		16.42	
家鸡胫骨		15.86	
家鸡胫骨			13.51
家鸡胫骨			16.08
家鸡胫骨			12.06
家鸡胫骨			13.01
家鸡胫骨			14.78
家鸡胫骨			13.89
家鸡胫骨			12.42
家鸡胫骨			12.12
家鸡胫骨			15.07
家鸡胫骨			11.77
家鸡胫骨			12.26
家鸡胫骨			12.13
家鸡胫骨			12.48
家鸡胫骨			12.12
家鸡胫骨			15.4
家鸡胫骨			15.67
家鸡胫骨			12.82
家鸡胫骨	132.66	16.4	14.55
家鸡胫骨		17.95	
家鸡胫骨		16.77	
家鸡胫骨		18.43	
家鸡胫骨		18.24	
家鸡胫骨			13.93
家鸡胫骨			13.17
家鸡胫骨			14.69
家鸡胫骨			12.97
家鸡胫骨			10.91
家鸡胫骨			13.39
家鸡胫骨			12.55
家鸡胫骨			12.6
家鸡胫骨			12.77
家鸡胫骨			10.62
家鸡胫骨			12.52

动物种属及骨骼名称	长度（毫米）	近端宽度（毫米）	远端宽度（毫米）
家鸡胫骨		14.92	
家鸡胫骨		13.7	
家鸡胫骨		13.96	
家鸡胫骨		15.77	
家鸡胫骨		14.97	
家鸡胫骨		12.55	
家鸡胫骨			12.08
家鸡胫骨			13.95
家鸡胫骨			11.99
家鸡胫骨			12.18
家鸡胫骨			12.4
家鸡胫骨		15.98	
家鸡胫骨			12.01
家鸡胫骨			12.33
家鸡胫骨			14.17
家鸡胫骨		13.85	
家鸡胫骨			12.64
家鸡胫骨	117.55	15.62	12.9
家鸡胫骨	121.4	15.97	12.82
家鸡胫骨	127.63	17.37	12
家鸡胫骨		12.98	
家鸡胫骨		19.96	
家鸡胫骨		16.34	
家鸡胫骨		15.2	
家鸡胫骨		16.65	
家鸡胫骨		15.6	
家鸡胫骨			11.35
家鸡胫骨			12.2
家鸡胫骨			12.31
家鸡胫骨			11.5
家鸡胫骨			11.23
家鸡胫骨			10.89
家鸡胫骨			13.81
家鸡胫骨			13.83
家鸡胫骨			12.4
家鸡胫骨			10.36
家鸡胫骨			14.35

续表

动物种属及骨骼名称	长度（毫米）	近端宽度（毫米）	远端宽度（毫米）
家鸡胫骨			12.44
家鸡胫骨			15.09
家鸡胫骨			13.37
家鸡胫骨			12.74
家鸡胫骨			13.9
家鸡胫骨	140.02	18.43	
家鸡胫骨		17.14	
家鸡胫骨		17.12	
家鸡胫骨	132.24	17.56	14.27
家鸡胫骨			12.11
家鸡胫骨			12.56
家鸡胫骨			13.1
家鸡胫骨			13.86
家鸡胫骨			15.8
家鸡胫骨			15.4
家鸡胫骨			13.6
家鸡胫骨			13.7
家鸡胫骨			12.8
家鸡胫骨			14.23
家鸡胫骨			14.36
家鸡胫骨			14.59
家鸡胫骨			10.7
家鸡胫骨	139.53	16.74	13.09
家鸡胫骨	121.07	14.76	12.47
家鸡胫骨		17.81	
家鸡胫骨		13.75	
家鸡胫骨		14.4	
家鸡胫骨		12.58	
家鸡胫骨			12.66
家鸡胫骨			13.53
家鸡胫骨			12.85
家鸡胫骨			11.7
家鸡胫骨			15.55
家鸡胫骨			13.56
家鸡胫骨			13.09
家鸡胫骨			11.37

动物种属及骨骼名称	长度（毫米）	近端宽度（毫米）	远端宽度（毫米）
家鸡胫骨			11.16
家鸡胫骨			12.08
家鸡胫骨	116.74	14.75	12.72
家鸡胫骨	125.67	15.68	12.67
家鸡胫骨		14.46	
家鸡胫骨		15.93	
家鸡胫骨		14.16	
家鸡胫骨			12.53
家鸡胫骨			14.53
家鸡胫骨			12.43
家鸡胫骨			11.46
家鸡胫骨			12.12
家鸡胫骨			12.42
家鸡胫骨			12.4
家鸡胫骨			12.35
家鸡胫骨			13.06
家鸡胫骨			15.89
家鸡胫骨			14.56
家鸡胫骨			13.64
家鸡胫骨	118.77	15.67	12.95
家鸡胫骨		16.72	
家鸡胫骨			11.77
家鸡胫骨			12.77
家鸡胫骨			13.42
家鸡胫骨			14.26
家鸡胫骨			12.42
家鸡胫骨			14.72
家鸡胫骨			12.59
家鸡胫骨			12.55
家鸡胫骨			13.15
家鸡胫骨			13.45
家鸡胫骨			9.17
家鸡胫骨			12.73
家鸡胫骨			13.27
家鸡胫骨			14.15
家鸡胫骨			12.08
家鸡胫骨			13.98

动物种属及骨骼名称	长度（毫米）	近端宽度（毫米）	远端宽度（毫米）
家鸡胫骨			12.67
家鸡胫骨			12.52
家鸡胫骨			12.48
家鸡胫骨			12.94
家鸡胫骨			11.72
家鸡胫骨			12.02
家鸡胫骨			13.65
家鸡胫骨			12.28
家鸡胫骨			11.4
家鸡胫骨			12.45
家鸡胫骨			11.72
家鸡胫骨			12.73
家鸡胫骨			13.69
家鸡胫骨			12.44
家鸡胫骨			11.72
家鸡胫骨			11.75
家鸡胫骨		18.44	
家鸡胫骨		15.3	
家鸡胫骨		13.35	
家鸡胫骨			13.48
家鸡胫骨			16.15
家鸡胫骨	110.6	14.37	12.01
家鸡胫骨	111.07	15.11	12.27
家鸡胫骨		15.38	
家鸡胫骨		15.1	
家鸡胫骨		14.03	
家鸡胫骨		16.98	
家鸡胫骨			11.59
家鸡胫骨			13.09
家鸡胫骨			13.65
家鸡胫骨			11.17
家鸡胫骨			11.82
家鸡胫骨			11.91
家鸡胫骨			14.62
家鸡胫骨	129.5	16.79	13.11
家鸡胫骨	110.29	14.54	13.5
家鸡胫骨	105.88	14.63	11.59

动物种属及骨骼名称	长度（毫米）	近端宽度（毫米）	远端宽度（毫米）
家鸡胫骨	113.13	17.12	14.48
家鸡胫骨		15.47	
家鸡胫骨		14.23	
家鸡胫骨			13.92
家鸡胫骨			13.87
家鸡胫骨			11.67
家鸡胫骨			11.98
家鸡胫骨			13.41
家鸡胫骨			11.51
家鸡胫骨			13.08
家鸡胫骨			15.74
家鸡胫骨			13.55
家鸡胫骨			11.98
家鸡胫骨			12.15
家鸡胫骨			11.47
家鸡胫骨			14.01
家鸡胫骨	142.66	17.45	16.66
家鸡胫骨	112.3	15.22	11.99
家鸡胫骨		18.27	
家鸡胫骨		14.34	
家鸡胫骨		14.98	
家鸡胫骨			14.72
家鸡胫骨			14.3
家鸡胫骨			11.8
家鸡胫骨			11.9
家鸡胫骨			14.96
家鸡胫骨			15.05
家鸡胫骨			12.67
家鸡胫骨			14.25
家鸡胫骨			11.41
家鸡胫骨			12.3
家鸡胫骨			13.71
家鸡胫骨		18.32	
家鸡胫骨		15.43	
家鸡胫骨		19.27	
家鸡胫骨		15.24	
家鸡胫骨		15.84	

动物种属及骨骼名称	长度（毫米）	近端宽度（毫米）	远端宽度（毫米）
家鸡胫骨		15.17	
家鸡胫骨		15.7	
家鸡胫骨			12.34
家鸡胫骨			12.77
家鸡胫骨			13.42
家鸡胫骨			13.35
家鸡胫骨			13.29
家鸡胫骨			12.33
家鸡胫骨			11.61
家鸡胫骨			12.73
家鸡胫骨			14.66
家鸡胫骨			12.02
家鸡胫骨	115	14.51	12.2
家鸡胫骨	116.43	14.65	12.64
家鸡胫骨		19.81	
家鸡胫骨		13.88	
家鸡胫骨		16.48	
家鸡胫骨		20.13	
家鸡胫骨		14.58	
家鸡胫骨		14.01	
家鸡胫骨		17.46	
家鸡胫骨		14.2	
家鸡胫骨			12
家鸡胫骨			13.73
家鸡胫骨			11.5
家鸡胫骨			10.92
家鸡胫骨			15.2
家鸡胫骨			14.25
家鸡胫骨			13.1
家鸡胫骨			10.94
家鸡胫骨			13.95
家鸡胫骨		15.6	
家鸡胫骨		15.71	
家鸡胫骨			12.77
家鸡胫骨			12.73
家鸡胫骨			14.37
家鸡胫骨			11.15

动物种属及骨骼名称	长度（毫米）	近端宽度（毫米）	远端宽度（毫米）
家鸡胫骨			12.9
家鸡胫骨			12.22
家鸡胫骨			12.17
家鸡胫骨			13.69
家鸡胫骨			14.36
家鸡胫骨			14.52
家鸡胫骨			14.74
家鸡胫骨			11.62
家鸡胫骨	103.93	12.02	9.86
家鸡胫骨		17.19	
家鸡胫骨		15.55	
家鸡胫骨		14.81	
家鸡胫骨		12.18	
家鸡胫骨			17.35
家鸡胫骨			12.19
家鸡胫骨			12.86
家鸡胫骨			12.76
家鸡胫骨			14.53
家鸡胫骨			11.41
家鸡胫骨			13.74
家鸡胫骨			11.88
家鸡胫骨			12.75
家鸡胫骨		17.27	
家鸡胫骨		14.83	
家鸡胫骨		15.07	
家鸡胫骨		14.17	
家鸡胫骨			12.6
家鸡胫骨			12.76
家鸡胫骨			12.38
家鸡胫骨			13.44
家鸡胫骨			13.76
家鸡胫骨			14.3
家鸡胫骨			13.24
家鸡胫骨			12.07
家鸡胫骨			13.1
家鸡胫骨			11.13
家鸡胫骨			12.84

动物种属及骨骼名称	长度（毫米）	近端宽度（毫米）	远端宽度（毫米）
家鸡胫骨			12.7
家鸡胫骨			11.64
家鸡胫骨			14.3
家鸡胫骨			13.5
家鸡胫骨			13.88
家鸡胫骨			12.97
家鸡胫骨			11.67
家鸡胫骨	113.36	14.54	12.13
家鸡胫骨		4.59	
家鸡胫骨		13.57	
家鸡胫骨		16.08	
家鸡胫骨		15.1	
家鸡胫骨		13.98	
家鸡胫骨		15.07	
家鸡胫骨		13.8	
家鸡胫骨			12.84
家鸡胫骨			11.83
家鸡胫骨			12.55
家鸡胫骨			15.2
家鸡胫骨			14.9
家鸡胫骨			11.76
家鸡胫骨			13.76
家鸡胫骨			11.74
家鸡胫骨			11.94
家鸡胫骨			13.76
家鸡胫骨			15.88
家鸡胫骨			12.92
家鸡胫骨			12.69
家鸡胫骨			11.77
家鸡胫骨			12.67
家鸡胫骨	117.95	15.19	12.38
家鸡胫骨		13.4	
家鸡胫骨		15.99	
家鸡胫骨		15.22	
家鸡胫骨		13.68	
家鸡胫骨			13.61
家鸡胫骨			14.61

动物种属及骨骼名称	长度（毫米）	近端宽度（毫米）	远端宽度（毫米）
家鸡胫骨			15.61
家鸡胫骨			16.61
家鸡胫骨			17.61
家鸡胫骨			18.61
家鸡胫骨			19.61
家鸡胫骨			20.61
家鸡胫骨			21.61
家鸡胫骨			22.61
家鸡胫骨		13.4	
家鸡胫骨		15.17	
家鸡胫骨			12.73
家鸡胫骨			11.93
家鸡胫骨			10.27
家鸡胫骨			12.07
家鸡胫骨			14.16
家鸡胫骨			12.23
家鸡胫骨	126.18	15.41	12.66
家鸡胫骨	113.12	15.25	
家鸡胫骨		14	
家鸡胫骨		14.73	
家鸡胫骨		13.5	
家鸡胫骨		15.7	
家鸡胫骨			11.52
家鸡胫骨			10.36
家鸡胫骨			12.75
家鸡胫骨			12.15
家鸡胫骨			12.16
家鸡胫骨			13.65
家鸡胫骨			13.57
家鸡胫骨			12.33
家鸡胫骨			14.09
家鸡胫骨			15
家鸡胫骨		15.14	
家鸡胫骨		13.5	
家鸡胫骨		15.5	
家鸡胫骨			14.74
家鸡胫骨			14.06

动物种属及骨骼名称	长度（毫米）	近端宽度（毫米）	远端宽度（毫米）
家鸡胫骨			11.36
家鸡胫骨			14.66
家鸡胫骨			11.25
家鸡胫骨			13
家鸡胫骨			11.95
家鸡胫骨			13.66
家鸡胫骨			15.16
家鸡胫骨			14.16
家鸡胫骨			13.9
家鸡胫骨			12.64
家鸡胫骨		15.69	
家鸡胫骨		13.8	
家鸡胫骨		16.72	
家鸡胫骨		16.53	
家鸡胫骨		14.66	
家鸡胫骨		14.66	
家鸡胫骨	107.3	12.52	10.73
家鸡胫骨		14.68	
家鸡胫骨			12.8
家鸡胫骨			13.72
家鸡胫骨			12.5
家鸡胫骨			12.61
家鸡胫骨			13.91
家鸡胫骨			13.54
家鸡胫骨			14
家鸡胫骨	126.12	15.94	14
家鸡胫骨		16.31	
家鸡胫骨		16.26	
家鸡胫骨		18.46	
家鸡胫骨			11.36
家鸡胫骨			12.23
家鸡胫骨			16.03
家鸡胫骨			11.2
家鸡胫骨			13.05
家鸡胫骨			13.94
家鸡胫骨			12.84
家鸡胫骨			11.41

动物种属及骨骼名称	长度（毫米）	近端宽度（毫米）	远端宽度（毫米）
家鸡胫骨			12.48
家鸡胫骨			12.05
家鸡胫骨	113.56	14.47	11.99
家鸡胫骨		16.98	
家鸡胫骨		13.33	
家鸡胫骨		16.4	
家鸡胫骨		14.47	
家鸡胫骨			14.03
家鸡胫骨			12.57
家鸡胫骨			13.05
家鸡胫骨			12.75
家鸡胫骨			14.45
家鸡胫骨			14.81
家鸡胫骨			12.35
家鸡胫骨			13.06
家鸡胫骨			13.63
家鸡胫骨	111.58	11.69	11.47
家鸡胫骨	114.6	11.64	11.64
家鸡胫骨		16.34	
家鸡胫骨		18.79	
家鸡胫骨			11.66
家鸡胫骨			12.27
家鸡胫骨			11.49
家鸡胫骨			14.11
家鸡胫骨			13.16
家鸡胫骨			14.09
家鸡胫骨			14.8
家鸡胫骨			14.58
家鸡胫骨			11.43
家鸡胫骨		10.73	
家鸡胫骨		10.58	
家鸡胫骨			7.83
家鸡胫骨			10.13
家鸡胫骨			7.19
家鸡胫骨			5.15
家鸡胫骨			7.17

动物种属及骨骼名称	长度（毫米）	近端宽度（毫米）	远端宽度（毫米）
家鸡胫骨			7.52
家鸡胫骨			9.66
家鸡胫骨			6.78
家鸡胫骨			7.34
家鸡胫骨			8.28
家鸡胫骨			8.16
家鸡胫骨			6.82
家鸡胫骨			5.72
家鸡胫骨			8.22
家鸡胫骨			7.53
家鸡胫骨			8.95
家鸡胫骨			6.42
家鸡胫骨			9.95
家鸡胫骨			8.42
家鸡胫骨			7.59
家鸡胫骨			8.34
家鸡胫骨			9.46
家鸡胫骨			8.9
家鸡胫骨			7.28
家鸡胫骨			8.5
家鸡胫骨			6.81
家鸡胫骨			5.79
家鸡胫骨			8.41
家鸡胫骨			7.1
家鸡胫骨			6.96
家鸡胫骨			7.44
家鸡胫骨			7.2
家鸡胫骨			9.16
家鸡胫骨			8.25
家鸡胫骨			6.97
家鸡胫骨			5.75
家鸡胫骨			6.68
家鸡胫骨			6.05
家鸡胫骨			9.1
家鸡胫骨			8.86
家鸡胫骨			7.73
家鸡胫骨			7.21

动物种属及骨骼名称	长度（毫米）	近端宽度（毫米）	远端宽度（毫米）
家鸡胫骨			13.53
家鸡胫骨	106.95	15.63	11.77
家鸡胫骨	135	19.24	14.67
家鸡胫骨	104.02	9.22	6.74
家鸡胫骨	122.3	11.9	7.9
家鸡胫骨	99.72	11.62	7.2
家鸡胫骨	112.28	12.25	6.95
家鸡胫骨		19.05	
家鸡胫骨		16.52	
家鸡胫骨		17.77	
家鸡胫骨		13.66	
家鸡胫骨		14.05	
家鸡胫骨		15.88	
家鸡胫骨		17.99	
家鸡胫骨		16.71	
家鸡胫骨		14.64	
家鸡胫骨		12.72	
家鸡胫骨		14.75	
家鸡胫骨		15.14	
家鸡胫骨		18.81	
家鸡胫骨		18.42	
家鸡胫骨		15.55	
家鸡胫骨		10.93	
家鸡胫骨		13.66	
家鸡胫骨		15.83	
家鸡胫骨		9.58	
家鸡胫骨		11.8	
家鸡胫骨		16.13	
家鸡胫骨			13.92
家鸡胫骨			11.89
家鸡胫骨			14.17
家鸡胫骨			12.09
家鸡胫骨			11.8
家鸡胫骨			11.57
家鸡胫骨			12.65
家鸡胫骨			11.24
家鸡胫骨			12.7

动物种属及骨骼名称	长度（毫米）	近端宽度（毫米）	远端宽度（毫米）
家鸡胫骨			14.54
家鸡胫骨			14.89
家鸡胫骨			15.02
家鸡胫骨			11.35
家鸡胫骨			15.14
家鸡胫骨			14.66
家鸡胫骨			12.66
家鸡胫骨			13.89
家鸡胫骨			13.03
家鸡胫骨			11.37
家鸡胫骨			12.5
家鸡胫骨			12.19
家鸡胫骨			11.39
家鸡胫骨			14.08
家鸡胫骨			11.58
家鸡胫骨			13.4
家鸡胫骨			11.5
家鸡胫骨			9.98
家鸡胫骨			14.2
家鸡胫骨			11.59
家鸡胫骨			11.87
家鸡胫骨	117.84	16.3	12.8
家鸡胫骨		15.86	
家鸡胫骨		17.4	
家鸡胫骨		17.76	
家鸡胫骨		15.75	
家鸡胫骨			12.74
家鸡胫骨			13.8
家鸡胫骨			13.14
家鸡胫骨			11.97
家鸡胫骨			12.96
家鸡胫骨			13.97
家鸡胫骨			12.55
家鸡胫骨			13.26
家鸡胫骨			13.24
家鸡胫骨			11.75
家鸡胫骨			11.72

动物种属及骨骼名称	长度（毫米）	近端宽度（毫米）	远端宽度（毫米）
家鸡胫骨			16.05
家鸡胫骨			11.4
家鸡胫骨			12.98
家鸡胫骨			11.97
家鸡胫骨		13.25	
家鸡胫骨		13.78	
家鸡胫骨		15.09	
家鸡胫骨		14.31	
家鸡胫骨			13.51
家鸡胫骨			12.2
家鸡胫骨			15
家鸡胫骨			9.09
家鸡胫骨			12.15
家鸡胫骨			15.46
家鸡胫骨			14.54
家鸡胫骨			11.84
家鸡胫骨			14.48
家鸡胫骨			12.33
家鸡胫骨			13.76
家鸡胫骨	128.6	17.84	15.13
家鸡胫骨		13.79	
家鸡胫骨		16.67	
家鸡胫骨			15.55
家鸡胫骨			13.77
家鸡胫骨			11.4
家鸡胫骨			16.09
家鸡胫骨			13.15
家鸡胫骨			12.6
家鸡胫骨			12.44
家鸡胫骨	123.23	16	12.14
家鸡胫骨		16.74	
家鸡胫骨		18	
家鸡胫骨		14.25	
家鸡胫骨		16.56	
家鸡胫骨			11.15
家鸡胫骨			13.59
家鸡胫骨			14.87

动物种属及骨骼名称	长度（毫米）	近端宽度（毫米）	远端宽度（毫米）
家鸡胫骨			11.82
家鸡胫骨			12.98
家鸡胫骨			14.18
家鸡胫骨			11.88
家鸡胫骨			13.2
家鸡胫骨			12.5
家鸡胫骨			13.04
家鸡胫骨			13.06
家鸡胫骨			12.54
家鸡胫骨			12.94
家鸡胫骨		14.63	
家鸡胫骨			12.28
家鸡胫骨	138.31	18.6	14.31
家鸡胫骨	106.53	14.6	11.36
家鸡胫骨		16.3	
家鸡胫骨		17.47	
家鸡胫骨		18.5	
家鸡胫骨		16.83	
家鸡胫骨			12.46
家鸡胫骨			15.32
家鸡胫骨			14.84
家鸡胫骨			15.34
家鸡胫骨			12.11
家鸡胫骨			12.04
家鸡胫骨			13.77
家鸡胫骨			15.28
家鸡胫骨			11.57
家鸡胫骨			14.08
家鸡胫骨			14.92
家鸡胫骨			12.81
家鸡胫骨			11.73
家鸡胫骨			11.64
家鸡胫骨		17.06	
家鸡胫骨		16.63	
家鸡胫骨		12.74	
家鸡胫骨		14.56	
家鸡胫骨			13.42

动物种属及骨骼名称	长度（毫米）	近端宽度（毫米）	远端宽度（毫米）
家鸡胫骨			12.57
家鸡胫骨			14.86
家鸡胫骨			14.61
家鸡胫骨			13.51
家鸡胫骨			12.73
家鸡胫骨			12.71
家鸡胫骨			16.68
家鸡胫骨			12.54
家鸡胫骨			13.32
家鸡胫骨			13.07
家鸡胫骨			13.03
家鸡胫骨			11.64
家鸡胫骨			12.51
家鸡胫骨			12.39
家鸡胫骨			12.88
家鸡胫骨			11.41
家鸡胫骨	115.17	15.8	
家鸡胫骨		16.64	
家鸡胫骨		18.57	
家鸡胫骨		14.64	
家鸡胫骨			12.08
家鸡胫骨			14.25
家鸡胫骨			13.17
家鸡胫骨			11.34
家鸡胫骨			14.33
家鸡胫骨			12.48
家鸡胫骨			11.46
家鸡胫骨			13.06
家鸡胫骨		14.6	
家鸡胫骨		15.8	
家鸡胫骨			12.24
家鸡胫骨			12.9
家鸡胫骨			10.65
家鸡胫骨			12.3
家鸡胫骨			14.29
家鸡胫骨			11
家鸡胫骨			11.35

动物种属及骨骼名称	长度（毫米）	近端宽度（毫米）	远端宽度（毫米）
家鸡胫骨			11.7
家鸡胫骨			12.61
家鸡胫骨			14.69
家鸡胫骨			13.81
家鸡胫骨			11.99
家鸡胫骨			12.07
家鸡胫骨		13.81	
家鸡胫骨		12.55	
家鸡胫骨		16.65	
家鸡胫骨		15.2	
家鸡胫骨		16.8	
家鸡胫骨			11.72
家鸡胫骨			13.03
家鸡胫骨			12.6
家鸡胫骨			15.8
家鸡胫骨			12.17
家鸡胫骨			12.99
家鸡胫骨			13.67
家鸡胫骨			12.22
家鸡胫骨			14.54
家鸡胫骨			13.93
家鸡胫骨			10.67
家鸡胫骨		16.24	
家鸡胫骨		16.92	
家鸡胫骨		18.03	
家鸡胫骨		14.7	
家鸡胫骨		20.78	
家鸡胫骨		14.18	
家鸡胫骨			12.39
家鸡胫骨			13.67
家鸡胫骨			12.56
家鸡胫骨			13.95
家鸡胫骨			14.66
家鸡胫骨			12.28
家鸡胫骨			12.81
家鸡胫骨			12.5
家鸡胫骨			13.6

动物种属及骨骼名称	长度（毫米）	近端宽度（毫米）	远端宽度（毫米）
家鸡胫骨			12.3
家鸡胫骨	148.54	20.42	15.76
家鸡胫骨	112.26	15.32	12.61
家鸡胫骨		15.98	
家鸡胫骨		16.53	
家鸡胫骨		15.03	
家鸡胫骨		15.34	
家鸡胫骨		15.65	
家鸡胫骨			13.45
家鸡胫骨			12.97
家鸡胫骨			13.83
家鸡胫骨			14.31
家鸡胫骨			12.74
家鸡胫骨			11.96
家鸡胫骨			15.67
家鸡胫骨			14.55
家鸡胫骨			12.67
家鸡胫骨			11.13
家鸡胫骨			16.36
家鸡胫骨		16.91	
家鸡胫骨		15.93	
家鸡胫骨		19.92	
家鸡胫骨			14.51
家鸡胫骨			12.61
家鸡胫骨			10.85
家鸡胫骨			12.29
家鸡胫骨			13.29
家鸡胫骨			11.89
家鸡胫骨			11.83
家鸡胫骨			13.26
家鸡胫骨			11.61
家鸡胫骨			12.45
家鸡胫骨			14.06
家鸡胫骨		14.25	
家鸡胫骨		18.3	
家鸡胫骨		14.53	
家鸡胫骨		15	

动物种属及骨骼名称	长度（毫米）	近端宽度（毫米）	远端宽度（毫米）
家鸡胫骨		14.17	
家鸡胫骨			13.76
家鸡胫骨			12.47
家鸡胫骨			11.56
家鸡胫骨			13.24
家鸡胫骨			12.39
家鸡胫骨			11.75
家鸡胫骨			11.1
家鸡胫骨			12.62
家鸡胫骨			15.6
家鸡胫骨			10.84
家鸡胫骨			14.17
家鸡胫骨			12.42
家鸡胫骨			12.91
家鸡胫骨			13.34
家鸡胫骨			13.29
家鸡胫骨			11.92
家鸡胫骨			13.18
家鸡胫骨			12.03
家鸡胫骨			11.59
家鸡胫骨		15.38	
家鸡胫骨		17.38	
家鸡胫骨		13.52	
家鸡胫骨		15.71	
家鸡胫骨		18.6	
家鸡胫骨		14.34	
家鸡胫骨		18.1	
家鸡胫骨		16	
家鸡胫骨		13.13	
家鸡胫骨			14.73
家鸡胫骨			13.45
家鸡胫骨			12.25
家鸡胫骨			11.73
家鸡胫骨			12.27
家鸡胫骨			14.6
家鸡胫骨			11.77
家鸡胫骨			13.67

动物种属及骨骼名称	长度（毫米）	近端宽度（毫米）	远端宽度（毫米）
家鸡胫骨			13.97
家鸡胫骨			13.48
家鸡胫骨			13.54
家鸡胫骨			13.17
家鸡胫骨			12.52
家鸡胫骨			13.44
家鸡胫骨			12.37
家鸡胫骨			12.58
家鸡胫骨			11.51
家鸡胫骨			12.96
家鸡胫骨			11.65
家鸡胫骨			10.99
家鸡胫骨			11.65
家鸡胫骨			14.82
家鸡胫骨			15.79
家鸡胫骨			14.21
家鸡胫骨			13.06
家鸡胫骨	114.81		13.84
家鸡胫骨	120.34	15.57	12.8
家鸡胫骨	103.81	13.06	11.51
家鸡胫骨		16.72	
家鸡胫骨		16.91	
家鸡胫骨		16.81	
家鸡胫骨		14.7	
家鸡胫骨		12.51	
家鸡胫骨			13.38
家鸡胫骨			13.65
家鸡胫骨			12.5
家鸡胫骨			10.31
家鸡胫骨			14.18
家鸡胫骨			10.71
家鸡胫骨			11.52
家鸡胫骨			13
家鸡胫骨			12.11
家鸡胫骨	165.51	16.22	12.87
家鸡胫骨		14.9	
家鸡胫骨		16.01	

动物种属及骨骼名称	长度（毫米）	近端宽度（毫米）	远端宽度（毫米）
家鸡胫骨		15.07	
家鸡胫骨		18.06	
家鸡胫骨			14.64
家鸡胫骨			12.93
家鸡胫骨			14.07
家鸡胫骨			11.6
家鸡胫骨			14.4
家鸡胫骨			12.88
家鸡胫骨			13.57
家鸡胫骨			11.72
家鸡胫骨			11.65
家鸡胫骨			13.57
家鸡胫骨			14.21
家鸡胫骨			15.7
家鸡胫骨			13.54
家鸡胫骨			12.42
家鸡胫骨		16	
家鸡胫骨		13.46	
家鸡胫骨		15.11	
家鸡胫骨		13.09	
家鸡胫骨		16.17	
家鸡胫骨			12.57
家鸡胫骨			12.85
家鸡胫骨			12.96
家鸡胫骨			13.3
家鸡胫骨			12
家鸡胫骨			12.03
家鸡胫骨			14.15
家鸡胫骨	142.8	18.71	13.26
家鸡胫骨		14.81	
家鸡胫骨		18.24	
家鸡胫骨		15.06	
家鸡胫骨			13.08
家鸡胫骨			11.6
家鸡胫骨			13.22
家鸡胫骨			17.05

动物种属及骨骼名称	长度（毫米）	近端宽度（毫米）	远端宽度（毫米）
家鸡胫骨			13.64
家鸡胫骨			13.1
家鸡胫骨			10.98
家鸡胫骨			11.66
家鸡胫骨			13.09
家鸡胫骨			11.45
家鸡胫骨			12.11
家鸡胫骨			11.51
家鸡胫骨			13.58
家鸡胫骨			12.86
家鸡胫骨			12.26
家鸡胫骨			12.79
家鸡胫骨			13.18
家鸡胫骨			13.17
家鸡胫骨			14.65
家鸡胫骨			12.77
家鸡胫骨			11.9
家鸡胫骨		20.88	
家鸡胫骨			19.36
家鸡胫骨			18.57
家鸡胫骨			18.32
家鸡胫骨			17.94
家鸡胫骨			18.32
家鸡胫骨			18.86
家鸡胫骨	139.52	18.75	14.1
家鸡胫骨		16.44	
家鸡胫骨		16.45	
家鸡胫骨		14.98	
家鸡胫骨		15.19	
家鸡胫骨			14.43
家鸡胫骨			12.02
家鸡胫骨			14.93
家鸡胫骨			11.78
家鸡胫骨			12.02
家鸡胫骨			11.99
家鸡胫骨		18.8	
家鸡胫骨		16.02	

动物种属及骨骼名称	长度（毫米）	近端宽度（毫米）	远端宽度（毫米）
家鸡胫骨		15.07	
家鸡胫骨		13.75	
家鸡胫骨		16.16	
家鸡胫骨		14.68	
家鸡胫骨		15.16	
家鸡胫骨			13.2
家鸡胫骨			13.08
家鸡胫骨			14.07
家鸡胫骨			14.46
家鸡胫骨			14.05
家鸡胫骨			11.98
家鸡胫骨	113.5		14.2
家鸡胫骨			14.25
家鸡胫骨			15.15
家鸡胫骨			14.69
家鸡胫骨			16.96
家鸡胫骨			14.34
家鸡胫骨	125.78		11.08
家鸡胫骨			11.68
家鸡胫骨			14.96
家鸡胫骨			17.72
家鸡胫骨			14.05
家鸡胫骨	113.8		14.6
家鸡胫骨	111.83		14
家鸡胫骨			13.91
家鸡胫骨			12.5
家鸡胫骨	119.21		
家鸡胫骨			16.27
家鸡胫骨			15.59
家鸡胫骨			15.76
家鸡胫骨			18.42
家鸡胫骨	123.45	15.37	13.5
家鸡胫骨	122.93	15.97	12.6
家鸡胫骨	113.69	13.89	11.72
家鸡胫骨	128.72	18.48	14.71
家鸡胫骨	113.66	15.56	12.02
家鸡胫骨		16.81	

续表

动物种属及骨骼名称	长度（毫米）	近端宽度（毫米）	远端宽度（毫米）
家鸡胫骨		15.52	
家鸡胫骨		16.6	
家鸡胫骨		12.77	
家鸡胫骨		15.02	
家鸡胫骨		14.63	
家鸡胫骨		17	
家鸡胫骨			14.12
家鸡胫骨			12.4
家鸡胫骨			11.45
家鸡胫骨			11.98
家鸡胫骨			12.5
家鸡胫骨			11.84
家鸡胫骨			11.09
家鸡胫骨			12.95
家鸡胫骨			12.94
家鸡胫骨			14.02
家鸡胫骨			12.98
家鸡胫骨			12.82
家鸡胫骨	109	13.98	10.55
家鸡胫骨		15.35	
家鸡胫骨		13.94	
家鸡胫骨		16.15	
家鸡胫骨		18.95	
家鸡胫骨		15.88	
家鸡胫骨		17.82	
家鸡胫骨			13.8
家鸡胫骨			13.4
家鸡胫骨			13.9
家鸡胫骨			12.56
家鸡胫骨			14.38
家鸡胫骨			11.29
家鸡胫骨			11.09
家鸡胫骨			12.92
家鸡胫骨			15.29
家鸡胫骨			12.39
家鸡胫骨			12.87
家鸡胫骨			12.57

动物种属及骨骼名称	长度（毫米）	近端宽度（毫米）	远端宽度（毫米）
家鸡胫骨			12.27
家鸡胫骨			14.51
家鸡胫骨			11.21
家鸡胫骨			13.56
家鸡胫骨			11.56
家鸡胫骨			12.67
家鸡胫骨			13.51
家鸡胫骨			14.14
家鸡胫骨			11.76
家鸡胫骨			14.4
家鸡胫骨		16.45	
家鸡胫骨		14.7	
家鸡胫骨		20.1	
家鸡胫骨			13.76
家鸡胫骨			13.94
家鸡胫骨			13.46
家鸡胫骨			13.56
家鸡胫骨			12.35
家鸡胫骨		15.99	
家鸡胫骨		17.31	
家鸡胫骨		15.05	
家鸡胫骨		15.91	
家鸡胫骨			15.52
家鸡胫骨			12.78
家鸡胫骨			13.77
家鸡胫骨			10.61
家鸡胫骨			13.08
家鸡胫骨			13.72
家鸡胫骨			13.49
家鸡胫骨			10.14
家鸡胫骨			11.72
家鸡胫骨			14.83
家鸡胫骨			12.17
家鸡胫骨			12.76
家鸡胫骨			13.91
家鸡胫骨			11.77
家鸡胫骨			14.82

动物种属及骨骼名称	长度（毫米）	近端宽度（毫米）	远端宽度（毫米）
家鸡胫骨			14.15
家鸡胫骨			15.45
家鸡胫骨			11.46
家鸡胫骨	118.5	12.4	8.53
家鸡胫骨	106.17	9.72	7.57
家鸡胫骨		12.06	
家鸡胫骨		9.62	
家鸡胫骨		9.77	
家鸡胫骨		9.83	
家鸡胫骨			7.82
家鸡胫骨			9.56
家鸡胫骨			6.46
家鸡胫骨			6.18
家鸡胫骨			7.77
家鸡胫骨			8.04
家鸡胫骨			8.4
家鸡胫骨			8.71
家鸡胫骨			7.97
家鸡胫骨			7.36
家鸡胫骨			8.81
家鸡胫骨	110.02	9.11	6.79
家鸡胫骨	108.3	8.5	7.74
家鸡胫骨		11.34	
家鸡胫骨		12.14	
家鸡胫骨		10.5	
家鸡胫骨		11.78	
家鸡胫骨			7.6
家鸡胫骨			8.71
家鸡胫骨			9.79
家鸡胫骨			8.4
家鸡胫骨			7.79
家鸡胫骨			8.55
家鸡胫骨			8.63
家鸡胫骨			9.04
家鸡胫骨			7.48
家鸡胫骨			6.54
家鸡胫骨			6.63

动物种属及骨骼名称	长度（毫米）	近端宽度（毫米）	远端宽度（毫米）
家鸡胫骨			7.94
家鸡胫骨		18.04	
家鸡胫骨		17.52	
家鸡胫骨			14.48
家鸡胫骨			13.21
家鸡胫骨			12.64
家鸡胫骨			13.43
家鸡胫骨			11.11
家鸡胫骨			12.15
家鸡胫骨			11.6
家鸡胫骨			13.08
家鸡胫骨			12.04
家鸡胫骨			12.53
家鸡胫骨			13.15
家鸡胫骨			13.1
家鸡胫骨	145.7	19.81	15.43
家鸡胫骨	153.4	20.37	14.78
家鸡胫骨	128.31	16.35	13.49
家鸡胫骨		15.46	
家鸡胫骨		15.64	
家鸡胫骨		13.9	
家鸡胫骨		13.73	
家鸡胫骨			12.76
家鸡胫骨			14.11
家鸡胫骨	127.56		17.15
家鸡胫骨			19.04
家鸡胫骨			19.03
家鸡胫骨			17.74
家鸡胫骨			15.21
家鸡胫骨			12.5
家鸡胫骨	114.04		14.22
家鸡胫骨			16.9
家鸡胫骨			18.55
家鸡胫骨			14.93
家鸡胫骨			16.79
家鸡胫骨	132.82	15.79	13.21
家鸡胫骨		17.13	

动物种属及骨骼名称	长度（毫米）	近端宽度（毫米）	远端宽度（毫米）
家鸡胫骨		15.12	
家鸡胫骨		14.64	
家鸡胫骨			10.57
家鸡胫骨			13
家鸡胫骨			12.93
家鸡胫骨			13.48
家鸡胫骨		14.8	
家鸡胫骨			14.03
家鸡胫骨			14.64
家鸡胫骨			12.43
家鸡胫骨			10.93
家鸡胫骨			12.21
家鸡胫骨	126.96	16.99	13.94
家鸡胫骨		18.51	
家鸡胫骨		19.06	
家鸡胫骨			12.6
家鸡胫骨			13.87
家鸡胫骨			12.05
家鸡胫骨			12.68
家鸡胫骨			9.76
家鸡胫骨			12.98
家鸡胫骨			13.56
家鸡胫骨			12.56
家鸡胫骨			11.52
家鸡胫骨			11.58
家鸡胫骨			11.57
家鸡胫骨		16.95	
家鸡胫骨		13.82	
家鸡胫骨		14.39	
家鸡胫骨			14.68
家鸡胫骨			12.14
家鸡胫骨		18.4	
家鸡胫骨		11.92	
家鸡胫骨		15.11	
家鸡胫骨		14.16	
家鸡胫骨			12.34
家鸡胫骨			14.32

动物种属及骨骼名称	长度（毫米）	近端宽度（毫米）	远端宽度（毫米）
家鸡胫骨			12.34
家鸡胫骨			12.62
家鸡胫骨			13.64
家鸡胫骨			13.66
家鸡胫骨			13.15
家鸡胫骨			13.33
家鸡胫骨		15.25	
家鸡胫骨		16.45	
家鸡胫骨			14.39
家鸡胫骨			13
家鸡胫骨			11.33
家鸡胫骨			12.5
家鸡胫骨		16	
家鸡胫骨			11.96
家鸡胫骨			12.87
家鸡胫骨			14.8
家鸡胫骨			12.13
家鸡胫骨			11.77
家鸡胫骨	117.12	15.89	12.98
家鸡胫骨	112.53	14.38	11.64
家鸡胫骨		18.66	
家鸡胫骨			13.76
家鸡胫骨			12.29
家鸡胫骨			11.99
家鸡胫骨			11.86
家鸡胫骨			12.4
家鸡胫骨			13.76
家鸡胫骨			12.34
家鸡胫骨			13.81
家鸡胫骨			11.27
家鸡胫骨			12.94
家鸡胫骨	143	19.45	14.73
家鸡胫骨		15.56	
家鸡胫骨		17.34	
家鸡胫骨		15.04	
家鸡胫骨			11.16
家鸡胫骨		17.49	

动物种属及骨骼名称	长度（毫米）	近端宽度（毫米）	远端宽度（毫米）
家鸡胫骨			11.66
家鸡胫骨			10.73
家鸡胫骨			11.76
家鸡胫骨		12.17	
家鸡胫骨			14.35
家鸡胫骨			11.06
家鸡胫骨			11.73
家鸡胫骨			9.91
家鸡胫骨	130.01	15.69	12.83
家鸡胫骨			11.95
家鸡胫骨			14.24
家鸡胫骨			13.46
家鸡胫骨			12.34
家鸡胫骨			14.56
家鸡胫骨	122.34	14.38	13.37
家鸡胫骨	122.35	14.27	13.86
家鸡胫骨	115.62	14.74	14.14
家鸡胫骨			17.79
家鸡胫骨			15.56
家鸡胫骨	107.34	18.68	11.74
家鸡胫骨	119.01		12.15
家鸡胫骨	122.42	23.42	13.08
家鸡胫骨			14.56
家鸡胫骨			12.75
家鸡胫骨			13.42
家鸡胫骨			14.33
家鸡胫骨			14.29
家鸡胫骨			13.6
家鸡胫骨			11.8
家鸡胫骨			10.6
家鸡胫骨			12.17
家鸡胫骨			13.741
家鸡胫骨			11.33
家鸡胫骨			12.89
家鸡胫骨			12.98
家鸡胫骨			14.54
家鸡胫骨			11.78

动物种属及骨骼名称	长度（毫米）	近端宽度（毫米）	远端宽度（毫米）
家鸡胫骨			12.06
家鸡胫骨			12.47
家鸡胫骨			11.56
家鸡胫骨			12.75
家鸡胫骨			11.18
家鸡胫骨			11.78
家鸡胫骨		2.3	
家鸡胫骨			17.23
家鸡胫骨			15.04
家鸡胫骨			12.11
家鸡胫骨			13.13
家鸡胫骨			12.92
家鸡胫骨			12.76
家鸡胫骨			14.24
家鸡胫骨			14.69
家鸡胫骨		21.12	
家鸡胫骨		21.14	
家鸡胫骨			13.43
家鸡胫骨			12.99
家鸡胫骨			12.75
家鸡胫骨			11.69
家鸡胫骨			12.64
家鸡胫骨			11.78
家鸡胫骨			13.75
家鸡胫骨			15.59
家鸡胫骨			12.71
家鸡胫骨		24.13	
家鸡胫骨		22.66	
家鸡胫骨		23.41	
家鸡胫骨		24.75	
家鸡胫骨		25.69	
家鸡胫骨		19.99	
家鸡胫骨		20.61	
家鸡胫骨		21.24	
家鸡胫骨		19.87	
家鸡胫骨			16.01

续表

动物种属及骨骼名称	长度（毫米）	近端宽度（毫米）	远端宽度（毫米）
家鸡胫骨			13.48
家鸡胫骨		20.13	
家鸡胫骨		20.17	
家鸡胫骨			13.09
家鸡胫骨			12.94
家鸡胫骨			12.33
家鸡胫骨			12.99
家鸡胫骨			15.24
家鸡胫骨			12.78
家鸡胫骨			14.52
家鸡胫骨			14.4
家鸡胫骨			14.49
家鸡胫骨			12.89
家鸡胫骨			13.15
家鸡胫骨			13.53
家鸡胫骨			13.37
家鸡胫骨		21.11	
家鸡胫骨			11.17
家鸡胫骨			11.49
家鸡胫骨			13.18
家鸡胫骨			12.66
家鸡胫骨			11.84
家鸡胫骨			11.78
家鸡胫骨			12.51
家鸡胫骨			12.85
家鸡胫骨			13.38
家鸡胫骨			12.29
家鸡胫骨			15.03
家鸡胫骨			13.58
家鸡胫骨			13.4
家鸡胫骨			14.11
家鸡胫骨			12.92
家鸡胫骨			13.22
家鸡胫骨			14.97
家鸡胫骨			12.65
家鸡胫骨			10.87
家鸡胫骨			11.88

动物种属及骨骼名称	长度（毫米）	近端宽度（毫米）	远端宽度（毫米）
家鸡胫骨			11.23
家鸡胫骨		23.78	
家鸡胫骨		22.57	
家鸡胫骨		19.78	
家鸡胫骨		23.47	
家鸡胫骨		22.49	
家鸡胫骨			14.68
家鸡胫骨			13.81
家鸡胫骨			11.62
家鸡胫骨			11.78
家鸡胫骨			13.4
家鸡胫骨			12.49
家鸡胫骨			14.25
家鸡胫骨			12.11
家鸡胫骨			12.18
家鸡胫骨	132.91	24.53	13.04
家鸡胫骨		25.49	
家鸡胫骨			12.88
家鸡胫骨			12.47
家鸡胫骨			13.61
家鸡胫骨			12.31
家鸡胫骨			15.42
家鸡胫骨		21.05	
家鸡胫骨			12.09
家鸡胫骨			11.67
家鸡胫骨	108.6	18.27	
家鸡胫骨	118.12	19.95	10.02
家鸡胫骨		20.32	
家鸡胫骨		17.67	
家鸡胫骨		8.82	
家鸡胫骨			11.7
家鸡胫骨			14.15
家鸡胫骨			10.64
家鸡胫骨			12.05
家鸡胫骨			12.92
家鸡胫骨	117.02		11.94
家鸡胫骨		21.27	

动物种属及骨骼名称	长度（毫米）	近端宽度（毫米）	远端宽度（毫米）
家鸡胫骨		21.19	
家鸡胫骨		19.15	
家鸡胫骨		18.66	
家鸡胫骨			13.95
家鸡胫骨			12.3
家鸡胫骨			11.47
家鸡胫骨			11.36
家鸡胫骨			11.5
家鸡胫骨			11.24
家鸡胫骨			12.86
家鸡胫骨			12.83
家鸡胫骨			13.02
家鸡胫骨			11.86
家鸡胫骨			11.81
家鸡胫骨			13.34
家鸡胫骨		19.38	
家鸡胫骨		21.33	
家鸡胫骨		20.55	
家鸡胫骨		20.53	
家鸡胫骨		18.92	
家鸡胫骨			12.86
家鸡胫骨			12.89
家鸡胫骨			13.19
家鸡胫骨			11.26
家鸡胫骨			11.71
家鸡胫骨			13.37
家鸡胫骨			11.35
家鸡胫骨			11.83
家鸡胫骨		19.78	
家鸡胫骨			13.71
家鸡胫骨			13.13
家鸡胫骨			10.69
家鸡胫骨			12.86
家鸡胫骨			12.73

附表 30　蜀王府遗址出土家鸡乌喙骨测量数据一览表

动物种属及骨骼名称	长度（毫米）	远端宽度（毫米）
家鸡乌喙骨	63.52	10.8
家鸡乌喙骨	56	11.71

动物种属及骨骼名称	长度（毫米）	远端宽度（毫米）
家鸡乌喙骨	58.03	12.18
家鸡乌喙骨	53.82	11.47
家鸡乌喙骨	52.7	11.35
家鸡乌喙骨	60.2	13.42
家鸡乌喙骨	58.57	13.21
家鸡乌喙骨	57.94	13.15
家鸡乌喙骨	54.33	12
家鸡乌喙骨	52.86	10.61
家鸡乌喙骨	52.62	11.52
家鸡乌喙骨	53.52	10.48
家鸡乌喙骨	53.74	11.23
家鸡乌喙骨	59.98	13.86
家鸡乌喙骨	65.03	14
家鸡乌喙骨	57.6	11.54
家鸡乌喙骨	58.02	13.26
家鸡乌喙骨	54.7	11.63
家鸡乌喙骨	64.04	13.46
家鸡乌喙骨	63.11	12.34
家鸡乌喙骨	58.89	13.18
家鸡乌喙骨	53.64	12.78
家鸡乌喙骨	58.18	12.6
家鸡乌喙骨	52.92	11.49
家鸡乌喙骨	64.04	14.26
家鸡乌喙骨	61.76	13.17
家鸡乌喙骨	53.29	11.41
家鸡乌喙骨	55.62	13.21
家鸡乌喙骨	51.9	10.19
家鸡乌喙骨	60.05	12.38
家鸡乌喙骨	50.62	11.28
家鸡乌喙骨	54.59	9.84
家鸡乌喙骨	56.07	11.93
家鸡乌喙骨	54.63	11.88
家鸡乌喙骨	57.01	
家鸡乌喙骨	52.43	10.41
家鸡乌喙骨	63.27	11.93
家鸡乌喙骨	47.59	10.38
家鸡乌喙骨	55.8	10.7

动物种属及骨骼名称	长度（毫米）	远端宽度（毫米）
家鸡乌喙骨	61.4	13.18
家鸡乌喙骨	54.27	11.54
家鸡乌喙骨	61.76	13.65
家鸡乌喙骨	58.14	13.29
家鸡乌喙骨	54.9	12.79
家鸡乌喙骨	57.28	12.21
家鸡乌喙骨	63.61	13.75
家鸡乌喙骨	55.69	11.26
家鸡乌喙骨	53.08	11.7
家鸡乌喙骨	53.67	11.46
家鸡乌喙骨	64.4	13.62
家鸡乌喙骨	49.4	19.29
家鸡乌喙骨	61.3	
家鸡乌喙骨	54.34	11.43
家鸡乌喙骨	54.45	12.41
家鸡乌喙骨	57.37	10.82
家鸡乌喙骨	50.44	11.71
家鸡乌喙骨	55.45	11.4
家鸡乌喙骨	62.66	13.95
家鸡乌喙骨	47.99	10.35
家鸡乌喙骨	54.92	12.38
家鸡乌喙骨	64.17	11.74
家鸡乌喙骨	49.65	11.62
家鸡乌喙骨	55.15	10.33
家鸡乌喙骨	51.89	10.1
家鸡乌喙骨	54.35	12.48
家鸡乌喙骨	53.2	10.91
家鸡乌喙骨	65.04	14.02
家鸡乌喙骨	57.81	11.24
家鸡乌喙骨	53.32	11.5
家鸡乌喙骨	59.83	12.38
家鸡乌喙骨	53.66	13.26
家鸡乌喙骨	54.86	12.6
家鸡乌喙骨	55.54	10.85
家鸡乌喙骨	58	10.98
家鸡乌喙骨	58.36	12.77
家鸡乌喙骨	56.07	12.81

动物种属及骨骼名称	长度（毫米）	远端宽度（毫米）
家鸡乌喙骨	55.51	11.46
家鸡乌喙骨	51.74	12.68
家鸡乌喙骨	53.41	11.44
家鸡乌喙骨	55.18	11.12
家鸡乌喙骨	64.14	13.6
家鸡乌喙骨	55.57	11.6
家鸡乌喙骨	53.75	11.14
家鸡乌喙骨	61.67	12.03
家鸡乌喙骨	54.25	11.57
家鸡乌喙骨	54.5	12.8
家鸡乌喙骨	53.38	11.38
家鸡乌喙骨	54.83	11.72
家鸡乌喙骨	64.55	15.33
家鸡乌喙骨	54.52	11.31
家鸡乌喙骨	54.1	12.28
家鸡乌喙骨	58.45	13.38
家鸡乌喙骨	65.36	14.23
家鸡乌喙骨	57.81	12.05
家鸡乌喙骨	64.41	14.66
家鸡乌喙骨	59.61	12.53
家鸡乌喙骨	57.22	10.45
家鸡乌喙骨	57.2	12.23
家鸡乌喙骨	55	11.98
家鸡乌喙骨	58.05	12.4
家鸡乌喙骨	61.2	13.9
家鸡乌喙骨	59.5	12.78
家鸡乌喙骨	50.12	10.94
家鸡乌喙骨	50.18	9.22
家鸡乌喙骨	53.8	10.6
家鸡乌喙骨	54.95	11.94
家鸡乌喙骨	61.78	13.8
家鸡乌喙骨	55.63	11.16
家鸡乌喙骨	54.96	11.37
家鸡乌喙骨	52.6	11.96
家鸡乌喙骨	59.03	10.71
家鸡乌喙骨	58.51	12.82
家鸡乌喙骨	63.78	13.68

动物种属及骨骼名称	长度（毫米）	远端宽度（毫米）
家鸡乌喙骨	62.86	14.38
家鸡乌喙骨	69.46	18.41
家鸡乌喙骨	68.23	17.1
家鸡乌喙骨	62.5	16.6
家鸡乌喙骨	55.25	11.74
家鸡乌喙骨	54.84	15.52
家鸡乌喙骨	51.13	12.59
家鸡乌喙骨	65.77	14.63
家鸡乌喙骨	53.59	14.24

附表 31 蜀王府遗址出土雉科尺骨测量数据一览表

动物种属及骨骼名称	长度（毫米）	近端宽度（毫米）	远端宽度（毫米）
雉科尺骨	74.31	9.4	9.85
雉科尺骨	68.33	9.64	9.64
雉科尺骨	75.22	10.07	10.57
雉科尺骨	68.58	9.47	9.4
雉科尺骨	73.19	10.6	10.25
雉科尺骨		9.17	
雉科尺骨		9.86	
雉科尺骨		9.84	
雉科尺骨		9.1	
雉科尺骨			8.58
雉科尺骨			9.84
雉科尺骨			9.68
雉科尺骨			10.64
雉科尺骨			9.7
雉科尺骨			10.54
雉科尺骨			9.41
雉科尺骨			9.6
雉科尺骨	68.23	8.8	9.28
雉科尺骨		8.1	
雉科尺骨			9.24
雉科尺骨			10.6
雉科尺骨			9.9
雉科尺骨			9.53
雉科尺骨			9.68
雉科尺骨			10.64

续表

动物种属及骨骼名称	长度（毫米）	近端宽度（毫米）	远端宽度（毫米）
雉科尺骨			9.7
雉科尺骨			10.54
雉科尺骨			9.41
雉科尺骨			9.6
雉科尺骨	80.42	12.34	12.27
雉科尺骨	71.67	9.9	9.45
雉科尺骨	75.43	10.32	10.61
雉科尺骨			10.44
雉科尺骨	90.44	12.13	12.18
雉科尺骨	69.7	9.07	9.73
雉科尺骨	70.83	9.43	10
雉科尺骨			10.03
雉科尺骨	82.78	10.77	16.66
雉科尺骨	78.52	10.52	11.27
雉科尺骨	74.59	10.64	10.32
雉科尺骨	77.84	9.36	10.48
雉科尺骨	79.31	10.24	10.56
雉科尺骨		8.85	
雉科尺骨		8.67	
雉科尺骨		10.23	
雉科尺骨		9.56	
雉科尺骨		10.71	
雉科尺骨		8.44	
雉科尺骨			10.75
雉科尺骨			10.11
雉科尺骨			9.77
雉科尺骨			9.65
雉科尺骨			9.13
雉科尺骨			9.71
雉科尺骨			10.5
雉科尺骨			9.35
雉科尺骨			10.33
雉科尺骨	61.72	8.62	8.15
雉科尺骨		10.57	
雉科尺骨		10.59	
雉科尺骨			11.57
雉科尺骨			11.28

动物种属及骨骼名称	长度（毫米）	近端宽度（毫米）	远端宽度（毫米）
雉科尺骨			8.4
雉科尺骨			11.7
雉科尺骨			10.54
雉科尺骨			10.2
雉科尺骨			9.85
雉科尺骨			10.86
雉科尺骨	81.18	9.8	10.48
雉科尺骨	63.32	8.8	8.92
雉科尺骨	69.91	9.6	9.98
雉科尺骨		6.87	
雉科尺骨		9	
雉科尺骨		9.54	
雉科尺骨		9.63	
雉科尺骨		11.03	
雉科尺骨		8.28	
雉科尺骨		8.07	
雉科尺骨			10
雉科尺骨			9.75
雉科尺骨			11.52
雉科尺骨			10.31
雉科尺骨			10.2
雉科尺骨			9.34
雉科尺骨	80.55	10.12	11.42
雉科尺骨	80.95	10.5	10.9
雉科尺骨		9.08	
雉科尺骨		10.01	
雉科尺骨			9.24
雉科尺骨			9.47
雉科尺骨			11.4
雉科尺骨			11.5
雉科尺骨			8.73
雉科尺骨			9.2
雉科尺骨			9.61
雉科尺骨	57.85	9.52	8.97
雉科尺骨	59.25	9.68	9.38
雉科尺骨		9.51	
雉科尺骨			9.33

续表

动物种属及骨骼名称	长度（毫米）	近端宽度（毫米）	远端宽度（毫米）
雉科尺骨	83.15	11.77	11.4
雉科尺骨	78.34	10.2	10.77
雉科尺骨	72.67	9.16	9.74
雉科尺骨		8.15	9.44
雉科尺骨		9.44	
雉科尺骨		9.52	
雉科尺骨		8.95	
雉科尺骨		8.07	
雉科尺骨		9.02	
雉科尺骨		11.27	
雉科尺骨		8.65	
雉科尺骨		10.07	
雉科尺骨	70.27	9.52	9.23
雉科尺骨	69.03	10.23	9.63
雉科尺骨		8.92	
雉科尺骨			9.91
雉科尺骨			10.33
雉科尺骨			10.1
雉科尺骨			9.45
雉科尺骨			9.4
雉科尺骨	69.62	9.75	9.95
雉科尺骨		10.28	
雉科尺骨		8.24	
雉科尺骨		8.21	
雉科尺骨			9.24
雉科尺骨			11.5
雉科尺骨			9.6
雉科尺骨			11.16
雉科尺骨			11.16
雉科尺骨			8.63
雉科尺骨			9.44
雉科尺骨			9.5
雉科尺骨	76.75	10.85	10.2
雉科尺骨	82.5	11.9	11.77
雉科尺骨	65	9.66	9.38
雉科尺骨	68.9	9.11	9.35
雉科尺骨		11.85	

动物种属及骨骼名称	长度（毫米）	近端宽度（毫米）	远端宽度（毫米）
雉科尺骨			11.41
雉科尺骨			12.19
雉科尺骨			11.87
雉科尺骨			9.55
雉科尺骨			10.63
雉科尺骨			9.4
雉科尺骨			9.5
雉科尺骨			10.72
雉科尺骨			10.42
雉科尺骨			10.82
雉科尺骨	73.7	10.95	10.2
雉科尺骨	67.72	9.71	9.3
雉科尺骨	65.25	9.38	9.64
雉科尺骨	76.08	10.88	11.22
雉科尺骨	65.99	8.46	9.73
雉科尺骨	81.52	10.22	10.33
雉科尺骨	70.9	9.31	9.97
雉科尺骨		8.97	
雉科尺骨		8.65	
雉科尺骨		9.44	
雉科尺骨		9.67	
雉科尺骨			10.77
雉科尺骨			10.55
雉科尺骨			10.56
雉科尺骨			9.22
雉科尺骨			9.35
雉科尺骨			9.06
雉科尺骨			12.4
雉科尺骨			10.45
雉科尺骨			9.06
雉科尺骨			12.22
雉科尺骨			10.48
雉科尺骨			9.7
雉科尺骨	78.37	10.77	10.55
雉科尺骨	72.61	10.23	10.34
雉科尺骨	52.62	8.63	8.95
雉科尺骨	70.4	9.96	9.69

动物种属及骨骼名称	长度（毫米）	近端宽度（毫米）	远端宽度（毫米）
雉科尺骨	66.07	8.47	9.35
雉科尺骨		14.11	
雉科尺骨		12.15	
雉科尺骨		11.92	
雉科尺骨		9.8	
雉科尺骨		10	
雉科尺骨		9.77	
雉科尺骨		11.41	
雉科尺骨		10.08	
雉科尺骨		10.34	
雉科尺骨		9.2	
雉科尺骨			9.02
雉科尺骨			13.28
雉科尺骨			10.88
雉科尺骨			9.93
雉科尺骨			9.14
雉科尺骨			7.14
雉科尺骨			11.11
雉科尺骨			9.64
雉科尺骨			9.7
雉科尺骨			10.39
雉科尺骨			8.61
雉科尺骨	70.7	9.67	10.38
雉科尺骨	64.56	8.95	9.02
雉科尺骨	85.38	11.46	12.01
雉科尺骨		8.54	
雉科尺骨		9.11	
雉科尺骨		9.12	
雉科尺骨		8.28	
雉科尺骨		8.27	
雉科尺骨		8.33	
雉科尺骨			9.45
雉科尺骨			9.96
雉科尺骨			10.47
雉科尺骨			9.72
雉科尺骨			9.34
雉科尺骨			10.2

动物种属及骨骼名称	长度（毫米）	近端宽度（毫米）	远端宽度（毫米）
雉科尺骨			9.13
雉科尺骨	74.97	9.95	10.26
雉科尺骨	76.73	10.35	10.4
雉科尺骨	69.99	9.17	9.78
雉科尺骨		9.81	
雉科尺骨			7.34
雉科尺骨			10.56
雉科尺骨			9.71
雉科尺骨			9.53
雉科尺骨			9.62
雉科尺骨	78.09	10.03	10.06
雉科尺骨	80.12	9.31	11.13
雉科尺骨	73.19	9.85	10.52
雉科尺骨	67.42	8.49	9.48
雉科尺骨	67.78	8.67	9.7
雉科尺骨		8.84	
雉科尺骨			10.54
雉科尺骨			10.45
雉科尺骨			10.6
雉科尺骨			9.82
雉科尺骨			10.01
雉科尺骨	73.94	9.92	9.86
雉科尺骨	74.7	9.72	10.16
雉科尺骨	71.87	10.26	10.06
雉科尺骨	70.7	9.93	9.91
雉科尺骨	75.15	9.53	10.31
雉科尺骨	68.09	8.71	8.25
雉科尺骨		10.55	
雉科尺骨		8.3	
雉科尺骨			9.72
雉科尺骨			9.23
雉科尺骨			9.32
雉科尺骨			8
雉科尺骨			8.4
雉科尺骨			9.87
雉科尺骨			8.9
雉科尺骨			8.25

动物种属及骨骼名称	长度（毫米）	近端宽度（毫米）	远端宽度（毫米）
雉科尺骨			9.45
雉科尺骨	77.43	10.17	10.99
雉科尺骨	69.61	8.8	9.35
雉科尺骨		10.1	
雉科尺骨		9.44	
雉科尺骨		9	
雉科尺骨		10.7	
雉科尺骨		8.36	
雉科尺骨			7.44
雉科尺骨			8.46
雉科尺骨			9.82
雉科尺骨			9.41
雉科尺骨			8.6
雉科尺骨			9.89
雉科尺骨			9.82
雉科尺骨			7.55
雉科尺骨			8.79
雉科尺骨		9.22	
雉科尺骨	79.42	10.66	10.82
雉科尺骨	71.12	9.96	9.56
雉科尺骨		9.04	
雉科尺骨			11.08
雉科尺骨			11.5
雉科尺骨			9.59
雉科尺骨			10.79
雉科尺骨			10.18
雉科尺骨			11.3
雉科尺骨	65.28	8.54	9.29
雉科尺骨	65.56	8.56	9.21
雉科尺骨			9.37
雉科尺骨			9.17
雉科尺骨			10.1
雉科尺骨	80.87	11.33	10.94
雉科尺骨	87.94	11.54	12.05
雉科尺骨	64.63	8.78	9.08
雉科尺骨	68.12	9.47	9.8
雉科尺骨	72.73	9.5	9.94

动物种属及骨骼名称	长度（毫米）	近端宽度（毫米）	远端宽度（毫米）
雉科尺骨		10.45	
雉科尺骨			9.8
雉科尺骨			9.32
雉科尺骨			10.85
雉科尺骨			10.57
雉科尺骨			10.76
雉科尺骨			9.33
雉科尺骨			9.72
雉科尺骨	70.55	9.45	9.68
雉科尺骨	79.49	11.27	11.58
雉科尺骨	74.28	10.45	10.08
雉科尺骨	69.52	9.64	9.61
雉科尺骨	69.24	8.43	9.82
雉科尺骨		9.4	
雉科尺骨		7.52	
雉科尺骨		9.52	
雉科尺骨		9.82	
雉科尺骨		9.7	
雉科尺骨		8.24	
雉科尺骨		8.85	
雉科尺骨		9.42	
雉科尺骨		0.16	
雉科尺骨		10.59	
雉科尺骨		10.71	
雉科尺骨	79.28	10.1	11.17
雉科尺骨	68	9.24	9.5
雉科尺骨	69.69	8.97	9.21
雉科尺骨	64.98	9.1	
雉科尺骨		8.84	
雉科尺骨		8.3	
雉科尺骨		9.96	
雉科尺骨		12.43	
雉科尺骨		10.42	
雉科尺骨	67.02	8.72	9.31
雉科尺骨		10.29	
雉科尺骨		10.43	
雉科尺骨			10.37

动物种属及骨骼名称	长度（毫米）	近端宽度（毫米）	远端宽度（毫米）
雉科尺骨			11.03
雉科尺骨			8.78
雉科尺骨			10.82
雉科尺骨			10.31
雉科尺骨			7.55
雉科尺骨			10.91
雉科尺骨			8.54
雉科尺骨	72.24	10.37	9.46
雉科尺骨		10.98	
雉科尺骨		8.73	
雉科尺骨		8.98	
雉科尺骨		9.34	
雉科尺骨		8.7	
雉科尺骨			10.04
雉科尺骨			9.16
雉科尺骨			9.21
雉科尺骨	62.3	9	9.15
雉科尺骨	74.34	9.36	10.32
雉科尺骨	77.54	10.02	10.49
雉科尺骨	69.27	8.77	9.82
雉科尺骨		9.46	
雉科尺骨			9.24
雉科尺骨			9.88
雉科尺骨			9.59
雉科尺骨			9.61
雉科尺骨		9.64	
雉科尺骨	75.63	10.27	10.47
雉科尺骨	72.56	10.11	9.36
雉科尺骨	76.38	10.89	11.09
雉科尺骨	80.65	10.58	11.03
雉科尺骨		11.09	
雉科尺骨		9.26	
雉科尺骨		9.98	
雉科尺骨		9.98	
雉科尺骨		8.99	
雉科尺骨		10.14	
雉科尺骨			9.26

动物种属及骨骼名称	长度（毫米）	近端宽度（毫米）	远端宽度（毫米）
雉科尺骨			10.42
雉科尺骨			10.52
雉科尺骨	65.62	9.66	8.65
雉科尺骨	85.06	10.52	11.25
雉科尺骨	55.3	9.14	9.59
雉科尺骨		10.14	
雉科尺骨		8.53	
雉科尺骨		9.08	
雉科尺骨		9.18	
雉科尺骨		10.51	
雉科尺骨			9.53
雉科尺骨			10.46
雉科尺骨			8.79
雉科尺骨			10.84
雉科尺骨			10.48
雉科尺骨		9.96	
雉科尺骨			10.07
雉科尺骨			9.21
雉科尺骨			11.54
雉科尺骨	74.82	10.28	9.58
雉科尺骨	79.18	9.54	10.74
雉科尺骨		8.92	
雉科尺骨		9.89	
雉科尺骨		8.04	
雉科尺骨			9.9
雉科尺骨			9.77
雉科尺骨			10.12
雉科尺骨			10.95
雉科尺骨	64.81	8.64	8.81
雉科尺骨	71.73	9.37	9.8
雉科尺骨	65.04	8.37	8.59
雉科尺骨		9.63	
雉科尺骨		10.12	
雉科尺骨		10.07	
雉科尺骨		9.96	
雉科尺骨		8.95	
雉科尺骨			9.78

续表

动物种属及骨骼名称	长度（毫米）	近端宽度（毫米）	远端宽度（毫米）
雉科尺骨			8.88
雉科尺骨			10.06
雉科尺骨			9.74
雉科尺骨			9.63
雉科尺骨			9.4
雉科尺骨	73.74	8.96	10.42
雉科尺骨	84.15	10.93	11.82
雉科尺骨	81.54	9.41	10.84
雉科尺骨	79.16	9.84	10.72
雉科尺骨	84.47	9.64	11.59
雉科尺骨	72.26	9.52	11.16
雉科尺骨		8.5	
雉科尺骨		8.04	
雉科尺骨		9.96	
雉科尺骨		8.15	
雉科尺骨		9.14	
雉科尺骨			9.19
雉科尺骨			11.09
雉科尺骨			9.46
雉科尺骨			9.96
雉科尺骨			11.26
雉科尺骨			9.88
雉科尺骨		10.31	
雉科尺骨		9.47	
雉科尺骨			9.76
雉科尺骨			9.06
雉科尺骨			10.39
雉科尺骨			10.4
雉科尺骨			6.58
雉科尺骨	77.72	9.59	10.27
雉科尺骨	77.61	9.69	10.97
雉科尺骨		10.14	
雉科尺骨		8.72	
雉科尺骨		8.37	
雉科尺骨		9.21	
雉科尺骨		8.57	
雉科尺骨		10.07	

动物种属及骨骼名称	长度（毫米）	近端宽度（毫米）	远端宽度（毫米）
雉科尺骨			11.05
雉科尺骨			9.9
雉科尺骨			9.42
雉科尺骨	72.56		10
雉科尺骨		8.45	
雉科尺骨		9.7	
雉科尺骨		9.94	
雉科尺骨		9.75	
雉科尺骨			11.43
雉科尺骨			9.8
雉科尺骨			10.71
雉科尺骨			9.17
雉科尺骨	79.43	9.51	10.95
雉科尺骨	71.83	9.16	10.38
雉科尺骨	68.29	8.33	8.82
雉科尺骨		8.22	
雉科尺骨		10.3	
雉科尺骨		8.15	
雉科尺骨		9	
雉科尺骨			9.86
雉科尺骨			11.62
雉科尺骨			9.35
雉科尺骨			9.28
雉科尺骨			10.75
雉科尺骨			7.79
雉科尺骨	63.34	7.84	8.92
雉科尺骨	76.48	9.54	10.06
雉科尺骨	67.41	8.27	9.05
雉科尺骨	69.13	9.75	9.45
雉科尺骨		13.63	
雉科尺骨		9.83	
雉科尺骨		11.85	
雉科尺骨			10.14
雉科尺骨			11.78
雉科尺骨			10.21
雉科尺骨			10.25
雉科尺骨			9.48

动物种属及骨骼名称	长度（毫米）	近端宽度（毫米）	远端宽度（毫米）
雉科尺骨	81.13	10.54	11.14
雉科尺骨	76.67	9.55	11.2
雉科尺骨	63.26	7.82	9.04
雉科尺骨		8.74	
雉科尺骨		9.48	
雉科尺骨		9.14	
雉科尺骨		8.71	
雉科尺骨		8.5	
雉科尺骨			11.52
雉科尺骨			10.64
雉科尺骨			12.16
雉科尺骨			11.42
雉科尺骨			11.33
雉科尺骨			9.77
雉科尺骨			9.96
雉科尺骨			9.57
雉科尺骨			10.03
雉科尺骨		11.72	
雉科尺骨		10.24	
雉科尺骨		19.52	
雉科尺骨			10.89
雉科尺骨			10.75
雉科尺骨			8.77
雉科尺骨		9.62	
雉科尺骨		9.32	
雉科尺骨		10.1	
雉科尺骨		8.9	
雉科尺骨		9.5	
雉科尺骨		9.69	
雉科尺骨		9.47	
雉科尺骨		8.02	
雉科尺骨		8.57	
雉科尺骨			9.3
雉科尺骨			10.96
雉科尺骨			9.3
雉科尺骨		8.6	
雉科尺骨		7.93	

动物种属及骨骼名称	长度（毫米）	近端宽度（毫米）	远端宽度（毫米）
雉科尺骨		9.99	
雉科尺骨			11.43
雉科尺骨			11.02
雉科尺骨			10.02
雉科尺骨			10.39
雉科尺骨			8.67
雉科尺骨	66.11	8.66	9.56
雉科尺骨	76.08	9.39	10.83
雉科尺骨	69.11	8.35	8.91
雉科尺骨	63.8	8.04	8.66
雉科尺骨	79.11	10.31	10.56
雉科尺骨	65.18	8.28	8.61
雉科尺骨		8.23	
雉科尺骨		8	
雉科尺骨			8.99
雉科尺骨			9.79
雉科尺骨			9.9
雉科尺骨			9.71
雉科尺骨			10.17
雉科尺骨			11.4
雉科尺骨	71.63	10.24	10.04
雉科尺骨		10.68	
雉科尺骨		8.97	
雉科尺骨		11.15	
雉科尺骨			9.57
雉科尺骨			9.84
雉科尺骨			10.97
雉科尺骨			8.97
雉科尺骨			9.5
雉科尺骨			8.95
雉科尺骨		9.82	
雉科尺骨	70.45	9.66	9.68
雉科尺骨	66.97	8.78	9.31
雉科尺骨		11.63	
雉科尺骨			9.09
雉科尺骨			10.59
雉科尺骨			8.79

动物种属及骨骼名称	长度（毫米）	近端宽度（毫米）	远端宽度（毫米）
雉科尺骨			12.11
雉科尺骨			9.78
雉科尺骨			11.03
雉科尺骨	78.75	9.17	10.66
雉科尺骨	69.48	9.15	9.4
雉科尺骨	65.73	8.33	9.09
雉科尺骨		11.23	
雉科尺骨			9.02
雉科尺骨			9.45
雉科尺骨			11.13
雉科尺骨			9.64
雉科尺骨			10.35
雉科尺骨			11.47
雉科尺骨			10.12
雉科尺骨	65.53	8.73	8.53
雉科尺骨			10.62
雉科尺骨			10.46
雉科尺骨			11.85
雉科尺骨			11.76
雉科尺骨			10.1
雉科尺骨	65.74	9.78	10
雉科尺骨		8.25	
雉科尺骨		8.67	
雉科尺骨			9.51
雉科尺骨			10.92
雉科尺骨			10.12
雉科尺骨			9.08
雉科尺骨			9.43
雉科尺骨	69.52	9.14	9.12
雉科尺骨		10.4	
雉科尺骨		10.62	
雉科尺骨		12.34	
雉科尺骨		11.22	
雉科尺骨		9.3	
雉科尺骨			9.28
雉科尺骨			10.96
雉科尺骨			10.11

动物种属及骨骼名称	长度（毫米）	近端宽度（毫米）	远端宽度（毫米）
雉科尺骨			10.53
雉科尺骨			10.95
雉科尺骨	76.16	10.31	9.85
雉科尺骨	73.27	9.89	10.2
雉科尺骨	66.83	8.8	0.71
雉科尺骨	68.48	9.23	9.65
雉科尺骨		10.39	
雉科尺骨		9.2	
雉科尺骨			10
雉科尺骨			10.02
雉科尺骨			9.8
雉科尺骨			11.8
雉科尺骨			9.68
雉科尺骨			10.38
雉科尺骨			10.91
雉科尺骨			10.64
雉科尺骨	69.15	9.61	9.78
雉科尺骨	71.38	9.82	10.12
雉科尺骨		10.66	
雉科尺骨		10.59	
雉科尺骨		8.46	
雉科尺骨		9.15	
雉科尺骨			9.52
雉科尺骨	82	10.38	11.34
雉科尺骨	64.75		9.14
雉科尺骨	64.35	7.55	8.89
雉科尺骨		9.47	
雉科尺骨		8.57	
雉科尺骨		9.44	
雉科尺骨			9.35
雉科尺骨			10.45
雉科尺骨			9.56
雉科尺骨			9.15
雉科尺骨			10.71
雉科尺骨			9.25
雉科尺骨			11.61
雉科尺骨			9.81

动物种属及骨骼名称	长度（毫米）	近端宽度（毫米）	远端宽度（毫米）
雉科尺骨	81.13	10.8	11.47
雉科尺骨	73.7	9.69	9.34
雉科尺骨	72.06	8.87	9.65
雉科尺骨		9.05	
雉科尺骨			9.58
雉科尺骨			10.84
雉科尺骨			9.96
雉科尺骨	79.8	10.45	10.93
雉科尺骨	67.5	9.28	9.38
雉科尺骨	69.85	9.35	9.45
雉科尺骨		9.36	
雉科尺骨			9.17
雉科尺骨			12.11
雉科尺骨			11.57
雉科尺骨			10.95
雉科尺骨			10.69
雉科尺骨	68.31	9.75	9.73
雉科尺骨		8.76	
雉科尺骨		9.78	
雉科尺骨		9.3	
雉科尺骨		8.98	
雉科尺骨		10.04	
雉科尺骨			10.68
雉科尺骨			10.34
雉科尺骨			12.27
雉科尺骨			9.3
雉科尺骨			8.75
雉科尺骨			10.9
雉科尺骨			10.24
雉科尺骨			9.66
雉科尺骨			10.5
雉科尺骨			10.81
雉科尺骨	65.16	8.6	9.05
雉科尺骨	78.4	10.36	10.58
雉科尺骨	72.6	9.53	9.66
雉科尺骨	74.52	9.84	10.2
雉科尺骨	80.74	10.75	11.01

动物种属及骨骼名称	长度（毫米）	近端宽度（毫米）	远端宽度（毫米）
雉科尺骨		9.47	10.38
雉科尺骨	70.22	9.84	
雉科尺骨	67.72	9.34	9.53
雉科尺骨	73.76	9.18	10.03
雉科尺骨		8.37	
雉科尺骨			9.55
雉科尺骨			9.25
雉科尺骨			10.02
雉科尺骨			9.17
雉科尺骨			11.3
雉科尺骨			11.23
雉科尺骨			10.37
雉科尺骨			10.89
雉科尺骨			9.88
雉科尺骨		9.7	
雉科尺骨	81.53	10.71	10.91
雉科尺骨	69.74	9.29	9.59
雉科尺骨	69.63	9.42	9.66
雉科尺骨	68	9.05	9.81
雉科尺骨	64.76	8.77	9.03
雉科尺骨	66.62	10.65	9.75
雉科尺骨	73.28	10.06	10.23
雉科尺骨	74.56		10.65
雉科尺骨		10.6	
雉科尺骨		9.45	
雉科尺骨		10.64	
雉科尺骨			10.23
雉科尺骨			9.51
雉科尺骨			10.41
雉科尺骨			10.11
雉科尺骨			9.06
雉科尺骨			10.02
雉科尺骨			9.95
雉科尺骨			10.85
雉科尺骨			9.98
雉科尺骨	75.13	9.62	10.28
雉科尺骨	76.88	9.28	9.69

动物种属及骨骼名称	长度（毫米）	近端宽度（毫米）	远端宽度（毫米）
雉科尺骨	67.27	8.84	9.17
雉科尺骨	82.57		11.86
雉科尺骨	75.48	10.3	10.4
雉科尺骨	65.4	8.77	9.24
雉科尺骨	77.61	0.18	11.07
雉科尺骨	72.12	9.52	9.61
雉科尺骨	62.17	8.56	8.7
雉科尺骨	65.3	9.52	9.51
雉科尺骨	60.38	8.48	8.71
雉科尺骨	83.72	11.17	11.45
雉科尺骨	58.55	7.62	7.85
雉科尺骨		7.89	
雉科尺骨		9.12	
雉科尺骨		10.57	
雉科尺骨		8.6	
雉科尺骨		9.73	
雉科尺骨		11.91	
雉科尺骨		9.95	
雉科尺骨		10.17	
雉科尺骨		9.63	
雉科尺骨		8.84	
雉科尺骨		8.42	
雉科尺骨		8.96	
雉科尺骨		8.96	
雉科尺骨			9.8
雉科尺骨			6.89
雉科尺骨			10.47
雉科尺骨			10.41
雉科尺骨			9.67
雉科尺骨			10.81
雉科尺骨			8.48
雉科尺骨			9.67
雉科尺骨			9.69
雉科尺骨			9.67
雉科尺骨			8.01
雉科尺骨			10.34
雉科尺骨			9.71

动物种属及骨骼名称	长度（毫米）	近端宽度（毫米）	远端宽度（毫米）
雉科尺骨			7.03
雉科尺骨	70.68	9.35	10.04
雉科尺骨	72.03	9.87	9.85
雉科尺骨	80.46	10.21	10.26
雉科尺骨	75.8	10.94	11.3
雉科尺骨	68.53	9.39	9.45
雉科尺骨	63.36	9.16	8.68
雉科尺骨	63.7	9.17	9.47
雉科尺骨	73.17	9.71	9.88
雉科尺骨	68.43	9.88	9.62
雉科尺骨	68.86	8.52	9.2
雉科尺骨		11.86	
雉科尺骨		11.16	
雉科尺骨		10.21	
雉科尺骨		9.81	
雉科尺骨		8.33	
雉科尺骨		9.58	
雉科尺骨		10.31	
雉科尺骨		10.63	
雉科尺骨			8.98
雉科尺骨			9.62
雉科尺骨			10.47
雉科尺骨			9.83
雉科尺骨			9.74
雉科尺骨			9.73
雉科尺骨			11.1
雉科尺骨			11.29
雉科尺骨			9.56
雉科尺骨		8.96	
雉科尺骨		9.54	
雉科尺骨		9	
雉科尺骨	73.09	9.82	10.44
雉科尺骨	71.98	9.84	10.35
雉科尺骨	80.26	9.85	9.61
雉科尺骨		7.99	
雉科尺骨			8.42
雉科尺骨			10.94

动物种属及骨骼名称	长度（毫米）	近端宽度（毫米）	远端宽度（毫米）
雉科尺骨	70.4	9.35	9.88
雉科尺骨	67.55	8.57	9.64
雉科尺骨		10.3	
雉科尺骨		10.55	
雉科尺骨		9.24	
雉科尺骨			11.45
雉科尺骨			10.85
雉科尺骨			9.82
雉科尺骨			10.56
雉科尺骨	79.91	11.01	10.77
雉科尺骨	82.26	11.69	11.9
雉科尺骨			11.23
雉科尺骨			9.7
雉科尺骨			9.12
雉科尺骨			14.78
雉科尺骨	78.13	10.48	11.19
雉科尺骨	80.55	10.4	11.6
雉科尺骨		9.04	
雉科尺骨		8.83	
雉科尺骨		8.74	
雉科尺骨			11.05
雉科尺骨			9.27
雉科尺骨	70.15	9.73	9.32
雉科尺骨	69.06	8.98	8.58
雉科尺骨	72.9	10.14	10.01
雉科尺骨	69.6	9.75	9.5
雉科尺骨	65.95	8.84	9.33
雉科尺骨		10.71	
雉科尺骨		9.35	
雉科尺骨		11.08	
雉科尺骨		9.38	
雉科尺骨		8.9	
雉科尺骨		8.57	
雉科尺骨		9.4	
雉科尺骨		9.63	
雉科尺骨		10.25	
雉科尺骨		10.89	

动物种属及骨骼名称	长度（毫米）	近端宽度（毫米）	远端宽度（毫米）
雉科尺骨		10.04	
雉科尺骨		11.35	
雉科尺骨		9.65	
雉科尺骨			11.16
雉科尺骨			10.04
雉科尺骨			10.07
雉科尺骨			10.83
雉科尺骨			9.6
雉科尺骨			9.12
雉科尺骨	74.97	9.35	10.18
雉科尺骨	65.73	9.18	8.92
雉科尺骨		9.55	
雉科尺骨			9.21
雉科尺骨			10
雉科尺骨			10.51
雉科尺骨			11.18
雉科尺骨			10.41
雉科尺骨			10.61
雉科尺骨			10.35
雉科尺骨			10.89
雉科尺骨	62.67	8.27	8.46
雉科尺骨	56.78	7.15	8
雉科尺骨		11.64	
雉科尺骨		9.47	
雉科尺骨		9.68	
雉科尺骨	76.16	9.86	10.63
雉科尺骨	70.15	8.82	9.47
雉科尺骨		8.42	
雉科尺骨		9.37	
雉科尺骨		8.02	
雉科尺骨		9.88	
雉科尺骨		10.01	
雉科尺骨			8.54
雉科尺骨			10.02
雉科尺骨	79.16	10.69	10.74
雉科尺骨	74.33	10.88	10.64
雉科尺骨	63.63	9.3	9.38

动物种属及骨骼名称	长度（毫米）	近端宽度（毫米）	远端宽度（毫米）
雉科尺骨			9.84
雉科尺骨			8.11
雉科尺骨	80.73	11.04	11.98
雉科尺骨		9.58	
雉科尺骨		9.98	
雉科尺骨			11.11
雉科尺骨			9.97
雉科尺骨			10.78
雉科尺骨			9.52
雉科尺骨			10.36
雉科尺骨			11.3
雉科尺骨	67.6	9.77	9.35
雉科尺骨		11.41	
雉科尺骨		9.38	
雉科尺骨		9	
雉科尺骨		9.89	
雉科尺骨			10.41
雉科尺骨			10.13
雉科尺骨			11.11
雉科尺骨			9.49
雉科尺骨			9.56
雉科尺骨			11.2
雉科尺骨			12.5
雉科尺骨			11.3
雉科尺骨			9.35
雉科尺骨			10.78
雉科尺骨			12.28
雉科尺骨			10.37
雉科尺骨	68.77	8.45	8.56
雉科尺骨	73.21	9.15	9.76
雉科尺骨	73.97	10.22	9.88
雉科尺骨	74.95	9.84	9.63
雉科尺骨		10.77	
雉科尺骨		9.8	
雉科尺骨		10.6	
雉科尺骨		9.36	
雉科尺骨		10.3	

动物种属及骨骼名称	长度（毫米）	近端宽度（毫米）	远端宽度（毫米）
雉科尺骨		9.05	
雉科尺骨		9.17	
雉科尺骨			10.32
雉科尺骨			10.54
雉科尺骨			10.64
雉科尺骨			10.54
雉科尺骨			11.39
雉科尺骨			9.96
雉科尺骨			9.83
雉科尺骨	73.26	10.21	9.94
雉科尺骨	77.78	9.73	10.23
雉科尺骨	71.4	9.27	9.75
雉科尺骨		9.83	
雉科尺骨	76.88	11.38	10.72
雉科尺骨	69.55	9.03	9.16
雉科尺骨	62.88	8.38	8.92
雉科尺骨			9.97
雉科尺骨			11.11
雉科尺骨			10.42
雉科尺骨			11.42
雉科尺骨			11.07
雉科尺骨			10.56
雉科尺骨			15.02
雉科尺骨		11.8	
雉科尺骨		8.56	
雉科尺骨		10.96	
雉科尺骨		9.89	
雉科尺骨			9.57
雉科尺骨			9.1
雉科尺骨			11.2
雉科尺骨			7.93
雉科尺骨			9.63
雉科尺骨			11.36
雉科尺骨			10.61
雉科尺骨			8.27
雉科尺骨		77.28	10.89
雉科尺骨		69.23	8.93

动物种属及骨骼名称	长度（毫米）	近端宽度（毫米）	远端宽度（毫米）
雉科尺骨		9.6	
雉科尺骨		11.04	
雉科尺骨		9.73	
雉科尺骨		9.54	
雉科尺骨		10.41	
雉科尺骨		10.38	
雉科尺骨		10.08	
雉科尺骨		10.08	
雉科尺骨	77.96	10.92	10.86
雉科尺骨	87.72	11.88	11.96
雉科尺骨	66.8	9.38	9.4
雉科尺骨		11.17	
雉科尺骨		9.13	
雉科尺骨		9.57	
雉科尺骨		11.64	
雉科尺骨			10
雉科尺骨			10
雉科尺骨			9.93
雉科尺骨			10.28
雉科尺骨	86.53	11.2	11.84
雉科尺骨	74.12	10.04	9.58
雉科尺骨	80.15	10.85	11.25
雉科尺骨	75.21	9.4	8.94
雉科尺骨	66.31	8.56	9.05
雉科尺骨	68.19	9.38	9.08
雉科尺骨	68.96	9.11	9.08
雉科尺骨			9.22
雉科尺骨			8.6
雉科尺骨			9.55
雉科尺骨			10.2
雉科尺骨	73.16		10.07
雉科尺骨	70.82		10.69
雉科尺骨	74.65		11.2
雉科尺骨	84.02		11.11
雉科尺骨	74.26		9.29
雉科尺骨	68.52		9.34
雉科尺骨			11.31

动物种属及骨骼名称	长度（毫米）	近端宽度（毫米）	远端宽度（毫米）
雉科尺骨			10.92
雉科尺骨			10.36
雉科尺骨			10.3
雉科尺骨			9.32
雉科尺骨			9.93
雉科尺骨	76.16		10.88
雉科尺骨	65.41		9.2
雉科尺骨	61.2		9.14
雉科尺骨			8.89
雉科尺骨		16.84	
雉科尺骨		11.3	
雉科尺骨		9.98	
雉科尺骨		10.53	
雉科尺骨		9.97	
雉科尺骨			9.13
雉科尺骨			10.87
雉科尺骨			10.44
雉科尺骨			10.05
雉科尺骨			8.6
雉科尺骨			9.81
雉科尺骨	70.45	9.65	9.76
雉科尺骨	74.37	9.7	9.89
雉科尺骨	67.13	9.3	9.64
雉科尺骨	68.1	9.03	9.29
雉科尺骨		9.33	
雉科尺骨		10.39	
雉科尺骨			10.74
雉科尺骨			10
雉科尺骨			10.74
雉科尺骨	66.93	9.44	9.27
雉科尺骨	69.36	9.96	10.18
雉科尺骨		9.78	
雉科尺骨			11.4
雉科尺骨			9.47
雉科尺骨			11.94
雉科尺骨	62.6	8.56	8.61
雉科尺骨		11.03	

续表

动物种属及骨骼名称	长度（毫米）	近端宽度（毫米）	远端宽度（毫米）
雉科尺骨		8.72	
雉科尺骨			8.95
雉科尺骨			10.46
雉科尺骨			9.08
雉科尺骨			10.18
雉科尺骨			9.3
雉科尺骨			11.68
雉科尺骨			10.66
雉科尺骨	71.62	9.92	10.4
雉科尺骨		9.65	
雉科尺骨		10.41	
雉科尺骨		11.74	
雉科尺骨			10.17
雉科尺骨			10.51
雉科尺骨	62.76	8.93	8.6
雉科尺骨	74.78	9.92	10.51
雉科尺骨	79.97	10.98	11.12
雉科尺骨		9.91	
雉科尺骨		8.6	
雉科尺骨			11.35
雉科尺骨			9.48
雉科尺骨			10.15
雉科尺骨			9.1
雉科尺骨	80.24	11.25	11.28
雉科尺骨	62.48	8.96	9.02
雉科尺骨	71.23	9.77	10.02
雉科尺骨		10.72	
雉科尺骨		8.9	
雉科尺骨	74.19	10.27	9.37
雉科尺骨	79.57	11.13	10.81
雉科尺骨	77.38	10.57	10.79
雉科尺骨		10.15	10.18
雉科尺骨			11.23
雉科尺骨	73.42	10.02	10.04
雉科尺骨			11.15
雉科尺骨			11.68
雉科尺骨			12.6

动物种属及骨骼名称	长度（毫米）	近端宽度（毫米）	远端宽度（毫米）
雉科尺骨			10.92
雉科尺骨	83.72	11.12	11.17
雉科尺骨			9.51
雉科尺骨			9.84
雉科尺骨			9.94
雉科尺骨			8.62
雉科尺骨	80.26	11.94	11.59
雉科尺骨	69.98	9.53	9.86
雉科尺骨	82.38	11.56	11.02
雉科尺骨	60.4	7.81	7.98
雉科尺骨			10.67
雉科尺骨			8.82
雉科尺骨			10.44
雉科尺骨	70.48	9.96	9.49
雉科尺骨		11.03	
雉科尺骨		8.94	
雉科尺骨		9.7	
雉科尺骨			9.16
雉科尺骨	70.24	9.72	10.05
雉科尺骨	76.92	11.08	10.53
雉科尺骨	74.26	10.38	10.5
雉科尺骨		9.95	
雉科尺骨			10.4
雉科尺骨	68.72	9.11	8.93
雉科尺骨	68.37	9.47	9.68
雉科尺骨		11.95	
雉科尺骨	80.38	11.72	11.52
雉科尺骨		10.31	
雉科尺骨		11.95	
雉科尺骨			10.44
雉科尺骨			12.01
雉科尺骨	73.58	10.41	10.22
雉科尺骨	79.65	9.98	10.62
雉科尺骨	60.81	8.3	8.41
雉科尺骨	65.12	8.38	8.42
雉科尺骨		10.3	10.62
雉科尺骨		9.85	

动物种属及骨骼名称	长度（毫米）	近端宽度（毫米）	远端宽度（毫米）
雉科尺骨		9.5	
雉科尺骨		10.84	
雉科尺骨			9.54
雉科尺骨			11.13
雉科尺骨			9.14
雉科尺骨	74.91	10.74	10.64
雉科尺骨	73.34	10.21	9.97
雉科尺骨			10.14
雉科尺骨	70.82	10.25	9.1
雉科尺骨		8.99	
雉科尺骨		10.85	
雉科尺骨			9.22
雉科尺骨	87.28	11.62	11.57
雉科尺骨	71.25	9.45	9.53
雉科尺骨		11	
雉科尺骨			10.57
雉科尺骨			10.44
雉科尺骨	74.8	9.89	9.74
雉科尺骨		9.25	
雉科尺骨		8.73	
雉科尺骨			9.5
雉科尺骨			10.78
雉科尺骨			9.96
雉科尺骨		12.13	
雉科尺骨		10.48	
雉科尺骨			9.84
雉科尺骨			9.21
雉科尺骨			9.18
雉科尺骨			9.71
雉科尺骨			9.71
雉科尺骨	70.85	9.24	9.8
雉科尺骨			9.13
雉科尺骨		10.01	
雉科尺骨	72.38	8.93	9.95
雉科尺骨		10.75	
雉科尺骨			10.94
雉科尺骨		7.99	

动物种属及骨骼名称	长度（毫米）	近端宽度（毫米）	远端宽度（毫米）
雉科尺骨			10.32
雉科尺骨	79.35	10.32	11.05
雉科尺骨			9.97
雉科尺骨			11.25
雉科尺骨	67.67	8.36	9.43
雉科尺骨	83.6	9.85	10.29
雉科尺骨			9.4
雉科尺骨	71.88	8.62	9.68
雉科尺骨		10.01	
雉科尺骨			10
雉科尺骨	78.75	10.36	11.17
雉科尺骨		9.46	
雉科尺骨			9.79
雉科尺骨			10.27
雉科尺骨	80.31	9.62	10.43
雉科尺骨	75.66	9.51	9.94
雉科尺骨		9.21	
雉科尺骨		9.35	
雉科尺骨		9.78	
雉科尺骨		9.67	
雉科尺骨			8.14
雉科尺骨	88.24	10.37	11.13
雉科尺骨	62.21	7.47	8.72
雉科尺骨		9.37	
雉科尺骨		8.97	
雉科尺骨		8.73	
雉科尺骨		8.53	
雉科尺骨			10.17
雉科尺骨	78.95	9.88	
雉科尺骨	71.16	8.02	9.08
雉科尺骨			9.27
雉科尺骨			11.17
雉科尺骨			9.4
雉科尺骨			10.81
雉科尺骨			10.47
雉科尺骨			12.62
雉科尺骨			12.35

动物种属及骨骼名称	长度（毫米）	近端宽度（毫米）	远端宽度（毫米）
雉科尺骨	76.86	10.59	10.56
雉科尺骨		8.95	
雉科尺骨			12.86
雉科尺骨			8.63
雉科尺骨			12.13
雉科尺骨	10.08	8.6	10.1
雉科尺骨			11.15
雉科尺骨			11.09
雉科尺骨			8.41

附表 32　蜀王府遗址出土雉科肱骨测量数据一览表

动物种属及骨骼名称	长度（毫米）	近端宽度（毫米）	远端宽度（毫米）
雉科肱骨		18.85	
雉科肱骨		22.5	
雉科肱骨		18.36	
雉科肱骨		19.98	
雉科肱骨		19.01	
雉科肱骨		19.96	
雉科肱骨		18.53	
雉科肱骨	86.16	23.48	18.31
雉科肱骨	76.51	21.28	16.24
雉科肱骨	80.04	22.5	18.57
雉科肱骨		17.37	
雉科肱骨		19.28	
雉科肱骨		17.72	
雉科肱骨			18.38
雉科肱骨			16.62
雉科肱骨			18.1
雉科肱骨			13.2
雉科肱骨	86.4	23.5	17.83
雉科肱骨	81.96	22.94	18.53
雉科肱骨		18.77	
雉科肱骨		17.41	
雉科肱骨			15.8
雉科肱骨			16.48
雉科肱骨			14.9
雉科肱骨	76.03	21	16.87

动物种属及骨骼名称	长度（毫米）	近端宽度（毫米）	远端宽度（毫米）
雉科肱骨	74.17	18.41	14.53
雉科肱骨		21.14	
雉科肱骨		18.54	
雉科肱骨		19.6	
雉科肱骨			15.62
雉科肱骨			14.03
雉科肱骨			14.65
雉科肱骨			15.02
雉科肱骨			15.16
雉科肱骨			15.93
雉科肱骨		20.56	
雉科肱骨		18.78	
雉科肱骨			14.39
雉科肱骨			17.7
雉科肱骨			14.62
雉科肱骨			15.03
雉科肱骨			15.76
雉科肱骨			16.61
雉科肱骨			14.62
雉科肱骨			16.15
雉科肱骨			13.95
雉科肱骨		21.92	
雉科肱骨		22.8	
雉科肱骨		21.6	
雉科肱骨		18.48	
雉科肱骨		20.6	
雉科肱骨		19.83	
雉科肱骨		16.55	
雉科肱骨		20.3	
雉科肱骨		17.26	
雉科肱骨		19.63	
雉科肱骨	79.13	20.91	15.99
雉科肱骨	69.37	18.44	15.06
雉科肱骨	73.32	19.74	
雉科肱骨	71.3	19.7	
雉科肱骨	68.45	18.71	
雉科肱骨		23.34	

动物种属及骨骼名称	长度（毫米）	近端宽度（毫米）	远端宽度（毫米）
雉科肱骨		22.45	
雉科肱骨		20.4	
雉科肱骨		19.39	
雉科肱骨		21.99	
雉科肱骨		21.89	
雉科肱骨			13.9
雉科肱骨			16.58
雉科肱骨			15.24
雉科肱骨			16.53
雉科肱骨			14.25
雉科肱骨		23.28	
雉科肱骨		19.98	
雉科肱骨		17.98	
雉科肱骨			14.73
雉科肱骨			14.35
雉科肱骨			14.71
雉科肱骨			16.83
雉科肱骨			15.9
雉科肱骨			15.76
雉科肱骨			14.76
雉科肱骨			13.52
雉科肱骨	61.7	16.34	12.98
雉科肱骨	73.51	21.14	15.84
雉科肱骨		18.94	
雉科肱骨		21.47	
雉科肱骨		21.82	
雉科肱骨		22.35	
雉科肱骨		20.31	
雉科肱骨		17.23	
雉科肱骨			16.11
雉科肱骨			16.42
雉科肱骨			17.58
雉科肱骨			17.36
雉科肱骨	71.92	17.11	15.45
雉科肱骨	68.96	18.25	14.16
雉科肱骨		21.8	
雉科肱骨		18.92	

动物种属及骨骼名称	长度（毫米）	近端宽度（毫米）	远端宽度（毫米）
雉科肱骨			15.54
雉科肱骨			14.09
雉科肱骨			16.49
雉科肱骨			17.34
雉科肱骨			15.08
雉科肱骨			18.73
雉科肱骨			16.11
雉科肱骨	70.82	19.97	14.8
雉科肱骨	80.77	22.72	17.62
雉科肱骨	71.3	19.31	14.56
雉科肱骨	77.76	20.64	16.35
雉科肱骨		21.68	
雉科肱骨		19.85	
雉科肱骨		17.77	
雉科肱骨			16.52
雉科肱骨			15.8
雉科肱骨			15.6
雉科肱骨			17.72
雉科肱骨			14.45
雉科肱骨			14.59
雉科肱骨			15.77
雉科肱骨	66.18	18.4	14.47
雉科肱骨	69.98	19.28	15.1
雉科肱骨		22.33	
雉科肱骨		23.2	
雉科肱骨		22.23	
雉科肱骨			15.95
雉科肱骨			16.94
雉科肱骨			15.66
雉科肱骨			16.64
雉科肱骨			14.57
雉科肱骨			15.52
雉科肱骨			17.75
雉科肱骨			13.39
雉科肱骨	73.84	19.89	15.92
雉科肱骨	76.85	19.41	15.38
雉科肱骨		18.61	

续表

动物种属及骨骼名称	长度（毫米）	近端宽度（毫米）	远端宽度（毫米）
雉科肱骨		20.84	
雉科肱骨			17.94
雉科肱骨			16.03
雉科肱骨			14.48
雉科肱骨			17.85
雉科肱骨			14.92
雉科肱骨			17.03
雉科肱骨	73.64	20.45	16.48
雉科肱骨	71.1	18.8	14.88
雉科肱骨		18.12	
雉科肱骨		22.66	
雉科肱骨		21.24	
雉科肱骨			15.62
雉科肱骨			16.84
雉科肱骨			14.28
雉科肱骨			14.26
雉科肱骨			14.67
雉科肱骨			16.66
雉科肱骨			14.56
雉科肱骨	84.96	17.65	
雉科肱骨	74.6	15.59	14.46
雉科肱骨			15.78
雉科肱骨			13.34
雉科肱骨			15.21
雉科肱骨		17.31	
雉科肱骨		17.87	
雉科肱骨		17	
雉科肱骨		15.12	
雉科肱骨		21.94	
雉科肱骨		18.56	
雉科肱骨			16.1
雉科肱骨	70.57	19.3	15.1
雉科肱骨	69.64	19.55	15.8
雉科肱骨	72.53	19.94	5.96
雉科肱骨	83.53	21.93	17.73
雉科肱骨	71.2	19.33	15.47
雉科肱骨	77.7		

动物种属及骨骼名称	长度（毫米）	近端宽度（毫米）	远端宽度（毫米）
雉科肱骨	69.95	18.55	15.24
雉科肱骨		20.46	
雉科肱骨			15.39
雉科肱骨			17.34
雉科肱骨			18.31
雉科肱骨			14.63
雉科肱骨			14.48
雉科肱骨			10.91
雉科肱骨	70.88	18.62	14.94
雉科肱骨		21.73	
雉科肱骨		19.56	
雉科肱骨		21.2	
雉科肱骨		21.12	
雉科肱骨		21.12	
雉科肱骨			15
雉科肱骨			15.18
雉科肱骨			16.63
雉科肱骨			15.16
雉科肱骨			15.96
雉科肱骨			16.92
雉科肱骨			17.12
雉科肱骨		20.52	
雉科肱骨		18.37	
雉科肱骨		22.17	
雉科肱骨		19.59	
雉科肱骨		20.16	
雉科肱骨			14.99
雉科肱骨		22.46	
雉科肱骨		17.7	
雉科肱骨		18.57	
雉科肱骨		19.57	
雉科肱骨		20.44	
雉科肱骨		16.94	
雉科肱骨		15.58	
雉科肱骨		14.13	
雉科肱骨		13.94	
雉科肱骨		14.31	

动物种属及骨骼名称	长度（毫米）	近端宽度（毫米）	远端宽度（毫米）
雉科肱骨		15.24	
雉科肱骨		22.17	
雉科肱骨		19.65	
雉科肱骨		20.29	
雉科肱骨		20.15	
雉科肱骨		18.51	
雉科肱骨		22.99	
雉科肱骨		20.74	
雉科肱骨		22.73	
雉科肱骨		20.19	
雉科肱骨		20.13	
雉科肱骨		21.95	
雉科肱骨		22.27	
雉科肱骨		17.9	
雉科肱骨		20.86	
雉科肱骨		19.47	
雉科肱骨		18	
雉科肱骨		20.19	
雉科肱骨		19.25	
雉科肱骨		22.82	
雉科肱骨		19.75	
雉科肱骨		18.4	
雉科肱骨		19.38	
雉科肱骨		21.39	
雉科肱骨		23.62	
雉科肱骨		18.87	
雉科肱骨		19.08	
雉科肱骨		18.45	
雉科肱骨		14.68	
雉科肱骨		17.84	
雉科肱骨		14.55	
雉科肱骨		14.84	
雉科肱骨		13.96	
雉科肱骨		17.3	
雉科肱骨		16.07	
雉科肱骨		15.17	
雉科肱骨		22.81	

动物种属及骨骼名称	长度（毫米）	近端宽度（毫米）	远端宽度（毫米）
雉科肱骨		18.18	
雉科肱骨		20.44	
雉科肱骨		23.84	
雉科肱骨		18.65	
雉科肱骨		21.08	
雉科肱骨		20.87	
雉科肱骨		18.59	
雉科肱骨		19.8	
雉科肱骨		20.87	
雉科肱骨		18.96	
雉科肱骨		16.46	
雉科肱骨		19.83	
雉科肱骨		20.16	
雉科肱骨		19.86	
雉科肱骨		22.83	
雉科肱骨		20.97	
雉科肱骨		20.89	
雉科肱骨		22.22	
雉科肱骨		18.48	
雉科肱骨		22.05	
雉科肱骨		18.03	
雉科肱骨		18.16	
雉科肱骨		12.01	
雉科肱骨		18.76	
雉科肱骨		14.38	
雉科肱骨		15.22	
雉科肱骨		21.49	
雉科肱骨		21.27	
雉科肱骨		20.29	
雉科肱骨		22.39	
雉科肱骨		22.04	
雉科肱骨		21.24	
雉科肱骨		19.32	
雉科肱骨		17.26	
雉科肱骨		22.18	
雉科肱骨		19.44	
雉科肱骨			16.42

续表

动物种属及骨骼名称	长度（毫米）	近端宽度（毫米）	远端宽度（毫米）
雉科肱骨			15.88
雉科肱骨			16.24
雉科肱骨		22.34	
雉科肱骨		18.84	
雉科肱骨		18.14	
雉科肱骨		20.68	
雉科肱骨			16.92
雉科肱骨			15.59
雉科肱骨			16.17
雉科肱骨			14.64
雉科肱骨			15.66
雉科肱骨			17.11
雉科肱骨			16.79
雉科肱骨		23.59	
雉科肱骨		22.63	
雉科肱骨		22.96	
雉科肱骨		16.79	
雉科肱骨		21.53	
雉科肱骨		19.72	
雉科肱骨		18.38	
雉科肱骨		19.94	
雉科肱骨		17.76	
雉科肱骨		19.63	
雉科肱骨		19.26	
雉科肱骨		16.4	
雉科肱骨	76.11	20.2	16.09
雉科肱骨	83.1	23.63	18.3
雉科肱骨			15.25
雉科肱骨			15.55
雉科肱骨			17.79
雉科肱骨			15.02
雉科肱骨			14.76
雉科肱骨		21.18	
雉科肱骨		19.98	
雉科肱骨		22.77	
雉科肱骨		19.88	
雉科肱骨		22.46	

动物种属及骨骼名称	长度（毫米）	近端宽度（毫米）	远端宽度（毫米）
雉科肱骨		23.53	
雉科肱骨		24.14	
雉科肱骨		18.24	
雉科肱骨			18.76
雉科肱骨			16.16
雉科肱骨			17.75
雉科肱骨			14.6
雉科肱骨			16.06
雉科肱骨			13.87
雉科肱骨			14.38
雉科肱骨			17.23
雉科肱骨			16.37
雉科肱骨			16.85
雉科肱骨			15.82
雉科肱骨	77.21	20.92	17.11
雉科肱骨		22.25	
雉科肱骨		19.41	
雉科肱骨			15.71
雉科肱骨			19.38
雉科肱骨			19.34
雉科肱骨			15.53
雉科肱骨			14.66
雉科肱骨			15.17
雉科肱骨		18.68	
雉科肱骨		19.03	
雉科肱骨		20.79	
雉科肱骨		22.13	
雉科肱骨		22.42	
雉科肱骨		20.03	
雉科肱骨		18.02	
雉科肱骨		18.67	
雉科肱骨		17.11	
雉科肱骨		19.05	
雉科肱骨		17.7	
雉科肱骨		22.42	
雉科肱骨		17.1	
雉科肱骨		19.17	

动物种属及骨骼名称	长度（毫米）	近端宽度（毫米）	远端宽度（毫米）
雉科肱骨		15.92	
雉科肱骨		15.24	
雉科肱骨		16.8	
雉科肱骨	75.11	20.25	15.67
雉科肱骨	68.51	18.6	14.92
雉科肱骨		18.53	
雉科肱骨		18.99	
雉科肱骨		19.47	
雉科肱骨			14.05
雉科肱骨			16.16
雉科肱骨			17.24
雉科肱骨			15.37
雉科肱骨			16.02
雉科肱骨			16.69
雉科肱骨	68.8	18.32	14.4
雉科肱骨	71.96	20.48	16.05
雉科肱骨		18.78	
雉科肱骨			16.3
雉科肱骨			15.83
雉科肱骨			14.23
雉科肱骨			15.13
雉科肱骨			15.22
雉科肱骨	75.98	19.75	15.96
雉科肱骨	69.82	18.71	15.37
雉科肱骨	66.17	17.21	13.8
雉科肱骨	75.03	17.94	14.66
雉科肱骨		17.05	15.4
雉科肱骨		20.99	
雉科肱骨		17.67	
雉科肱骨		17.58	
雉科肱骨		19.7	
雉科肱骨			15
雉科肱骨			15.5
雉科肱骨			16.3
雉科肱骨			18.61
雉科肱骨			13.85
雉科肱骨			15.74

动物种属及骨骼名称	长度（毫米）	近端宽度（毫米）	远端宽度（毫米）
雉科肱骨			15.67
雉科肱骨			15.21
雉科肱骨			16.76
雉科肱骨	65.33	17.13	13.93
雉科肱骨	64.13	16.85	13.9
雉科肱骨	75.47	19.21	15.72
雉科肱骨		18.15	
雉科肱骨		20.34	
雉科肱骨		22.87	
雉科肱骨		18.04	
雉科肱骨		21.85	
雉科肱骨			16.74
雉科肱骨			15.08
雉科肱骨			17.37
雉科肱骨			15.34
雉科肱骨			17.92
雉科肱骨			12.73
雉科肱骨		19.25	
雉科肱骨		21.01	
雉科肱骨		19.15	
雉科肱骨		18.25	
雉科肱骨		17.72	
雉科肱骨		18.99	
雉科肱骨		19.02	
雉科肱骨		23.07	
雉科肱骨		17.14	
雉科肱骨		20.21	
雉科肱骨		18.05	
雉科肱骨		20.15	
雉科肱骨		21.17	
雉科肱骨		21.33	
雉科肱骨		19.86	
雉科肱骨		19.11	
雉科肱骨		19.98	
雉科肱骨		19.65	
雉科肱骨		19.48	
雉科肱骨		19.35	

续表

动物种属及骨骼名称	长度（毫米）	近端宽度（毫米）	远端宽度（毫米）
雉科肱骨		20.42	
雉科肱骨		19.42	
雉科肱骨		24.18	
雉科肱骨		22.62	
雉科肱骨		24.35	
雉科肱骨		18.93	
雉科肱骨		20.9	
雉科肱骨		18.97	
雉科肱骨		18.66	
雉科肱骨		19.44	
雉科肱骨		21.7	
雉科肱骨		24.42	
雉科肱骨		22.18	
雉科肱骨		19.4	
雉科肱骨		19.64	
雉科肱骨		21.51	
雉科肱骨		19.89	
雉科肱骨		17.41	
雉科肱骨		19.39	
雉科肱骨		21.39	
雉科肱骨		19.02	
雉科肱骨		16.69	
雉科肱骨		20.13	
雉科肱骨		22.28	
雉科肱骨		20.55	
雉科肱骨		22.77	
雉科肱骨		21.31	
雉科肱骨		19.84	
雉科肱骨		18.57	
雉科肱骨		22.4	
雉科肱骨			23.5
雉科肱骨			19.07
雉科肱骨			21.57
雉科肱骨			19.81
雉科肱骨		21.27	
雉科肱骨		25.75	
雉科肱骨		22.6	

动物种属及骨骼名称	长度（毫米）	近端宽度（毫米）	远端宽度（毫米）
雉科肱骨		18.63	
雉科肱骨		17.47	
雉科肱骨		20.77	
雉科肱骨		19.73	
雉科肱骨		21.52	
雉科肱骨		23.72	
雉科肱骨		17.56	
雉科肱骨		19.51	
雉科肱骨		22.21	
雉科肱骨		22.31	
雉科肱骨		22.71	
雉科肱骨		20.96	
雉科肱骨		20.01	
雉科肱骨		20.83	
雉科肱骨			16.01
雉科肱骨		19.88	
雉科肱骨		19.39	
雉科肱骨		19.47	
雉科肱骨		22.26	
雉科肱骨		20.77	
雉科肱骨		22.01	
雉科肱骨		18.95	
雉科肱骨		21.46	
雉科肱骨		23.76	
雉科肱骨		18.92	
雉科肱骨		18.1	
雉科肱骨		20.61	
雉科肱骨	66.71	17.3	13.88
雉科肱骨		21.23	
雉科肱骨			15.43
雉科肱骨			15.8
雉科肱骨			17.61
雉科肱骨			13.64
雉科肱骨			14.37
雉科肱骨	80.6		16.39
雉科肱骨	69	19.19	15.3
雉科肱骨		22.78	

动物种属及骨骼名称	长度（毫米）	近端宽度（毫米）	远端宽度（毫米）
雉科肱骨		21.63	
雉科肱骨		22.23	
雉科肱骨			16
雉科肱骨			17.07
雉科肱骨			18.55
雉科肱骨			12.97
雉科肱骨			21.38
雉科肱骨			22.61
雉科肱骨			22.78
雉科肱骨			23.26
雉科肱骨			20.11
雉科肱骨			20.86
雉科肱骨			17.04
雉科肱骨			19.82
雉科肱骨			20.13
雉科肱骨			17.13
雉科肱骨	72.77		19.12
雉科肱骨			18.64
雉科肱骨			18.77
雉科肱骨			18.36
雉科肱骨		23.1	
雉科肱骨		20.81	
雉科肱骨		20.06	
雉科肱骨		17.69	
雉科肱骨		19.51	
雉科肱骨		19.4	
雉科肱骨		20.79	
雉科肱骨		21.86	
雉科肱骨		19.82	
雉科肱骨		20.64	
雉科肱骨		22.05	
雉科肱骨		19.07	
雉科肱骨		19.81	
雉科肱骨		14.47	
雉科肱骨		15.41	
雉科肱骨		16.91	
雉科肱骨		16.24	

动物种属及骨骼名称	长度（毫米）	近端宽度（毫米）	远端宽度（毫米）
雉科肱骨		18.35	
雉科肱骨		20.55	
雉科肱骨	85	22.7	17.89
雉科肱骨			13.99
雉科肱骨			17.73
雉科肱骨			14.27
雉科肱骨		19.11	
雉科肱骨		18.28	
雉科肱骨		18.13	
雉科肱骨			15.45
雉科肱骨			17.22
雉科肱骨			16.67
雉科肱骨		22.3	
雉科肱骨		20.28	
雉科肱骨		21.96	
雉科肱骨		19.11	
雉科肱骨		19.52	
雉科肱骨		16.84	
雉科肱骨		21.58	
雉科肱骨		23.28	
雉科肱骨		21.72	
雉科肱骨		20.79	
雉科肱骨		21.44	
雉科肱骨			17.62
雉科肱骨		18.45	
雉科肱骨		19.68	
雉科肱骨		18.44	
雉科肱骨		25.64	
雉科肱骨			19.9
雉科肱骨			22.7
雉科肱骨		22.55	
雉科肱骨		21.61	
雉科肱骨		19.12	
雉科肱骨		22.47	
雉科肱骨		23.33	
雉科肱骨		22.09	
雉科肱骨		19.67	

动物种属及骨骼名称	长度（毫米）	近端宽度（毫米）	远端宽度（毫米）
雉科肱骨		18.48	
雉科肱骨		20.75	
雉科肱骨		21.82	
雉科肱骨		20.49	
雉科肱骨		23.52	
雉科肱骨			15.09
雉科肱骨		22.31	
雉科肱骨		17.85	
雉科肱骨			17.58
雉科肱骨			14.28
雉科肱骨			17.15
雉科肱骨			17.06
雉科肱骨		20.77	
雉科肱骨		17.65	
雉科肱骨			18.3
雉科肱骨			18.54
雉科肱骨			13.91

附表 33　蜀王府遗址出土雉科股骨测量数据一览表

动物种属及骨骼名称	长度（毫米）	近端宽度（毫米）	远端宽度（毫米）
雉科股骨			22.54
雉科股骨			16.42
雉科股骨			17.07
雉科股骨			13.87
雉科股骨			14.95
雉科股骨			15.74
雉科股骨	87.28	17.83	17.5
雉科股骨	91.6	20.25	20.25
雉科股骨	78.51	16.56	15.5
雉科股骨	89.87	19.62	
雉科股骨		17.23	
雉科股骨		17.07	
雉科股骨		16.55	
雉科股骨		17.63	
雉科股骨			17.85
雉科股骨	81.56	17.5	15.82
雉科股骨	79.26		15.89

动物种属及骨骼名称	长度（毫米）	近端宽度（毫米）	远端宽度（毫米）
雉科股骨		18.38	
雉科股骨		18.31	
雉科股骨		19.12	
雉科股骨	91.92	20.41	18.92
雉科股骨	86.93	19.44	16.96
雉科股骨	87.65	17.74	18.35
雉科股骨	90.35		18.81
雉科股骨	81.74	16.91	14.85
雉科股骨		17.72	
雉科股骨		18.91	
雉科股骨		17.89	
雉科股骨		15.96	
雉科股骨		16	
雉科股骨		24.27	
雉科股骨		18.37	
雉科股骨		19.81	
雉科股骨		16.81	
雉科股骨		20.54	
雉科股骨			15.43
雉科股骨			17.31
雉科股骨			21.64
雉科股骨			14.33
雉科股骨			19.18
雉科股骨	93.57	19.42	
雉科股骨	77.21	16.08	15.38
雉科股骨	86.82		17.48
雉科股骨	77.16	15.62	14.73
雉科股骨		16.76	
雉科股骨		17.05	
雉科股骨		18.54	
雉科股骨		18.89	
雉科股骨		20.31	
雉科股骨		16.15	
雉科股骨		17.3	
雉科股骨		16.23	
雉科股骨			15.23
雉科股骨			16.44

动物种属及骨骼名称	长度（毫米）	近端宽度（毫米）	远端宽度（毫米）
雉科股骨			13.86
雉科股骨			17.35
雉科股骨			16.12
雉科股骨			14.68
雉科股骨			16.61
雉科股骨			18.06
雉科股骨			16.04
雉科股骨			16.08
雉科股骨			14.47
雉科股骨			14.42
雉科股骨			15.92
雉科股骨			16.12
雉科股骨			15.72
雉科股骨			16.3
雉科股骨			14.46
雉科股骨			15.26
雉科股骨			15.4
雉科股骨			15.96
雉科股骨			17.05
雉科股骨			15.3
雉科股骨			15.9
雉科股骨			15.27
雉科股骨			15.46
雉科股骨			16.52
雉科股骨			14.64
雉科股骨	76.31	16.64	15.95
雉科股骨	88.9	19.6	17.27
雉科股骨	78.99	22.26	
雉科股骨		16.76	
雉科股骨		16	
雉科股骨		20.04	
雉科股骨		20.81	
雉科股骨		15.64	
雉科股骨		14.19	
雉科股骨		15.33	
雉科股骨		17.94	
雉科股骨		16.43	

动物种属及骨骼名称	长度（毫米）	近端宽度（毫米）	远端宽度（毫米）
雉科股骨		15.23	
雉科股骨		18.28	
雉科股骨	79.36	17.12	15.74
雉科股骨	82.08	18.08	16.52
雉科股骨	79.48	15.63	15.35
雉科股骨	77.5	16.42	16.05
雉科股骨	72.9	15.37	14.61
雉科股骨		16.66	
雉科股骨		15.3	
雉科股骨		15.54	
雉科股骨		19.53	
雉科股骨		17.91	
雉科股骨			17.29
雉科股骨			14.8
雉科股骨			19.17
雉科股骨			16.14
雉科股骨			16.09
雉科股骨			15.92
雉科股骨			14.66
雉科股骨			14.78
雉科股骨			14.2
雉科股骨	75.4	15.07	15.76
雉科股骨	95.07	19.47	19.34
雉科股骨	77.78	14.9	14.78
雉科股骨	82.95	16.17	
雉科股骨		17.99	
雉科股骨		17.71	
雉科股骨		16.33	
雉科股骨		16.24	
雉科股骨		19.11	
雉科股骨			16.78
雉科股骨			13.7
雉科股骨			15.85
雉科股骨			16.47
雉科股骨			20.03
雉科股骨			15.86
雉科股骨	90.49	20.69	

续表

动物种属及骨骼名称	长度（毫米）	近端宽度（毫米）	远端宽度（毫米）
雉科股骨	79.65	17.78	16.29
雉科股骨	74.48	15.34	15.5
雉科股骨	85.96	18.53	17.5
雉科股骨	78.95	18.87	16.67
雉科股骨		16.67	
雉科股骨		21.11	
雉科股骨		15.47	
雉科股骨		15.55	
雉科股骨			16.5
雉科股骨			16.24
雉科股骨			15.64
雉科股骨			17.62
雉科股骨		17.17	
雉科股骨	78.08	16.71	15.37
雉科股骨	75.29	15.95	15.36
雉科股骨	78.25	16.51	13.58
雉科股骨	77	15.4	15.58
雉科股骨		19.36	
雉科股骨		17.06	
雉科股骨		18.31	
雉科股骨		18.46	
雉科股骨		17.45	
雉科股骨			16.41
雉科股骨			16.98
雉科股骨			16.58
雉科股骨			14.53
雉科股骨			17.58
雉科股骨			16.67
雉科股骨			15.46
雉科股骨			16.48
雉科股骨			18.48
雉科股骨			15.49
雉科股骨			16.93
雉科股骨			16.14
雉科股骨			18.3
雉科股骨			17.12
雉科股骨			23.68

动物种属及骨骼名称	长度（毫米）	近端宽度（毫米）	远端宽度（毫米）
雉科股骨			17.41
雉科股骨			14.64
雉科股骨			20.3
雉科股骨			15.53
雉科股骨			12.74
雉科股骨			14.99
雉科股骨			17.3
雉科股骨			17.38
雉科股骨			18.51
雉科股骨			15.84
雉科股骨			16.67
雉科股骨			14.84
雉科股骨			14.71
雉科股骨			15.94
雉科股骨			20.2
雉科股骨			16.04
雉科股骨			18.08
雉科股骨			21.8
雉科股骨			18.03
雉科股骨			14.14
雉科股骨			18.37
雉科股骨			15.16
雉科股骨			14.19
雉科股骨			17.67
雉科股骨			20.58
雉科股骨			18.6
雉科股骨			16.18
雉科股骨			17.49
雉科股骨			18.08
雉科股骨			16.51
雉科股骨			16.12
雉科股骨			15.18
雉科股骨			14.28
雉科股骨			15.33
雉科股骨			18.77
雉科股骨			19.11
雉科股骨			14.37

动物种属及骨骼名称	长度（毫米）	近端宽度（毫米）	远端宽度（毫米）
雉科股骨			15.14
雉科股骨			18.08
雉科股骨			17.07
雉科股骨			16.66
雉科股骨			15.69
雉科股骨			14.27
雉科股骨			17.87
雉科股骨			16.4
雉科股骨			17.48
雉科股骨			14.45
雉科股骨			16.44
雉科股骨			16.88
雉科股骨			16.58
雉科股骨			20.3
雉科股骨			21.76
雉科股骨			20.69
雉科股骨			20.45
雉科股骨			18.52
雉科股骨			16.3
雉科股骨			15.8
雉科股骨			16.65
雉科股骨			12.81
雉科股骨			18.99
雉科股骨			21
雉科股骨			16.23
雉科股骨			14.19
雉科股骨			14.95
雉科股骨			14.51
雉科股骨			17.7
雉科股骨			18.66
雉科股骨			17.45
雉科股骨			17.37
雉科股骨			15.65
雉科股骨			15.64
雉科股骨			17.15
雉科股骨			17.08
雉科股骨			19.97

动物种属及骨骼名称	长度（毫米）	近端宽度（毫米）	远端宽度（毫米）
雉科股骨			14.07
雉科股骨			19.4
雉科股骨			14.85
雉科股骨			15.95
雉科股骨			21.13
雉科股骨			14.84
雉科股骨			14.12
雉科股骨			18.6
雉科股骨			15.03
雉科股骨			15.16
雉科股骨			20.17
雉科股骨			15.96
雉科股骨			17.11
雉科股骨			16.26
雉科股骨			16.37
雉科股骨			17.28
雉科股骨			15.68
雉科股骨			14.54
雉科股骨			16.66
雉科股骨			15.6
雉科股骨			19.17
雉科股骨			17.17
雉科股骨			17.73
雉科股骨			16.9
雉科股骨			15.04
雉科股骨			20.48
雉科股骨			21.52
雉科股骨			18
雉科股骨			16.98
雉科股骨			15.27
雉科股骨			17.03
雉科股骨			15.08
雉科股骨			14.85
雉科股骨	82.01		16.22
雉科股骨			15.05
雉科股骨			5.62
雉科股骨			14.2

续表

动物种属及骨骼名称	长度（毫米）	近端宽度（毫米）	远端宽度（毫米）
雉科股骨			15.15
雉科股骨			16.59
雉科股骨			16.31
雉科股骨		19.7	
雉科股骨		14.99	
雉科股骨	80.62	17.44	15.9
雉科股骨		20.4	
雉科股骨		16.77	
雉科股骨		17.14	
雉科股骨		18.4	
雉科股骨		17.14	
雉科股骨			15.98
雉科股骨	88.22	17.98	17.9
雉科股骨	78.56	16.44	15.75
雉科股骨	81.1	17.32	
雉科股骨	85.82	18.68	17.08
雉科股骨		18.58	
雉科股骨		15.23	
雉科股骨			15.46
雉科股骨	87.21	18.73	18.89
雉科股骨	80.19	10.12	16.98
雉科股骨	80.29	16.2	
雉科股骨		16.77	
雉科股骨		14.22	
雉科股骨		15.52	
雉科股骨		16.5	
雉科股骨			15.45
雉科股骨			17.84
雉科股骨			18.19
雉科股骨			14.93
雉科股骨	79.93	15.96	15.7
雉科股骨	79.21	16.82	15.92
雉科股骨	84.67	16.75	17.09
雉科股骨		17.08	
雉科股骨		18.37	
雉科股骨		15.56	
雉科股骨		17.5	

动物种属及骨骼名称	长度（毫米）	近端宽度（毫米）	远端宽度（毫米）
雉科股骨			15.91
雉科股骨			16.5
雉科股骨			15.42
雉科股骨			16.03
雉科股骨			14.05
雉科股骨			18.1
雉科股骨			14.01
雉科股骨			13.91
雉科股骨			15.96
雉科股骨			18.63
雉科股骨			16.88
雉科股骨			13.14
雉科股骨			16.06
雉科股骨			16.11
雉科股骨			14.34
雉科股骨			16.21
雉科股骨			16.46
雉科股骨			20.17
雉科股骨			17.54
雉科股骨			14.89
雉科股骨			17.19
雉科股骨			14.61
雉科股骨			15.4
雉科股骨			18.12
雉科股骨			16
雉科股骨			14.65
雉科股骨			16.26
雉科股骨			13.89
雉科股骨			14.95
雉科股骨			13.52
雉科股骨			3.84
雉科股骨			17.13
雉科股骨			15.84
雉科股骨			19.44
雉科股骨			14.52
雉科股骨			16.26
雉科股骨			19.69

动物种属及骨骼名称	长度（毫米）	近端宽度（毫米）	远端宽度（毫米）
雉科股骨			16.44
雉科股骨			16
雉科股骨			15.84
雉科股骨			15.49
雉科股骨			18.81
雉科股骨			13.15
雉科股骨			18.25
雉科股骨			16.45
雉科股骨			14.52
雉科股骨			16.96
雉科股骨			18.1
雉科股骨			18.12
雉科股骨			15.86
雉科股骨			16.11
雉科股骨			16.47
雉科股骨			14.35
雉科股骨			15.94
雉科股骨			14.99
雉科股骨			18.91
雉科股骨			18.08
雉科股骨			13.41
雉科股骨			16.27
雉科股骨			17.18
雉科股骨			17.78
雉科股骨			14.8
雉科股骨			15.66
雉科股骨			19.89
雉科股骨			17.64
雉科股骨			18.15
雉科股骨			18.9
雉科股骨			15.55
雉科股骨			14.99
雉科股骨			17.63
雉科股骨			14.58
雉科股骨			17.96
雉科股骨			16.37
雉科股骨			16.7

动物种属及骨骼名称	长度（毫米）	近端宽度（毫米）	远端宽度（毫米）
雉科股骨			13.44
雉科股骨			16.4
雉科股骨			16.22
雉科股骨			16.28
雉科股骨			12.68
雉科股骨			15.99
雉科股骨			15.93
雉科股骨			17.83
雉科股骨			22.35
雉科股骨			15.14
雉科股骨			10.88
雉科股骨			11.8
雉科股骨			13.71
雉科股骨			12.79
雉科股骨			12.77
雉科股骨			12.27
雉科股骨			14.07
雉科股骨			12.35
雉科股骨			11.4
雉科股骨			13.03
雉科股骨			12.57
雉科股骨			13.42
雉科股骨			11.12
雉科股骨			11.05
雉科股骨			13.06
雉科股骨			11.37
雉科股骨			12.61
雉科股骨			11.27
雉科股骨			12.46
雉科股骨			12.59
雉科股骨			12.39
雉科股骨			11.77
雉科股骨			11.43
雉科股骨			12.51
雉科股骨			14.5
雉科股骨			12.25
雉科股骨			13.29

动物种属及骨骼名称	长度（毫米）	近端宽度（毫米）	远端宽度（毫米）
雉科股骨			13.26
雉科股骨			12.64
雉科股骨			13.26
雉科股骨			11.75
雉科股骨			18.27
雉科股骨			17.55
雉科股骨			15.48
雉科股骨			18.24
雉科股骨			16.45
雉科股骨			13.92
雉科股骨			16.03
雉科股骨			15.58
雉科股骨			15.03
雉科股骨			20.6
雉科股骨			15.28
雉科股骨			15.43
雉科股骨			14.41
雉科股骨			18.35
雉科股骨			17.17
雉科股骨			16.28
雉科股骨			16.24
雉科股骨			15.76
雉科股骨			15.01
雉科股骨			19.35
雉科股骨			16.1
雉科股骨			18.76
雉科股骨			16.68
雉科股骨			15.56
雉科股骨			17.75
雉科股骨			18.52
雉科股骨			15.34
雉科股骨			16.37
雉科股骨			13.75
雉科股骨			17.09
雉科股骨			19.62
雉科股骨			14.02
雉科股骨			15.6

动物种属及骨骼名称	长度（毫米）	近端宽度（毫米）	远端宽度（毫米）
雉科股骨			15.59
雉科股骨	83.38	17	17.05
雉科股骨	80.75	16.15	14.7
雉科股骨	81	16.4	15.38
雉科股骨			18.11
雉科股骨			18.62
雉科股骨			18.08
雉科股骨			14.08
雉科股骨			18.74
雉科股骨			17.04
雉科股骨			16.07
雉科股骨			14.38
雉科股骨			16.8
雉科股骨			15.79
雉科股骨			15.95
雉科股骨			14.68
雉科股骨			16.48
雉科股骨			16.01
雉科股骨			14.72
雉科股骨			17.65
雉科股骨			15.37
雉科股骨			19
雉科股骨			15.31
雉科股骨			18.99
雉科股骨			16.92
雉科股骨			16.21
雉科股骨			14.44
雉科股骨			16.62
雉科股骨			15.46
雉科股骨			17.88
雉科股骨			18.44
雉科股骨			17.66
雉科股骨			15.45
雉科股骨			16.4
雉科股骨			15.45
雉科股骨			15.45
雉科股骨			17.85

续表

动物种属及骨骼名称	长度（毫米）	近端宽度（毫米）	远端宽度（毫米）
雉科股骨			17.29
雉科股骨			16.55
雉科股骨			15.32
雉科股骨			16.98
雉科股骨			15.38
雉科股骨			18.5
雉科股骨			18.69
雉科股骨			17.46
雉科股骨			18.47
雉科股骨			16.25
雉科股骨			15.36
雉科股骨			20.65
雉科股骨			14.37
雉科股骨		14.06	
雉科股骨			15.5
雉科股骨			16.84
雉科股骨			15.85
雉科股骨			16.5
雉科股骨			15.77
雉科股骨			15.44
雉科股骨			15.82
雉科股骨			20.16
雉科股骨			18.74
雉科股骨			18.49
雉科股骨			15.91
雉科股骨			18.97
雉科股骨			19.5
雉科股骨			17.26
雉科股骨			17.26
雉科股骨			18.41
雉科股骨			15.49
雉科股骨			14.9
雉科股骨			21.32
雉科股骨			16.59
雉科股骨			19.32
雉科股骨			16.62
雉科股骨			17.56

动物种属及骨骼名称	长度（毫米）	近端宽度（毫米）	远端宽度（毫米）
雉科股骨			18.07
雉科股骨			11.93
雉科股骨			16.23
雉科股骨			16
雉科股骨			18.14
雉科股骨			15.84
雉科股骨			19.53
雉科股骨			16.71
雉科股骨			15.09

附表 34　蜀王府遗址出土雉科胫骨测量数据一览表

动物种属及骨骼名称	长度（毫米）	近端宽度（毫米）	远端宽度（毫米）
雉科胫骨	115.92	14.86	12.3
雉科胫骨		14.55	
雉科胫骨		17.27	
雉科胫骨		14.65	
雉科胫骨			12.48
雉科胫骨			11.8
雉科胫骨			12.48
雉科胫骨			13.95
雉科胫骨			12.42
雉科胫骨			11.95
雉科胫骨			12.51
雉科胫骨			12.94
雉科胫骨			13.25
雉科胫骨	132.07	16.89	14.48
雉科胫骨		14.4	
雉科胫骨		13.77	
雉科胫骨		14.25	
雉科胫骨		16.3	
雉科胫骨		14.41	
雉科胫骨			12.26
雉科胫骨			11.22
雉科胫骨			13.9
雉科胫骨			13.17
雉科胫骨			14.75
雉科胫骨			13.39

动物种属及骨骼名称	长度（毫米）	近端宽度（毫米）	远端宽度（毫米）
雉科胫骨			11.9
雉科胫骨			12.05
雉科胫骨			12.71
雉科胫骨			13.34
雉科胫骨			13.08
雉科胫骨			14.55
雉科胫骨			13.03
雉科胫骨			11.46
雉科胫骨			12.3
雉科胫骨			13.38
雉科胫骨			11.78
雉科胫骨			10.12
雉科胫骨	132.51	18.57	13.44
雉科胫骨		12.59	
雉科胫骨		18	
雉科胫骨		13.14	
雉科胫骨			13.4
雉科胫骨			13.11
雉科胫骨			15.44
雉科胫骨			13.76
雉科胫骨			9.41
雉科胫骨			9.48
雉科胫骨			12.7
雉科胫骨			12.09
雉科胫骨			14.9
雉科胫骨	109.77	15.6	12.76
雉科胫骨		15.59	
雉科胫骨		15.94	
雉科胫骨		15.32	
雉科胫骨		13.25	
雉科胫骨		12.28	
雉科胫骨		12.66	
雉科胫骨		11.09	
雉科胫骨		13.02	
雉科胫骨		13.93	
雉科胫骨		13.51	
雉科胫骨		11.8	

动物种属及骨骼名称	长度（毫米）	近端宽度（毫米）	远端宽度（毫米）
雉科胫骨		10.96	
雉科胫骨		12.48	
雉科胫骨		16.4	
雉科胫骨		17.15	
雉科胫骨			13.23
雉科胫骨			12.88
雉科胫骨			12.87
雉科胫骨			12.42
雉科胫骨			11.32
雉科胫骨			12.54
雉科胫骨			13.54
雉科胫骨			14.14
雉科胫骨			13.6
雉科胫骨			10.91
雉科胫骨			11.87
雉科胫骨			11.62
雉科胫骨	154	21.19	17.14
雉科胫骨	112.37	13.87	12.95
雉科胫骨		16.58	
雉科胫骨		16.2	
雉科胫骨		12.75	
雉科胫骨		13.14	
雉科胫骨		12.07	
雉科胫骨		14.79	
雉科胫骨		12.97	
雉科胫骨		15.01	
雉科胫骨		13.49	
雉科胫骨		12.4	
雉科胫骨		12.62	
雉科胫骨		12.91	
雉科胫骨		11	
雉科胫骨		17.47	
雉科胫骨		12.94	
雉科胫骨		19.4	
雉科胫骨			11.92
雉科胫骨			13.15
雉科胫骨			12.86

动物种属及骨骼名称	长度（毫米）	近端宽度（毫米）	远端宽度（毫米）
雉科胫骨			10.08
雉科胫骨			13.37
雉科胫骨			14.73
雉科胫骨			12.73
雉科胫骨			12.86
雉科胫骨			11.27
雉科胫骨			12.22
雉科胫骨	111.27	14.72	12.17
雉科胫骨		14.08	
雉科胫骨		16.4	
雉科胫骨			11.4
雉科胫骨			13.15
雉科胫骨			11.02
雉科胫骨			12.28
雉科胫骨			12.57
雉科胫骨			13.2
雉科胫骨			12.4
雉科胫骨			14.25
雉科胫骨			13.31
雉科胫骨			11.2
雉科胫骨			12.2
雉科胫骨			10.69
雉科胫骨			12.7
雉科胫骨			12.98
雉科胫骨			12.77
雉科胫骨	115.86	15.11	
雉科胫骨		17.02	
雉科胫骨		15.12	
雉科胫骨		15.43	
雉科胫骨		16.85	
雉科胫骨			13.78
雉科胫骨			12.95
雉科胫骨			11.71
雉科胫骨			13.13
雉科胫骨			13.21
雉科胫骨			13.46
雉科胫骨			13.4

动物种属及骨骼名称	长度（毫米）	近端宽度（毫米）	远端宽度（毫米）
雉科胫骨			12.52
雉科胫骨			11.7
雉科胫骨			14.53
雉科胫骨			12.72
雉科胫骨			11.21
雉科胫骨			12.16
雉科胫骨			10.84
雉科胫骨	116.22	15.08	12.6
雉科胫骨		7.92	
雉科胫骨		16.2	
雉科胫骨		15.8	
雉科胫骨			13.22
雉科胫骨			12.23
雉科胫骨			14.96
雉科胫骨			12.84
雉科胫骨			12.43
雉科胫骨			11.4
雉科胫骨			13.83
雉科胫骨			12.46
雉科胫骨			11.55
雉科胫骨	111.53	14.45	11.5
雉科胫骨			12.42
雉科胫骨			16.1
雉科胫骨			12.73
雉科胫骨			13.66
雉科胫骨			12.3
雉科胫骨			14.17
雉科胫骨			12.46
雉科胫骨			13.47
雉科胫骨			12.68
雉科胫骨			10.56
雉科胫骨			12.52
雉科胫骨			12.73
雉科胫骨			15.52
雉科胫骨			12.96
雉科胫骨			12.34
雉科胫骨			12.84

动物种属及骨骼名称	长度（毫米）	近端宽度（毫米）	远端宽度（毫米）
雉科胫骨			13.85
雉科胫骨			13.6
雉科胫骨			12.11
雉科胫骨			15.06
雉科胫骨			11.82
雉科胫骨			12.54
雉科胫骨			10.08
雉科胫骨			11.59
雉科胫骨			13.68
雉科胫骨			11.86
雉科胫骨			12.05
雉科胫骨			11.97
雉科胫骨			13.36
雉科胫骨			13.56
雉科胫骨			13.22
雉科胫骨			11.98
雉科胫骨	113.57	14.64	
雉科胫骨	109.07	15.13	12.09
雉科胫骨		16.94	
雉科胫骨		15.02	
雉科胫骨		14.91	
雉科胫骨		13.92	
雉科胫骨			13.22
雉科胫骨			14.06
雉科胫骨			12.9
雉科胫骨			13.35
雉科胫骨			13.51
雉科胫骨			13.81
雉科胫骨			12.8
雉科胫骨			12.07
雉科胫骨			11.58
雉科胫骨	113	14.33	11.98
雉科胫骨	121.95	17.94	14.08
雉科胫骨		14.24	
雉科胫骨		14.67	
雉科胫骨			12.24
雉科胫骨			14.93

动物种属及骨骼名称	长度（毫米）	近端宽度（毫米）	远端宽度（毫米）
雉科胫骨			13.48
雉科胫骨			12.64
雉科胫骨			12.68
雉科胫骨			13.63
雉科胫骨			13.5
雉科胫骨			12.34
雉科胫骨			13.72
雉科胫骨			14.96
雉科胫骨			13.75
雉科胫骨			11.83
雉科胫骨	113.64	13.86	10.16
雉科胫骨	112.5	10.25	7.2
雉科胫骨			15.14

附表 35　蜀王府遗址出土雉科桡骨测量数据一览表

动物种属及骨骼名称	长度（毫米）	近端宽度（毫米）	远端宽度（毫米）
雉科桡骨	60.74	5.43	7.2
雉科桡骨	67.52	5.3	7.2
雉科桡骨			5.9
雉科桡骨			8.23
雉科桡骨			7.26
雉科桡骨	73.4	5.78	7.9
雉科桡骨	65.51	5.27	6.28
雉科桡骨	74.87	6.05	7.6
雉科桡骨	69.58	5.75	7.73
雉科桡骨	61.48		6.96
雉科桡骨	57.2	4.7	6.25
雉科桡骨	62.3	5.17	6.65
雉科桡骨			6.88
雉科桡骨			8.02
雉科桡骨			7.88
雉科桡骨			7.4
雉科桡骨			6.88
雉科桡骨	68.61	5.14	7
雉科桡骨	61.83	5.24	6.89
雉科桡骨	64.11	5.03	7.5
雉科桡骨	59.4	4.38	5.97
雉科桡骨	66.25	5.31	6.67

动物种属及骨骼名称	长度（毫米）	近端宽度（毫米）	远端宽度（毫米）
雉科桡骨			7.18
雉科桡骨			7.21
雉科桡骨			6.96
雉科桡骨	62.19	4.95	7.03
雉科桡骨	78.99	5.98	7.55
雉科桡骨	66.47	5.26	6.5
雉科桡骨	62.51	5.1	7.17
雉科桡骨	67.13	5.76	7.5
雉科桡骨			8.8
雉科桡骨			7.27
雉科桡骨			6.12
雉科桡骨			7.92
雉科桡骨	65.12	4.6	7.08
雉科桡骨	61.65	5.3	7.27
雉科桡骨			7.41
雉科桡骨	62.16	5.21	5.51
雉科桡骨	65.8	5.13	6.8
雉科桡骨	65.14	5.33	6.47
雉科桡骨	62.4	5.33	6.4
雉科桡骨	62.12	4.99	
雉科桡骨			7.66
雉科桡骨			6.69
雉科桡骨	66.97	5.4	7.31
雉科桡骨	67.12	5.32	7.45
雉科桡骨			7.87
雉科桡骨			7.5
雉科桡骨			7.23
雉科桡骨			7.21
雉科桡骨		8.21	
雉科桡骨		9.02	
雉科桡骨		8.66	
雉科桡骨			10.48
雉科桡骨			10.41
雉科桡骨		9.23	
雉科桡骨		9.18	
雉科桡骨			11.05
雉科桡骨			10.11

动物种属及骨骼名称	长度（毫米）	近端宽度（毫米）	远端宽度（毫米）
雉科桡骨			10.03
雉科桡骨			11.72
雉科桡骨			10.07
雉科桡骨			9.84
雉科桡骨	86.8	5.47	6.81
雉科桡骨	64.4	5.23	7.2
雉科桡骨	68.56	5.35	7.06
雉科桡骨	66.8	5.9	7.13
雉科桡骨	58.88	4.29	6.42
雉科桡骨	56.48	4.57	5.55
雉科桡骨			7.47
雉科桡骨	78.55	5.98	8.47
雉科桡骨	63.73	5.07	6.86
雉科桡骨	59.08	4.7	7.16
雉科桡骨	64.45	4.18	6.52
雉科桡骨			7.02
雉科桡骨			7.9
雉科桡骨			7.15
雉科桡骨			7.54
雉科桡骨			4.72
雉科桡骨	58.83	5.17	6.36
雉科桡骨	64.42	5.38	6.79
雉科桡骨	73.74	5.37	7.54
雉科桡骨	65.1	5.24	7.61
雉科桡骨			7.11
雉科桡骨			6.76
雉科桡骨			7.55
雉科桡骨			8.12
雉科桡骨			7.62
雉科桡骨			7.2
雉科桡骨	69.16	5.64	6.41
雉科桡骨	66.01	5.98	7.42
雉科桡骨			8.56
雉科桡骨			7.48
雉科桡骨			7.35
雉科桡骨	63.1	5.27	6.68
雉科桡骨	62.6	5.36	6.72

动物种属及骨骼名称	长度（毫米）	近端宽度（毫米）	远端宽度（毫米）
雉科桡骨	69.16	5.74	7.12
雉科桡骨	57.15	4.49	6.46
雉科桡骨			7.38
雉科桡骨			5.82
雉科桡骨			8.51
雉科桡骨			8.76
雉科桡骨			7.16
雉科桡骨	7.37	5.47	6.94
雉科桡骨	67.05	5.25	7.1
雉科桡骨	64.3	5.59	7
雉科桡骨			7.3
雉科桡骨			6.92
雉科桡骨			7.05
雉科桡骨			7.67
雉科桡骨			8.8
雉科桡骨	63.5	5.62	7.63
雉科桡骨	56.38	4.81	6.61
雉科桡骨	68.33	5.48	7.58
雉科桡骨	69.47	5.77	7.4
雉科桡骨	75.91	7.11	8.47
雉科桡骨		6.4	
雉科桡骨		5.42	
雉科桡骨			8.65
雉科桡骨			6.45
雉科桡骨			6.82
雉科桡骨			7.45
雉科桡骨			7.25
雉科桡骨	73.98	6.25	7.43
雉科桡骨	59.45	5.15	6.07
雉科桡骨	63.75	4.81	5.94
雉科桡骨	64.28	5.77	6.92
雉科桡骨	70.5	6.09	5.97
雉科桡骨	66.6	5.2	7.29
雉科桡骨			6.61
雉科桡骨			7.02
雉科桡骨			6.76
雉科桡骨	70.4	5.9	8.12

动物种属及骨骼名称	长度（毫米）	近端宽度（毫米）	远端宽度（毫米）
雉科桡骨	65.03	5.59	7.85
雉科桡骨	58.13	5.1	6.8
雉科桡骨	67.19	4.92	6.5
雉科桡骨			6.96
雉科桡骨			6.91
雉科桡骨			8.04
雉科桡骨			6.16
雉科桡骨	73.3	5.57	8.12
雉科桡骨	67.92	5.56	7.55
雉科桡骨	59.94	4.57	6.42
雉科桡骨			6.45
雉科桡骨			7.77
雉科桡骨			7.57
雉科桡骨	73.88	6.5	8.1
雉科桡骨			8.57
雉科桡骨			7.96
雉科桡骨			6.95
雉科桡骨			6.87
雉科桡骨	63.16	5.12	7.34
雉科桡骨	72.44	6.41	8.01
雉科桡骨	66.64	5.43	7.64
雉科桡骨	70.01	6.03	7.86
雉科桡骨	71.44	6.12	7.46
雉科桡骨	65.83	5.56	7.43
雉科桡骨	64.53	5.52	6.52
雉科桡骨	62.72	5.26	5.82
雉科桡骨	78.37	6.42	8.5
雉科桡骨	69.5	5.47	7.46
雉科桡骨	65.05	5.01	5.8
雉科桡骨	73.44	6.5	8.55
雉科桡骨	64.08	5.14	6.75
雉科桡骨			7.49
雉科桡骨			7.3
雉科桡骨			7.26
雉科桡骨			7.17
雉科桡骨			7.52
雉科桡骨			7.26

动物种属及骨骼名称	长度（毫米）	近端宽度（毫米）	远端宽度（毫米）
雉科桡骨			7.8
雉科桡骨	75.6	6.28	8.07
雉科桡骨	70.92	5.78	8.27
雉科桡骨	62.81	5.13	6.55
雉科桡骨	65.88	5.1	7.01
雉科桡骨	60.95	4.81	6.93
雉科桡骨			7.96
雉科桡骨			8.32
雉科桡骨			7.29
雉科桡骨			7.17
雉科桡骨	63.23	5.25	6.5
雉科桡骨	59.68	5.07	6.24
雉科桡骨	62.95	5.45	6.86
雉科桡骨			6.42
雉科桡骨			7.82
雉科桡骨	65.3	5.64	7.63
雉科桡骨	66.41	5.02	7.32
雉科桡骨	64.67	5.56	7.53
雉科桡骨	73.56	5.79	7.84
雉科桡骨	57.73	4.49	5.5
雉科桡骨			8.48
雉科桡骨			6.6
雉科桡骨			7.11
雉科桡骨			6.83
雉科桡骨	70.4	5.37	7.39
雉科桡骨	63.63	4.69	6.98
雉科桡骨	60.13	4.64	6.36
雉科桡骨	63.27	5	6.74
雉科桡骨	67.66	5.92	7.5
雉科桡骨	65.18	5.29	6.5
雉科桡骨			8.28
雉科桡骨			8.19
雉科桡骨	74.99	6.62	7.94
雉科桡骨	63.34	5.31	6.36
雉科桡骨	63.67	5.3	6.96
雉科桡骨	57.44	4.36	6.24
雉科桡骨			7.23

动物种属及骨骼名称	长度（毫米）	近端宽度（毫米）	远端宽度（毫米）
雉科桡骨			7.63
雉科桡骨	69.6	5.81	7.16
雉科桡骨	60.58	4.08	6.28
雉科桡骨	78.19	5.95	7.48
雉科桡骨	60.16	5.37	5.94
雉科桡骨			6.88
雉科桡骨			7.19
雉科桡骨	65.9		7.48
雉科桡骨	71.94	5.99	7.6
雉科桡骨	67.68	5.88	6.79
雉科桡骨	59.62	5.01	6.5
雉科桡骨	68.78	5.63	7.38
雉科桡骨	66.38	5.55	7.31
雉科桡骨		6.04	
雉科桡骨		7.75	
雉科桡骨		6.67	
雉科桡骨	75.54	6.84	8.07
雉科桡骨	64.03	5.68	7.21
雉科桡骨	63.96	4.81	6.48
雉科桡骨	65.21	5.31	7.13
雉科桡骨		5.66	
雉科桡骨			7.8
雉科桡骨			7.58
雉科桡骨			7.21
雉科桡骨			7.31
雉科桡骨			7.73
雉科桡骨	66.48	5.5	7.85
雉科桡骨			8.07
雉科桡骨	60.74	5.26	6.28
雉科桡骨	65.91	5.6	7.28
雉科桡骨	61.54	4.94	6.95
雉科桡骨	69.95	4.57	6.53
雉科桡骨	68.34	5.05	6.33
雉科桡骨	62.23	5.46	6.98
雉科桡骨		4.98	
雉科桡骨			8.16
雉科桡骨			7.67

动物种属及骨骼名称	长度（毫米）	近端宽度（毫米）	远端宽度（毫米）
雉科桡骨			7.01
雉科桡骨			6.83
雉科桡骨			7.62
雉科桡骨	64.43	5.2	7.08
雉科桡骨	61.53	5.63	7.29
雉科桡骨	65.52	5.37	6.9
雉科桡骨		5.19	
雉科桡骨			7.04
雉科桡骨			6.75
雉科桡骨			6.89
雉科桡骨			6.11
雉科桡骨	69.46	5.69	7.53
雉科桡骨			7.02
雉科桡骨			6.24
雉科桡骨			6.44
雉科桡骨	71.24		7.78
雉科桡骨	63.32	4.86	6.46
雉科桡骨	67.68	5.47	6.89
雉科桡骨	71.69	5.87	7.36
雉科桡骨	65.65	5.5	7.01
雉科桡骨		5.63	
雉科桡骨			6.74
雉科桡骨			7.33
雉科桡骨			7.31
雉科桡骨			6.69
雉科桡骨	58.35	5.72	7.15
雉科桡骨			8.3
雉科桡骨	63.77	5.23	6.84
雉科桡骨			7.1
雉科桡骨			7.7
雉科桡骨			6.72
雉科桡骨	71.31	6.27	7.89
雉科桡骨	63.18	5.2	6.62
雉科桡骨			6.24
雉科桡骨			6.44
雉科桡骨	76.31	6.25	8.75
雉科桡骨	73.48	5.81	7.82

动物种属及骨骼名称	长度（毫米）	近端宽度（毫米）	远端宽度（毫米）
雉科桡骨	72.38	4.72	6.01
雉科桡骨			7.66
雉科桡骨			7.78
雉科桡骨	67.87	5.07	6.93
雉科桡骨	63.24	4.73	7.09
雉科桡骨	54.57	4.91	5.87
雉科桡骨			7.12
雉科桡骨	82.39	5.67	7.85
雉科桡骨	70.79	5.86	7.84
雉科桡骨	63.96	5.15	6.67
雉科桡骨	58.51	4.84	6.56
雉科桡骨	68.23	5.4	7.64
雉科桡骨	70.52	6.44	8.82
雉科桡骨			8.13
雉科桡骨			7.62
雉科桡骨		6.16	
雉科桡骨		6.14	
雉科桡骨			8.34
雉科桡骨			8.64
雉科桡骨			7.53
雉科桡骨			7.11
雉科桡骨			6.87
雉科桡骨			6.22
雉科桡骨	67.87	5.87	7.49
雉科桡骨	62.69	5.79	7.2
雉科桡骨	73.9	5.81	7.77
雉科桡骨	61.33	4.65	6.27
雉科桡骨	60.05	5.04	6.58
雉科桡骨			8.46
雉科桡骨			7.94
雉科桡骨			8.68
雉科桡骨			6.83
雉科桡骨			8.08
雉科桡骨		5.26	
雉科桡骨			7.56
雉科桡骨			7.36
雉科桡骨			6.56

动物种属及骨骼名称	长度（毫米）	近端宽度（毫米）	远端宽度（毫米）
雉科桡骨	72.81	6.41	6.56
雉科桡骨	63.1	5.61	6.24
雉科桡骨		5.83	
雉科桡骨		5.24	
雉科桡骨			5.59
雉科桡骨			6.62
雉科桡骨			6.79
雉科桡骨			7.03
雉科桡骨			7.98
雉科桡骨	71.44	5.96	8.02
雉科桡骨	65.78	5.25	6.78
雉科桡骨	60	4.94	6.55
雉科桡骨	58.25	4.75	5.4
雉科桡骨	66.27	5.39	7.08
雉科桡骨	68.55	5.81	7.54
雉科桡骨	72.6	5.13	7.35
雉科桡骨		5.35	
雉科桡骨			7.71
雉科桡骨			7.48
雉科桡骨	56.78	4.76	6.22
雉科桡骨	73.27	6.01	8.33
雉科桡骨	70.79	5.39	7.32
雉科桡骨	71.19	6.33	8.62
雉科桡骨	62.07	5.08	6.51
雉科桡骨			7.93
雉科桡骨			7.34
雉科桡骨	57.92	4.87	6.03
雉科桡骨			8.65
雉科桡骨			6.85
雉科桡骨			7.31
雉科桡骨	71.11	6.18	8.11
雉科桡骨	68.91	5.58	7.06
雉科桡骨			7.93
雉科桡骨			6.78
雉科桡骨	67.7	6.01	6.76
雉科桡骨	68.6	5.61	7.97
雉科桡骨	66.77	5.82	7.8

动物种属及骨骼名称	长度（毫米）	近端宽度（毫米）	远端宽度（毫米）
雉科桡骨	60.6	5.18	6.1
雉科桡骨			7.09
雉科桡骨			7.37
雉科桡骨			7.78
雉科桡骨	62.5	5.12	6.5
雉科桡骨	66.76	5.56	7.38
雉科桡骨	64.62	5.55	6.99
雉科桡骨	65.78	6.28	7.02
雉科桡骨	60.24	5	6.56
雉科桡骨			6.88
雉科桡骨			7.25
雉科桡骨			8.01
雉科桡骨			8.28
雉科桡骨			7.04
雉科桡骨	69.22	5.99	7.99
雉科桡骨	59.2	5.01	6.9
雉科桡骨	72.63	5.35	7.23
雉科桡骨			7.31
雉科桡骨			8.06
雉科桡骨			7.53
雉科桡骨			6.37
雉科桡骨	65.2	5.55	7.07
雉科桡骨	71.42	5.85	8.33
雉科桡骨	64.77	5.06	6.93
雉科桡骨	63.43	5.36	7.19
雉科桡骨			6.98
雉科桡骨			7.73
雉科桡骨			6.42
雉科桡骨			7.06
雉科桡骨			7.14
雉科桡骨	64.98	5.71	6.78
雉科桡骨	69.02	5.78	7.9
雉科桡骨	61.6	4.87	6.6
雉科桡骨	64.9	6.57	7.89
雉科桡骨	67.64	6.5	66
雉科桡骨	64.91	5.23	7.1
雉科桡骨	60.98	4.61	5.75

动物种属及骨骼名称	长度（毫米）	近端宽度（毫米）	远端宽度（毫米）
雉科桡骨	60.75	5.31	6.94
雉科桡骨	61.81	4.95	6.59
雉科桡骨	75.89	4.7	5.68
雉科桡骨	60.74	5.53	7.1
雉科桡骨			8.81
雉科桡骨			7
雉科桡骨			5.81
雉科桡骨			7.73
雉科桡骨			6.56
雉科桡骨			6.87
雉科桡骨			7.71
雉科桡骨			7.63
雉科桡骨			8.02
雉科桡骨			6.47
雉科桡骨	74.84	6.29	8.25
雉科桡骨	68.74	6.7	7.42
雉科桡骨	61.85	5.4	6.71
雉科桡骨	66.73	5.09	6.86
雉科桡骨	65.02	5.49	7.68
雉科桡骨	66.42	5.92	6.4
雉科桡骨	71.38	6.65	8.32
雉科桡骨	64.52	5.41	7.09
雉科桡骨	75.15	6.19	8.54
雉科桡骨	61	4.89	6.75
雉科桡骨	68.04	5.34	7.25
雉科桡骨			8.57
雉科桡骨			7.91
雉科桡骨			7.2
雉科桡骨			6.95
雉科桡骨			6.19
雉科桡骨			7.34
雉科桡骨			7.45
雉科桡骨			7.86
雉科桡骨			8.23
雉科桡骨			7.99
雉科桡骨			8.3
雉科桡骨	65.31	5.92	7.23

动物种属及骨骼名称	长度（毫米）	近端宽度（毫米）	远端宽度（毫米）
雉科桡骨	59.2	5.69	7.5
雉科桡骨	69.44	5.71	7.51
雉科桡骨			7.01
雉科桡骨			10.35
雉科桡骨			7.32
雉科桡骨			7.19
雉科桡骨			7.12
雉科桡骨			7.04
雉科桡骨	63.05	5.49	7.05
雉科桡骨	61.08	5	6.03
雉科桡骨			7.15
雉科桡骨			7.56
雉科桡骨			7.19
雉科桡骨			8.05
雉科桡骨			7.11
雉科桡骨	65.7	5.56	6.88
雉科桡骨	66.79	5.02	7.21
雉科桡骨	67.9	6.48	7.18
雉科桡骨			7.5
雉科桡骨			9.79
雉科桡骨	61.42	5.19	6.92
雉科桡骨	57.47	4.92	6.3
雉科桡骨			8.1
雉科桡骨			6.91
雉科桡骨	65	5.32	7.4
雉科桡骨			7.12
雉科桡骨			7.55
雉科桡骨			7.23
雉科桡骨	62.95	6.08	7.75
雉科桡骨	61.38	5.05	6.67
雉科桡骨			7.6
雉科桡骨			6.38
雉科桡骨			7.57
雉科桡骨	66.03	5.47	6.81
雉科桡骨	77.11	7.05	8.84
雉科桡骨	71.13	6.19	8.15
雉科桡骨			8.41

动物种属及骨骼名称	长度（毫米）	近端宽度（毫米）	远端宽度（毫米）
雉科桡骨	71.49	6.06	8.34
雉科桡骨	59.29	4.97	7.18
雉科桡骨	63.54	4.94	6.49
雉科桡骨	70.81	5.61	7.41
雉科桡骨	73.5	6.09	7.78
雉科桡骨	74.28	6.06	8.53
雉科桡骨	61.44	5.18	7.27
雉科桡骨	63.51	4.69	6.36
雉科桡骨	65.22	6.57	7.31
雉科桡骨		5.38	
雉科桡骨			7.38
雉科桡骨			7.86
雉科桡骨			7.98
雉科桡骨			8.69
雉科桡骨			6.87
雉科桡骨			7.38
雉科桡骨	71.74	6.37	8.35
雉科桡骨	74.15	6.28	8.05
雉科桡骨	65.83	5.36	7.02
雉科桡骨	70.74	6.05	7.7
雉科桡骨	68.86	5.57	7.42
雉科桡骨			8.72
雉科桡骨			7.07
雉科桡骨			6.84
雉科桡骨			8.24
雉科桡骨			6.63
雉科桡骨	72.95	6.16	7.98
雉科桡骨	68.7	5.65	7.56
雉科桡骨	65.11	5.45	6.88
雉科桡骨	71.17	5.7	7.28
雉科桡骨	60.11	5.43	7.45
雉科桡骨	61.36	4.98	6.53
雉科桡骨			7.58
雉科桡骨			7.88
雉科桡骨			7.26
雉科桡骨			7.11
雉科桡骨	83.25	6.6	8.53

动物种属及骨骼名称	长度（毫米）	近端宽度（毫米）	远端宽度（毫米）
雉科桡骨	64.04	4.75	6.95
雉科桡骨	65.55	5.22	6.14
雉科桡骨	66.45	6.09	7.66
雉科桡骨	56.23	4.64	6.07
雉科桡骨			6.77
雉科桡骨			8.24
雉科桡骨			7.53
雉科桡骨			6.72
雉科桡骨	54.65	4.53	5.78
雉科桡骨			7.01
雉科桡骨			8.53
雉科桡骨			7
雉科桡骨			8.72
雉科桡骨	71.2		5.85
雉科桡骨	75.05		5.9
雉科桡骨	62.57		5.27
雉科桡骨	64.3		5.19
雉科桡骨	68.87		5.75
雉科桡骨	6.87		
雉科桡骨	76.77		6.73
雉科桡骨	62.1		5.46
雉科桡骨	7.69		
雉科桡骨	7.69		
雉科桡骨	8.7		
雉科桡骨	71.48		5.73
雉科桡骨	60.07		5.24
雉科桡骨			6.49
雉科桡骨	71.83	6.07	7.6
雉科桡骨	66.92	5.37	7.3
雉科桡骨	75.52	6.26	8.23
雉科桡骨	64.8	5.54	7.42
雉科桡骨	60.2	5.6	6.49
雉科桡骨			7.9
雉科桡骨	68.3	6.07	7.57
雉科桡骨	66.18	5.52	7.1
雉科桡骨			7.01
雉科桡骨	64.2	5.41	7.18

动物种属及骨骼名称	长度（毫米）	近端宽度（毫米）	远端宽度（毫米）
雉科桡骨			7.85
雉科桡骨			6.72
雉科桡骨	76.16	5.5	7.31
雉科桡骨		5.51	
雉科桡骨	66.17	5.35	7.44
雉科桡骨		5.73	
雉科桡骨		7.79	
雉科桡骨	61.62	5.22	6.54
雉科桡骨	62.8	4.66	6.2
雉科桡骨	71.09	5.78	7.44
雉科桡骨	75.3	6.14	8.55
雉科桡骨	68	5.82	7.65
雉科桡骨			7.24
雉科桡骨	60.9	5.23	6.74
雉科桡骨	60.11	6.48	
雉科桡骨			7.27
雉科桡骨			8.27
雉科桡骨	76.56	6.06	7.98
雉科桡骨		6.28	
雉科桡骨	62.71	5.74	7.25

附表 36　蜀王府遗址出土雉科腕掌骨测量数据一览表

动物种属及骨骼名称	长度（毫米）	近端宽度（毫米）	远端宽度（毫米）
雉科腕掌骨	36.98	11.81	7
雉科腕掌骨	35.85	10.91	7.2
雉科腕掌骨	33.87	14.07	8.88
雉科腕掌骨	42.12	13.67	7.55
雉科腕掌骨	38.63	12.32	8.06
雉科腕掌骨	34.17	10.4	5.8
雉科腕掌骨	37.31	11.53	8.67
雉科腕掌骨	38.58	12.01	7.9
雉科腕掌骨	41.32	12.81	8.44
雉科腕掌骨	40.78	12.52	8.2
雉科腕掌骨	36.72	12.12	8.04
雉科腕掌骨		12.61	
雉科腕掌骨		12.91	
雉科腕掌骨		12.78	

动物种属及骨骼名称	长度（毫米）	近端宽度（毫米）	远端宽度（毫米）
雉科腕掌骨		13.11	
雉科腕掌骨			8.05
雉科腕掌骨	42.12	13.06	9.01
雉科腕掌骨	37.43	11.91	7.85
雉科腕掌骨	38.2	10.32	6.93
雉科腕掌骨	41.04	13.18	8.8
雉科腕掌骨	34.72	9.98	5.7
雉科腕掌骨		11.47	
雉科腕掌骨		13.85	
雉科腕掌骨	36.58	12.82	7.44
雉科腕掌骨	34.77	11.79	7.47
雉科腕掌骨	35.06	11.4	6.9
雉科腕掌骨	38.37	12.86	7.48
雉科腕掌骨		13.46	
雉科腕掌骨	45.72	14.05	9.31
雉科腕掌骨	37.73	11.84	8.17
雉科腕掌骨	35.56		7.87
雉科腕掌骨	44.19	13.36	8.94
雉科腕掌骨	30.77	10.65	7.26
雉科腕掌骨	42		9
雉科腕掌骨	40.78	12.46	8.2
雉科腕掌骨	40.47	12.85	7.93
雉科腕掌骨	35.51	11.9	7.77
雉科腕掌骨	29.97	10.33	7.13
雉科腕掌骨			8.07
雉科腕掌骨	41.3	13.5	8.81
雉科腕掌骨	43.13	13.72	8.76
雉科腕掌骨	35.07	11.05	8.1
雉科腕掌骨	38.26	10.1	6.28
雉科腕掌骨	32.29	10.16	7.15
雉科腕掌骨		11.72	
雉科腕掌骨	42.44	13.95	8.31
雉科腕掌骨	40.57	13.3	8.4
雉科腕掌骨	41.08	12.76	8.5
雉科腕掌骨	36.89	12.57	7.7
雉科腕掌骨	42.57	13	8.28
雉科腕掌骨	37.2	12.13	7.73

动物种属及骨骼名称	长度（毫米）	近端宽度（毫米）	远端宽度（毫米）
雉科腕掌骨	38.17	11.36	
雉科腕掌骨	38.44	12.03	8.22
雉科腕掌骨	38.64	12.03	7.86
雉科腕掌骨	38.74	12.23	7.2
雉科腕掌骨	33.86	11.27	7.6
雉科腕掌骨	39.8	11.91	8.4
雉科腕掌骨		11.05	
雉科腕掌骨	42.8	13.14	8.94
雉科腕掌骨	41.95	13.7	9.13
雉科腕掌骨	43.5	14.3	8.63
雉科腕掌骨	44.78		9.51
雉科腕掌骨		13.15	
雉科腕掌骨	44.22	12.77	8.79
雉科腕掌骨	45.88	1302	8.49
雉科腕掌骨	38.43	12.39	7.93
雉科腕掌骨	44.36	12.66	9.23
雉科腕掌骨	37.87	11.77	8.09
雉科腕掌骨	42.31	12.86	8.42
雉科腕掌骨	37.85	11.64	7.35
雉科腕掌骨	37.33	11.22	7.6
雉科腕掌骨	37.37	11.8	7.72
雉科腕掌骨	38.64	12.58	7.26
雉科腕掌骨	37	12.61	7.79
雉科腕掌骨	35.02	10.87	7.6
雉科腕掌骨		13.88	
雉科腕掌骨		11.07	
雉科腕掌骨			7.73
雉科腕掌骨	37.8	11.73	7.57
雉科腕掌骨	39.26	12.93	
雉科腕掌骨	38.85	12.47	7.37
雉科腕掌骨	36.38	11.83	7.93
雉科腕掌骨	31.16	11.5	7.14
雉科腕掌骨	36.88	10.8	8.46
雉科腕掌骨	39.06		8.65
雉科腕掌骨	39.5	12.42	8.2
雉科腕掌骨	41.14	12.48	9
雉科腕掌骨	37.5	11.85	7.85

动物种属及骨骼名称	长度（毫米）	近端宽度（毫米）	远端宽度（毫米）
雉科腕掌骨	37.22	11.48	7.87
雉科腕掌骨	39.54	11.5	7.7
雉科腕掌骨	39.14	11.99	8.8
雉科腕掌骨	35.76		7.5
雉科腕掌骨	40.12	12.85	8.25
雉科腕掌骨	42.13	12.54	8.59
雉科腕掌骨		12.68	
雉科腕掌骨		14.75	
雉科腕掌骨	45.13	14.75	8.85
雉科腕掌骨	42.76	13.8	8.95
雉科腕掌骨	42.3	13.31	9.39
雉科腕掌骨	39.95	12.93	7.72
雉科腕掌骨	37.74	11.36	8.03
雉科腕掌骨	44.1	13.62	9.07
雉科腕掌骨	41.53	13.44	8.73
雉科腕掌骨	43.55	13.21	8.52
雉科腕掌骨	35.24	12.48	
雉科腕掌骨	38.74	11.62	7.44
雉科腕掌骨		12.88	
雉科腕掌骨		13.17	
雉科腕掌骨	45.18	14.11	8.87
雉科腕掌骨	38.67	12.62	7.68
雉科腕掌骨	37.87	12.48	7.97
雉科腕掌骨	37.03	11.95	7.71
雉科腕掌骨	36.87	11.07	7.29
雉科腕掌骨	37.61	10.71	7.31
雉科腕掌骨	37.97	10.66	7.28
雉科腕掌骨		11.33	
雉科腕掌骨		12.68	
雉科腕掌骨	36.91	11.74	7.53
雉科腕掌骨	32.96	11	7
雉科腕掌骨	38.33	12.95	8.3
雉科腕掌骨	42.22	15.05	8.86
雉科腕掌骨	37.05	12.66	7.51
雉科腕掌骨	45.96	14.22	9
雉科腕掌骨			8.23
雉科腕掌骨	40.7	12.17	8.83

动物种属及骨骼名称	长度（毫米）	近端宽度（毫米）	远端宽度（毫米）
雉科腕掌骨	41.52	12.27	8.01
雉科腕掌骨	36.35	10.93	7.35
雉科腕掌骨	39.23	11.35	7.73
雉科腕掌骨	42.02	11.6	8.34
雉科腕掌骨	44.13	13.34	8.54
雉科腕掌骨	33.75	10.65	
雉科腕掌骨	43.84	13.76	8.49
雉科腕掌骨	38.84	13.33	9.49
雉科腕掌骨	46.16	15.05	10.49
雉科腕掌骨	39.1	9.66	11.49
雉科腕掌骨	37.34	11.92	12.49
雉科腕掌骨	35.4	11.75	13.49
雉科腕掌骨		12.51	
雉科腕掌骨			8.65
雉科腕掌骨	42.04	12.79	8.31
雉科腕掌骨	39.69	14.48	8.22
雉科腕掌骨	37.32	11.2	7.59
雉科腕掌骨	42	13.3	8.11
雉科腕掌骨	37.56	11.37	7.66
雉科腕掌骨		13.11	
雉科腕掌骨		17.5	
雉科腕掌骨	38.71	12.7	7.5
雉科腕掌骨	37	12.63	8.19
雉科腕掌骨	43.09	13.59	7.91
雉科腕掌骨	36.28	12.27	7.41
雉科腕掌骨	36.98	12.19	7.51
雉科腕掌骨	37.88		7.36
雉科腕掌骨	38.43	12.74	7.91
雉科腕掌骨		13.86	
雉科腕掌骨		15.63	
雉科腕掌骨		14.94	
雉科腕掌骨		13.19	
雉科腕掌骨			8.54
雉科腕掌骨	37.49	11.68	7.91
雉科腕掌骨	34.88	11.48	7.72
雉科腕掌骨	35.42	10.66	7.2
雉科腕掌骨	41.86	12.4	8.3

动物种属及骨骼名称	长度（毫米）	近端宽度（毫米）	远端宽度（毫米）
雉科腕掌骨	42.8	13.35	8.25
雉科腕掌骨	41.61		8.38
雉科腕掌骨	38.43	12.01	
雉科腕掌骨	37.6	11.05	7.7
雉科腕掌骨	41.08	12.8	8
雉科腕掌骨	39.4	13.47	7.97
雉科腕掌骨	39.87	12.27	8.67
雉科腕掌骨	39.13	12.86	7.78
雉科腕掌骨	40.58	12.67	7.19
雉科腕掌骨	34.63	11.68	7.36
雉科腕掌骨		15.54	
雉科腕掌骨	45.82	12.8	9.28
雉科腕掌骨	41.12	12.81	7.92
雉科腕掌骨	38.81	12.02	7.85
雉科腕掌骨	43.43	12.9	9.11
雉科腕掌骨	38.43	11.7	8.36
雉科腕掌骨	40.15	11.98	8.42
雉科腕掌骨	40.05	13	8.36
雉科腕掌骨	36.03		8.31
雉科腕掌骨	36.9	12.3	7.51
雉科腕掌骨	33.8	12.51	8.5
雉科腕掌骨	42.76	12.08	8.87
雉科腕掌骨		11.8	
雉科腕掌骨	42.39	14.11	8.29
雉科腕掌骨	42.78	14.27	8.23
雉科腕掌骨	37.15	12.16	7.99
雉科腕掌骨	36.16	11.58	7.48
雉科腕掌骨	37.36	11.18	6.5
雉科腕掌骨	34.54	12.28	7.51
雉科腕掌骨	35.74	11.22	7.7
雉科腕掌骨	48.24		9.75
雉科腕掌骨	33.17		7.1
雉科腕掌骨		12.44	
雉科腕掌骨			6.82
雉科腕掌骨	41.24	12.79	7.28
雉科腕掌骨		13.2	
雉科腕掌骨	41.55	12.83	8.7

动物种属及骨骼名称	长度（毫米）	近端宽度（毫米）	远端宽度（毫米）
雉科腕掌骨	43.13	14.16	7.97
雉科腕掌骨	37.22	12.14	7.73
雉科腕掌骨		13.48	
雉科腕掌骨	43.53	12.69	916
雉科腕掌骨	44.17	13.91	9.46
雉科腕掌骨	40.6	12.58	7.38
雉科腕掌骨			7.9
雉科腕掌骨			8.36
雉科腕掌骨	12.33		
雉科腕掌骨	40.43		8.36
雉科腕掌骨	35.73	11.54	7.3
雉科腕掌骨	31.24	9	7.19
雉科腕掌骨	39.83	12.3	8.6
雉科腕掌骨	39.77	11.54	7.27
雉科腕掌骨	35.16	9.75	6.95
雉科腕掌骨		13.07	
雉科腕掌骨			8.36
雉科腕掌骨	45.63	15.26	8.82
雉科腕掌骨	40.2	13.31	8.23
雉科腕掌骨		10.77	
雉科腕掌骨			7.62
雉科腕掌骨	37.66	12.12	7.67
雉科腕掌骨	34.37	10.55	7.04
雉科腕掌骨		11.09	
雉科腕掌骨	39.77	12.51	6.61
雉科腕掌骨	41.54	13.64	8.37
雉科腕掌骨	36.97	11.51	8.06
雉科腕掌骨	35.36	11.08	7.8
雉科腕掌骨	44.45	13.95	8.16
雉科腕掌骨	35.3	10.72	7.56
雉科腕掌骨		12.74	
雉科腕掌骨	39.44		7.67
雉科腕掌骨	37.46	12.74	
雉科腕掌骨	36.46	12.14	7.06
雉科腕掌骨	43.13	13.17	7.99
雉科腕掌骨		14.85	
雉科腕掌骨		13.43	

动物种属及骨骼名称	长度（毫米）	近端宽度（毫米）	远端宽度（毫米）
雉科腕掌骨		14.11	
雉科腕掌骨		13.7	
雉科腕掌骨		14.73	
雉科腕掌骨		12.12	
雉科腕掌骨		10.49	
雉科腕掌骨	42.24	13.77	8.35
雉科腕掌骨		11.06	
雉科腕掌骨		10.71	
雉科腕掌骨		11.6	
雉科腕掌骨		10.78	
雉科腕掌骨			8.5
雉科腕掌骨	37.69	11.8	7.64
雉科腕掌骨	38.58	11.44	7.14
雉科腕掌骨	41.32	12.84	7.9
雉科腕掌骨	39.41	11.68	7.15
雉科腕掌骨		13.57	
雉科腕掌骨		11.81	
雉科腕掌骨	35.92	11.92	7.42
雉科腕掌骨	42.14	13.54	8.39
雉科腕掌骨	36.18	11.02	6.91
雉科腕掌骨			8.82
雉科腕掌骨	38.19	11.35	7.23
雉科腕掌骨		14.63	
雉科腕掌骨		11.1	
雉科腕掌骨		12.6	
雉科腕掌骨	43	13.35	8.26
雉科腕掌骨	38.63	13.43	7.68
雉科腕掌骨	45.9	13.62	8.57
雉科腕掌骨	45.98	14.55	9.37
雉科腕掌骨	43.33	14.45	9.24
雉科腕掌骨	38.06	11.89	7.95
雉科腕掌骨	42.5	12.67	8.12
雉科腕掌骨	37.48	11.55	7.74
雉科腕掌骨		13.86	
雉科腕掌骨		13.2	
雉科腕掌骨	41.47	12.87	8.01
雉科腕掌骨	34.5	10.28	7.46

动物种属及骨骼名称	长度（毫米）	近端宽度（毫米）	远端宽度（毫米）
雉科腕掌骨	32.14	9.13	5.72
雉科腕掌骨		11.75	
雉科腕掌骨	39.85	13.27	8.27
雉科腕掌骨	37	12.43	7.02
雉科腕掌骨	39.78	11.27	7.99
雉科腕掌骨		13.88	
雉科腕掌骨		12.31	
雉科腕掌骨		7.89	
雉科腕掌骨	39.72	10.77	7.68
雉科腕掌骨	34.85	10.19	7.33
雉科腕掌骨	36.71	11.49	7.58
雉科腕掌骨			7.67
雉科腕掌骨			7.83
雉科腕掌骨	45.32	13.64	8.47
雉科腕掌骨	34.95	11.39	5.5
雉科腕掌骨	45.38	13.85	9.7
雉科腕掌骨	37.57	11.91	7.48
雉科腕掌骨	36.86	11.51	7.54
雉科腕掌骨		14.46	
雉科腕掌骨		15.04	
雉科腕掌骨		12.32	
雉科腕掌骨			8.24
雉科腕掌骨	36.73	11.83	7.91
雉科腕掌骨		12.7	
雉科腕掌骨		13.53	
雉科腕掌骨	48.93	15.86	9.11
雉科腕掌骨	34.25	11.56	7.55
雉科腕掌骨	37.71	11.9	8.4
雉科腕掌骨	42.27	12.75	8.07
雉科腕掌骨	42.69	11.85	8.48
雉科腕掌骨		10.6	
雉科腕掌骨	42.46	14.09	8.32
雉科腕掌骨	41.5	13.15	8.1
雉科腕掌骨		13.48	
雉科腕掌骨	35.12	11.2	7.12
雉科腕掌骨	40.5	13.02	8.42
雉科腕掌骨	37.33	11.56	7.11

动物种属及骨骼名称	长度（毫米）	近端宽度（毫米）	远端宽度（毫米）
雉科腕掌骨	37.17	11.7	7.74
雉科腕掌骨	34.07	10.63	6.92
雉科腕掌骨	37.5	12.41	7.58
雉科腕掌骨	34.95	11.6	7.28
雉科腕掌骨		14.16	
雉科腕掌骨		13.61	
雉科腕掌骨	38.08	12	8.54
雉科腕掌骨	38.6	12.54	8.42
雉科腕掌骨	35.35	11.32	8.61
雉科腕掌骨	41.39		9.2
雉科腕掌骨	37.56	11.92	7.13
雉科腕掌骨	32.5	11.6	7.37
雉科腕掌骨	43.07	12.24	8.54
雉科腕掌骨		14.7	
雉科腕掌骨		12.02	
雉科腕掌骨		13.05	
雉科腕掌骨	42.45	14.05	8.76
雉科腕掌骨	38.74	13.07	8.6
雉科腕掌骨	33.8	10.59	6.68
雉科腕掌骨	40.12	13.11	7.92
雉科腕掌骨	39.16		7.77
雉科腕掌骨		13.06	
雉科腕掌骨		11.78	
雉科腕掌骨	38.3	12.35	8.7
雉科腕掌骨	38.06	12.06	9.07
雉科腕掌骨	45.31	14.23	8.98
雉科腕掌骨	35.85	11.63	7.55
雉科腕掌骨	49.99	14.28	9.54
雉科腕掌骨	38.57	11.96	7.5
雉科腕掌骨		14.21	
雉科腕掌骨			8.06
雉科腕掌骨	42.9	13.16	8.96
雉科腕掌骨		11.62	6.92
雉科腕掌骨	34.9	10.55	7.17
雉科腕掌骨	44.11	13.62	8.95
雉科腕掌骨	36.9	12.04	7.9
雉科腕掌骨	39.2	12.61	8.18

动物种属及骨骼名称	长度（毫米）	近端宽度（毫米）	远端宽度（毫米）
雉科腕掌骨	40.9	12.37	7.56
雉科腕掌骨	40.38	12.62	8.13
雉科腕掌骨	42.74	13.93	8.57
雉科腕掌骨		12.89	
雉科腕掌骨		11.08	
雉科腕掌骨		13.04	
雉科腕掌骨	41.34	13.75	9.3
雉科腕掌骨	39.34	12.71	8.5
雉科腕掌骨	40.2	12.76	9.02
雉科腕掌骨			7.57
雉科腕掌骨	40.32	12.85	8.02
雉科腕掌骨	37.86	12.52	7.57
雉科腕掌骨	38.5	12.93	8.31
雉科腕掌骨	38.08	12.2	7.53
雉科腕掌骨	38.92	11	7.3
雉科腕掌骨	41.36	12.32	7.84
雉科腕掌骨		12.03	
雉科腕掌骨			8.19
雉科腕掌骨	34.9	11.65	6.8
雉科腕掌骨	34.98	11.62	8.04
雉科腕掌骨	37.51	11.58	7.42
雉科腕掌骨	36.91	11.76	7.31
雉科腕掌骨	45.65	14.11	8.73
雉科腕掌骨	39.2	12.35	8.17
雉科腕掌骨	37.54	11.64	7.32
雉科腕掌骨	41.07	12.51	8.43
雉科腕掌骨	42.43	12.51	8.8
雉科腕掌骨	39.66	12.25	7.72
雉科腕掌骨		13.91	
雉科腕掌骨		12.91	
雉科腕掌骨	39.41	12.23	7.56
雉科腕掌骨	36.13	12.14	7.51
雉科腕掌骨	42.3	13.52	8.15
雉科腕掌骨	37.75	12.26	8.5
雉科腕掌骨	40.32	13.51	8.15
雉科腕掌骨	46.21	14.92	9.96
雉科腕掌骨	43.67	13.81	9.1

动物种属及骨骼名称	长度（毫米）	近端宽度（毫米）	远端宽度（毫米）
雉科腕掌骨	40.88	12.28	8.5
雉科腕掌骨		12.8	
雉科腕掌骨		11.74	
雉科腕掌骨	33.86	11	7
雉科腕掌骨	39.17	11.65	7.54
雉科腕掌骨	43.73	12.68	8.28
雉科腕掌骨	43.11	14.21	9.04
雉科腕掌骨	36.85	12.05	7.53
雉科腕掌骨	36.93	10.76	7.25
雉科腕掌骨	39	12.22	7.3
雉科腕掌骨	35.9	12.01	7.35
雉科腕掌骨	41.83	13.53	8.65
雉科腕掌骨	37.45	12.12	7.68
雉科腕掌骨	38		7.52
雉科腕掌骨	37.3	12.12	7.89
雉科腕掌骨	38.62	11.77	7.93
雉科腕掌骨		13.83	
雉科腕掌骨		12.67	
雉科腕掌骨		14.66	
雉科腕掌骨	40.27	12.72	8.57
雉科腕掌骨	40.67	13.17	7.67
雉科腕掌骨	34.49	11.85	7.15
雉科腕掌骨	37.87	11.66	8.06
雉科腕掌骨	42.41	11.43	8.92
雉科腕掌骨	39.7	12.04	7.45
雉科腕掌骨	33.87	10.38	6.61
雉科腕掌骨	36.75	11.96	7.33
雉科腕掌骨	37.71	11.49	7.68
雉科腕掌骨	36.47		7.55
雉科腕掌骨	36.31	10.32	7.6
雉科腕掌骨		13.7	
雉科腕掌骨		11.48	
雉科腕掌骨		12.67	
雉科腕掌骨		11.69	
雉科腕掌骨			8.57
雉科腕掌骨	42.47	13.44	8.65
雉科腕掌骨	42.71	11.2	8.12

续表

动物种属及骨骼名称	长度（毫米）	近端宽度（毫米）	远端宽度（毫米）
雉科腕掌骨	43.17	12.72	8.99
雉科腕掌骨	33.9	9.8	7.33
雉科腕掌骨	42.79	13.33	8.85
雉科腕掌骨	30.96	11.49	7.97
雉科腕掌骨		14.77	
雉科腕掌骨	46.21	14.21	8.48
雉科腕掌骨	41.94	16.47	7.83
雉科腕掌骨	35.83	12.03	7.66
雉科腕掌骨	37.56	12.88	7.4
雉科腕掌骨	43.72	1414	8.93
雉科腕掌骨	44.53	13.1	8.43
雉科腕掌骨	37.38	11.41	7.54
雉科腕掌骨	52.59	16.65	10.53
雉科腕掌骨	37.41	11.26	7.36
雉科腕掌骨	42.27		9.08
雉科腕掌骨	36.32	10.91	7.39
雉科腕掌骨	38.86	10.82	8.12
雉科腕掌骨	35.98		7.5
雉科腕掌骨		12.7	
雉科腕掌骨	44.3	13.55	8.5
雉科腕掌骨	42.26	1.09	7.73
雉科腕掌骨	39.5	12.65	7.37
雉科腕掌骨	40.02	12.09	7.52
雉科腕掌骨	34.74	12.7	
雉科腕掌骨	37.2	10.46	7.38
雉科腕掌骨	39.42	12.52	8.26
雉科腕掌骨	37.6	12	7.55
雉科腕掌骨	36.04	10.46	7.26
雉科腕掌骨	39.83		8.64
雉科腕掌骨		12.47	
雉科腕掌骨		11.11	
雉科腕掌骨	47.19	14.11	9.12
雉科腕掌骨	41.74	13.4	9.11
雉科腕掌骨	37.9	11.79	7.94
雉科腕掌骨	37.43	12.95	7.98
雉科腕掌骨	37.89	11.71	7.45
雉科腕掌骨	41.78	12.97	7.51

动物种属及骨骼名称	长度（毫米）	近端宽度（毫米）	远端宽度（毫米）
雉科腕掌骨	37.22	11.57	7.1
雉科腕掌骨	35.56	11	7.36
雉科腕掌骨		12.6	
雉科腕掌骨		8.58	
雉科腕掌骨	39.93	13.74	8.5
雉科腕掌骨	41.27	21.82	8.1
雉科腕掌骨	42.67	13.6	8.65
雉科腕掌骨	43.28	12.38	8.58
雉科腕掌骨	41.06	12.02	7.98
雉科腕掌骨	43.3	12.57	8.02
雉科腕掌骨	40.33	13.13	8.55
雉科腕掌骨	36.39	11.47	7.58
雉科腕掌骨		13.01	
雉科腕掌骨	39.21	12.34	7.33
雉科腕掌骨	41.57	12.38	7.91
雉科腕掌骨	40.56	20.73	8.78
雉科腕掌骨	44.3	14.02	8.66
雉科腕掌骨	40.39	12.23	8.46
雉科腕掌骨	37.98	11.75	7.34
雉科腕掌骨	41.44	12.95	8.82
雉科腕掌骨	39.33	12.13	7.61
雉科腕掌骨	42.6	13.16	8.73
雉科腕掌骨	36.46	11.82	7.77
雉科腕掌骨		13.53	
雉科腕掌骨		12.14	
雉科腕掌骨	38.35	12.13	8.1
雉科腕掌骨	41.81	13.5	8.4
雉科腕掌骨		14.39	
雉科腕掌骨	41.75	11.99	7.87
雉科腕掌骨	42.8	13.09	8.67
雉科腕掌骨	43.58	13.07	8.88
雉科腕掌骨	43.96	12.88	8
雉科腕掌骨	41.74	13.28	8.66
雉科腕掌骨	40.94	12.66	7.53
雉科腕掌骨		14.25	
雉科腕掌骨			8.8
雉科腕掌骨	37.46	11.51	7.71

动物种属及骨骼名称	长度（毫米）	近端宽度（毫米）	远端宽度（毫米）
雉科腕掌骨	35.62	12.09	7.87
雉科腕掌骨	40.67	12.04	7.08
雉科腕掌骨	40.08	12.09	8.79
雉科腕掌骨	35.2	11.39	8.79
雉科腕掌骨	37.44	11.81	7.27
雉科腕掌骨	38.77	12.07	8.1
雉科腕掌骨	43.06	13.39	8.1
雉科腕掌骨	40.98	12.55	8.06
雉科腕掌骨	41.42	12.91	8.35
雉科腕掌骨	44.72	13.92	8.76
雉科腕掌骨	39.74	11.42	7.97
雉科腕掌骨		12.61	
雉科腕掌骨		13.13	
雉科腕掌骨			8.74
雉科腕掌骨			8.12
雉科腕掌骨			8.13
雉科腕掌骨	42.6	12.8	8.7
雉科腕掌骨	36.3	12.27	7.77
雉科腕掌骨	39.08	12.77	7.75
雉科腕掌骨	43.94	14.31	8.08
雉科腕掌骨	42.2	12.87	8.34
雉科腕掌骨	36.63	13.19	8.68
雉科腕掌骨	40.02	12.81	7.96
雉科腕掌骨	40.96	13.47	8.21
雉科腕掌骨	41.26	13.6	
雉科腕掌骨		13.37	
雉科腕掌骨			8.63
雉科腕掌骨	39.67	11.8	7.53
雉科腕掌骨		12.43	
雉科腕掌骨		13.92	
雉科腕掌骨		13.72	
雉科腕掌骨	36.71	11.84	7.65
雉科腕掌骨	37.94	11.6	6.4
雉科腕掌骨		13.34	
雉科腕掌骨	105.8	22.57	14.33
雉科腕掌骨		22.42	
雉科腕掌骨		21.89	

动物种属及骨骼名称	长度（毫米）	近端宽度（毫米）	远端宽度（毫米）
雉科腕掌骨		21.5	
雉科腕掌骨		20.06	
雉科腕掌骨			11.62
雉科腕掌骨		20.36	
雉科腕掌骨		21.92	
雉科腕掌骨		19.05	
雉科腕掌骨		21.33	
雉科腕掌骨	38.3	12.48	7.48
雉科腕掌骨	39.84	11.89	7.11
雉科腕掌骨		13.26	
雉科腕掌骨		13.91	
雉科腕掌骨	36.08	11.7	
雉科腕掌骨	39.02	12.27	7.71
雉科腕掌骨		14.46	
雉科腕掌骨	12.55		8.66
雉科腕掌骨	10.8		7.17
雉科腕掌骨			12.36
雉科腕掌骨	35.9		
雉科腕掌骨	34.98		11.37
雉科腕掌骨	37.28		12.09
雉科腕掌骨	41.71		12.79
雉科腕掌骨	53.32		12.6
雉科腕掌骨	36	11.89	7.82
雉科腕掌骨	43.76	14.27	8.62
雉科腕掌骨	41.5	13.18	7.94
雉科腕掌骨		12.83	
雉科腕掌骨	44.7	13.81	8.54
雉科腕掌骨	45.6	14.24	8.4
雉科腕掌骨	41.71	13.58	8.42
雉科腕掌骨		11.34	
雉科腕掌骨			8.08
雉科腕掌骨	41.52	13.27	8.38
雉科腕掌骨	42.78	14.11	8.81
雉科腕掌骨	40.91	13.54	8.15
雉科腕掌骨	40.23		8.77
雉科腕掌骨	40.43	12.37	8.24
雉科腕掌骨	36.53	11.08	7.5

动物种属及骨骼名称	长度（毫米）	近端宽度（毫米）	远端宽度（毫米）
雉科腕掌骨	36.54	12.74	7.36
雉科腕掌骨	39.03	12.58	7.98
雉科腕掌骨	43.81	13.3	8.8
雉科腕掌骨		12.61	
雉科腕掌骨	42.02	13.24	7.71
雉科腕掌骨	37.82	10.98	7.46
雉科腕掌骨		13.98	
雉科腕掌骨	40.62	12.72	7.97
雉科腕掌骨	43.56	13.85	9.21
雉科腕掌骨	42.73	13.35	8.67
雉科腕掌骨	43.84	13.5	8.41
雉科腕掌骨		13.17	
雉科腕掌骨	44.6	13.56	9.14
雉科腕掌骨		12.35	
雉科腕掌骨	47.63	14.81	9.66
雉科腕掌骨		12.76	
雉科腕掌骨			8.95
雉科腕掌骨	40.18	12.63	8.55
雉科腕掌骨	36.42	11.63	7.5
雉科腕掌骨	42.08	13.09	9.55
雉科腕掌骨	42.62	12.26	9.14
雉科腕掌骨	43.83	13.85	7.77
雉科腕掌骨		13.31	
雉科腕掌骨		11.85	
雉科腕掌骨		11.45	
雉科腕掌骨			8.45
雉科腕掌骨			8.51
雉科腕掌骨	46.21	14.12	9.83
雉科腕掌骨		13.14	

附表 37 蜀王府遗址出土雉科乌喙骨测量数据一览表

动物种属及骨骼名称	长度（毫米）	远端宽度（毫米）
雉科乌喙骨	52.14	12.06
雉科乌喙骨	57.98	12.5
雉科乌喙骨	60.79	13.14
雉科乌喙骨	58.31	10.79
雉科乌喙骨	51.41	10.89

动物种属及骨骼名称	长度（毫米）	远端宽度（毫米）
雉科乌喙骨	55.65	10.76
雉科乌喙骨	52.2	11.89
雉科乌喙骨	53.19	11.27
雉科乌喙骨	60.04	12.56
雉科乌喙骨	53.72	11.98
雉科乌喙骨	64.38	13.3
雉科乌喙骨	55.88	11.68
雉科乌喙骨	58.42	12.24
雉科乌喙骨	52.96	11.61
雉科乌喙骨	54.82	13.51
雉科乌喙骨	50.88	11.73
雉科乌喙骨	61.74	12.43
雉科乌喙骨	55.15	11.86
雉科乌喙骨	53.92	11.01
雉科乌喙骨	51.74	10.41
雉科乌喙骨	51.63	10.35
雉科乌喙骨	63.99	13.96
雉科乌喙骨	56.61	11.7
雉科乌喙骨	55.77	11.59
雉科乌喙骨	50.75	10.3
雉科乌喙骨	62.2	13.85
雉科乌喙骨	56.25	13.45
雉科乌喙骨	64	12.25
雉科乌喙骨	57.3	
雉科乌喙骨	50.6	11.74
雉科乌喙骨	55.35	15.52
雉科乌喙骨	54.58	11.77
雉科乌喙骨	58.26	12.84
雉科乌喙骨	66.76	13.85
雉科乌喙骨	63.54	14.36
雉科乌喙骨	64.5	13.21
雉科乌喙骨	60.74	14.61
雉科乌喙骨	54.96	11.27
雉科乌喙骨	52.52	11.52
雉科乌喙骨	63.76	12.32
雉科乌喙骨	54.76	11.92
雉科乌喙骨	60.2	13.7

动物种属及骨骼名称	长度（毫米）	远端宽度（毫米）
雉科乌喙骨	54.33	12.95
雉科乌喙骨	54.41	11.98
雉科乌喙骨	55.61	13.03
雉科乌喙骨	58.22	12.52
雉科乌喙骨	54.04	11.55
雉科乌喙骨		10.33
雉科乌喙骨	57.57	12.47
雉科乌喙骨	48.66	9.72
雉科乌喙骨	52.81	10.44
雉科乌喙骨	55.4	12.43
雉科乌喙骨	50.52	9.56
雉科乌喙骨	66.7	14.77
雉科乌喙骨	55.78	
雉科乌喙骨	53.32	11.04
雉科乌喙骨	53.27	12.57
雉科乌喙骨	61.72	13.7
雉科乌喙骨	54.45	10.4
雉科乌喙骨	62.72	12.74
雉科乌喙骨	58.58	12.08
雉科乌喙骨	57.21	10.59
雉科乌喙骨	50.74	10.71
雉科乌喙骨	48.7	
雉科乌喙骨	54.95	11.09
雉科乌喙骨	55.25	12.81
雉科乌喙骨	55.75	10.23
雉科乌喙骨	58.53	12.27
雉科乌喙骨	56	14.05
雉科乌喙骨	66.53	13.33
雉科乌喙骨	62.9	12.86
雉科乌喙骨	53.97	12.3
雉科乌喙骨	51.63	11.2
雉科乌喙骨	51.83	12.77
雉科乌喙骨	61.76	11.86
雉科乌喙骨	64.23	14.81
雉科乌喙骨	57.75	10.05
雉科乌喙骨	58.42	
雉科乌喙骨	57	

动物种属及骨骼名称	长度（毫米）	远端宽度（毫米）
雉科乌喙骨	60.4	12.58
雉科乌喙骨	64.08	13.95
雉科乌喙骨	59.95	14.25
雉科乌喙骨	51.03	10.8
雉科乌喙骨	53.26	12.09
雉科乌喙骨	58.02	12.73
雉科乌喙骨	65.56	14.6
雉科乌喙骨	53.95	10.5
雉科乌喙骨	56.73	12.12
雉科乌喙骨	58.16	10.92
雉科乌喙骨	51.64	11.12
雉科乌喙骨	54.31	10.64
雉科乌喙骨	71.62	12.85
雉科乌喙骨	71.62	14.44
雉科乌喙骨		9.85

附表 38　蜀王府遗址出土雉科肩胛骨测量数据一览表

动物种属	骨骼名称	肩胛结节长（毫米）
雉科	肩胛骨	12.82
雉科	肩胛骨	13.83
雉科	肩胛骨	13.61
雉科	肩胛骨	11.42
雉科	肩胛骨	12.75
雉科	肩胛骨	12.93
雉科	肩胛骨	13.29
雉科	肩胛骨	11.78
雉科	肩胛骨	12.82
雉科	肩胛骨	12.64
雉科	肩胛骨	13.5
雉科	肩胛骨	13.8
雉科	肩胛骨	11.98
雉科	肩胛骨	14.58
雉科	肩胛骨	15.1
雉科	肩胛骨	11.38
雉科	肩胛骨	13.51
雉科	肩胛骨	12.82
雉科	肩胛骨	13.45

动物种属	骨骼名称	肩胛结节长（毫米）
雉科	肩胛骨	11.84
雉科	肩胛骨	14.04
雉科	肩胛骨	14.08
雉科	肩胛骨	12.95
雉科	肩胛骨	12.3
雉科	肩胛骨	13.36
雉科	肩胛骨	11.71
雉科	肩胛骨	15.85
雉科	肩胛骨	15.66
雉科	肩胛骨	15.04
雉科	肩胛骨	11.91
雉科	肩胛骨	12.87
雉科	肩胛骨	13.7
雉科	肩胛骨	14.33
雉科	肩胛骨	14.02
雉科	肩胛骨	12.8
雉科	肩胛骨	13.78
雉科	肩胛骨	14.18
雉科	肩胛骨	16.38
雉科	肩胛骨	12.27
雉科	肩胛骨	12.63
雉科	肩胛骨	14.04
雉科	肩胛骨	14.57
雉科	肩胛骨	14.73
雉科	肩胛骨	12.12
雉科	肩胛骨	13.7
雉科	肩胛骨	13.77
雉科	肩胛骨	14.67
雉科	肩胛骨	11.94
雉科	肩胛骨	11.68
雉科	肩胛骨	13.24
雉科	肩胛骨	14.2
雉科	肩胛骨	10.97
雉科	肩胛骨	12.54
雉科	肩胛骨	12.8
雉科	肩胛骨	12.8
雉科	肩胛骨	12.45

动物种属	骨骼名称	肩胛结节长（毫米）
雉科	肩胛骨	14.55
雉科	肩胛骨	12.2
雉科	肩胛骨	12.49
雉科	肩胛骨	11.61
雉科	肩胛骨	12.37
雉科	肩胛骨	12.76
雉科	肩胛骨	14.7
雉科	肩胛骨	12.42
雉科	肩胛骨	12.7
雉科	肩胛骨	12.04
雉科	肩胛骨	12.15
雉科	肩胛骨	11.64
雉科	肩胛骨	10.99
雉科	肩胛骨	12.02
雉科	肩胛骨	11.59
雉科	肩胛骨	13.17
雉科	肩胛骨	14.99
雉科	肩胛骨	14.88
雉科	肩胛骨	12.85
雉科	肩胛骨	14.43
雉科	肩胛骨	12.11
雉科	肩胛骨	13.31
雉科	肩胛骨	11.72
雉科	肩胛骨	12.11
雉科	肩胛骨	12.95
雉科	肩胛骨	13.14
雉科	肩胛骨	13.22
雉科	肩胛骨	12.39
雉科	肩胛骨	12.13
雉科	肩胛骨	13.28
雉科	肩胛骨	12.75
雉科	肩胛骨	14.41
雉科	肩胛骨	12.63
雉科	肩胛骨	14.81
雉科	肩胛骨	12.5
雉科	肩胛骨	13.62
雉科	肩胛骨	14.22

动物种属	骨骼名称	肩胛结节长（毫米）
雉科	肩胛骨	13.06
雉科	肩胛骨	12.6
雉科	肩胛骨	11.62
雉科	肩胛骨	13.54
雉科	肩胛骨	12.12
雉科	肩胛骨	13.56
雉科	肩胛骨	13.12
雉科	肩胛骨	13.79
雉科	肩胛骨	14.04
雉科	肩胛骨	12.9
雉科	肩胛骨	14.76
雉科	肩胛骨	12.37
雉科	肩胛骨	12.8
雉科	肩胛骨	11.92
雉科	肩胛骨	14.21
雉科	肩胛骨	13.91
雉科	肩胛骨	12.87
雉科	肩胛骨	12.82
雉科	肩胛骨	15.12
雉科	肩胛骨	12.21
雉科	肩胛骨	13.35
雉科	肩胛骨	11.87
雉科	肩胛骨	12.4
雉科	肩胛骨	13
雉科	肩胛骨	13.44
雉科	肩胛骨	12.83
雉科	肩胛骨	11.9
雉科	肩胛骨	12.35
雉科	肩胛骨	13.66
雉科	肩胛骨	11.85
雉科	肩胛骨	14.84
雉科	肩胛骨	12.17
雉科	肩胛骨	11.74
雉科	肩胛骨	11.88
雉科	肩胛骨	13.79
雉科	肩胛骨	13.9
雉科	肩胛骨	13.76

动物种属	骨骼名称	肩胛结节长（毫米）
雉科	肩胛骨	10.2
雉科	肩胛骨	13.74
雉科	肩胛骨	12.63
雉科	肩胛骨	13.89
雉科	肩胛骨	14.01
雉科	肩胛骨	13.95
雉科	肩胛骨	13.95
雉科	肩胛骨	11.06
雉科	肩胛骨	13.8
雉科	肩胛骨	13.21
雉科	肩胛骨	14.91
雉科	肩胛骨	13.49
雉科	肩胛骨	12.74
雉科	肩胛骨	13.27
雉科	肩胛骨	14.4
雉科	肩胛骨	12.88
雉科	肩胛骨	15.41
雉科	肩胛骨	14.13
雉科	肩胛骨	13.89
雉科	肩胛骨	15.51
雉科	肩胛骨	13.16
雉科	肩胛骨	12.47
雉科	肩胛骨	13.1
雉科	肩胛骨	11.95
雉科	肩胛骨	13
雉科	肩胛骨	13.24
雉科	肩胛骨	11.45
雉科	肩胛骨	12.78
雉科	肩胛骨	12.28
雉科	肩胛骨	12.83
雉科	肩胛骨	12.54
雉科	肩胛骨	13.06
雉科	肩胛骨	12.62
雉科	肩胛骨	15.22
雉科	肩胛骨	12.08
雉科	肩胛骨	13.44
雉科	肩胛骨	13.22

动物种属	骨骼名称	肩胛结节长（毫米）
雉科	肩胛骨	13.03
雉科	肩胛骨	12.07
雉科	肩胛骨	12.06
雉科	肩胛骨	13.08
雉科	肩胛骨	11.43
雉科	肩胛骨	12.65
雉科	肩胛骨	12.49
雉科	肩胛骨	12.91
雉科	肩胛骨	12.85
雉科	肩胛骨	13.62
雉科	肩胛骨	12.48
雉科	肩胛骨	11.09
雉科	肩胛骨	11.33
雉科	肩胛骨	12.86
雉科	肩胛骨	12.72
雉科	肩胛骨	11.55
雉科	肩胛骨	14.06
雉科	肩胛骨	13.04
雉科	肩胛骨	11.75
雉科	肩胛骨	12.12
雉科	肩胛骨	14.53
雉科	肩胛骨	12.87
雉科	肩胛骨	13.54
雉科	肩胛骨	11.56
雉科	肩胛骨	14.97
雉科	肩胛骨	12.05
雉科	肩胛骨	12.57
雉科	肩胛骨	14.55
雉科	肩胛骨	12.07
雉科	肩胛骨	13.3
雉科	肩胛骨	13.98
雉科	肩胛骨	14.4
雉科	肩胛骨	12.5
雉科	肩胛骨	14.74
雉科	肩胛骨	14.28
雉科	肩胛骨	14.93
雉科	肩胛骨	13.18

动物种属	骨骼名称	肩胛结节长（毫米）
雉科	肩胛骨	13.75
雉科	肩胛骨	13.03
雉科	肩胛骨	13.52
雉科	肩胛骨	12.62
雉科	肩胛骨	12.6
雉科	肩胛骨	13.11
雉科	肩胛骨	11.8
雉科	肩胛骨	12.85
雉科	肩胛骨	11.34
雉科	肩胛骨	13.27
雉科	肩胛骨	13.63
雉科	肩胛骨	13.09
雉科	肩胛骨	12.01
雉科	肩胛骨	11.73
雉科	肩胛骨	11.15
雉科	肩胛骨	13.68
雉科	肩胛骨	14.2
雉科	肩胛骨	16.72
雉科	肩胛骨	14.59
雉科	肩胛骨	13.55
雉科	肩胛骨	13.12
雉科	肩胛骨	14.05
雉科	肩胛骨	14.64
雉科	肩胛骨	12.45
雉科	肩胛骨	14.9
雉科	肩胛骨	14.46
雉科	肩胛骨	12.14
雉科	肩胛骨	13.85
雉科	肩胛骨	13.87
雉科	肩胛骨	13.77
雉科	肩胛骨	13.03
雉科	肩胛骨	12.38
雉科	肩胛骨	13.78
雉科	肩胛骨	12.88
雉科	肩胛骨	14.23
雉科	肩胛骨	12.84
雉科	肩胛骨	12.52

动物种属	骨骼名称	肩胛结节长（毫米）
雉科	肩胛骨	13.78
雉科	肩胛骨	13.41
雉科	肩胛骨	12.53
雉科	肩胛骨	12.77
雉科	肩胛骨	14.41
雉科	肩胛骨	14.49
雉科	肩胛骨	13.78
雉科	肩胛骨	12.67
雉科	肩胛骨	10.68
雉科	肩胛骨	11.35
雉科	肩胛骨	13.51
雉科	肩胛骨	13.61
雉科	肩胛骨	14.51
雉科	肩胛骨	11.73
雉科	肩胛骨	15.35
雉科	肩胛骨	12.2
雉科	肩胛骨	11.94
雉科	肩胛骨	11.82
雉科	肩胛骨	13.75
雉科	肩胛骨	14.08
雉科	肩胛骨	12.01
雉科	肩胛骨	16.3
雉科	肩胛骨	12.45
雉科	肩胛骨	13.37
雉科	肩胛骨	13.05
雉科	肩胛骨	14.32
雉科	肩胛骨	13.25
雉科	肩胛骨	11.1
雉科	肩胛骨	12.76
雉科	肩胛骨	11.31
雉科	肩胛骨	14.1
雉科	肩胛骨	11.42
雉科	肩胛骨	11.2
雉科	肩胛骨	16.11
雉科	肩胛骨	11.24
雉科	肩胛骨	14.14
雉科	肩胛骨	13.5

动物种属	骨骼名称	肩胛结节长（毫米）
雉科	肩胛骨	14.08
雉科	肩胛骨	14.54
雉科	肩胛骨	14.13
雉科	肩胛骨	14.83
雉科	肩胛骨	14.18
雉科	肩胛骨	12.19
雉科	肩胛骨	11.56
雉科	肩胛骨	13.66
雉科	肩胛骨	12.97
雉科	肩胛骨	14.6
雉科	肩胛骨	13.3
雉科	肩胛骨	14.17
雉科	肩胛骨	12.11
雉科	肩胛骨	14.1
雉科	肩胛骨	13.34
雉科	肩胛骨	13.35
雉科	肩胛骨	13.13
雉科	肩胛骨	11.22
雉科	肩胛骨	13.54
雉科	肩胛骨	11.64
雉科	肩胛骨	13.55
雉科	肩胛骨	14.12
雉科	肩胛骨	15.88
雉科	肩胛骨	13.29
雉科	肩胛骨	13.1
雉科	肩胛骨	11.75
雉科	肩胛骨	13.47
雉科	肩胛骨	13.95
雉科	肩胛骨	14.93
雉科	肩胛骨	13.86
雉科	肩胛骨	16.37
雉科	肩胛骨	13.43
雉科	肩胛骨	12.08
雉科	肩胛骨	12.06
雉科	肩胛骨	14.56
雉科	肩胛骨	11.89
雉科	肩胛骨	11.27

续表

动物种属	骨骼名称	肩胛结节长（毫米）
雉科	肩胛骨	12.22
雉科	肩胛骨	12.04
雉科	肩胛骨	13.39
雉科	肩胛骨	13.57
雉科	肩胛骨	10.95
雉科	肩胛骨	14.9
雉科	肩胛骨	12.4
雉科	肩胛骨	15.85
雉科	肩胛骨	11.98
雉科	肩胛骨	13.83
雉科	肩胛骨	13.34
雉科	肩胛骨	12.18
雉科	肩胛骨	11.44
雉科	肩胛骨	12.05
雉科	肩胛骨	10.91
雉科	肩胛骨	12.43
雉科	肩胛骨	13.12
雉科	肩胛骨	13.49
雉科	肩胛骨	11.73
雉科	肩胛骨	12
雉科	肩胛骨	12.51
雉科	肩胛骨	14.08
雉科	肩胛骨	11.53
雉科	肩胛骨	12.14
雉科	肩胛骨	12.53
雉科	肩胛骨	14.79
雉科	肩胛骨	16.05
雉科	肩胛骨	12.99
雉科	肩胛骨	13.06
雉科	肩胛骨	12.69
雉科	肩胛骨	13.17
雉科	肩胛骨	12.36
雉科	肩胛骨	13.57
雉科	肩胛骨	12.88
雉科	肩胛骨	13.37
雉科	肩胛骨	13.31
雉科	肩胛骨	10.51

动物种属	骨骼名称	肩胛结节长（毫米）
雉科	肩胛骨	14.85
雉科	肩胛骨	13.3
雉科	肩胛骨	13.12
雉科	肩胛骨	11.22
雉科	肩胛骨	11.78
雉科	肩胛骨	11.87
雉科	肩胛骨	13.41
雉科	肩胛骨	13.5
雉科	肩胛骨	14.77
雉科	肩胛骨	13.66
雉科	肩胛骨	11.25
雉科	肩胛骨	14.13
雉科	肩胛骨	11.73
雉科	肩胛骨	12.93
雉科	肩胛骨	13.39
雉科	肩胛骨	15.37
雉科	肩胛骨	14.9
雉科	肩胛骨	13.91
雉科	肩胛骨	11.27
雉科	肩胛骨	13.71
雉科	肩胛骨	15.2
雉科	肩胛骨	11.88
雉科	肩胛骨	11.88
雉科	肩胛骨	14.46
雉科	肩胛骨	12.48
雉科	肩胛骨	11.39
雉科	肩胛骨	12.5
雉科	肩胛骨	12.37
雉科	肩胛骨	14.36
雉科	肩胛骨	11.46
雉科	肩胛骨	14.46
雉科	肩胛骨	13.39
雉科	肩胛骨	12.02
雉科	肩胛骨	14.42
雉科	肩胛骨	13.86
雉科	肩胛骨	13.77
雉科	肩胛骨	14.8

续表

动物种属	骨骼名称	肩胛结节长（毫米）
雉科	肩胛骨	13.3
雉科	肩胛骨	16.02
雉科	肩胛骨	14.8
雉科	肩胛骨	12.98
雉科	肩胛骨	12.04
雉科	肩胛骨	13.01
雉科	肩胛骨	13.41
雉科	肩胛骨	14.53
雉科	肩胛骨	13.57
雉科	肩胛骨	12.61
雉科	肩胛骨	16.17
雉科	肩胛骨	17.13

附表 39　蜀王府遗址出土猪桡骨测量数据一览表

动物种属及骨骼名称	长度（毫米）	近端宽度（毫米）	远端宽度（毫米）
猪桡骨		24	
猪桡骨			27.4
猪桡骨		25.13	
猪桡骨		23.76	
猪桡骨		25.6	
猪桡骨		29.2	
猪桡骨			26.62
猪桡骨			27.36
猪桡骨		33.39	
猪桡骨			32.7
猪桡骨		29.24	
猪桡骨		29.88	
猪桡骨		26.88	
猪桡骨		28.06	
猪桡骨		27.74	
猪桡骨		28.9	
猪桡骨			29.11
猪桡骨			26.07
猪桡骨			29.04
猪桡骨		29.18	
猪桡骨			20.4
猪桡骨		28.47	

动物种属及骨骼名称	长度（毫米）	近端宽度（毫米）	远端宽度（毫米）
猪桡骨			28.55
猪桡骨			27.48
猪桡骨			26.49
猪桡骨			26.99
猪桡骨		20.72	
猪桡骨			29.31
猪桡骨		28.25	
猪桡骨		27.98	
猪桡骨		25.1	
猪桡骨		26.02	
猪桡骨			30.8
猪桡骨		30.16	
猪桡骨		24.15	
猪桡骨		28.94	
猪桡骨			28.6
猪桡骨			26.05
猪桡骨		24.63	
猪桡骨		30.44	
猪桡骨		27.96	
猪桡骨		25.72	
猪桡骨		27.15	
猪桡骨			28.48
猪桡骨		19.59	
猪桡骨			27.5
猪桡骨		24.66	
猪桡骨		30.47	
猪桡骨		26.43	
猪桡骨		21.36	
猪桡骨			23.54
猪桡骨		27.82	
猪桡骨		23.66	
猪桡骨			26.18
猪桡骨			24.06
猪桡骨			23.09
猪桡骨		26.83	
猪桡骨		26.02	
猪桡骨		23.37	

动物种属及骨骼名称	长度（毫米）	近端宽度（毫米）	远端宽度（毫米）
猪桡骨		22.83	
猪桡骨		29.63	
猪桡骨		24.2	
猪桡骨			31.36
猪桡骨		23.43	
猪桡骨		22.15	
猪桡骨		27.64	
猪桡骨		27.95	
猪桡骨		27.31	
猪桡骨		28.94	
猪桡骨		23.39	
猪桡骨		27.72	
猪桡骨			28.52
猪桡骨		22.75	
猪桡骨		27.57	
猪桡骨			29.29
猪桡骨		24.49	
猪桡骨			29.21
猪桡骨		27.06	
猪桡骨		28.69	
猪桡骨			27.72
猪桡骨			29.3
猪桡骨			30.1
猪桡骨			28.8
猪桡骨		24.79	
猪桡骨		24.97	
猪桡骨		27.2	
猪桡骨			29.05
猪桡骨		25.58	
猪桡骨		25.27	
猪桡骨			25.06
猪桡骨		27.2	
猪桡骨		27.84	
猪桡骨		22.81	
猪桡骨		27.55	
猪桡骨		29.5	
猪桡骨		26.11	

动物种属及骨骼名称	长度（毫米）	近端宽度（毫米）	远端宽度（毫米）
猪桡骨		35.25	
猪桡骨			24.3
猪桡骨		28.72	
猪桡骨		22.94	
猪桡骨		25.04	
猪桡骨		27.4	
猪桡骨		26.72	
猪桡骨		38.84	
猪桡骨		25.12	
猪桡骨			27.52
猪桡骨		27.26	
猪桡骨			21.32
猪桡骨		26.14	
猪桡骨			26.96
猪桡骨			27.05
猪桡骨			29.48
猪桡骨		28.07	
猪桡骨		20.96	
猪桡骨			29.69
猪桡骨		24.52	
猪桡骨			26.36
猪桡骨	146.07	27.46	33.32
猪桡骨			30.85
猪桡骨			29.98
猪桡骨			27.35
猪桡骨		25.15	
猪桡骨			26.25
猪桡骨		29.46	
猪桡骨		27.97	
猪桡骨		23.08	
猪桡骨		28.87	
猪桡骨		23.39	
猪桡骨		23.33	
猪桡骨		31.17	
猪桡骨			24.28
猪桡骨			26.52
猪桡骨			26.2

续表

动物种属及骨骼名称	长度（毫米）	近端宽度（毫米）	远端宽度（毫米）
猪桡骨			23.15
猪桡骨		30.33	
猪桡骨		21.4	
猪桡骨			29.07
猪桡骨		24.51	
猪桡骨			27.39
猪桡骨			25.24
猪桡骨			26.25
猪桡骨		23.15	
猪桡骨			31.48
猪桡骨		27.28	
猪桡骨		25.23	
猪桡骨		21.9	
猪桡骨		29.19	
猪桡骨		24.73	
猪桡骨		27.15	
猪桡骨		26.07	
猪桡骨		27.16	
猪桡骨		28.16	
猪桡骨			30.33
猪桡骨			26
猪桡骨			31.69
猪桡骨		24.65	
猪桡骨			28.2
猪桡骨			27.49
猪桡骨		23.9	
猪桡骨		29.29	
猪桡骨		29.05	
猪桡骨			30.15
猪桡骨			28.33
猪桡骨			24.47
猪桡骨			28.58
猪桡骨		27.99	
猪桡骨		28.1	
猪桡骨		29.96	
猪桡骨			31.37
猪桡骨		31.97	

动物种属及骨骼名称	长度（毫米）	近端宽度（毫米）	远端宽度（毫米）
猪桡骨		26.61	
猪桡骨		29.83	
猪桡骨		24.14	
猪桡骨			28.07
猪桡骨			29.7
猪桡骨			30.29
猪桡骨		25.85	
猪桡骨		24.68	
猪桡骨		26.56	
猪桡骨			24.9
猪桡骨			29.12
猪桡骨			27.79
猪桡骨		26.13	
猪桡骨		26.95	
猪桡骨		26.71	
猪桡骨			35.14
猪桡骨		27.71	
猪桡骨			33.08
猪桡骨		21.41	
猪桡骨			31.57
猪桡骨			28.98
猪桡骨		30.26	
猪桡骨		25.66	
猪桡骨			22.34
猪桡骨			36.22
猪桡骨			28.6
猪桡骨		31.7	
猪桡骨		32.73	
猪桡骨		26.87	
猪桡骨		27.58	
猪桡骨		24.85	
猪桡骨			26.51
猪桡骨		22.97	
猪桡骨		24.64	
猪桡骨		25.07	
猪桡骨		24.64	

动物种属及骨骼名称	长度（毫米）	近端宽度（毫米）	远端宽度（毫米）
猪桡骨			31.33
猪桡骨		25.13	
猪桡骨		21.81	
猪桡骨		23.37	
猪桡骨			32.1
猪桡骨		28.25	
猪桡骨		26.01	
猪桡骨		23.35	
猪桡骨		27.59	
猪桡骨		27.37	
猪桡骨		25.14	
猪桡骨		26.51	
猪桡骨		25.81	
猪桡骨			28.02
猪桡骨			29.94
猪桡骨			26.11
猪桡骨			28.05
猪桡骨		25.37	
猪桡骨		27.31	
猪桡骨			24.52
猪桡骨		25.25	
猪桡骨		25.91	
猪桡骨		28.52	
猪桡骨		29.11	
猪桡骨			30.23
猪桡骨			25.8
猪桡骨			34.23
猪桡骨		29.37	
猪桡骨		28	
猪桡骨		25.42	
猪桡骨		30.05	
猪桡骨		22.99	
猪桡骨		32.14	
猪桡骨		25.96	
猪桡骨		26.88	
猪桡骨		26.33	

动物种属及骨骼名称	长度（毫米）	近端宽度（毫米）	远端宽度（毫米）
猪桡骨		26.62	
猪桡骨		29.02	
猪桡骨			27.65
猪桡骨		22.6	
猪桡骨		30.57	
猪桡骨		32.04	
猪桡骨		29.16	
猪桡骨			30.4
猪桡骨			31.3
猪桡骨			28.83
猪桡骨			30.64
猪桡骨		27.18	
猪桡骨			29.59
猪桡骨		27.22	
猪桡骨		21.8	
猪桡骨		26.18	
猪桡骨			26.89
猪桡骨		28.26	
猪桡骨		28.08	
猪桡骨		26.36	
猪桡骨		27.88	
猪桡骨		30.67	
猪桡骨			19.63
猪桡骨			29.94
猪桡骨		22.26	
猪桡骨		29.08	
猪桡骨		25.58	
猪桡骨		26.4	
猪桡骨		29.64	
猪桡骨		26.81	
猪桡骨		28.48	
猪桡骨		24.98	
猪桡骨		24.39	
猪桡骨		25.39	
猪桡骨		29	
猪桡骨			29.48
猪桡骨			26.75

续表

动物种属及骨骼名称	长度（毫米）	近端宽度（毫米）	远端宽度（毫米）
猪桡骨			28.27
猪桡骨			30.79
猪桡骨			25.62
猪桡骨			27.6
猪桡骨		26.12	
猪桡骨		26.75	
猪桡骨		21.81	
猪桡骨			25.1
猪桡骨			26.6
猪桡骨			24.85
猪桡骨			26.39
猪桡骨		26.23	
猪桡骨		23.93	
猪桡骨		28.84	
猪桡骨			30.4
猪桡骨			25.42
猪桡骨		22.24	
猪桡骨		31.85	
猪桡骨		27.51	
猪桡骨			27.08
猪桡骨			28.13
猪桡骨			31.5
猪桡骨			31.62
猪桡骨			28.36
猪桡骨			24.59
猪桡骨			27.53
猪桡骨			25.21
猪桡骨		20.11	
猪桡骨		27.23	
猪桡骨		26.93	
猪桡骨		26.05	
猪桡骨		27.52	
猪桡骨		22.25	
猪桡骨			26.26
猪桡骨			24.81
猪桡骨			29.6
猪桡骨			22.57

动物种属及骨骼名称	长度（毫米）	近端宽度（毫米）	远端宽度（毫米）
猪桡骨			26.16
猪桡骨			25.2
猪桡骨			27.08
猪桡骨			29.01
猪桡骨			29.89
猪桡骨			22.9
猪桡骨			27
猪桡骨			26.81
猪桡骨			28.03
猪桡骨			27.45
猪桡骨			25.16
猪桡骨			24.94
猪桡骨			27.86
猪桡骨			29
猪桡骨		23.6	
猪桡骨			31.21
猪桡骨			28.33
猪桡骨		28.34	
猪桡骨		26.57	
猪桡骨		28.32	
猪桡骨			28.88
猪桡骨			27.73
猪桡骨		25.57	
猪桡骨		30.31	
猪桡骨		27.88	
猪桡骨		29.88	
猪桡骨		30.4	
猪桡骨		31.32	
猪桡骨		26.25	
猪桡骨		27.43	
猪桡骨			28.08
猪桡骨		28.18	
猪桡骨		28.16	
猪桡骨		26.54	
猪桡骨		23.98	
猪桡骨			30.06
猪桡骨		28.89	

动物种属及骨骼名称	长度（毫米）	近端宽度（毫米）	远端宽度（毫米）
猪桡骨		26.55	
猪桡骨			30.91
猪桡骨			28.03
猪桡骨			27.23
猪桡骨		28.04	
猪桡骨		27.75	
猪桡骨		26.33	
猪桡骨			32.73
猪桡骨			28.17
猪桡骨			24.35
猪桡骨			25.75
猪桡骨			29.25
猪桡骨		28.5	
猪桡骨		29.02	
猪桡骨		25.94	
猪桡骨		29.12	
猪桡骨		26.68	
猪桡骨			30.48
猪桡骨			26.08
猪桡骨		26.71	
猪桡骨		26.37	
猪桡骨		24.87	
猪桡骨			24.58
猪桡骨			24
猪桡骨			26.9
猪桡骨		31.42	
猪桡骨		29.37	
猪桡骨		21.21	
猪桡骨		25.27	
猪桡骨		26	
猪桡骨		25.72	
猪桡骨		23.36	
猪桡骨		26.08	
猪桡骨		27.4	
猪桡骨			29.09
猪桡骨			26.96
猪桡骨		20.78	

动物种属及骨骼名称	长度（毫米）	近端宽度（毫米）	远端宽度（毫米）
猪桡骨		27.45	
猪桡骨	142.62	26.05	27.1
猪桡骨		25.08	
猪桡骨		28.2	
猪桡骨		27.78	
猪桡骨		27.4	
猪桡骨		28.9	
猪桡骨		24.28	
猪桡骨		23.18	
猪桡骨		27.51	
猪桡骨		27.52	
猪桡骨		28.32	
猪桡骨		27.66	
猪桡骨		27.57	
猪桡骨		26.23	
猪桡骨		25.34	
猪桡骨		23.5	
猪桡骨		25.36	
猪桡骨		26.02	
猪桡骨			23.94
猪桡骨			28.63
猪桡骨		27.84	
猪桡骨		25.1	
猪桡骨		28.98	
猪桡骨		28.84	
猪桡骨		28.32	
猪桡骨		27.57	
猪桡骨		23.58	
猪桡骨		23.87	
猪桡骨			23.75
猪桡骨		27.06	
猪桡骨		26.88	
猪桡骨		26.75	
猪桡骨		27.66	
猪桡骨		27.85	
猪桡骨		26.86	
猪桡骨		27.91	

续表

动物种属及骨骼名称	长度（毫米）	近端宽度（毫米）	远端宽度（毫米）
猪桡骨		27.67	
猪桡骨		29.53	
猪桡骨		25.72	
猪桡骨		23.41	
猪桡骨		27.65	
猪桡骨		26.85	
猪桡骨		23.46	
猪桡骨		32.47	
猪桡骨		25.03	
猪桡骨		24.19	
猪桡骨			31.86
猪桡骨			30.3
猪桡骨		28.96	
猪桡骨		26.68	
猪桡骨		25.12	
猪桡骨		28.65	
猪桡骨		20.75	
猪桡骨			26.17
猪桡骨	104.11	22.32	23.72
猪桡骨		26.53	
猪桡骨		24.86	
猪桡骨		24.92	
猪桡骨		27.26	
猪桡骨		25.74	
猪桡骨		25.03	
猪桡骨		26.76	
猪桡骨		27.42	
猪桡骨		25.8	
猪桡骨		27.45	
猪桡骨		25.91	
猪桡骨		26.01	
猪桡骨		21.99	
猪桡骨		22.25	
猪桡骨		31.76	
猪桡骨		27.91	
猪桡骨		21.85	
猪桡骨		24.37	

动物种属及骨骼名称	长度（毫米）	近端宽度（毫米）	远端宽度（毫米）
猪桡骨		25.82	
猪桡骨		22.37	
猪桡骨		30.22	
猪桡骨		23.66	
猪桡骨		27.69	
猪桡骨		28.37	
猪桡骨		26.06	
猪桡骨		30.3	
猪桡骨		24.83	
猪桡骨		22.52	
猪桡骨		25.73	
猪桡骨		23.41	
猪桡骨		25.99	
猪桡骨			28.92
猪桡骨			26.41
猪桡骨			28.28
猪桡骨			31.54
猪桡骨			28.61
猪桡骨			29.56

附表 40　蜀王府遗址出土猪肱骨测量数据一览表

动物种属及骨骼名称	长度（毫米）	近端宽度（毫米）	远端宽度（毫米）
猪肱骨			36.08
猪肱骨			36.62
猪肱骨			41.29
猪肱骨		57.47	
猪肱骨			34.95
猪肱骨			29.06
猪肱骨			30.98
猪肱骨			33.21
猪肱骨			42.03
猪肱骨			36.6
猪肱骨			39.08
猪肱骨			36.88
猪肱骨			38.15
猪肱骨			39.75
猪肱骨			41.14

动物种属及骨骼名称	长度（毫米）	近端宽度（毫米）	远端宽度（毫米）
猪肱骨			62.17
猪肱骨			49.16
猪肱骨			32.22
猪肱骨			37.1
猪肱骨			36.98
猪肱骨			37.69
猪肱骨			37.17
猪肱骨			37.07
猪肱骨			39.89
猪肱骨			31.25
猪肱骨			34.47
猪肱骨			33.58
猪肱骨			36.72
猪肱骨		58.86	
猪肱骨			33.81
猪肱骨			41.4
猪肱骨			27.97
猪肱骨			39.02
猪肱骨			36.19
猪肱骨		61.8	
猪肱骨			38.79
猪肱骨			37.91
猪肱骨			43.68
猪肱骨			30.09
猪肱骨			40.17
猪肱骨			35.1
猪肱骨			40.01
猪肱骨			38.4
猪肱骨			35.31
猪肱骨			48.38
猪肱骨			38.31
猪肱骨			37.36
猪肱骨			39.92
猪肱骨			34.05
猪肱骨			38.73
猪肱骨			41.36
猪肱骨			32.95

动物种属及骨骼名称	长度（毫米）	近端宽度（毫米）	远端宽度（毫米）
猪肱骨			37.59
猪肱骨			36.64
猪肱骨		33.19	
猪肱骨			30.46
猪肱骨			42.5
猪肱骨			41.88
猪肱骨			32.35
猪肱骨			37.38
猪肱骨			40.94
猪肱骨			35.5
猪肱骨			38.01
猪肱骨			37.22
猪肱骨			40.26
猪肱骨			32.85
猪肱骨			38.53
猪肱骨			32.89
猪肱骨			37.58
猪肱骨			32.87
猪肱骨			39.64
猪肱骨			37.06
猪肱骨			31.95
猪肱骨			43.42
猪肱骨			38.6
猪肱骨			40.83
猪肱骨		27.63	
猪肱骨			40.43
猪肱骨			37.53
猪肱骨			40.53
猪肱骨			38.41
猪肱骨			34.5
猪肱骨			33.32
猪肱骨			37.79
猪肱骨			42.94
猪肱骨			38.7
猪肱骨			38.33
猪肱骨			33.29
猪肱骨			39.94

动物种属及骨骼名称	长度（毫米）	近端宽度（毫米）	远端宽度（毫米）
猪肱骨			31.14
猪肱骨			19.85
猪肱骨			20.22
猪肱骨			36.71
猪肱骨			35.18
猪肱骨			29.77
猪肱骨		31.23	
猪肱骨			30.69
猪肱骨			38.45
猪肱骨			35.36
猪肱骨			44.18
猪肱骨			44.44
猪肱骨			31.33
猪肱骨			43.72
猪肱骨			32.58
猪肱骨			36.51
猪肱骨			37.74
猪肱骨			36.29
猪肱骨			32.86
猪肱骨			39.21
猪肱骨			44.33
猪肱骨			39.45
猪肱骨			38.09
猪肱骨			38.93
猪肱骨			37.53
猪肱骨			38.16
猪肱骨			41.89
猪肱骨			36.5
猪肱骨			39.52
猪肱骨			40.24
猪肱骨			44.43
猪肱骨			42.3
猪肱骨			39.5
猪肱骨			37.62
猪肱骨			38.88
猪肱骨			29.16
猪肱骨			38.68

动物种属及骨骼名称	长度（毫米）	近端宽度（毫米）	远端宽度（毫米）
猪肱骨			39.48
猪肱骨		51.9	
猪肱骨		51.1	
猪肱骨			35.1
猪肱骨			34.69
猪肱骨			35.86
猪肱骨			42.9
猪肱骨			33.41
猪肱骨			37.55
猪肱骨			36.72
猪肱骨			37.31
猪肱骨			20.31
猪肱骨			37.73
猪肱骨		54.98	
猪肱骨			35.57
猪肱骨			35.58
猪肱骨			40.45
猪肱骨			34.81
猪肱骨			42.26
猪肱骨			41.42
猪肱骨			35.76
猪肱骨			41.36
猪肱骨			41.05
猪肱骨			32.79
猪肱骨			36.95
猪肱骨			40.99
猪肱骨			34.4
猪肱骨			42.37
猪肱骨			32.811
猪肱骨			38.02
猪肱骨			41.05
猪肱骨			37.19
猪肱骨			42.64
猪肱骨			39.59
猪肱骨		57.67	
猪肱骨		66.14	
猪肱骨			37.28

动物种属及骨骼名称	长度（毫米）	近端宽度（毫米）	远端宽度（毫米）
猪肱骨			28.3
猪肱骨			39.85
猪肱骨			37.38
猪肱骨			34.85
猪肱骨			38.07
猪肱骨			44.59
猪肱骨			35.35
猪肱骨			30.28
猪肱骨			42.58
猪肱骨			37.26
猪肱骨			26.03
猪肱骨			39.43
猪肱骨			32.57
猪肱骨			34.14
猪肱骨			39.76
猪肱骨			39.75
猪肱骨			33.87
猪肱骨			35.95
猪肱骨			37.34
猪肱骨			40.91
猪肱骨			38.61
猪肱骨			27.94
猪肱骨			39.45
猪肱骨			40.33
猪肱骨			41.2
猪肱骨			39.21
猪肱骨			38.51
猪肱骨			41.23
猪肱骨			35.06
猪肱骨			36.17
猪肱骨			31.92
猪肱骨			42.34
猪肱骨			21
猪肱骨			42.4
猪肱骨			36.16
猪肱骨			44.74
猪肱骨			33.03

动物种属及骨骼名称	长度（毫米）	近端宽度（毫米）	远端宽度（毫米）
猪肱骨			37.79
猪肱骨			28.4
猪肱骨			35.26
猪肱骨			30.19
猪肱骨			37.67
猪肱骨			41.3
猪肱骨			33.61
猪肱骨			38.44
猪肱骨			40.96
猪肱骨			38.35
猪肱骨			37.58
猪肱骨			43.04
猪肱骨			35.67
猪肱骨			38.77
猪肱骨			37.6
猪肱骨			36.1
猪肱骨		59.7	
猪肱骨			37.5
猪肱骨	155.4	55.22	32.82
猪肱骨			41.14
猪肱骨			39.03
猪肱骨			39.68
猪肱骨			39.4
猪肱骨			43.81
猪肱骨			40.88
猪肱骨			38.54
猪肱骨			38.45
猪肱骨			35.5
猪肱骨			26.62
猪肱骨			31.69
猪肱骨			37.61
猪肱骨			38.36
猪肱骨			37.88
猪肱骨			41.65
猪肱骨			38.18
猪肱骨			35.6
猪肱骨			36.31

动物种属及骨骼名称	长度（毫米）	近端宽度（毫米）	远端宽度（毫米）
猪肱骨			40.26
猪肱骨			32.38
猪肱骨			34.66
猪肱骨			41.55
猪肱骨			31.78
猪肱骨			36.91
猪肱骨			32.56
猪肱骨			31.68
猪肱骨			33.96
猪肱骨		53.22	
猪肱骨			36.91
猪肱骨			36.6
猪肱骨			37.78
猪肱骨			35.72
猪肱骨			30.97
猪肱骨			39.51
猪肱骨			37.09
猪肱骨			41.63
猪肱骨			34.35
猪肱骨			36.37
猪肱骨		33.6	
猪肱骨			33.32
猪肱骨			35.25
猪肱骨			35.54
猪肱骨			38.89
猪肱骨			46.75
猪肱骨			33.02
猪肱骨			38.05
猪肱骨		62.08	
猪肱骨			37.21
猪肱骨			38.88
猪肱骨			37.2
猪肱骨			28.33
猪肱骨			41.08
猪肱骨			38.23
猪肱骨			35.57
猪肱骨			38.64

动物种属及骨骼名称	长度（毫米）	近端宽度（毫米）	远端宽度（毫米）
猪肱骨			37.83
猪肱骨			31.08
猪肱骨			30.64
猪肱骨			34.54
猪肱骨			32.92
猪肱骨			34.23
猪肱骨			31.18
猪肱骨			34.11
猪肱骨			32.37
猪肱骨			40.56
猪肱骨			39.18
猪肱骨			31.83
猪肱骨			38.87
猪肱骨			30.29
猪肱骨			32.16
猪肱骨			32.54
猪肱骨			31.34
猪肱骨			29.71
猪肱骨			32.17
猪肱骨			39.67
猪肱骨			31.39
猪肱骨			41.83
猪肱骨			37.34
猪肱骨			33.85
猪肱骨			38.03
猪肱骨			39.44
猪肱骨			36.37
猪肱骨			36.59
猪肱骨			37.45
猪肱骨			38.57
猪肱骨			40.45

附表 41　蜀王府遗址出土猪股骨测量数据一览表

动物种属及骨骼名称	近端宽度（毫米）	远端宽度（毫米）
猪股骨		41.18
猪股骨		39.3
猪股骨		36.2

续表

动物种属及骨骼名称	近端宽度（毫米）	远端宽度（毫米）
猪股骨		42.43
猪股骨		14.52
猪股骨		50.22
猪股骨		40.02
猪股骨		42.95
猪股骨		17.53
猪股骨		51.89
猪股骨		51.56
猪股骨		42.36
猪股骨		48.92
猪股骨		41.1
猪股骨		45.55
猪股骨		37.72
猪股骨		43.48
猪股骨		47.05
猪股骨		42.29
猪股骨		38.8
猪股骨		47.35
猪股骨		42.88
猪股骨		50.44
猪股骨		43.65
猪股骨		38.4
猪股骨		43.85
猪股骨		38.37
猪股骨		44.64
猪股骨		45.8
猪股骨		50.22
猪股骨		51.52
猪股骨		44.61
猪股骨		47.15
猪股骨		48.13
猪股骨		44.35
猪股骨		38.96
猪股骨		48.8
猪股骨		42.47
猪股骨		45.3
猪股骨		40.27

动物种属及骨骼名称	近端宽度（毫米）	远端宽度（毫米）
猪股骨		44.86
猪股骨		27.43
猪股骨		43.56
猪股骨		45
猪股骨		43.51
猪股骨		39
猪股骨	64.54	
猪股骨	60.28	
猪股骨	57.83	

附表 42　蜀王府遗址出土猪胫骨测量数据一览表

动物种属及骨骼名称	近端宽度（毫米）	远端宽度（毫米）
猪胫骨	51.83	
猪胫骨		25.96
猪胫骨		29.62
猪胫骨		24.93
猪胫骨		31.56
猪胫骨	46.7	
猪胫骨	31.44	
猪胫骨	45.6	
猪胫骨		30.32
猪胫骨	46.81	
猪胫骨		25.7
猪胫骨		34.3
猪胫骨	48.27	
猪胫骨	44.58	
猪胫骨		27.17
猪胫骨		29.29
猪胫骨		29.1
猪胫骨		25.92
猪胫骨		30.16
猪胫骨		27.94
猪胫骨	30.37	
猪胫骨		29.3
猪胫骨		28.23
猪胫骨		30.61
猪胫骨	49.8	

动物种属及骨骼名称	近端宽度（毫米）	远端宽度（毫米）
猪胫骨	46.89	
猪胫骨		28.91
猪胫骨		28.45
猪胫骨		32.8
猪胫骨	48.63	
猪胫骨		33.66
猪胫骨		26.22
猪胫骨		30
猪胫骨		25.13
猪胫骨		26.91
猪胫骨		27.61
猪胫骨		24.12
猪胫骨	42.24	
猪胫骨	50.18	
猪胫骨		29.73
猪胫骨	47.74	
猪胫骨	36.69	
猪胫骨		28.88
猪胫骨	26.65	
猪胫骨		26.35
猪胫骨		30.33
猪胫骨	47.67	
猪胫骨		29.06
猪胫骨		26.17
猪胫骨		23.89
猪胫骨		30.78
猪胫骨		30.6
猪胫骨		25.68
猪胫骨		29.6
猪胫骨		29.06
猪胫骨		28.95
猪胫骨	41.89	
猪胫骨	46.91	
猪胫骨		27.98
猪胫骨		29.11
猪胫骨		34.84
猪胫骨		28.65

动物种属及骨骼名称	近端宽度（毫米）	远端宽度（毫米）
猪胫骨		28.56
猪胫骨		35.53
猪胫骨	29.75	
猪胫骨	44.81	
猪胫骨		22.74
猪胫骨		23.59
猪胫骨		29.85
猪胫骨		29.78
猪胫骨		28.88
猪胫骨		28.42
猪胫骨	42.81	
猪胫骨	42.57	
猪胫骨	47.33	
猪胫骨		28.8
猪胫骨	31.8	
猪胫骨		23.7
猪胫骨		29.22
猪胫骨	41.31	
猪胫骨	45.54	
猪胫骨	46.74	
猪胫骨	51.61	
猪胫骨	51.27	
猪胫骨	41.8	
猪胫骨		32.43
猪胫骨		24.2
猪胫骨		27.4
猪胫骨		29.19
猪胫骨	44.46	
猪胫骨		29.42
猪胫骨	53.77	
猪胫骨	49.52	
猪胫骨		29.12
猪胫骨		26.4
猪胫骨		28.74
猪胫骨		28.87
猪胫骨	32.17	
猪胫骨	41.9	

动物种属及骨骼名称	近端宽度（毫米）	远端宽度（毫米）
猪胫骨		25.45
猪胫骨		24.9
猪胫骨	47.8	
猪胫骨	49.4	
猪胫骨		32.51
猪胫骨	48.85	
猪胫骨		27.65
猪胫骨	52.86	
猪胫骨		27.17
猪胫骨	39.77	
猪胫骨	49.73	
猪胫骨		27.85
猪胫骨		29.03
猪胫骨	49.81	
猪胫骨		29.7
猪胫骨		24.75
猪胫骨	27.81	
猪胫骨		28.87
猪胫骨		26.72
猪胫骨	40.96	
猪胫骨	45.04	
猪胫骨		27.36
猪胫骨		28.82
猪胫骨		28.55
猪胫骨	47.56	
猪胫骨	46.65	
猪胫骨		28.88
猪胫骨		24.01
猪胫骨	42.91	
猪胫骨		29.85
猪胫骨		29.83
猪胫骨		27.86
猪胫骨		25.79
猪胫骨	53.41	
猪胫骨		30.84
猪胫骨		27.85
猪胫骨		27.05

动物种属及骨骼名称	近端宽度（毫米）	远端宽度（毫米）
猪胫骨		27
猪胫骨		30.3
猪胫骨		31.73
猪胫骨		32.57
猪胫骨		26.35
猪胫骨		26.8
猪胫骨		31.75
猪胫骨	50.68	
猪胫骨	44.22	
猪胫骨		45.23
猪胫骨		51.76
猪胫骨		46.86
猪胫骨		41.88
猪胫骨		34.36
猪胫骨		49.79
猪胫骨		49.8
猪胫骨		29.39
猪胫骨		30.04
猪胫骨		24.47
猪胫骨	47.53	
猪胫骨	45.15	
猪胫骨		29.79
猪胫骨	53.51	
猪胫骨		28.5
猪胫骨		24.84
猪胫骨		27.89
猪胫骨		29.16
猪胫骨		27.65
猪胫骨	45.98	
猪胫骨	50.27	
猪胫骨	41.43	
猪胫骨		27.26
猪胫骨		28.29
猪胫骨	36.75	
猪胫骨		31.7
猪胫骨		32.35
猪胫骨		26.8

续表

动物种属及骨骼名称	近端宽度（毫米）	远端宽度（毫米）
猪胫骨	48	
猪胫骨	52.84	
猪胫骨		32.11
猪胫骨		26.08
猪胫骨		28.61
猪胫骨	53.32	
猪胫骨	55.56	31.62
猪胫骨		24.87
猪胫骨	50.68	
猪胫骨		30
猪胫骨	44.08	
猪胫骨		29.83
猪胫骨		27.25
猪胫骨	47.69	
猪胫骨	51.23	
猪胫骨		29.59
猪胫骨		36.13
猪胫骨	38.74	
猪胫骨		24.38
猪胫骨		24.31
猪胫骨		27.85

附表 43　蜀王府遗址出土兔肱骨测量数据一览表

动物种属及骨骼名称	长度（毫米）	近端宽度（毫米）	远端宽度（毫米）
兔肱骨	72.55	13.32	9.1
兔肱骨			9.42
兔肱骨			8.6
兔肱骨		14	
兔肱骨		14.14	
兔肱骨			8.9
兔肱骨	76.88		8.78
兔肱骨		13.02	
兔肱骨		13.7	
兔肱骨	82.27	15.33	9.8
兔肱骨		13.77	
兔肱骨			8.95
兔肱骨		14.49	

动物种属及骨骼名称	长度（毫米）	近端宽度（毫米）	远端宽度（毫米）
兔肱骨		14.22	
兔肱骨		15.15	
兔肱骨			8.61
兔肱骨			9.59
兔肱骨			9.25
兔肱骨			15.6
兔肱骨		15.24	
兔肱骨		13.65	
兔肱骨		14.69	
兔肱骨		13.53	
兔肱骨			8.8
兔肱骨			9.47
兔肱骨			11.53
兔肱骨			8.95
兔肱骨			8.88
兔肱骨	77.04	14.7	9.48
兔肱骨		12.44	
兔肱骨		15.08	
兔肱骨			9.5
兔肱骨			8.53
兔肱骨			8.5
兔肱骨		13.3	
兔肱骨		14.64	
兔肱骨		14.98	
兔肱骨			9.88
兔肱骨		14.85	
兔肱骨			8.89
兔肱骨			9.57
兔肱骨		14.61	
兔肱骨			8.32
兔肱骨			8.8
兔肱骨			8.74
兔肱骨			9.26
兔肱骨			8.57
兔肱骨		14.37	
兔肱骨		15.03	
兔肱骨		14.56	

动物种属及骨骼名称	长度（毫米）	近端宽度（毫米）	远端宽度（毫米）
兔肱骨		14.92	
兔肱骨		15.03	
兔肱骨			9.24
兔肱骨		14.05	
兔肱骨			9.36
兔肱骨	73.3	13	8.52
兔肱骨		13.54	
兔肱骨		13.39	
兔肱骨		14.18	
兔肱骨			8.25
兔肱骨		14.56	
兔肱骨			8.5
兔肱骨			9.32
兔肱骨	76.57	6.39	9.06
兔肱骨		13.09	
兔肱骨			9.07
兔肱骨		12.86	
兔肱骨		13.78	
兔肱骨			8.7
兔肱骨		14.38	
兔肱骨		14.14	
兔肱骨		13.14	
兔肱骨			9.08
兔肱骨			9.13
兔肱骨			9.2
兔肱骨		13.55	
兔肱骨	76	13.48	9.07
兔肱骨			8.43
兔肱骨	74.25	13.68	8.72
兔肱骨			9.35
兔肱骨		14.45	
兔肱骨		14.12	
兔肱骨		12.88	
兔肱骨			8.6
兔肱骨			9.19
兔肱骨			9.68
兔肱骨			8.55

动物种属及骨骼名称	长度（毫米）	近端宽度（毫米）	远端宽度（毫米）
兔肱骨			9.33
兔肱骨	73.27	13.05	8.37
兔肱骨			8.85
兔肱骨		13.8	
兔肱骨	79.15	15.31	9.65
兔肱骨			9.5
兔肱骨		13.69	
兔肱骨	75.92	13.76	8.97
兔肱骨			8.82
兔肱骨	71.82	13.93	9.46
兔肱骨		13.54	
兔肱骨	76.35	14.68	9.8
兔肱骨			8.55
兔肱骨		13.64	
兔肱骨	75.31	13.28	9.44
兔肱骨			8.97
兔肱骨		14.4	
兔肱骨			9.04
兔肱骨	73.91	12.12	9.13
兔肱骨			8.63
兔肱骨			8.82
兔肱骨		8.76	
兔肱骨			9.59
兔肱骨	70.68	12.66	8.34
兔肱骨	71.15	14.34	8.12
兔肱骨		13.58	
兔肱骨		14.04	
兔肱骨		13.62	

附表 44　蜀王府遗址出土兔股骨测量数据一览表

动物种属及骨骼名称	长度（毫米）	近端宽度（毫米）	远端宽度（毫米）
兔股骨		19.07	
兔股骨			15.06
兔股骨		17.52	
兔股骨		19.1	
兔股骨			14.54
兔股骨		18.35	

动物种属及骨骼名称	长度（毫米）	近端宽度（毫米）	远端宽度（毫米）
兔股骨			14.32
兔股骨			14.41
兔股骨		18.83	
兔股骨		19.97	
兔股骨			15.04
兔股骨			15.54
兔股骨		19.48	
兔股骨	95.58		15.15
兔股骨			15.11
兔股骨			15.08
兔股骨		18.02	
兔股骨	94.49	19.4	13.84
兔股骨			13.5
兔股骨			14.54
兔股骨			15.74
兔股骨	91.14	17.81	15.15
兔股骨		19.59	
兔股骨	98.95	18.86	14.92
兔股骨		18.7	
兔股骨		19.38	
兔股骨		17.99	
兔股骨		17.6	
兔股骨		18.2	
兔股骨		18.65	
兔股骨			14.96
兔股骨			15.15
兔股骨		19.9	
兔股骨	97.56	18.35	14.48
兔股骨		19.86	
兔股骨		17.81	
兔股骨		19.2	
兔股骨	93.55	18.45	
兔股骨		18.45	
兔股骨		20.46	
兔股骨			15.17
兔股骨			15.98
兔股骨		18.32	

动物种属及骨骼名称	长度（毫米）	近端宽度（毫米）	远端宽度（毫米）
兔股骨			13.92
兔股骨			15.77
兔股骨			14.81
兔股骨		18.88	
兔股骨			13.9
兔股骨			15.62
兔股骨			14.61
兔股骨			13.83
兔股骨			15.18
兔股骨			14.94
兔股骨		18.59	
兔股骨		19.31	
兔股骨		18.47	
兔股骨		19.45	
兔股骨		18.71	
兔股骨			15.12
兔股骨			14.66
兔股骨			15.27
兔股骨		19.89	
兔股骨		19.77	
兔股骨			15.42
兔股骨			14.3
兔股骨		18.6	
兔股骨		19.2	
兔股骨			15.16
兔股骨		20.06	
兔股骨			14.97
兔股骨			14.84
兔股骨		19.13	
兔股骨		20.72	
兔股骨		18.61	
兔股骨			15.41
兔股骨			16.03
兔股骨		18.81	
兔股骨		19.28	
兔股骨		19.48	
兔股骨		15.62	

动物种属及骨骼名称	长度（毫米）	近端宽度（毫米）	远端宽度（毫米）
兔股骨			15
兔股骨	90.49	19.2	13.9
兔股骨		19.96	
兔股骨		20.38	
兔股骨			14.95
兔股骨		18.58	
兔股骨			13.83
兔股骨		20.72	
兔股骨		19.53	
兔股骨		16.61	
兔股骨		18.36	
兔股骨			14.28
兔股骨		19.08	
兔股骨		14.44	
兔股骨			15.35
兔股骨		19.12	
兔股骨			15.19
兔股骨			14.49
兔股骨			13.33
兔股骨			14.8
兔股骨			14.27
兔股骨			15.51
兔股骨		20.11	
兔股骨			15.02
兔股骨			15.05
兔股骨			14.7
兔股骨			16.75
兔股骨		17.64	
兔股骨			14.9
兔股骨			14.02
兔股骨		20.73	
兔股骨		13.6	
兔股骨		18.18	
兔股骨		19.1	
兔股骨			15.49
兔股骨			16.24
兔股骨			15.06

动物种属及骨骼名称	长度（毫米）	近端宽度（毫米）	远端宽度（毫米）
兔股骨			13.28
兔股骨		18.54	
兔股骨		19.15	
兔股骨			15.33
兔股骨			14.89
兔股骨			15.21
兔股骨	90.46	18.4	13.38
兔股骨		19.5	
兔股骨			14.83
兔股骨			14.76
兔股骨			14.97
兔股骨			14.13
兔股骨		21.5	
兔股骨		18.81	
兔股骨			14.72
兔股骨		18.26	
兔股骨		19.63	
兔股骨		18.95	
兔股骨		20.83	
兔股骨			15.82
兔股骨			13.3
兔股骨			14.73
兔股骨		19.05	
兔股骨		19.5	
兔股骨			14.8
兔股骨			13.73
兔股骨		18.95	
兔股骨		18.94	
兔股骨			14.72
兔股骨		19.27	
兔股骨		18.41	
兔股骨		18.43	
兔股骨			15.08
兔股骨			13.89
兔股骨			14
兔股骨			15.49
兔股骨			14.17

动物种属及骨骼名称	长度（毫米）	近端宽度（毫米）	远端宽度（毫米）
兔股骨			14.95
兔股骨		19.02	
兔股骨	91.52	19.59	14.86
兔股骨			13.88
兔股骨	95.89	19.68	15.84
兔股骨			14.85
兔股骨	95.24	19.7	14.1
兔股骨			14.4
兔股骨	100.25	18.66	14.45
兔股骨	96.35	22.26	12.77
兔股骨			15.15
兔股骨			15.21
兔股骨			14.31
兔股骨		18.85	
兔股骨		18.27	
兔股骨		18.87	
兔股骨			15.22
兔股骨			14.86
兔股骨	99.97	19.14	15.37
兔股骨		18.31	
兔股骨			14.58
兔股骨		19.5	
兔股骨	98.72	18.85	14.78
兔股骨		20.06	
兔股骨		18.4	
兔股骨			14.33
兔股骨	93.46	18.22	14.51
兔股骨		17.26	
兔股骨			15.68
兔股骨			14.16
兔股骨		18.07	

附表 45　蜀王府遗址出土兔胫骨测量数据一览表

动物种属及骨骼名称	近端宽度（毫米）	远端宽度（毫米）
兔胫骨	14.46	
兔胫骨	15.63	
兔胫骨	14.18	

动物种属及骨骼名称	近端宽度（毫米）	远端宽度（毫米）
兔胫骨	14.01	
兔胫骨	14.09	
兔胫骨	15.44	
兔胫骨	15.5	
兔胫骨	15.4	
兔胫骨	13.92	
兔胫骨	14.67	
兔胫骨	14.8	
兔胫骨	15.16	
兔胫骨	13.32	
兔胫骨	15.13	
兔胫骨	45.83	
兔胫骨	14.91	
兔胫骨	13.88	
兔胫骨	14.83	
兔胫骨	14.19	
兔胫骨	15.71	
兔胫骨	15.7	
兔胫骨	15.64	
兔胫骨	15.14	
兔胫骨	14.8	
兔胫骨	14.51	
兔胫骨	15.03	
兔胫骨	14.66	
兔胫骨	14.94	
兔胫骨	15.4	
兔胫骨	14.64	
兔胫骨	14.73	12.21
兔胫骨		14.51
兔胫骨		14.23
兔胫骨	15.55	
兔胫骨	15.81	
兔胫骨	14.97	
兔胫骨	14.63	
兔胫骨	15.18	
兔胫骨	14.82	
兔胫骨	14.77	

动物种属及骨骼名称	近端宽度（毫米）	远端宽度（毫米）
兔胫骨	15.14	
兔胫骨	13.73	
兔胫骨	15.76	
兔胫骨	15.73	
兔胫骨	15.03	
兔胫骨	15.68	
兔胫骨	13.9	
兔胫骨		12.41
兔胫骨	14.8	
兔胫骨	15.65	
兔胫骨	15.56	
兔胫骨	14.96	
兔胫骨	15.31	
兔胫骨	14.79	
兔胫骨	15.16	
兔胫骨	15.3	
兔胫骨	14.42	
兔胫骨	15.25	
兔胫骨	14.53	
兔胫骨	15.36	
兔胫骨	15.08	
兔胫骨		11.89
兔胫骨	15.79	
兔胫骨	14.35	
兔胫骨	14.69	
兔胫骨	15.13	
兔胫骨	15.5	
兔胫骨	14.38	
兔胫骨	15.04	
兔胫骨	14.92	
兔胫骨	14.97	
兔胫骨	15.29	
兔胫骨	14.32	
兔胫骨	15.3	
兔胫骨	15.06	
兔胫骨	15.75	
兔胫骨	15.57	

动物种属及骨骼名称	近端宽度（毫米）	远端宽度（毫米）
兔胫骨	14.83	
兔胫骨	14.26	
兔胫骨	15.59	
兔胫骨	15.63	
兔胫骨	14.9	
兔胫骨	14.64	
兔胫骨	14.94	
兔胫骨	15.26	
兔胫骨	14.58	
兔胫骨	15.75	
兔胫骨	15.01	
兔胫骨	15.3	
兔胫骨	13.87	
兔胫骨	15.26	
兔胫骨	15.34	
兔胫骨	15.17	
兔胫骨	15.56	
兔胫骨		9.37
兔胫骨	14.97	
兔胫骨	15.23	
兔胫骨	14.59	
兔胫骨	15.31	

后 记

　　成都文物考古研究院对成都东华门明代蜀王府遗址的发掘、整理及研究工作始于 2013 年，迄今已过去整整十年。由于本项发掘工作是配合城市基本建设，加之遗址堆积丰富，年代跨度大，整个发掘期断断续续直到 2019 年才基本结束。

　　这次发掘工作收获非常丰富，其中就包括在明代蜀王府园囿区水池和水道中清理出的大量动物骨骼遗存。考虑到这些动物骨骼主要集中于水池底部淤泥以及堤岸与河底夹缝中，与明代蜀王府日常生产生活息息相关，在发掘之初，我们便对这批相对特殊的遗物极为重视。发掘清理结束后，在成都文物考古研究院科技考古中心的技术指导下，现场发掘人员随即组织人员对出土标本进行浮选采集，并与山东大学动物考古实验室负责人宋艳波副教授取得联系，由她组织专业力量对这批标本进行动物骨骼鉴定，以获取更丰富、翔实的信息，为活化明代蜀王府、提升明代藩王府邸立体认知、研究明代成都城市生活提供更多重要资料。

　　成都东华门明代蜀王府遗址考古发掘项目负责人为易立，参加发掘和整理的人员有成都文物考古研究院江滔、张雪芬、李平、李继超以及吉林大学考古学院硕士研究生余天。本报告所涉及的动物标本均由成都文物考古研究院提供。动物遗存鉴定主要由山东大学动物考古实验室硕士研究生赵文丫、高亚琪完成，高亚琪做了大量前期基础性工作，硕士研究生王杰、乙海琳、张琪伟、裴琦、刘子桐、靳乐普、张欣阳及本科生杨庆华均有不同程度的参与。本报告第一章第一节至第三节由易立撰写，其余章节均由宋艳波撰写；标本照片由山东大学硕士研究生高亚琪、梁瑞娟、彭杨柳拍摄。

　　本报告的整理与出版得到了多方的支持，感谢四川省文物局、成都市文化广电旅游局、成都文物考古研究院相关领导的关心与支持，尤其是成都文物考古研究院颜劲松院长给予了大量支持与帮助；感谢山东大学提供的各项科研平台和资源保障；感谢黄蕴平教授、袁靖教授等动物考古学界前辈和同仁的关心和支持，特别感谢成都文物考古研究院已故研究员何锟宇先生曾经提供的帮助；科学出版社责任编辑柴丽丽为报告的编辑付出了大量心血。本报告能得以出版是编者、出版社及相关前辈与领导等多方共同努力的结晶，在此一并致谢。

编　者

2022 年 12 月

水池C4

水道G4

蜀王府明代水道（G4）、水池（C4）航拍全景

1. G4西段（西—东）

2. G4东段（西—东）

蜀王府明代水道（G4）

1. 东南—西北

2. 西北—东南

蜀王府明代水池（C4）

鸭科锁骨

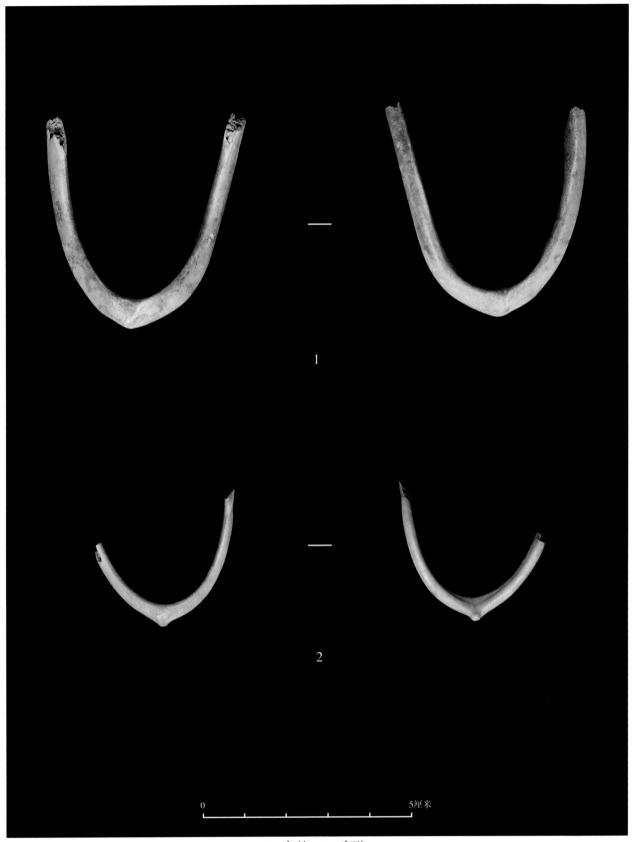

1. 家鹅　2. 家鸭

鸭科锁骨

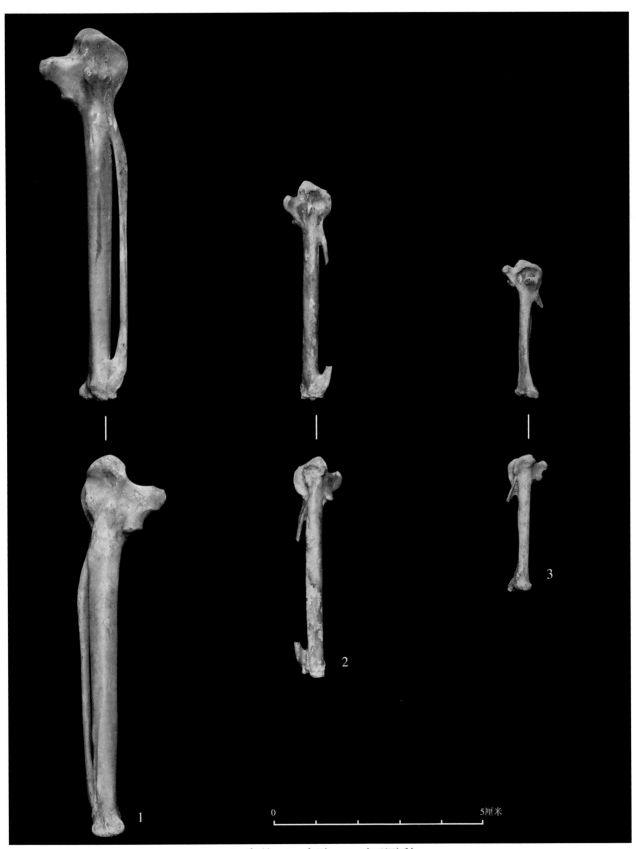

1. 家鹅　2. 家鸭　3. 小型鸭科

鸭科右侧腕掌骨

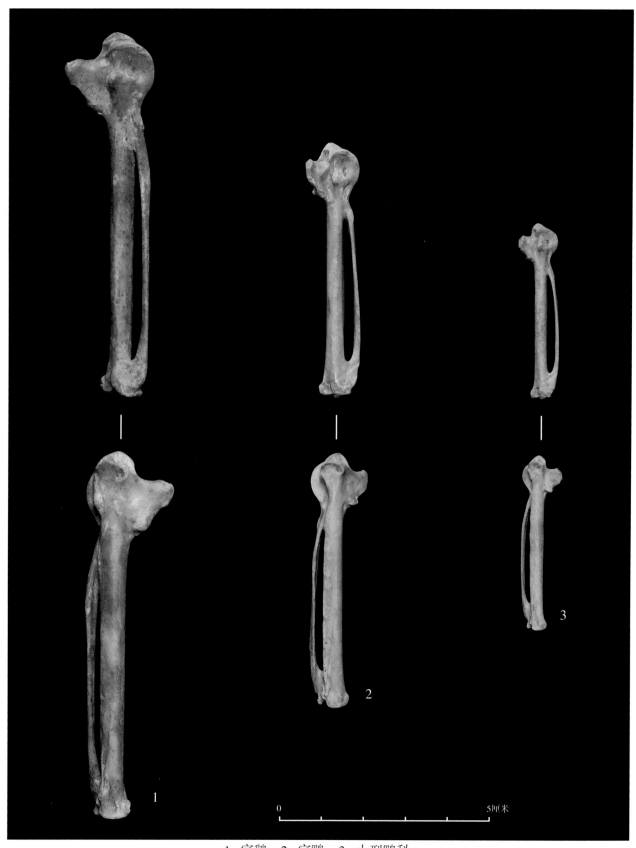

1. 家鹅　2. 家鸭　3. 小型鸭科

鸭科右侧腕掌骨

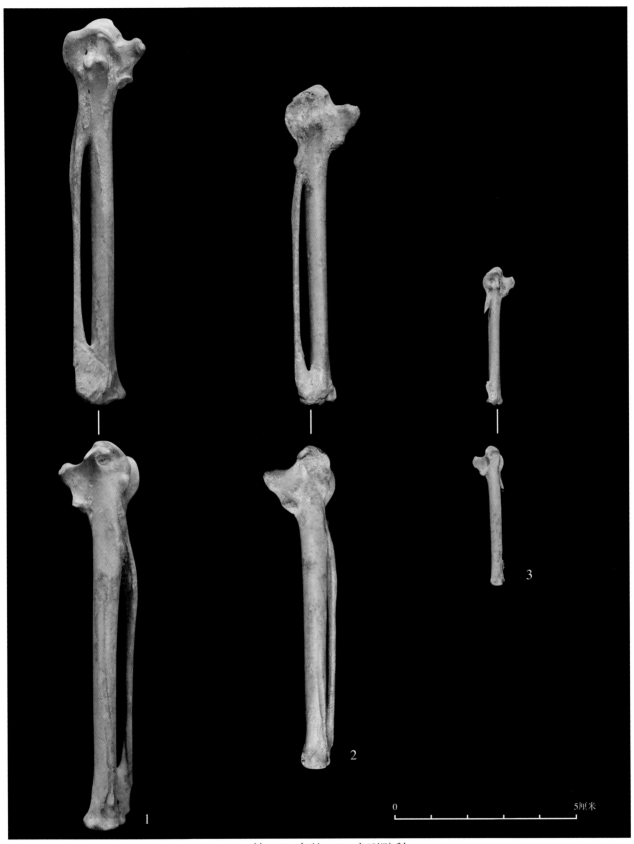

1. 鹤　2. 家鹅　3. 小型鸭科

鸭科、鹤左侧腕掌骨

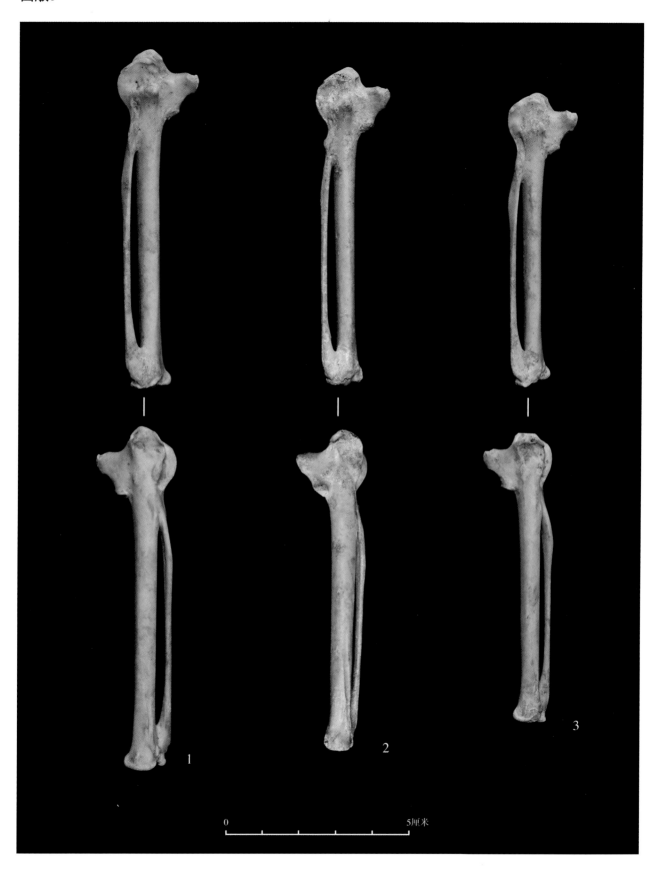

家鹅左侧腕掌骨

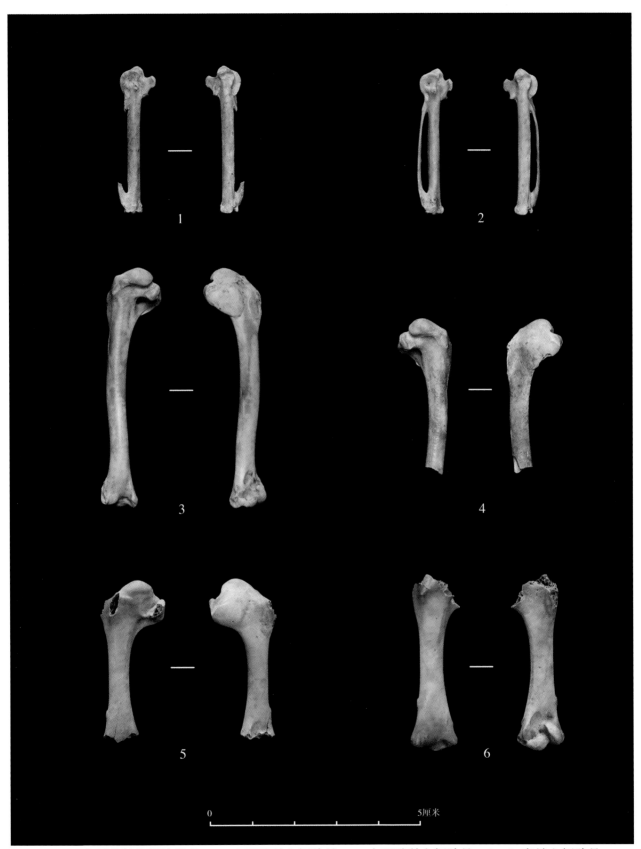

0　　　　　　　　　　　5厘米

1、2. 小型鸭科左侧腕掌骨　3. 小型鸭科左侧肱骨　4. 小型鸭科右侧肱骨　5、6. 家鸽左侧肱骨

小型鸭科腕掌骨、肱骨与家鸽肱骨

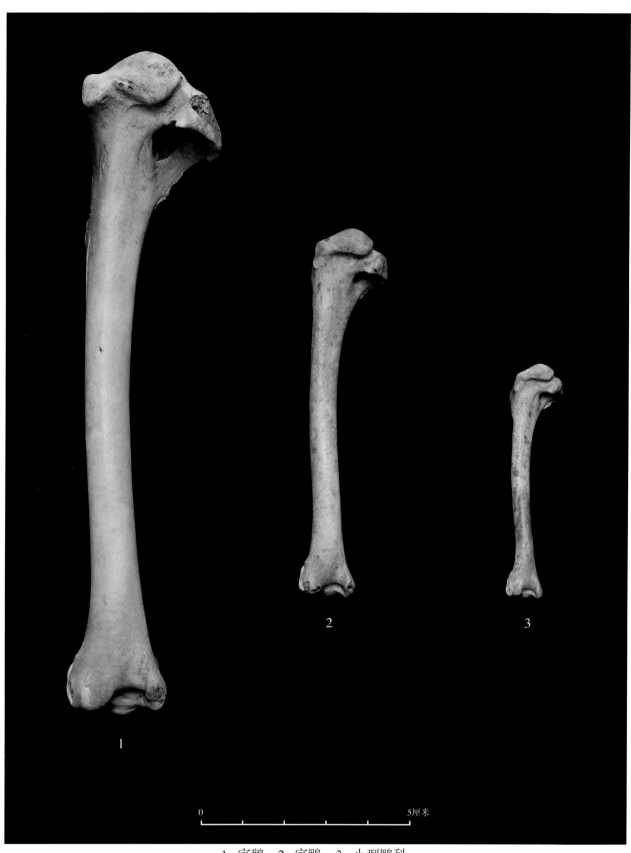

0   5厘米

1. 家鹅　2. 家鸭　3. 小型鸭科

鸭科左侧肱骨

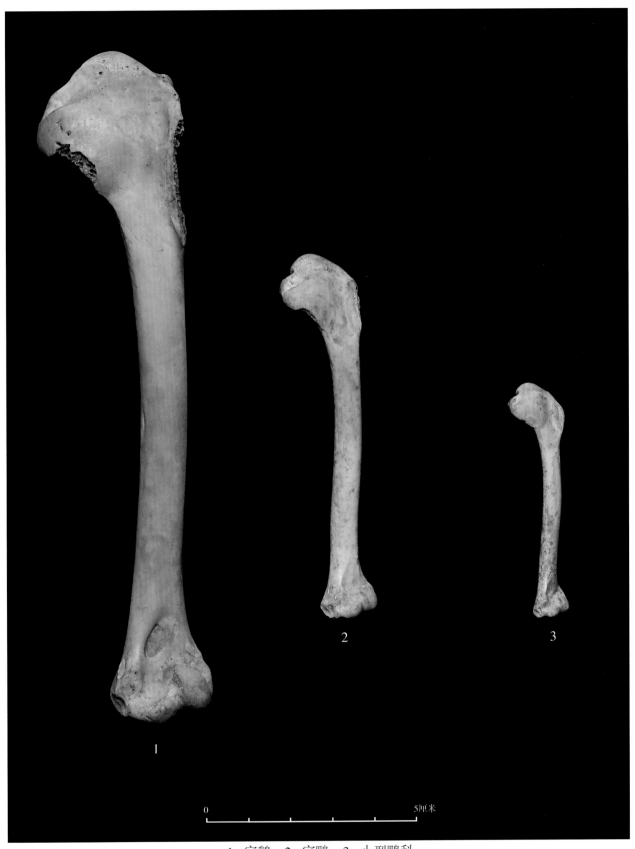

0   5厘米

1. 家鹅   2. 家鸭   3. 小型鸭科

鸭科左侧肱骨

家鹅肱骨

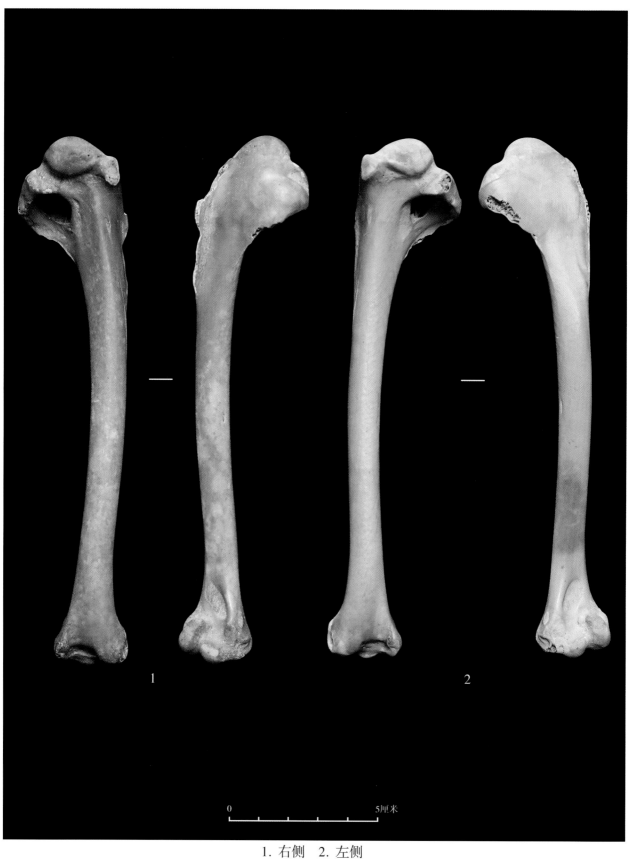

1. 右侧   2. 左侧

家鹅肱骨

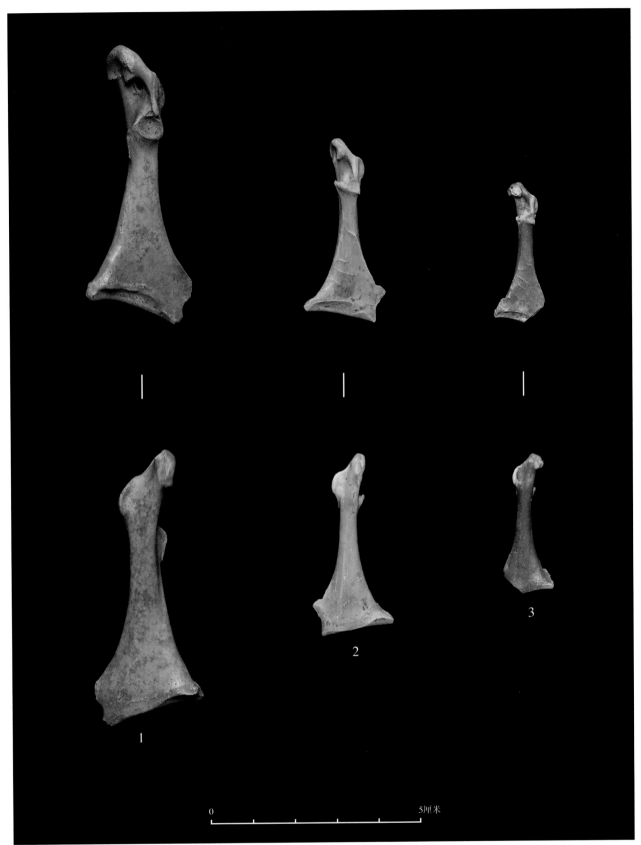

0   5厘米

1. 家鹅　2. 家鸭　3. 小型鸭科

鸭科右侧乌喙骨

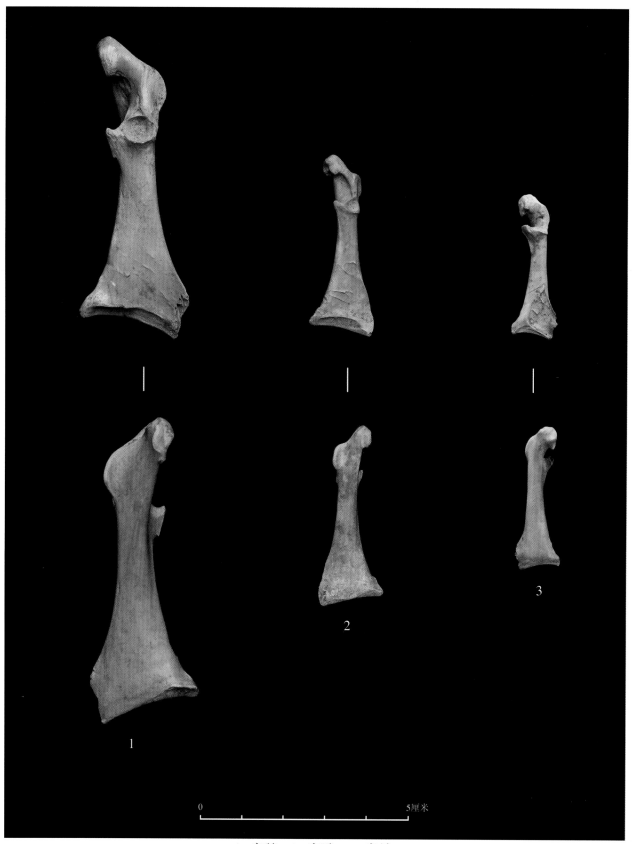

1. 家鹅 2. 家鸭 3. 家鸽

鸭科、家鸽右侧乌喙骨

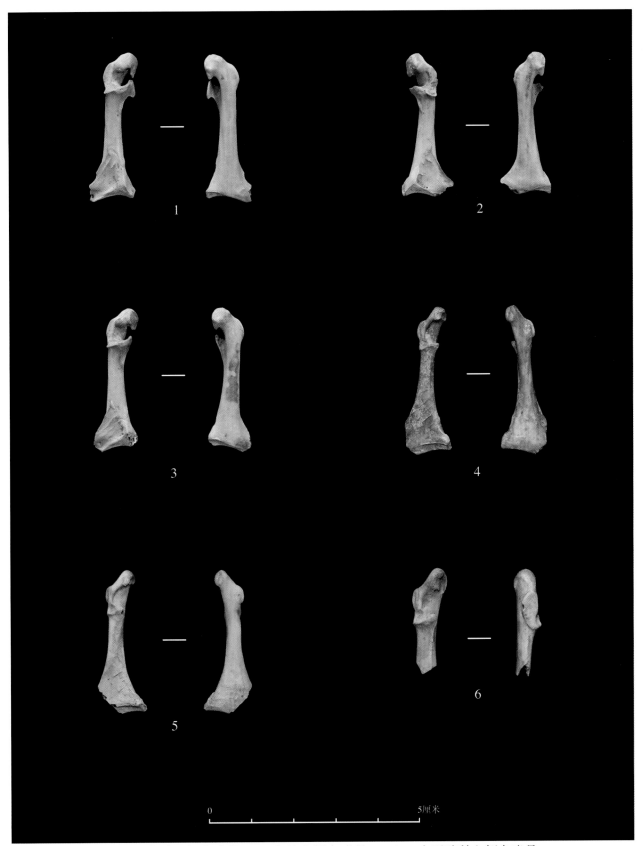

1、3. 家鸽左侧乌喙骨　2. 家鸽右侧乌喙骨　4～6. 小型鸭科左侧乌喙骨

小型鸭科、家鸽乌喙骨

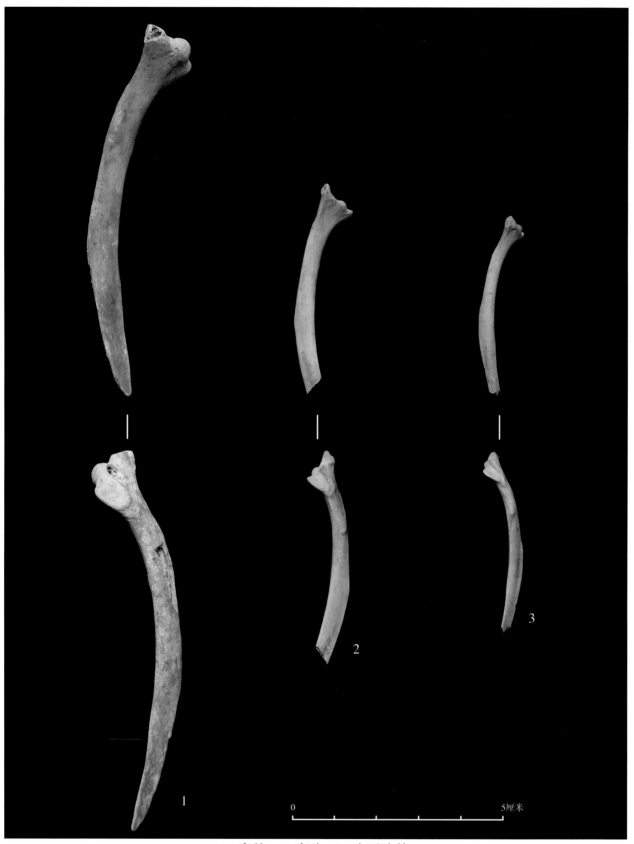

1. 家鹅　2. 家鸭　3. 小型鸭科

鸭科左侧肩胛骨

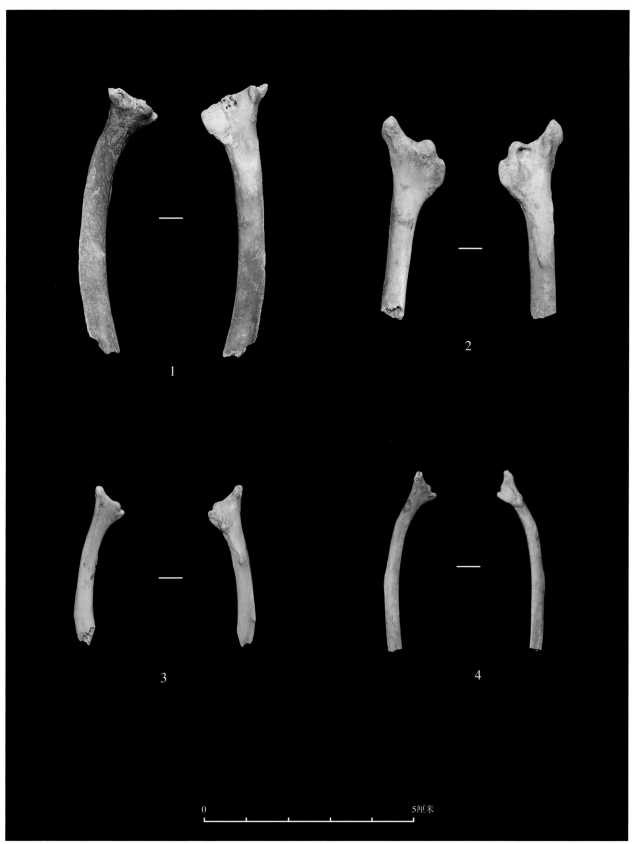

1、2. 家鹅　3. 家鸭　4. 小型鸭科

鸭科左侧肩胛骨

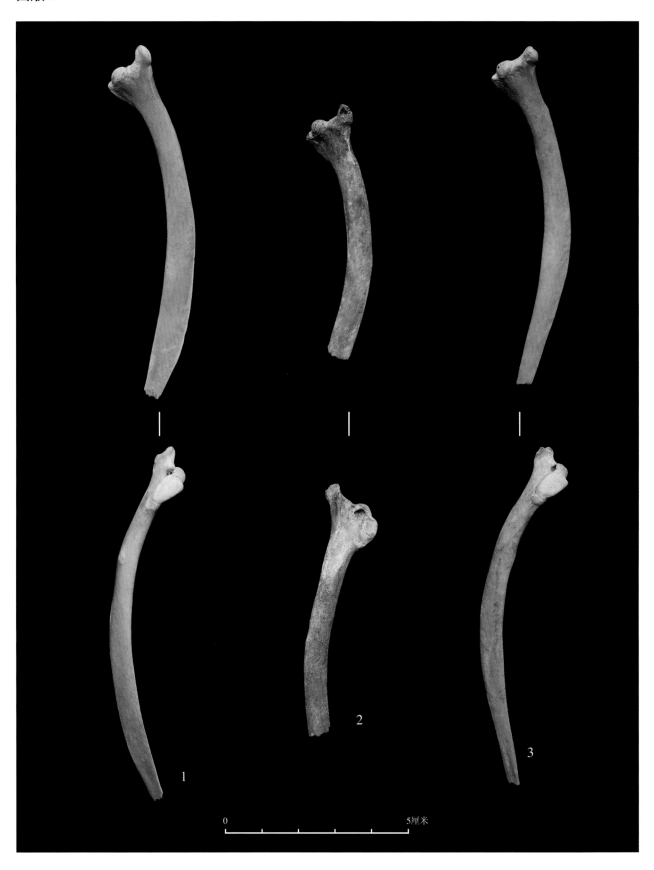

0　　　　　　　　5厘米

家鹅右侧肩胛骨

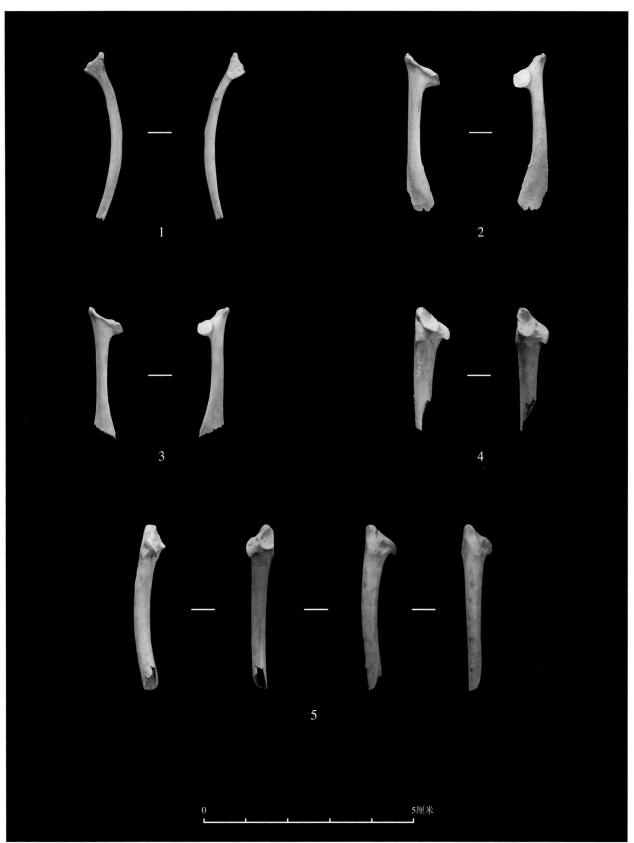

1. 小型鸭科右侧肩胛骨　2、3. 家鸽左侧肩胛骨　4. 家鸭左侧尺骨　5. 家鸭右侧尺骨

鸭科、家鸽肩胛骨与家鸭尺骨

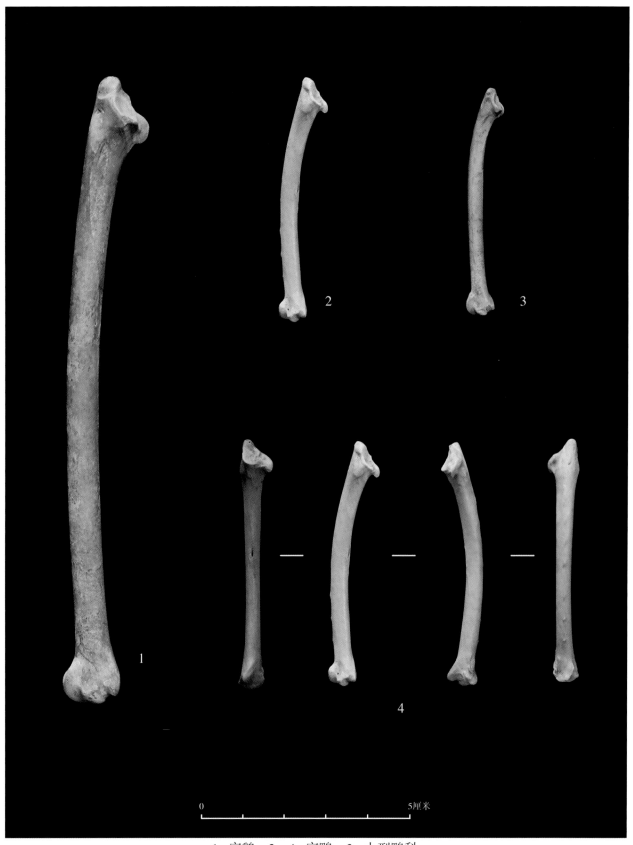

1. 家鹅　2、4. 家鸭　3. 小型鸭科

鸭科左侧尺骨

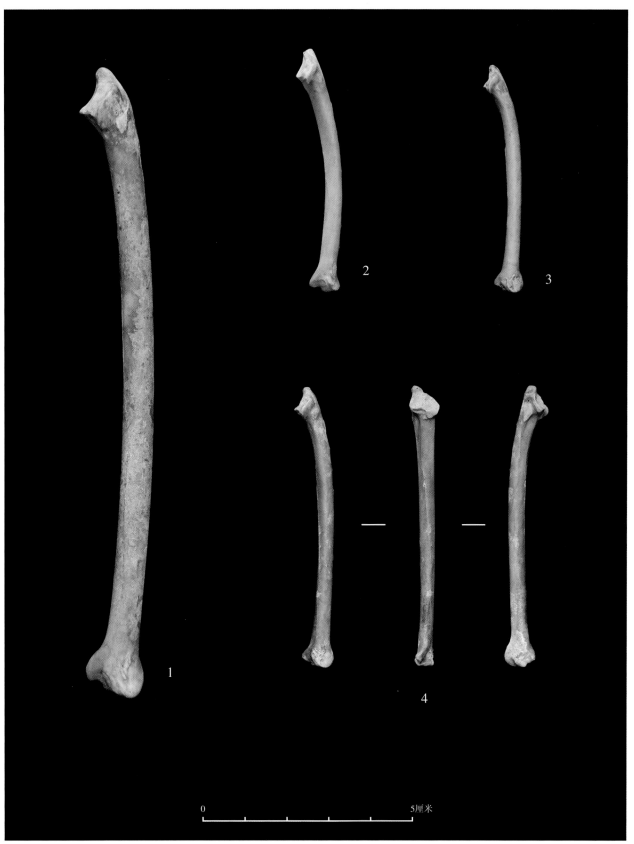

1. 家鹅　2、4. 家鸭　3. 小型鸭科

鸭科左侧尺骨

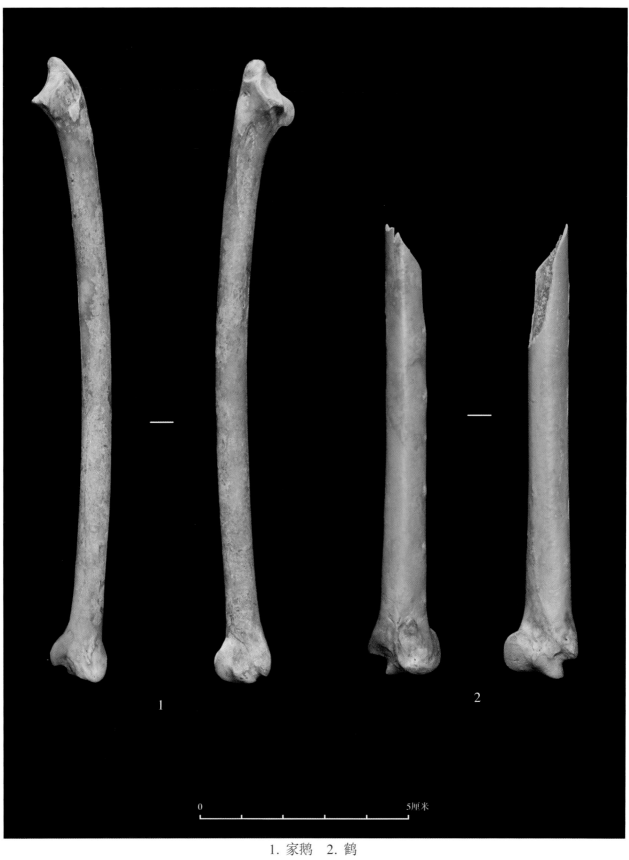

0　　　　　　　　　　　　5厘米

1. 家鹅　2. 鹤

家鹅、鹤左侧尺骨

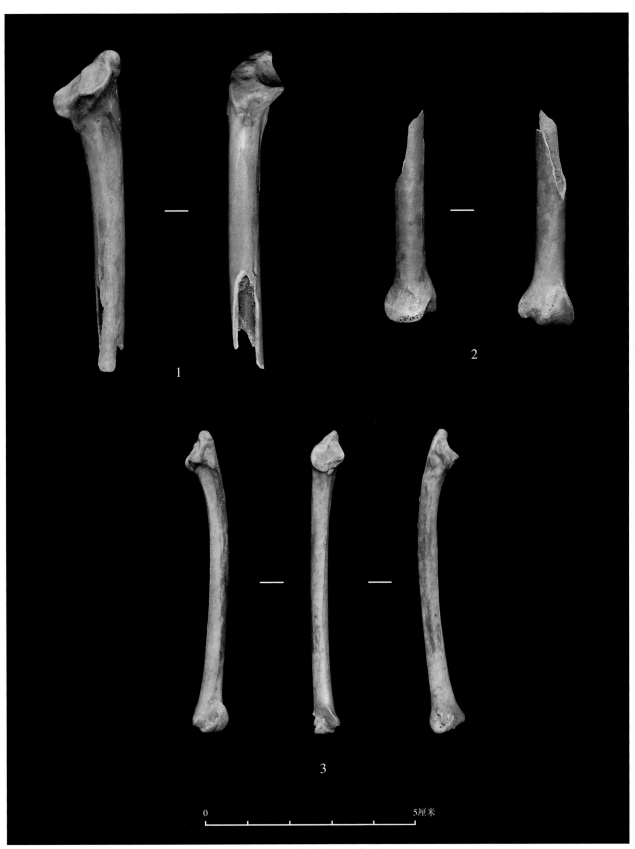

0　　　　　　　　　　　　5厘米

1、2. 家鹅　3. 家鸭

鸭科右侧尺骨

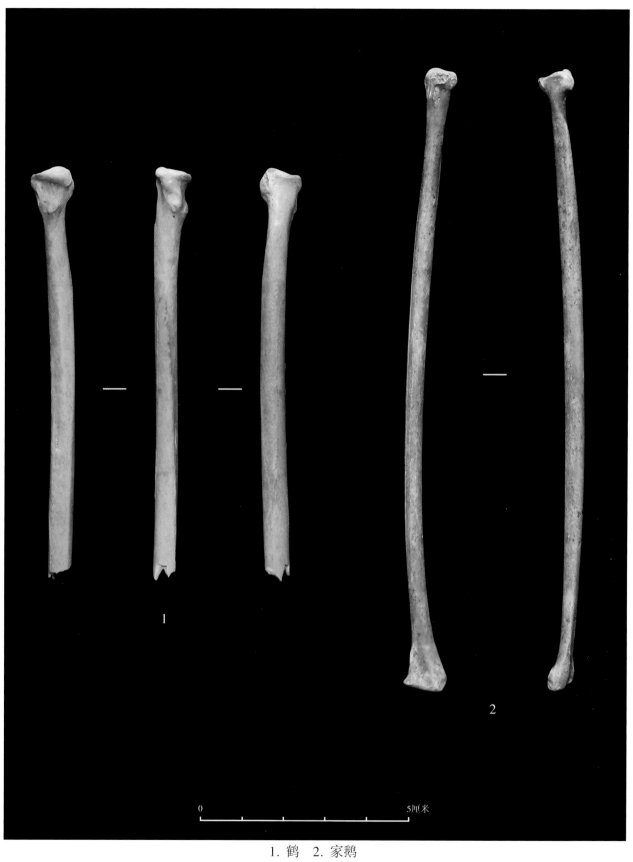

1. 鹤　2. 家鹅

家鹅、鹤左侧桡骨

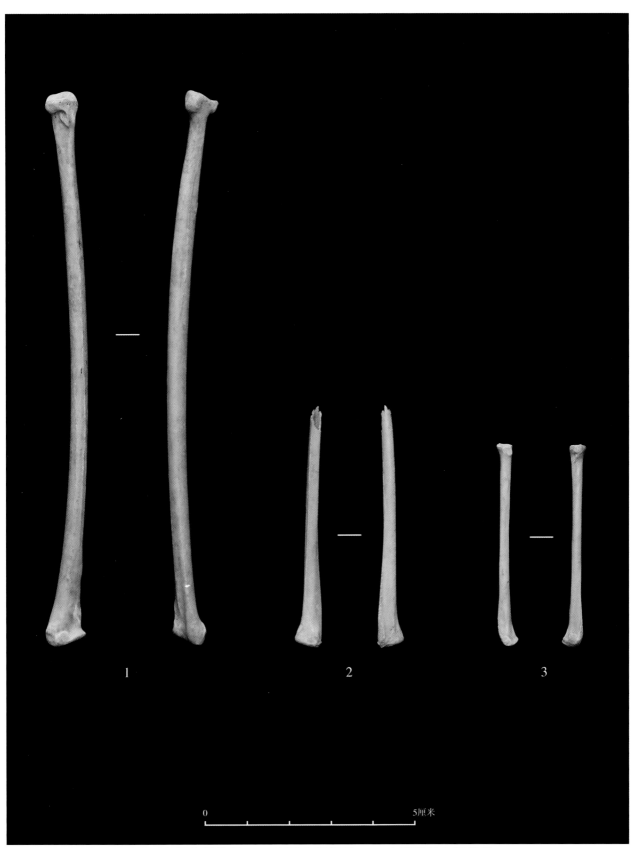

1. 家鹅右侧桡骨　2. 家鸭左侧桡骨　3. 小型鸭科右侧桡骨

鸭科桡骨

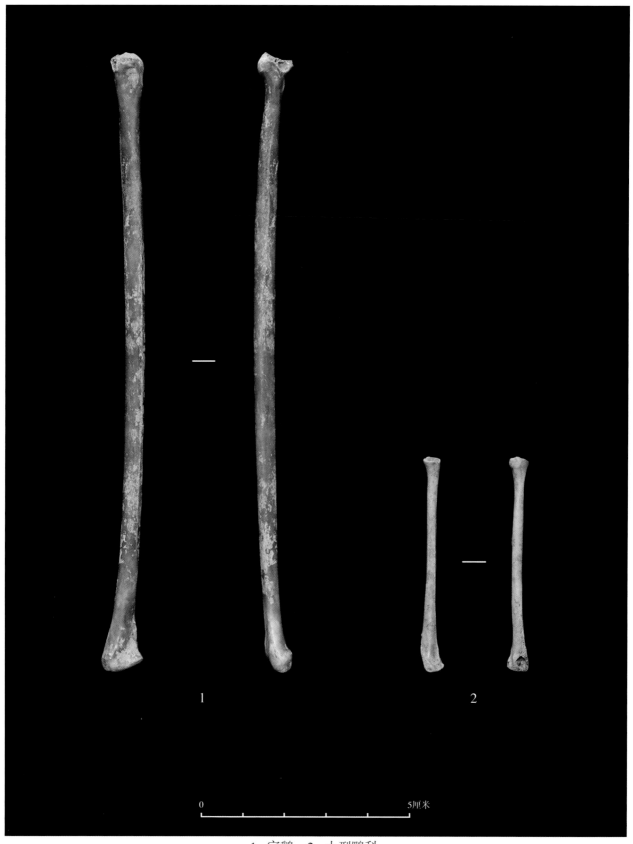

1   2

0   5厘米

1. 家鹅　2. 小型鸭科

鸭科右侧桡骨

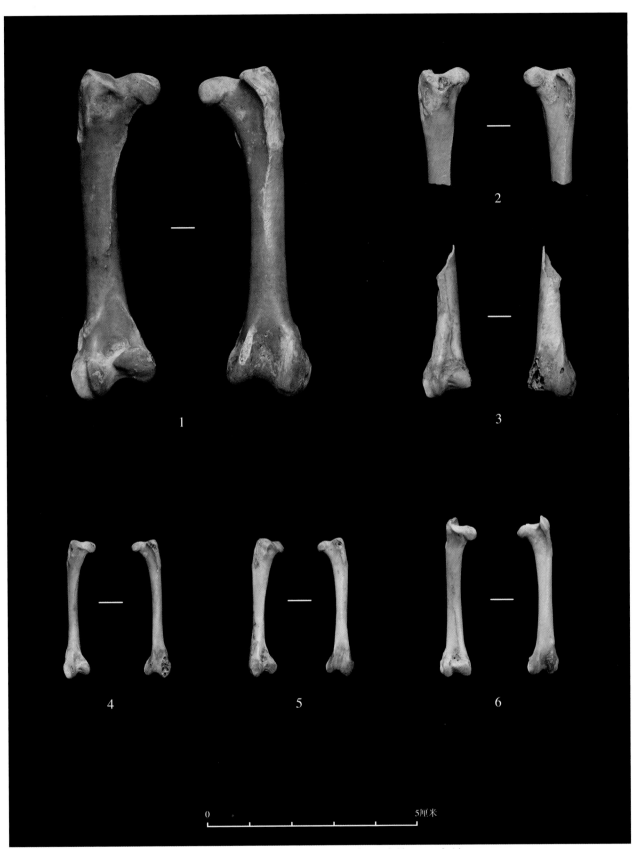

1. 家鹅　2、3. 家鸭　4、5. 小型鸭科　6. 家鸽

鸭科、家鸽左侧股骨

家鹅股骨

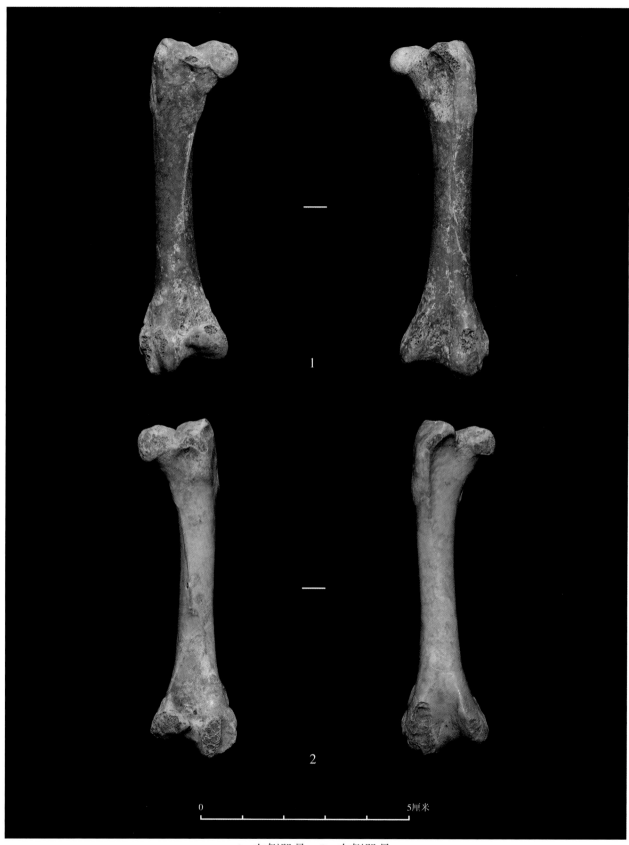

1. 左侧股骨　2. 右侧股骨

家鹅股骨

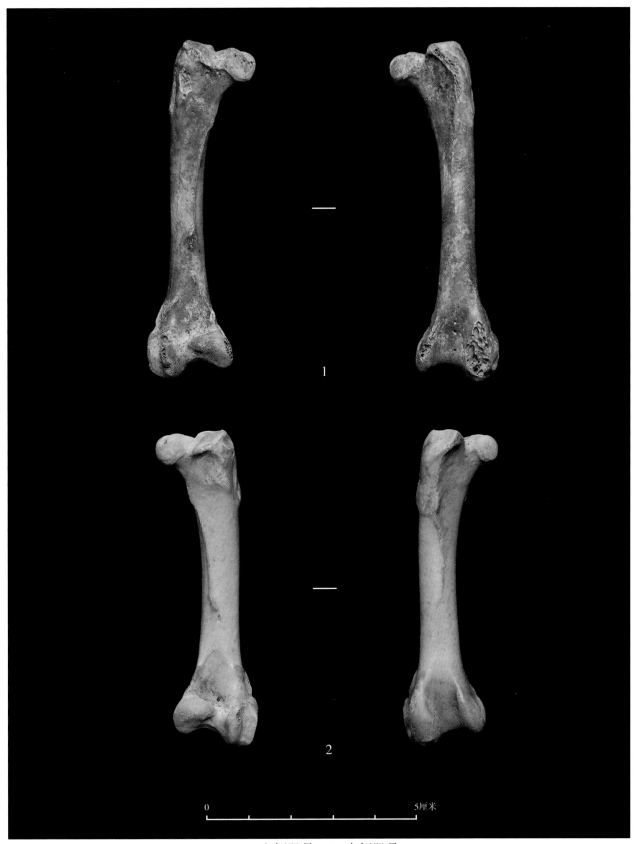

1. 左侧股骨　2. 右侧股骨

家鹅股骨

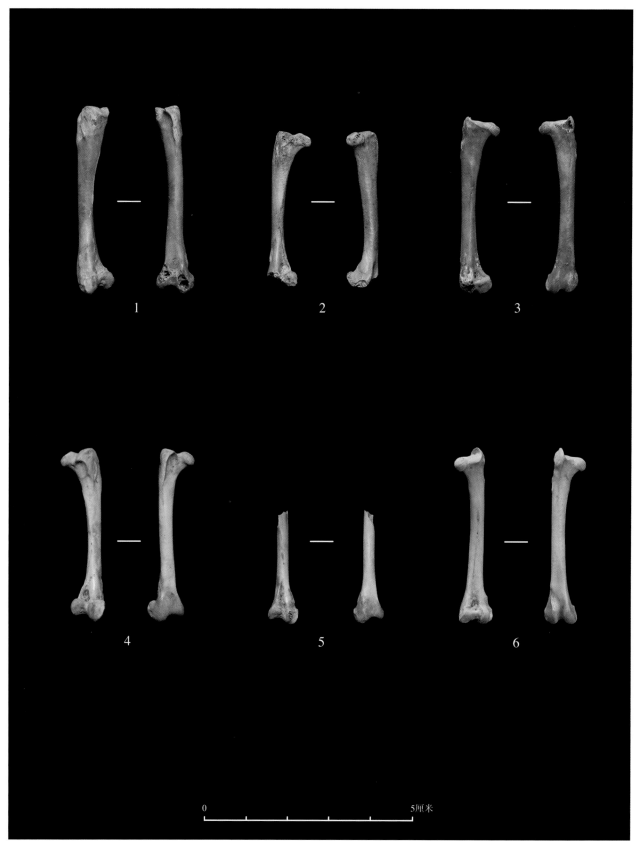

1、2. 小型鸭科左侧股骨　3. 家鸽左侧股骨　4、5. 小型鸭科右侧股骨　6. 家鸽右侧股骨

小型鸭科、家鸽股骨

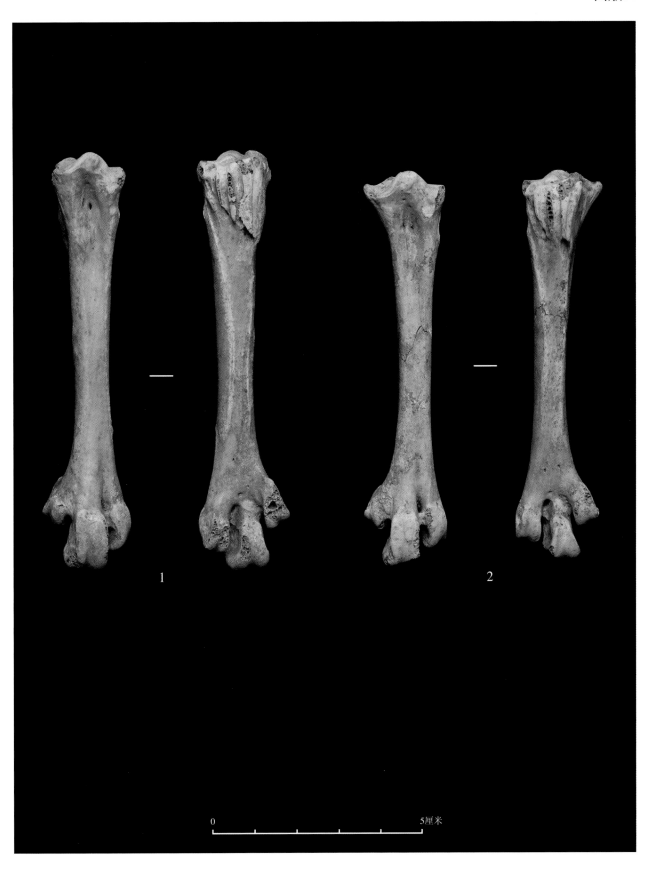

家鹅左侧跗跖骨

家鹅、鹤胫骨

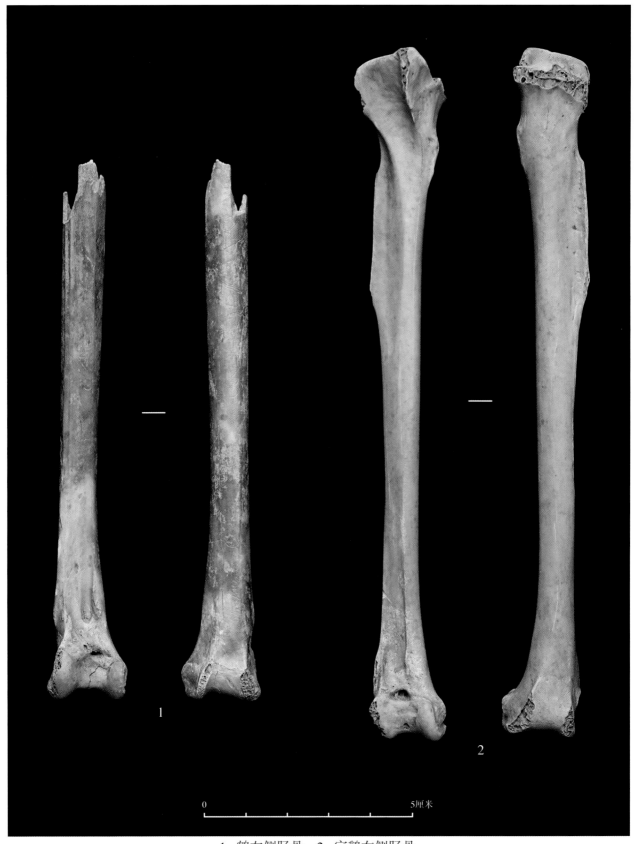

0　　　　　　　　　　　　　　5厘米

1. 鹤左侧胫骨　2. 家鹅右侧胫骨

家鹅、鹤胫骨

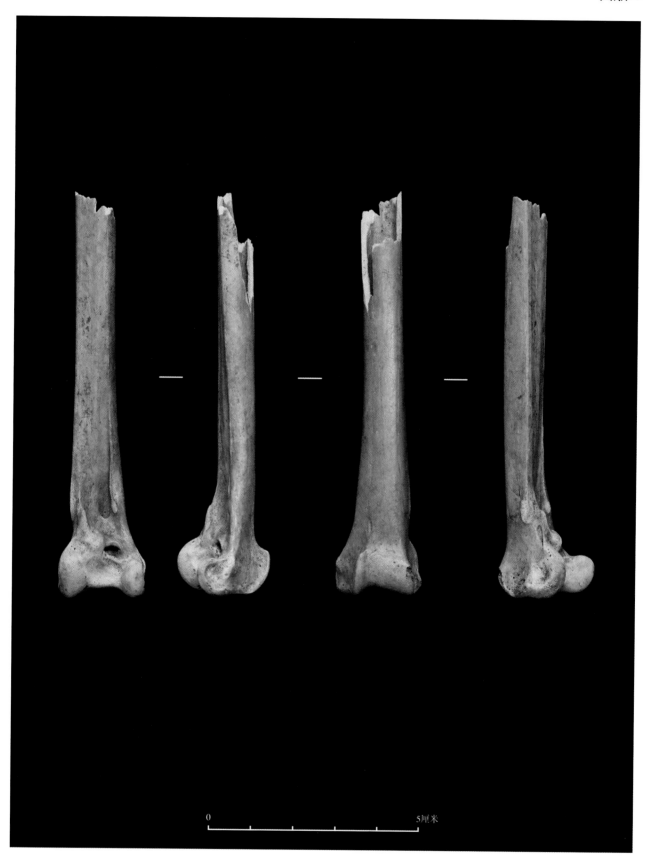

0　　　　　　　　　　　　5厘米

鹤左侧胫骨

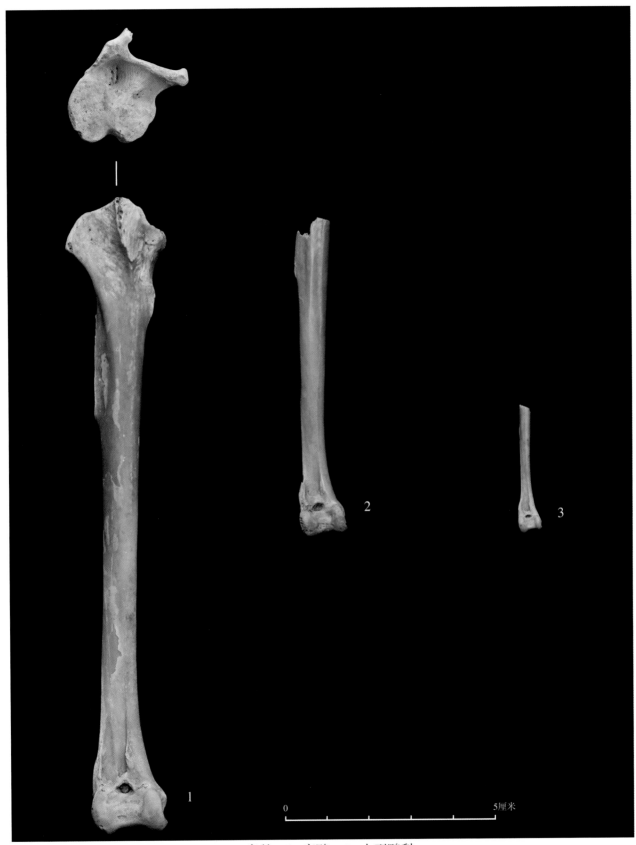

1. 家鹅　2. 家鸭　3. 小型鸭科

鸭科右侧胫骨

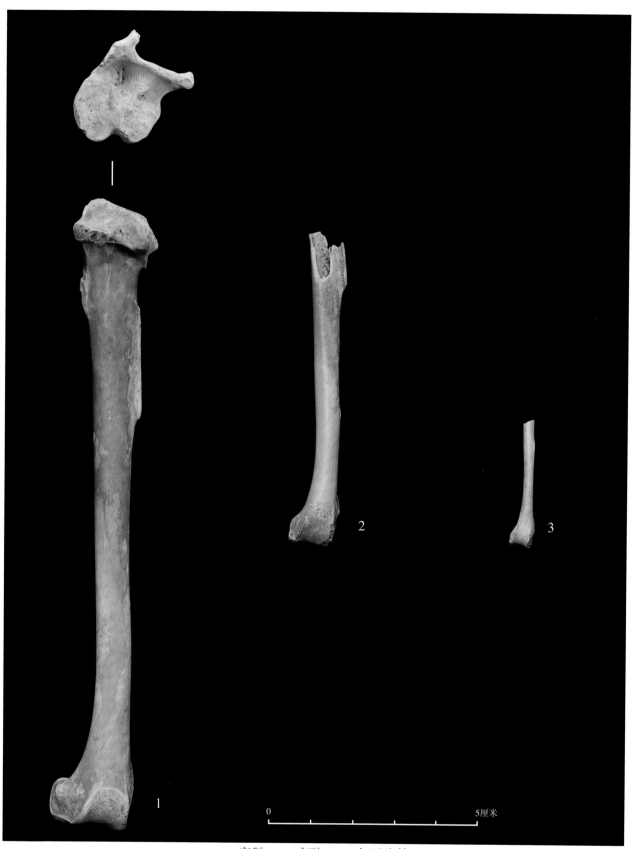

1. 家鹅　2. 家鸭　3. 小型鸭科

鸭科右侧胫骨

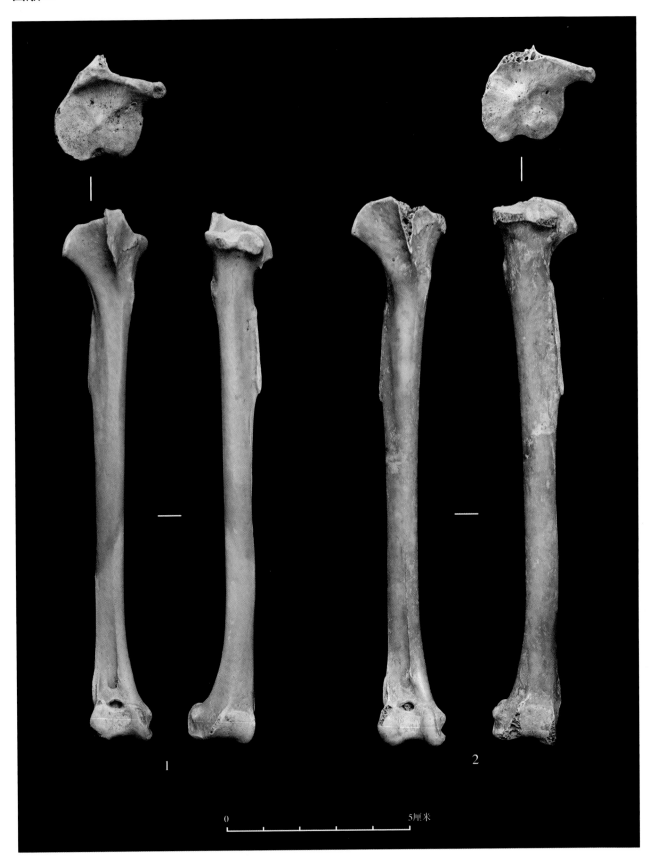

1   2

0 |___|___|___|___|___|___| 5厘米

家鹅右侧胫骨

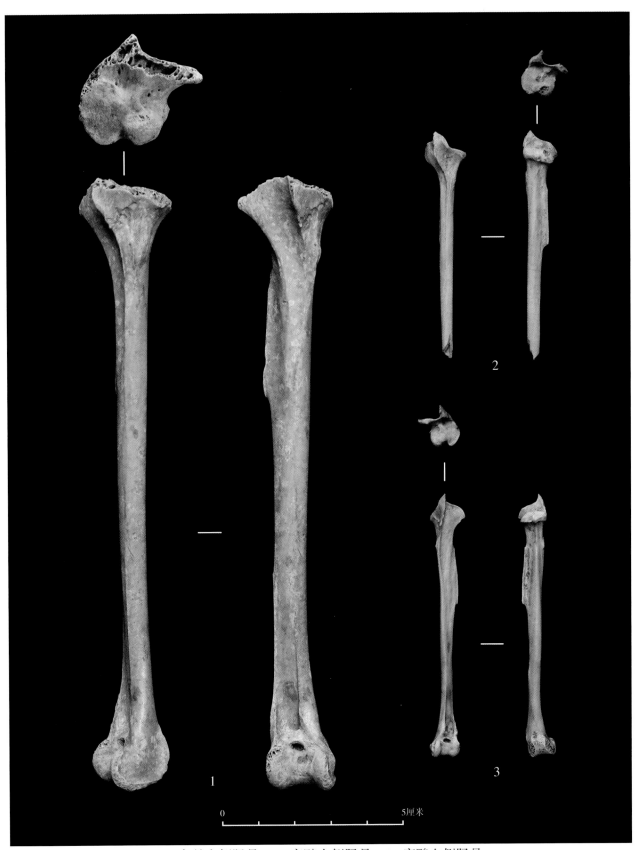

1. 家鹅右侧胫骨　2. 家鸭右侧胫骨　3. 家鸭左侧胫骨

鸭科胫骨

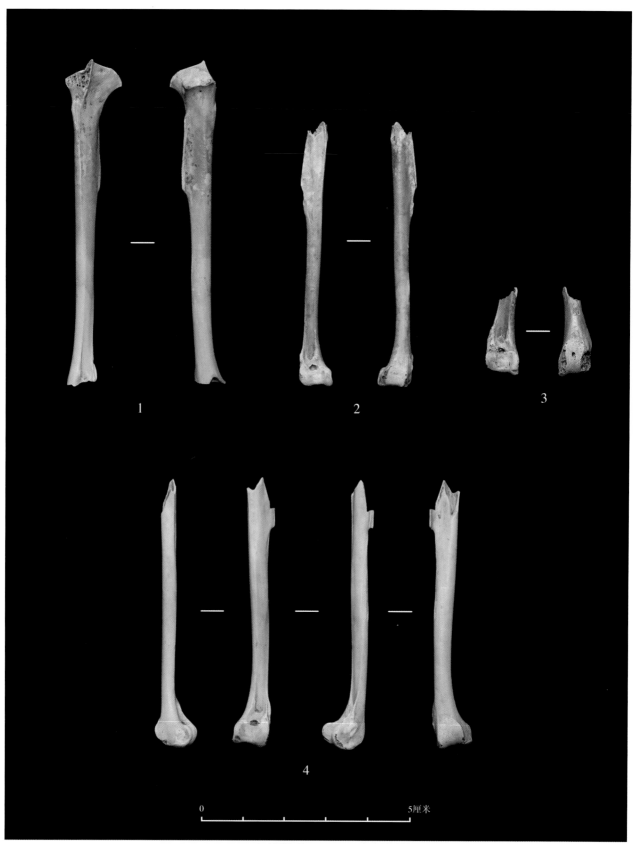

1、4. 左侧胫骨　2、3. 右侧胫骨

家鸭胫骨

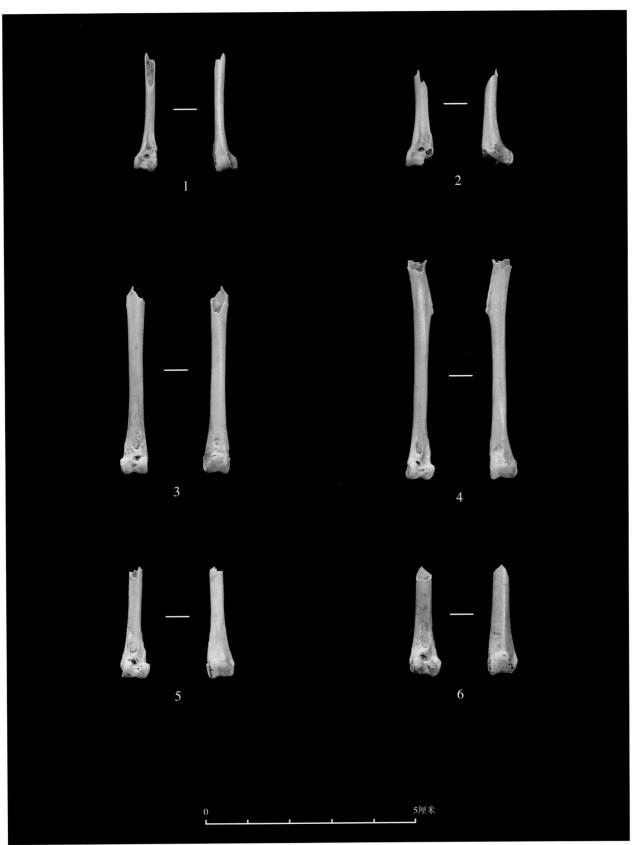

1、2. 小型鸭科左侧胫骨　3. 家鸽左侧胫骨　4～6. 家鸽右侧胫骨

小型鸭科、家鸽胫骨

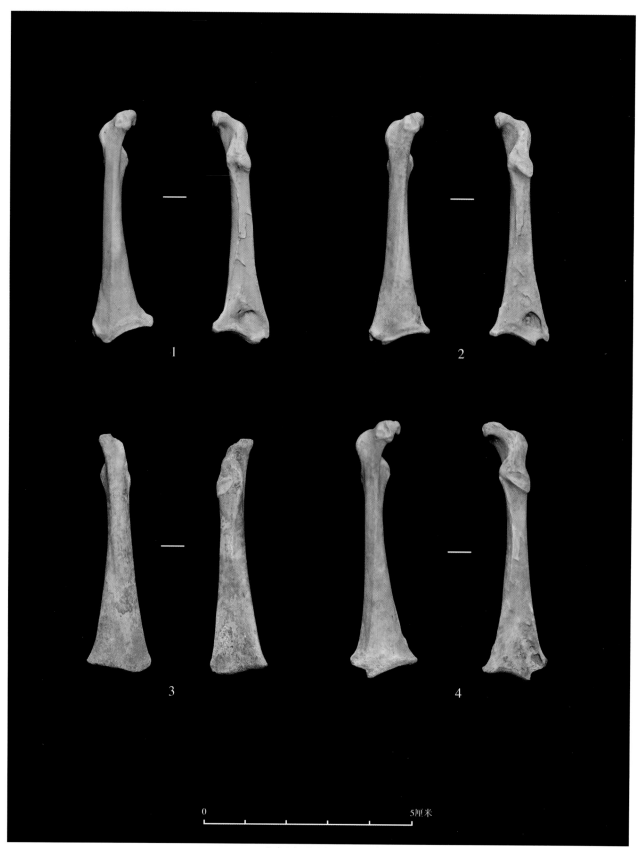

1、2、4. 右侧乌喙骨　3. 左侧乌喙骨

家鸡乌喙骨

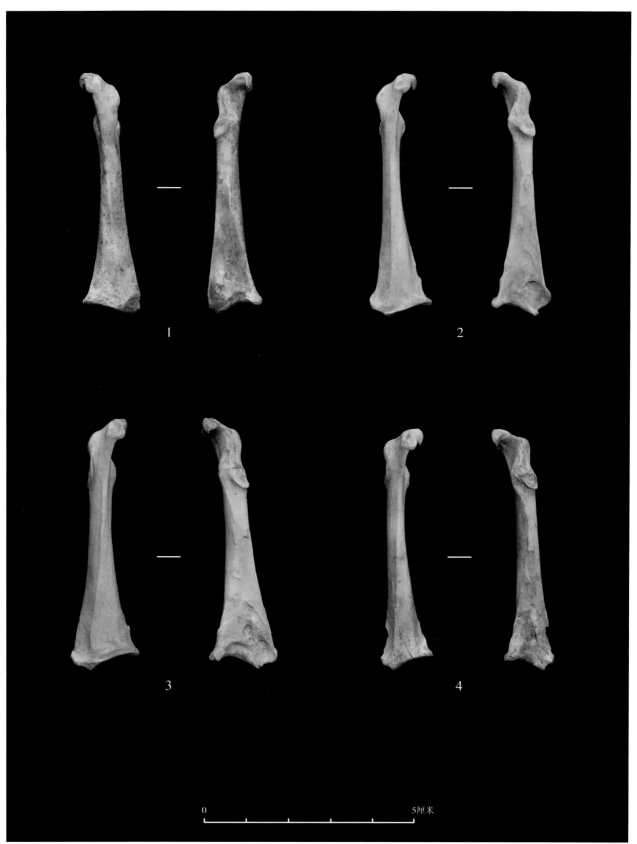

1. 家鸡左侧乌喙骨　　2. 家鸡右侧乌喙骨　　3、4. 雉右侧乌喙骨

家鸡、雉乌喙骨

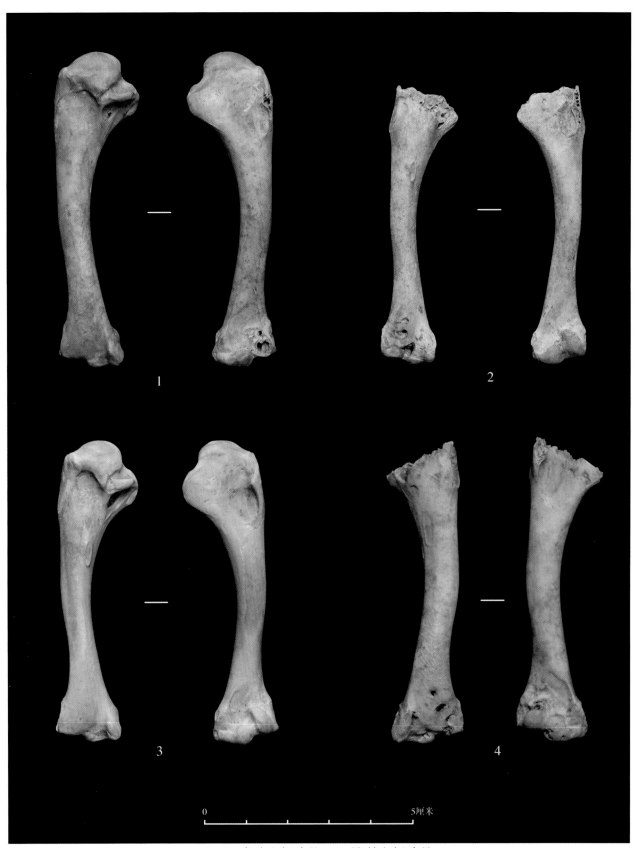

0   5厘米

1～3. 家鸡左侧肱骨　4. 雉科右侧肱骨

家鸡、雉科肱骨

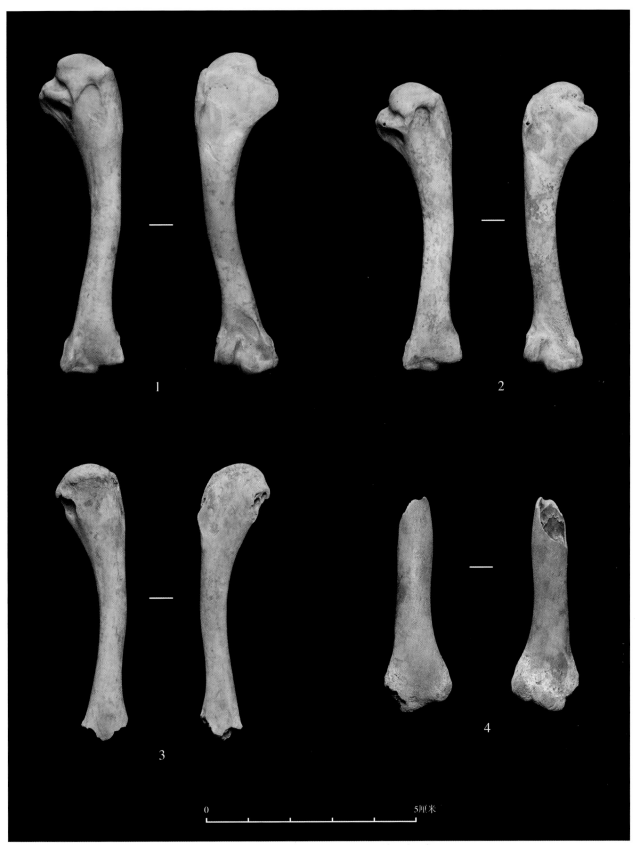

0　　　　　　　　　　5厘米

1、2. 家鸡右侧肱骨　　3、4. 雉科右侧肱骨

家鸡、雉科肱骨

雉科尺骨

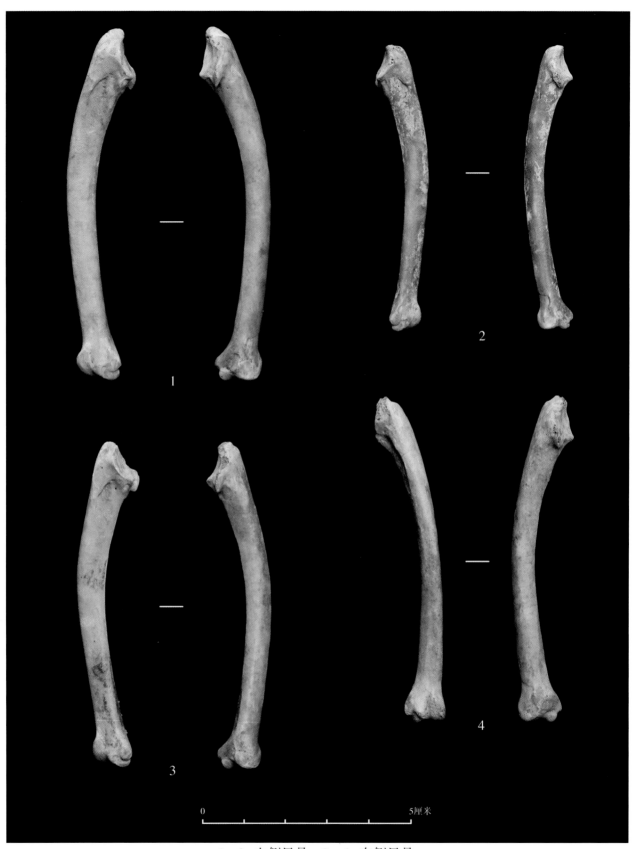

1、3. 左侧尺骨　2、4. 右侧尺骨

雉科尺骨

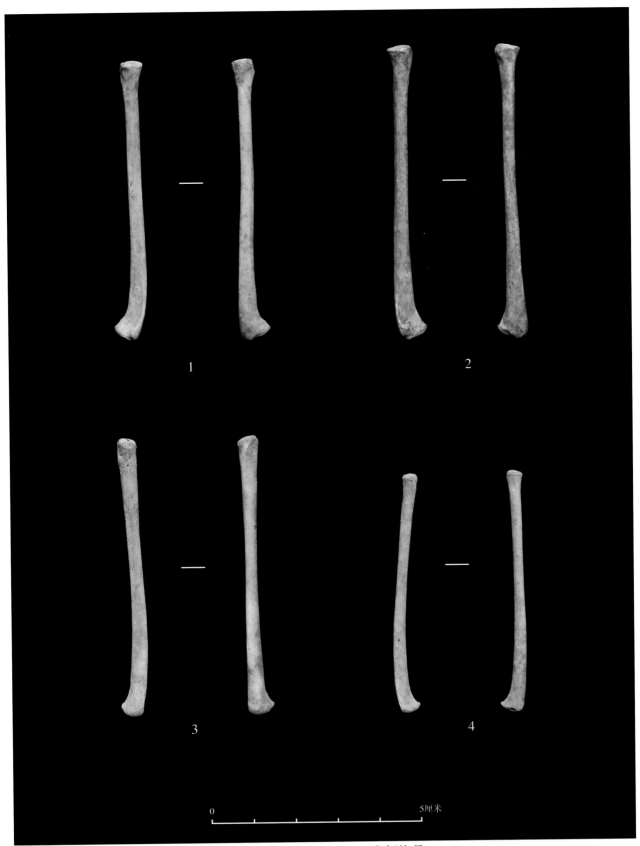

1 2

3 4

0 5厘米

1、3. 左侧桡骨　2、4. 右侧桡骨

雉科桡骨

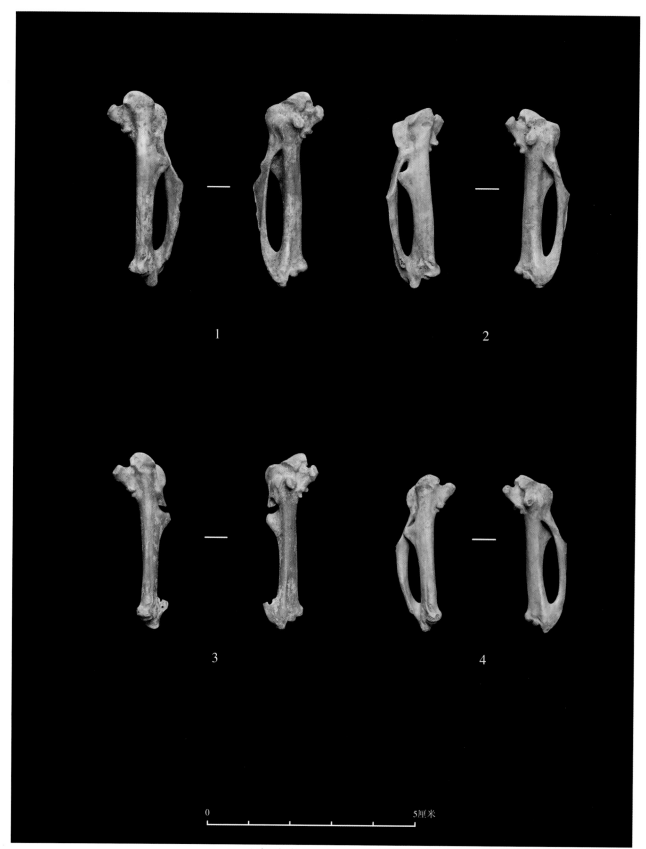

1

2

3

4

0　　　　　　　　　　　　　　5厘米

1、3. 左侧腕掌骨　2、4. 右侧腕掌骨

雉科腕掌骨

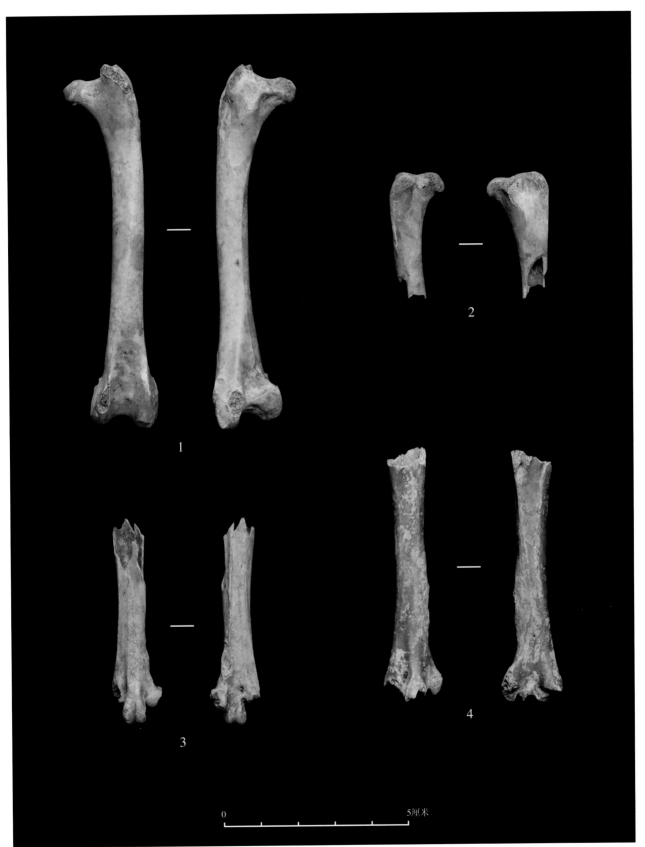

1. 左侧股骨　2. 右侧股骨　3、4. 右侧跗跖骨

家鸡股骨、跗跖骨

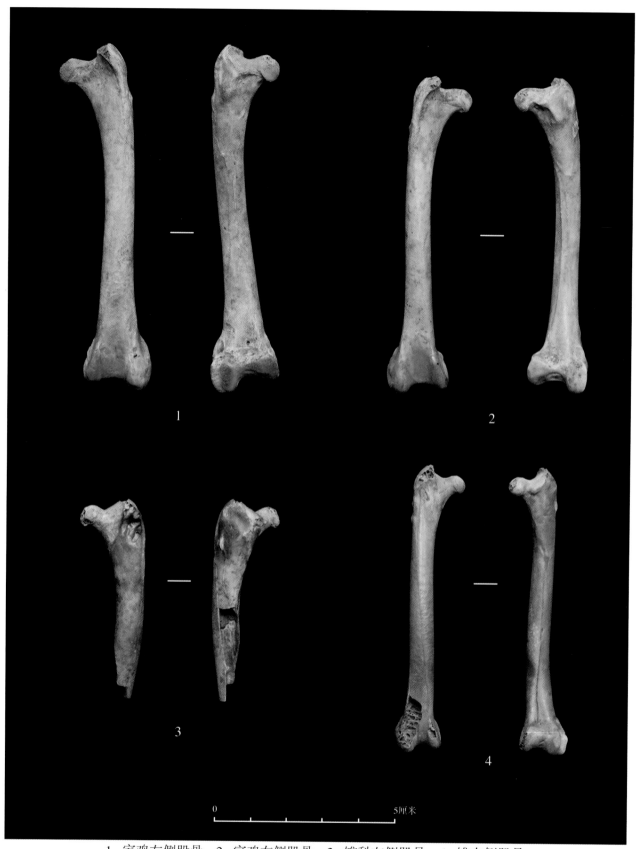

1. 家鸡左侧股骨　2. 家鸡右侧股骨　3. 雉科左侧股骨　4. 雉右侧股骨

家鸡、雉科、雉股骨

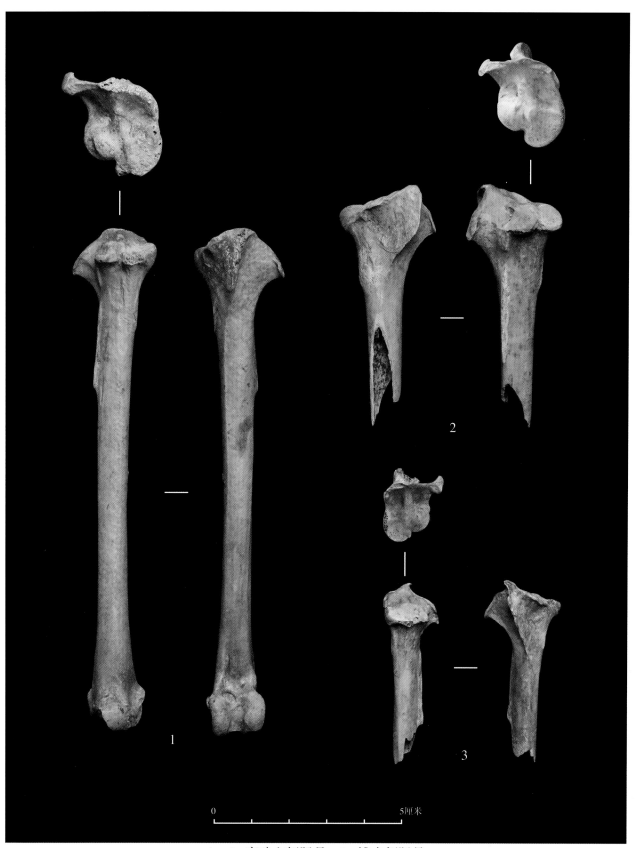

1、2. 家鸡左侧胫骨　3. 雉右侧胫骨

家鸡、雉胫骨

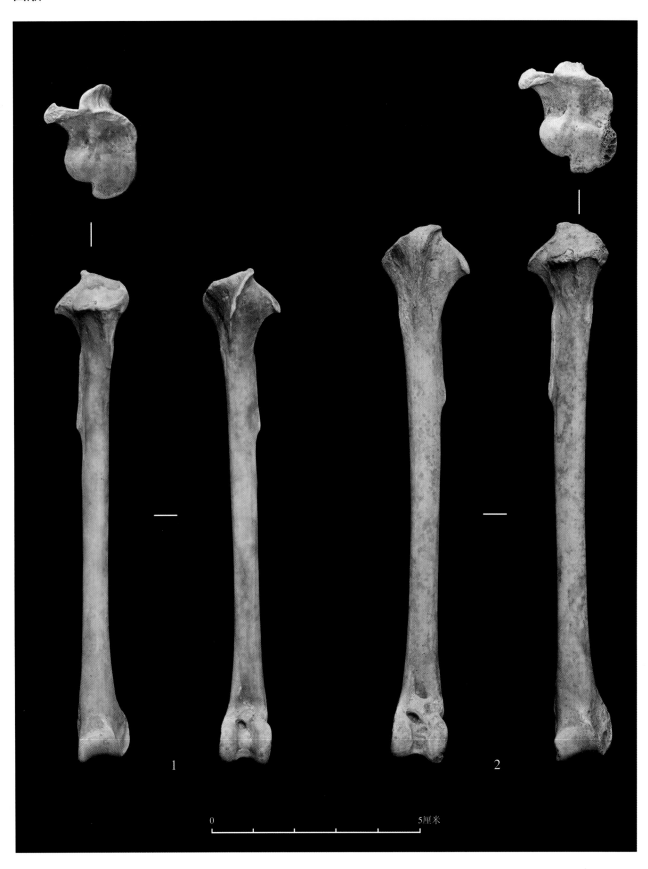

1

2

0   5厘米

家鸡左侧胫骨

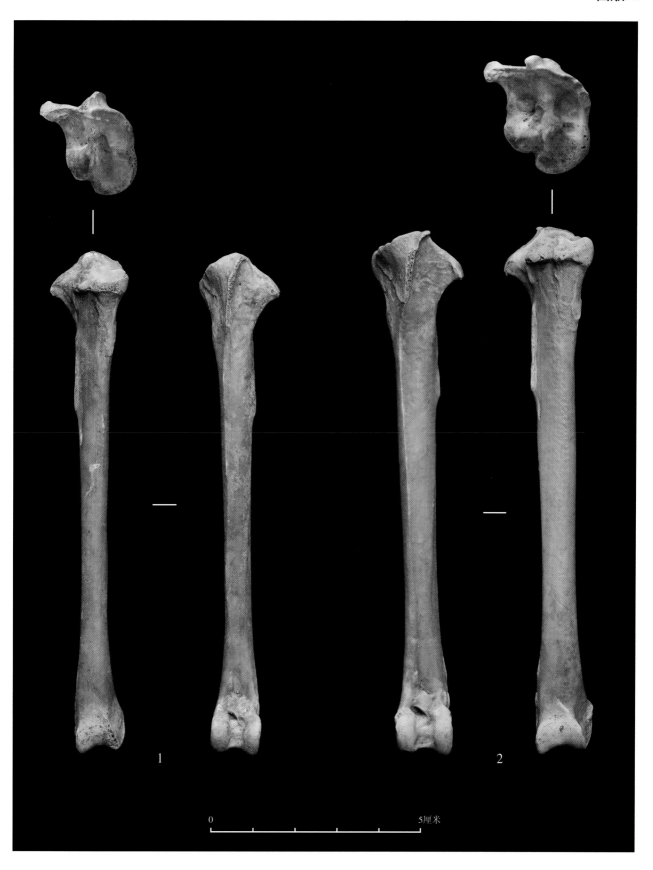

1　　　　　　　　　　　2

0　　　　　　　　　　　5厘米

家鸡左侧胫骨

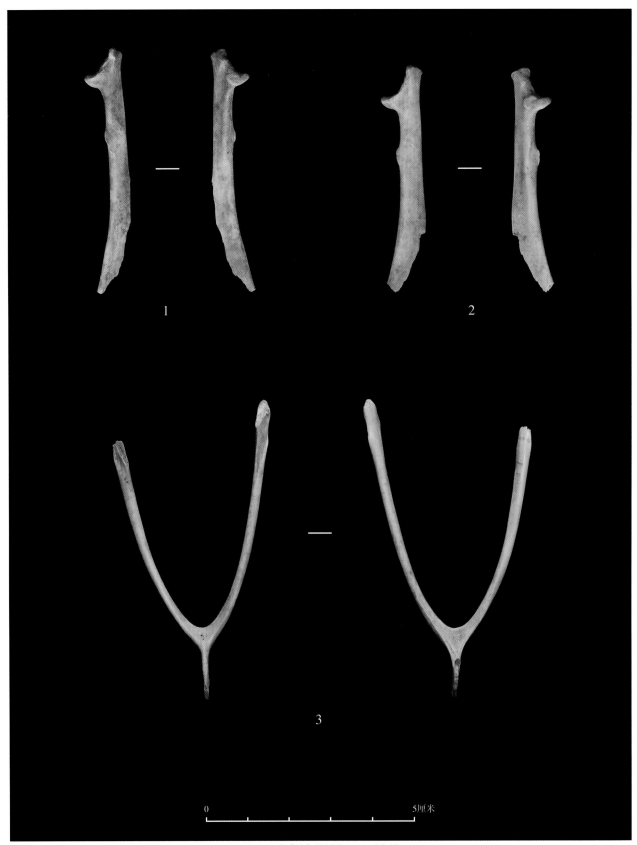

1、2. 右侧肩胛骨　3. 锁骨

雉科肩胛骨、锁骨

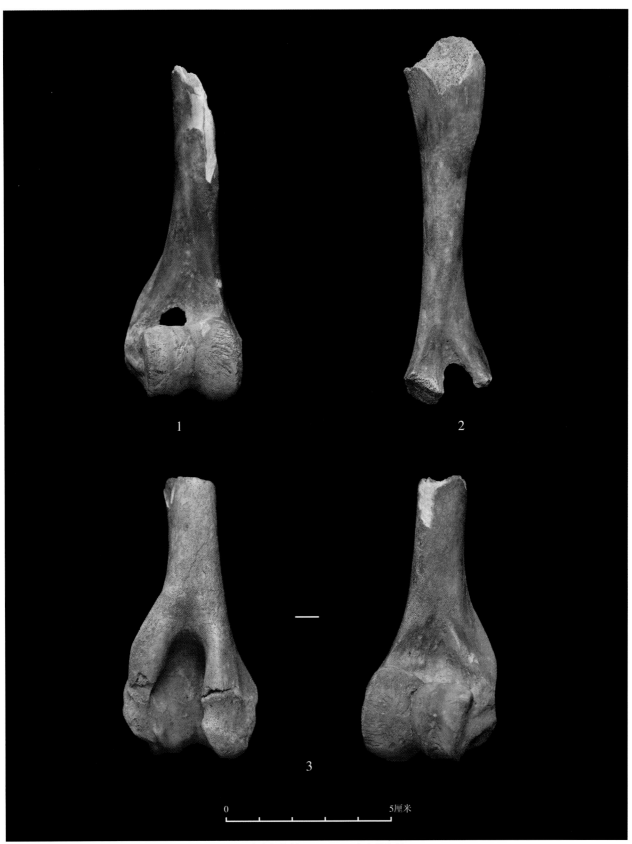

0　　　　　　　　5厘米

1. 右侧肱骨　2、3. 左侧肱骨

猪肱骨

图版54

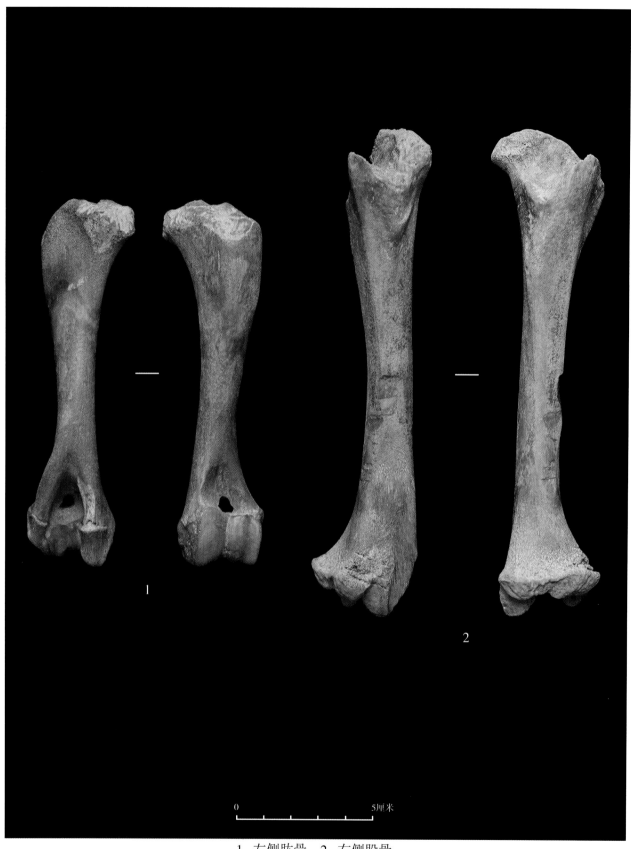

1

2

0   5厘米

1. 左侧肱骨　2. 右侧股骨

猪肱骨、股骨

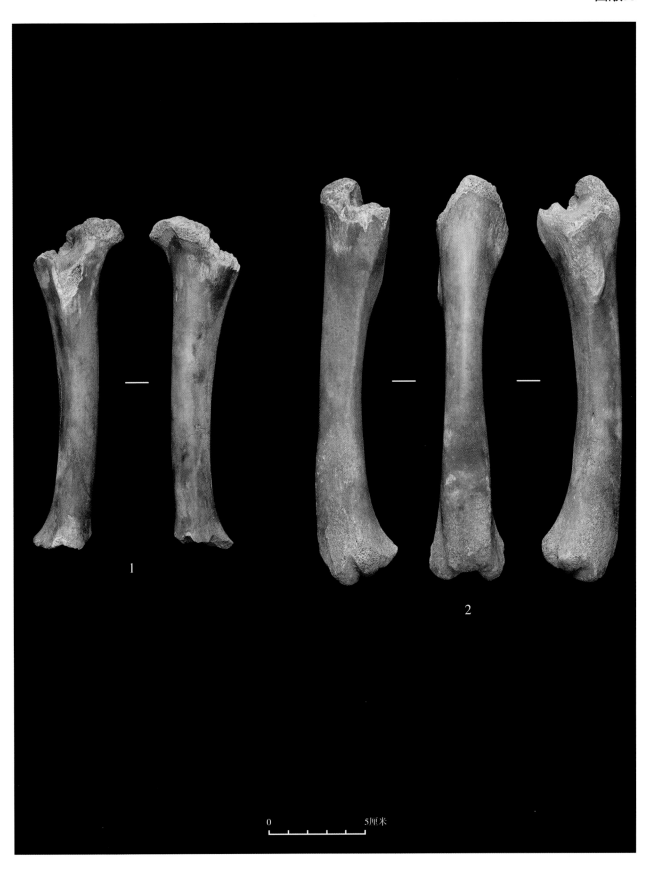

1

2

猪左侧股骨

0　　　　　　　5厘米

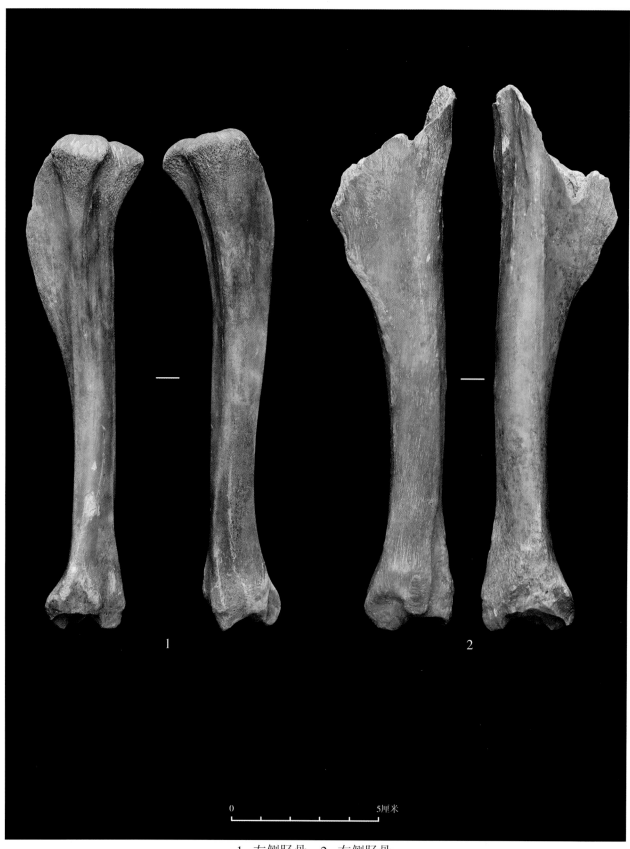

1. 左侧胫骨　2. 右侧胫骨

猪胫骨

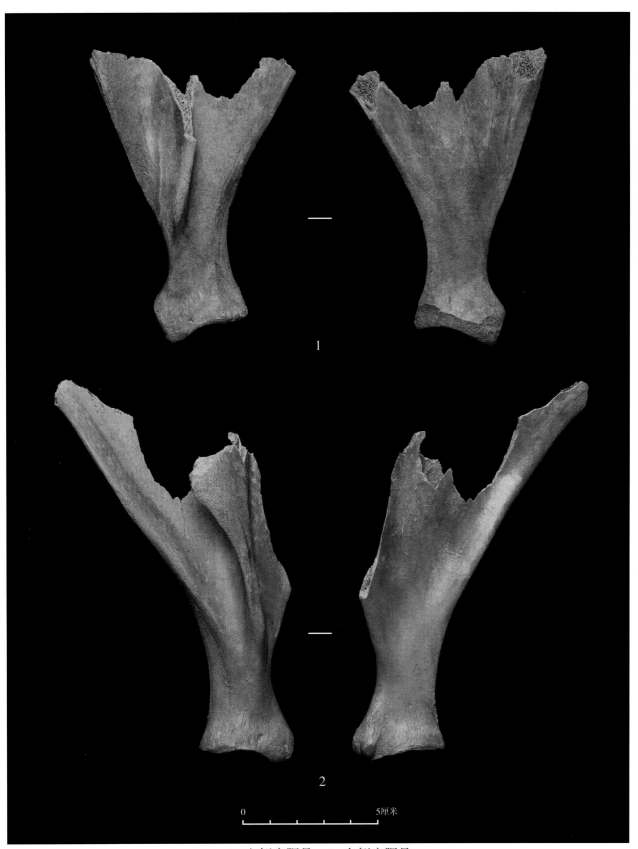

1. 左侧肩胛骨　2. 右侧肩胛骨

猪肩胛骨

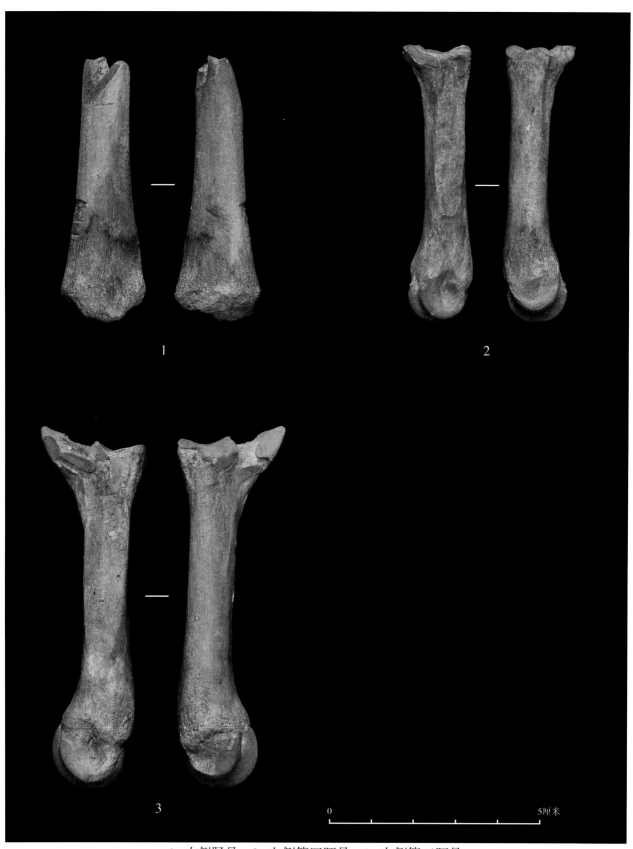

1. 右侧胫骨　2. 左侧第四跖骨　3. 右侧第三跖骨

猪胫骨、跖骨

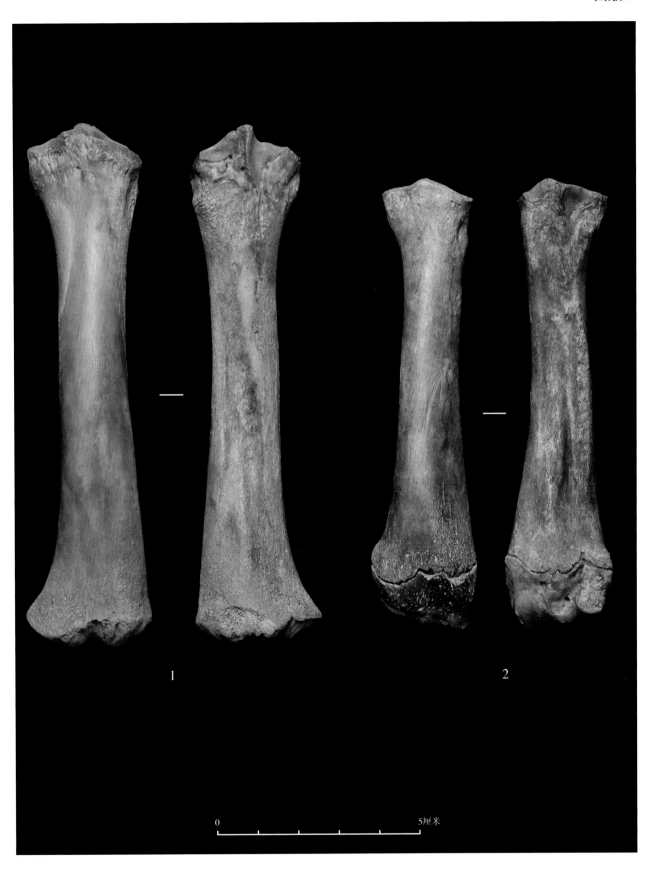

0   5厘米

猪右侧桡骨

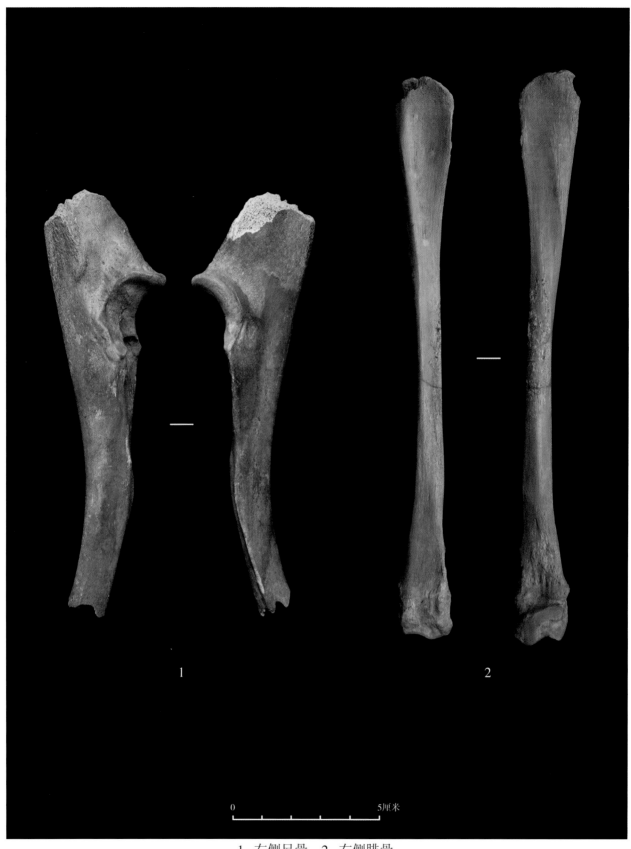

1   2

0   5厘米

1. 右侧尺骨　2. 右侧腓骨

猪尺骨、腓骨

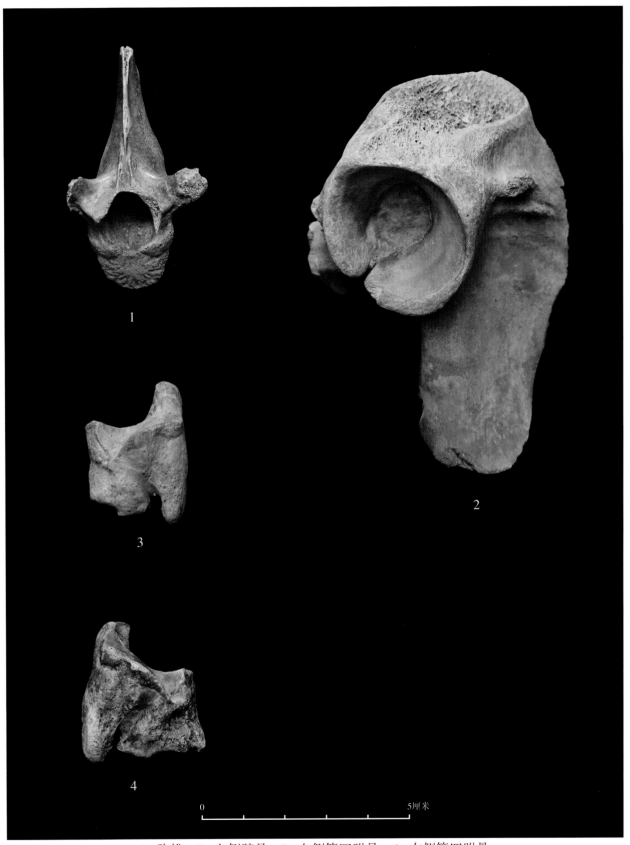

0   5厘米

1. 胸椎　2. 左侧髋骨　3. 左侧第四跖骨　4. 右侧第四跖骨

猪胸椎、髋骨、跖骨

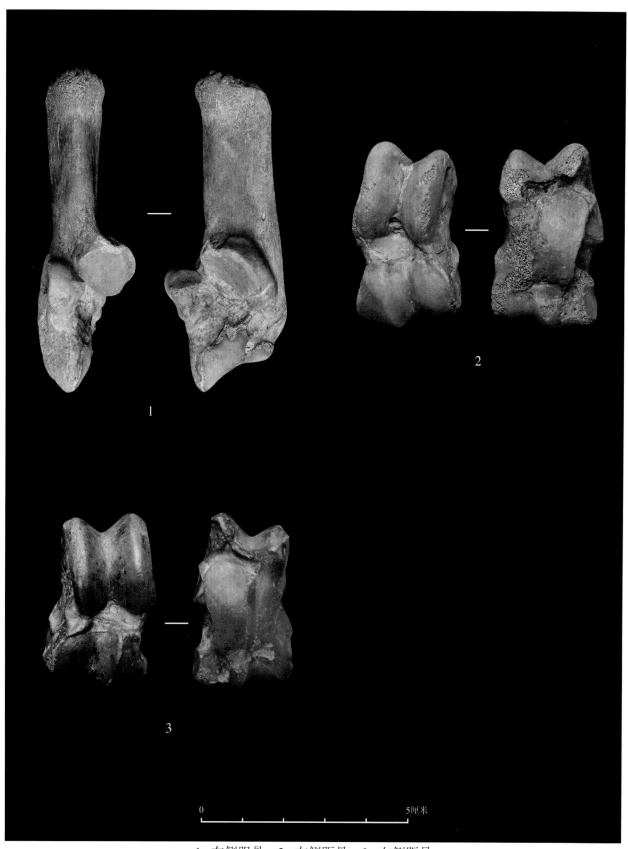

0   5厘米

1. 右侧跟骨　2. 右侧距骨　3. 左侧距骨

猪跟骨、距骨

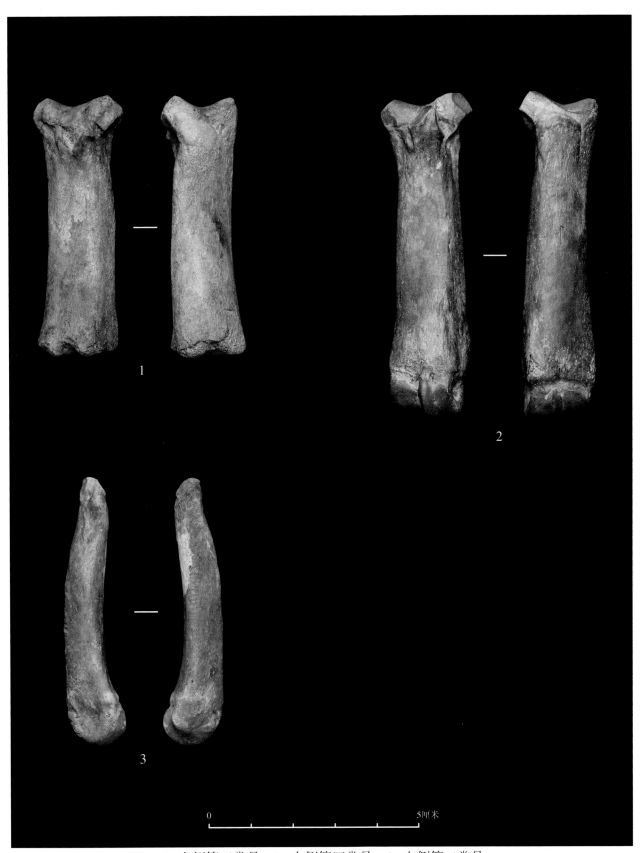

1. 右侧第三掌骨　2. 右侧第四掌骨　3. 左侧第二掌骨

猪掌骨

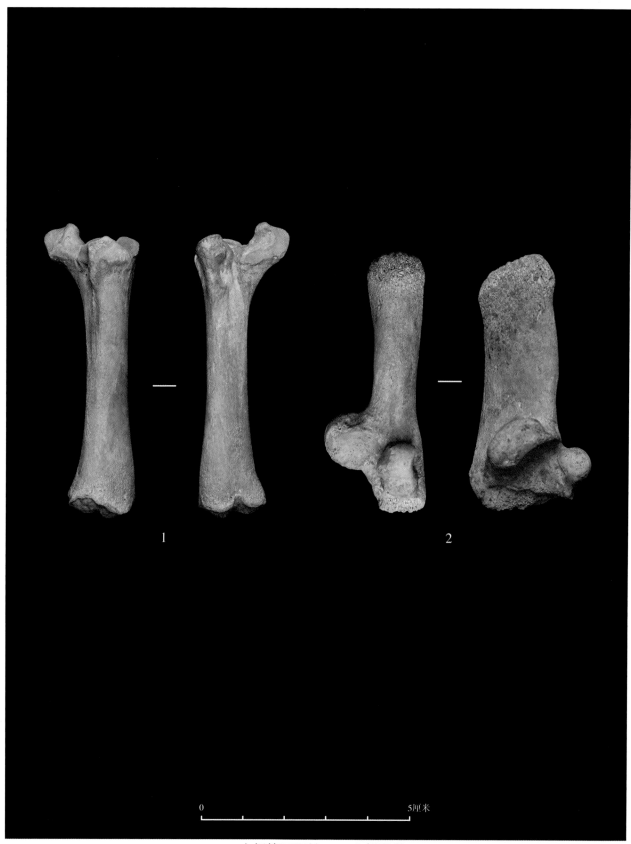

1. 右侧第四跖骨　2. 左侧跟骨

猪跖骨、跟骨

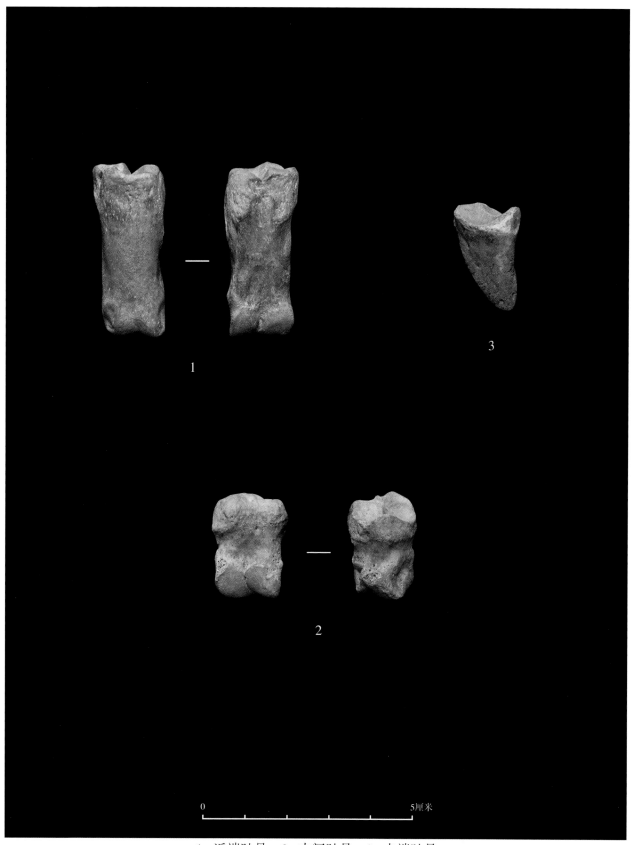

1. 近端趾骨　2. 中间趾骨　3. 末端趾骨

猪趾骨

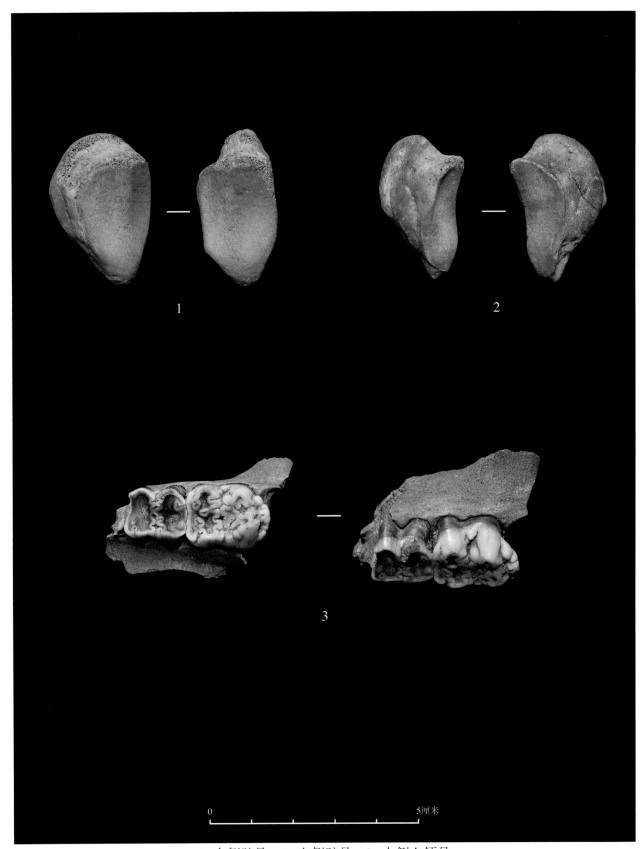

1
2

3

0   5厘米

1. 右侧髌骨　2. 左侧髌骨　3. 左侧上颌骨

猪髌骨、上颌骨

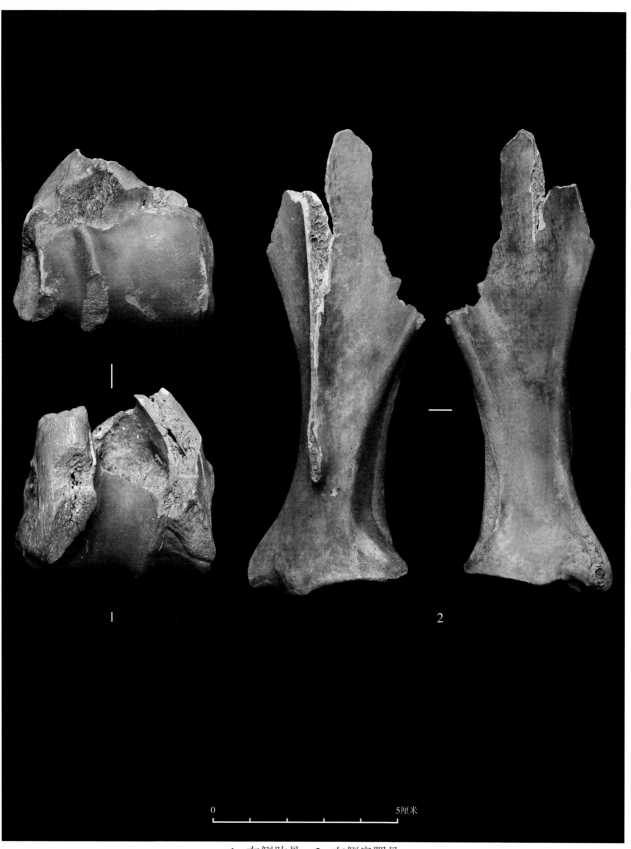

0   5厘米

1. 右侧肱骨　2. 左侧肩胛骨

大型鹿肱骨、肩胛骨

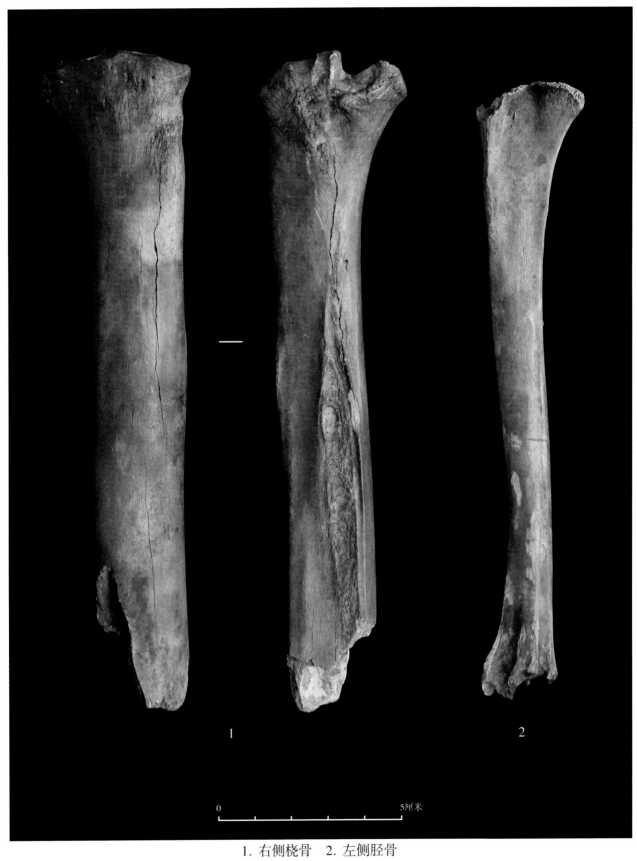

1

2

0　　　　　　　　　　　　　　5厘米

1. 右侧桡骨　2. 左侧胫骨

中型鹿桡骨、胫骨

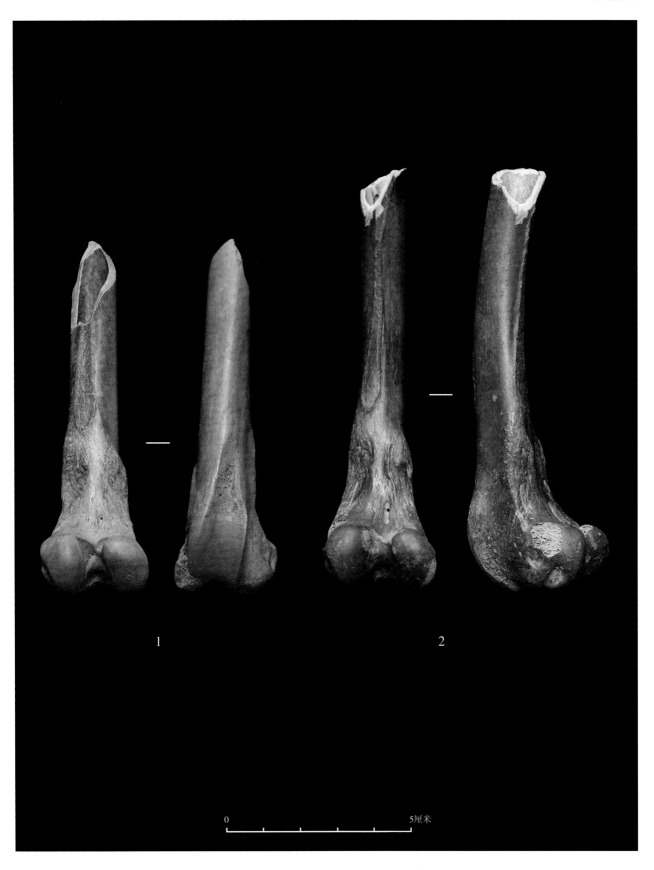

1　　　　　　　　　　　　　　　　2

0　　　　　　　　　　　5厘米

中型鹿左侧股骨

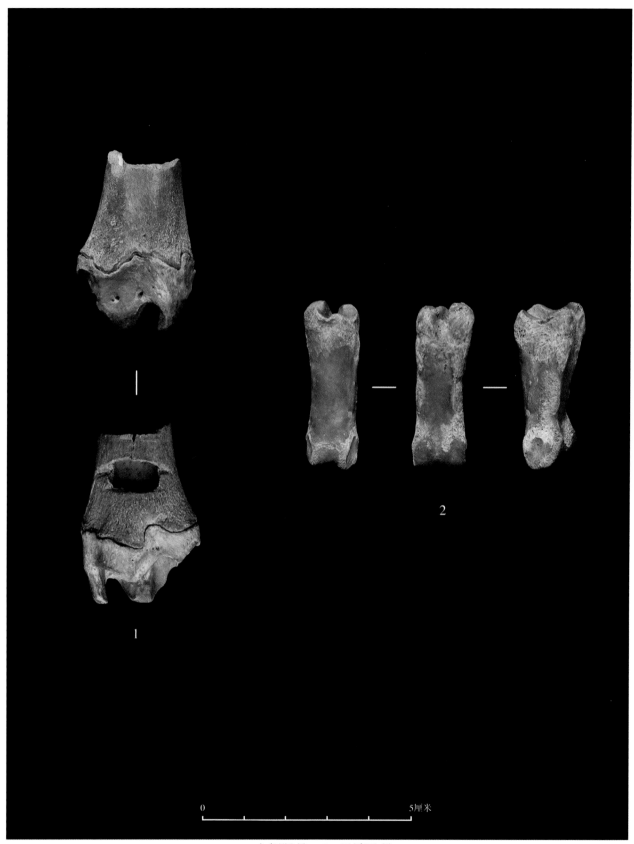

0   5厘米

1. 右侧胫骨　2. 近端趾骨

中型鹿胫骨、趾骨

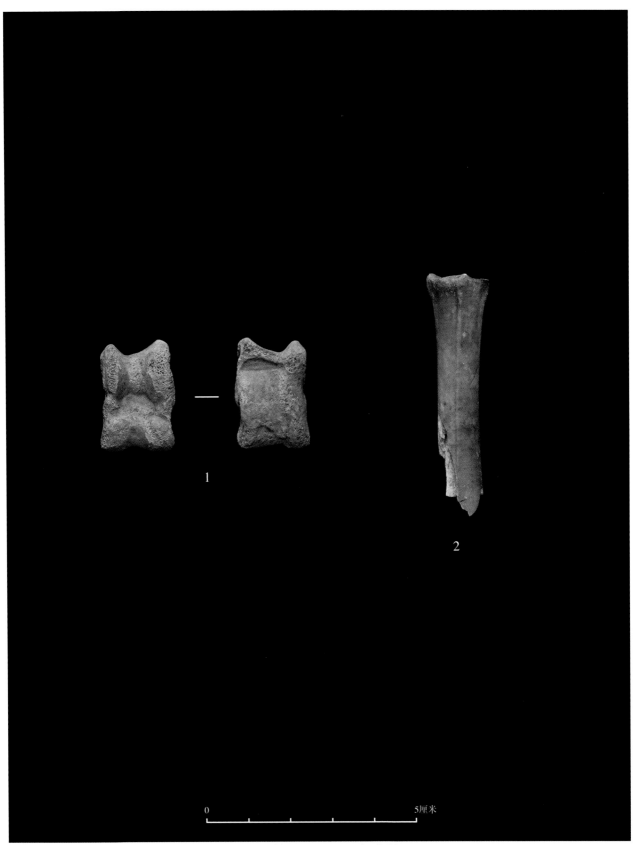

1. 左侧距骨　2. 左侧掌骨

小型鹿距骨、掌骨

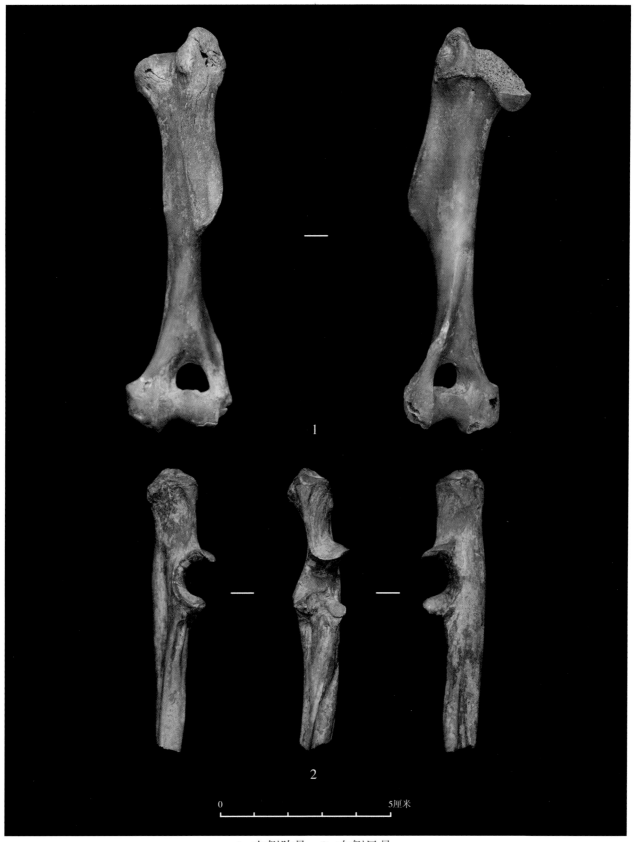

1

2

0   5厘米

1. 左侧肱骨　2. 右侧尺骨

豪猪肱骨、尺骨

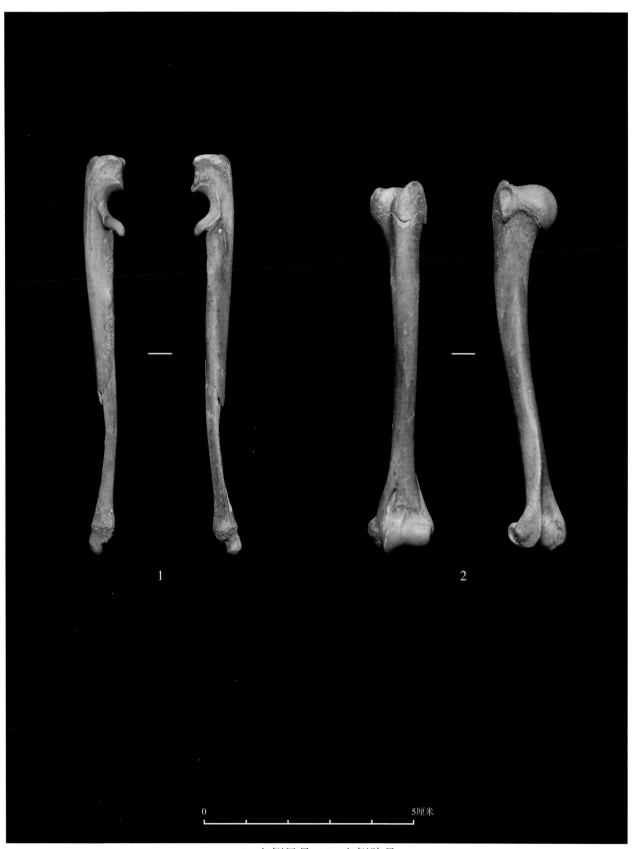

1   2

0   5厘米

1. 左侧尺骨   2. 左侧肱骨

猫尺骨、肱骨

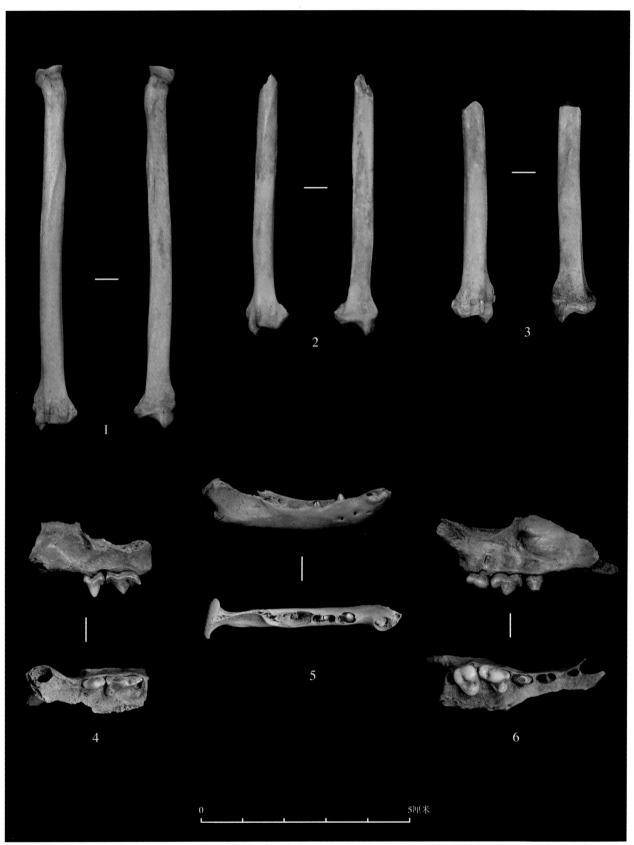

1、2. 猫左侧桡骨　3. 猫右侧桡骨　4. 猫左侧上颌　5. 鼬科右侧下颌　6. 花面狸右侧上颌

猫、鼬科、花面狸颌骨与猫桡骨

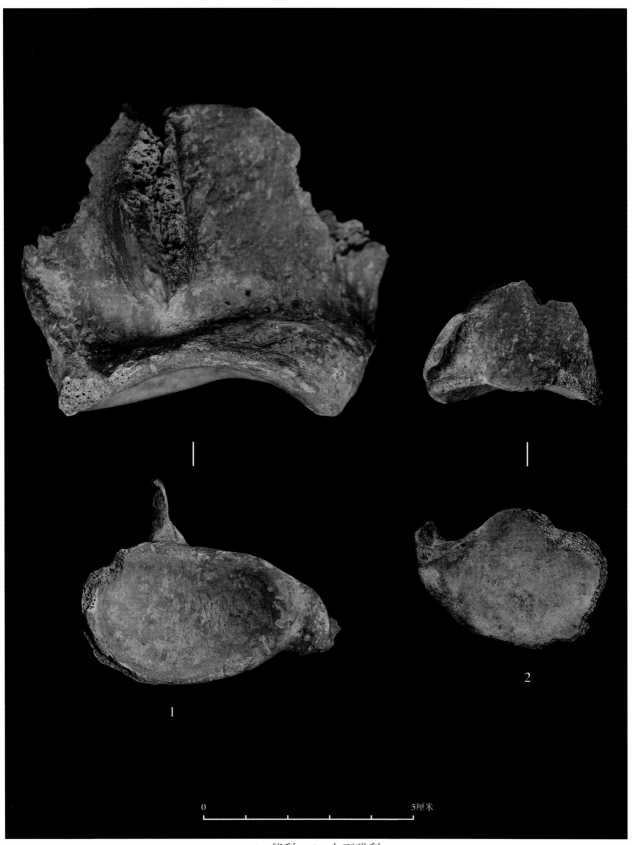

0 5厘米

1. 熊科　2. 大型猫科

熊科、大型猫科右侧肩胛骨

熊掌骨

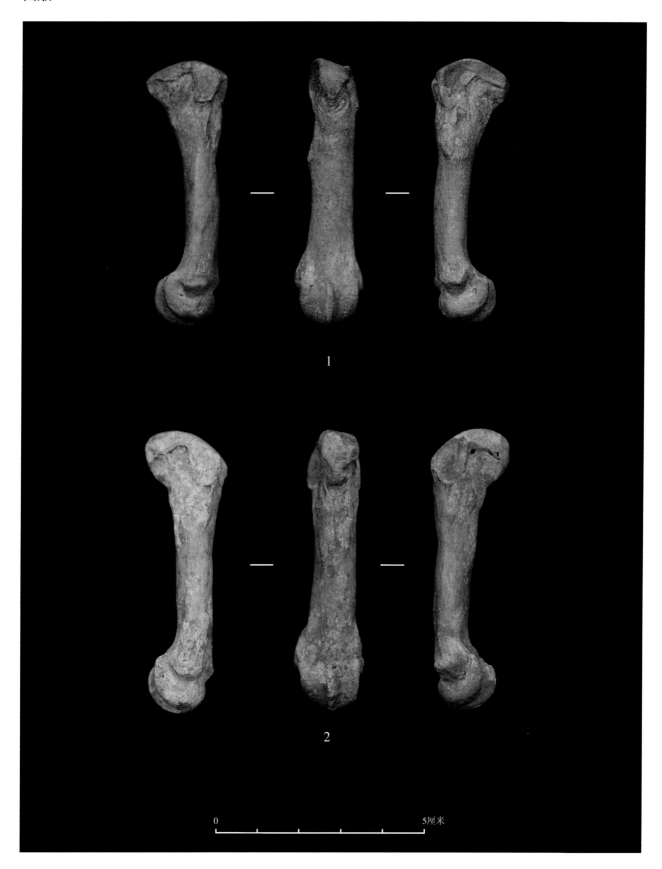

1

2

0　　　　　　　　　　　　　　　5厘米

熊掌骨

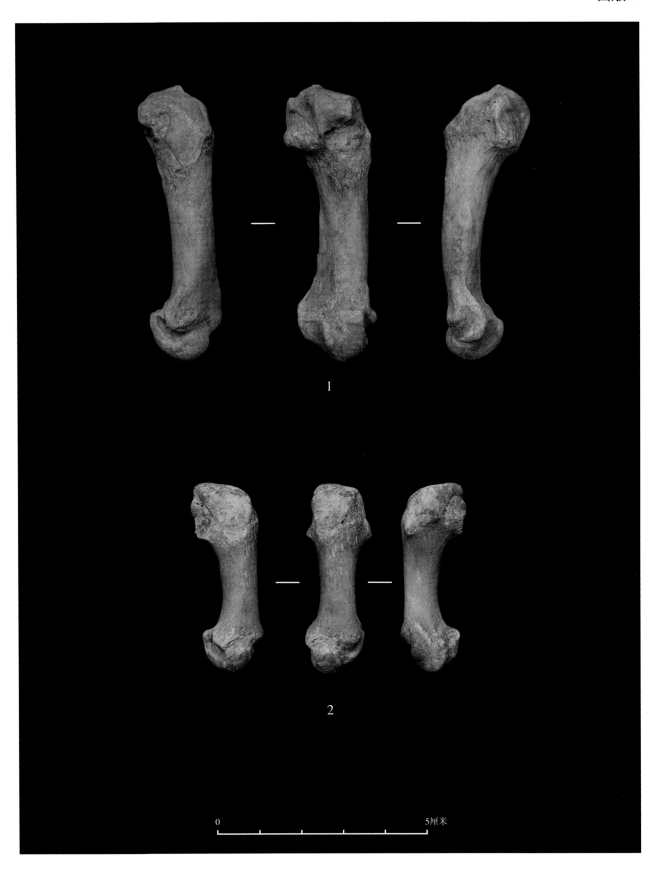

1

2

0   5厘米

熊掌骨

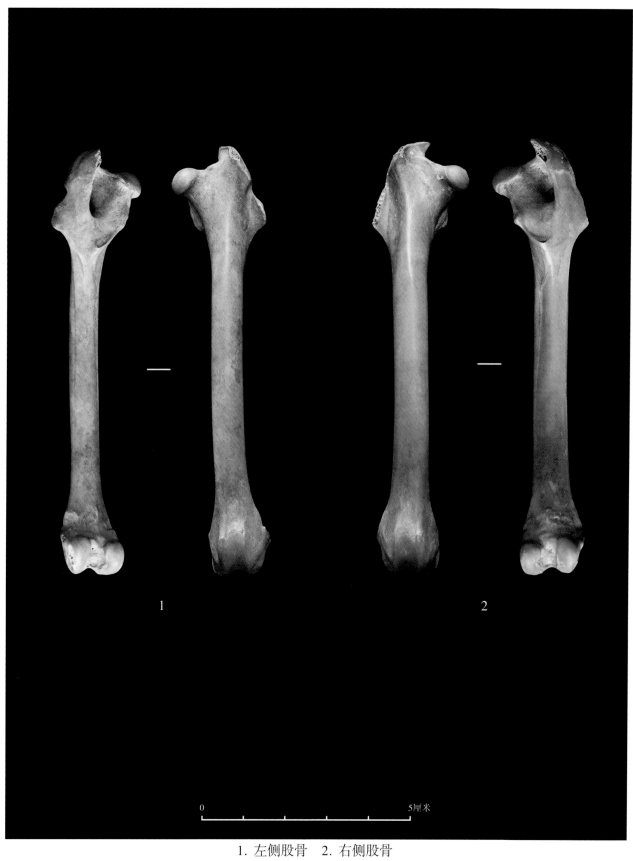

0　　　　　　　　　5厘米

1. 左侧股骨　2. 右侧股骨

兔股骨

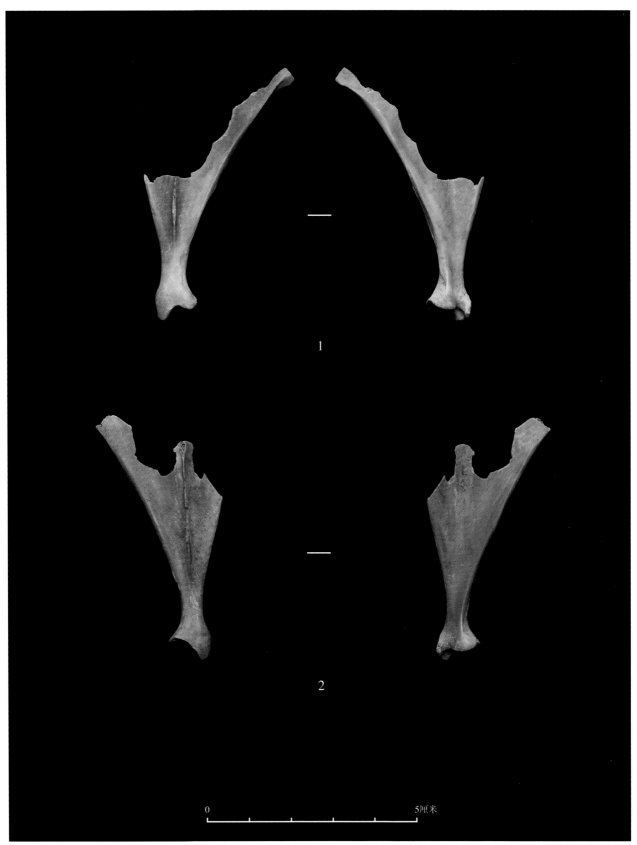

1

2

0   5厘米

1. 左侧肩胛骨　　2. 右侧肩胛骨

兔肩胛骨

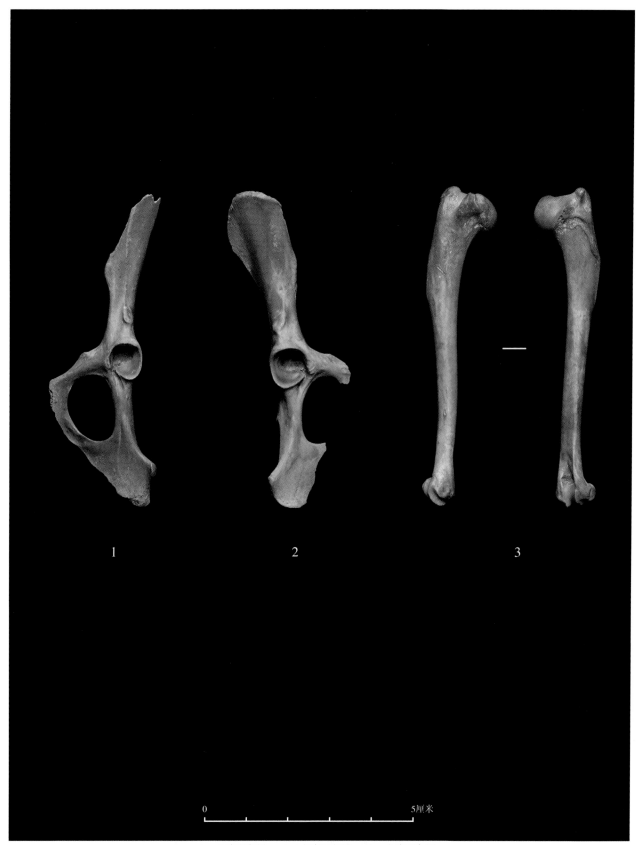

0   5厘米

1. 左侧髋骨　2. 右侧髋骨　3. 右侧肱骨

兔髋骨、肱骨

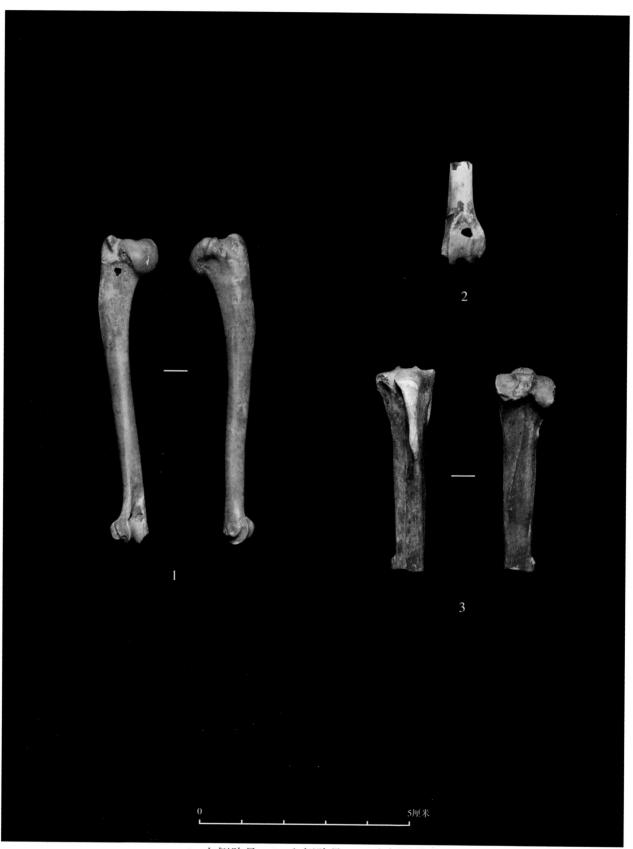

1. 右侧肱骨　2. 左侧肱骨　3. 右侧胫腓骨

兔肱骨、胫腓骨

兔胫腓骨

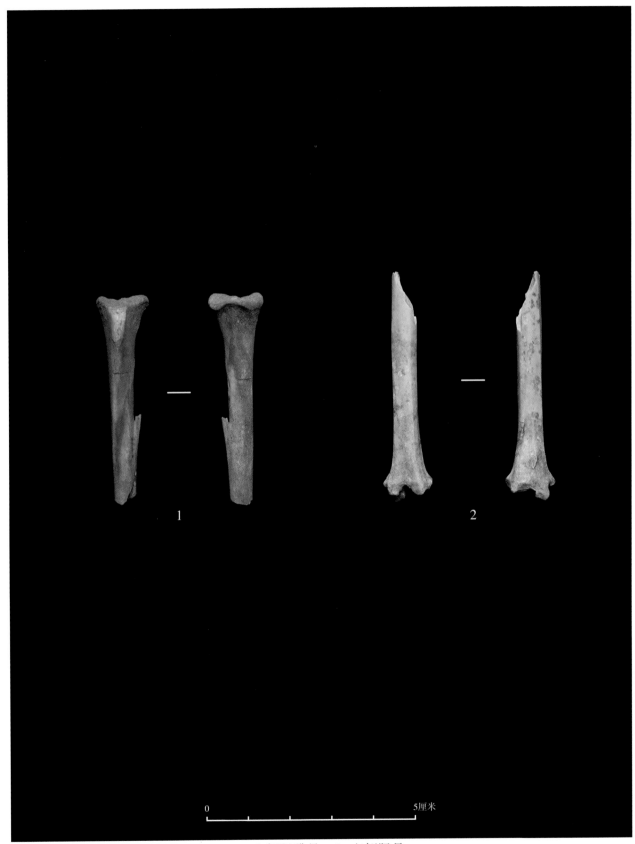

5厘米

1. 左侧胫腓骨　2. 左侧胫骨

兔胫腓骨

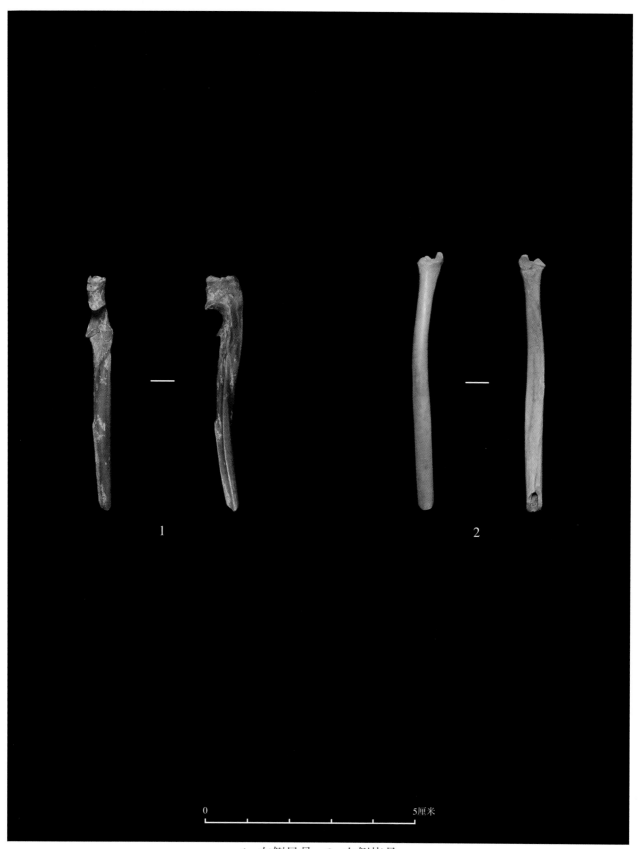

0   5厘米

1. 左侧尺骨　2. 左侧桡骨

兔尺骨、桡骨

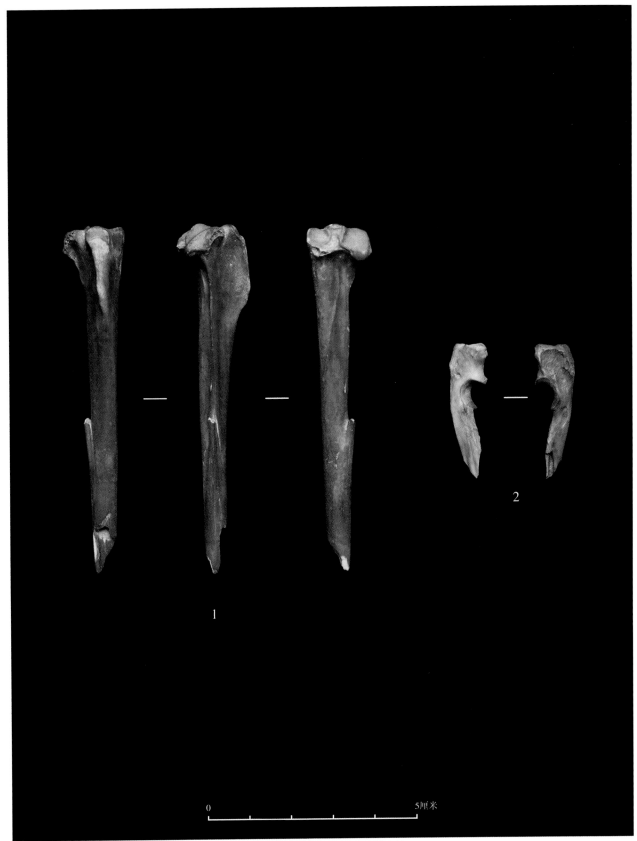

1. 右侧胫腓骨　2. 右侧尺骨

兔胫腓骨、尺骨

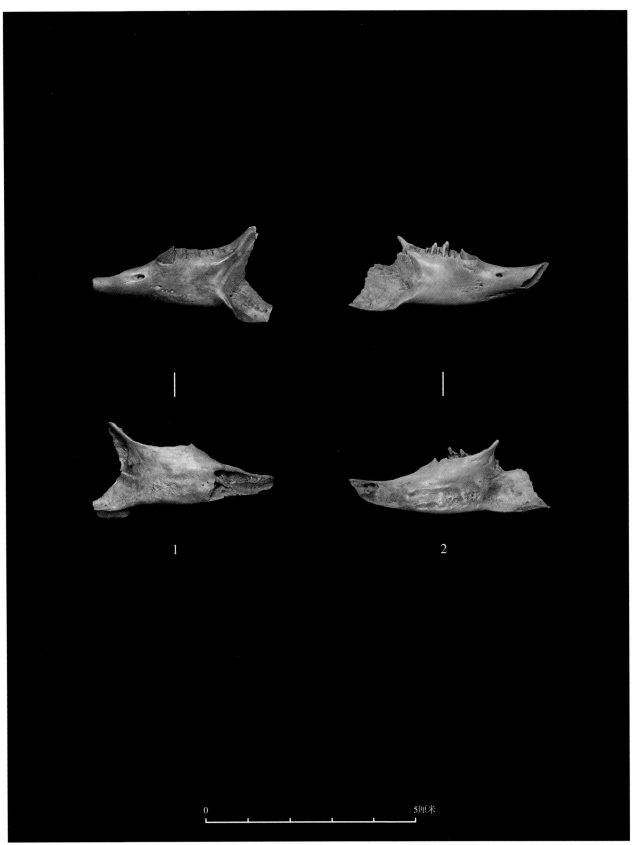

1. 左侧下颌骨　2. 右侧下颌骨

兔下颌骨

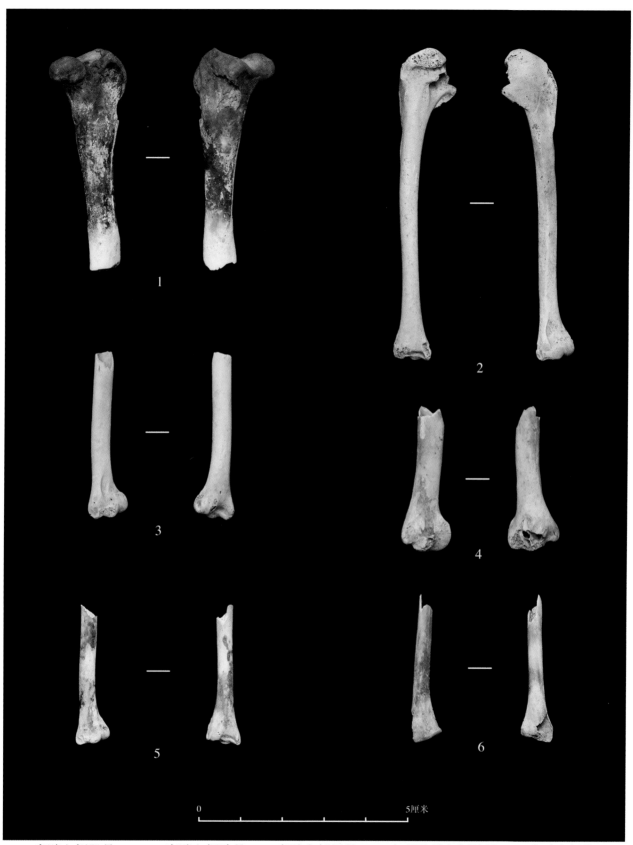

1. 家鸭左侧股骨　2、3.家鸭左侧肱骨　4.家鸭右侧尺骨　5.小型鸭科左侧肱骨　6.家鸭右侧桡骨

动物骨骼烧痕

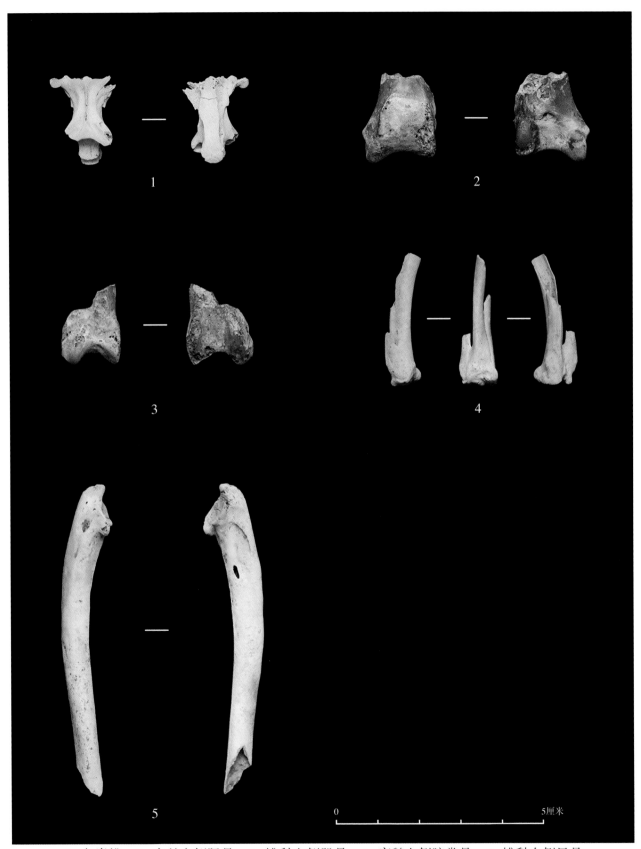

1. 鸟脊椎　2. 家鹅右侧胫骨　3. 雉科左侧股骨　4. 家鹅左侧腕掌骨　5. 雉科右侧尺骨

动物骨骼烧痕

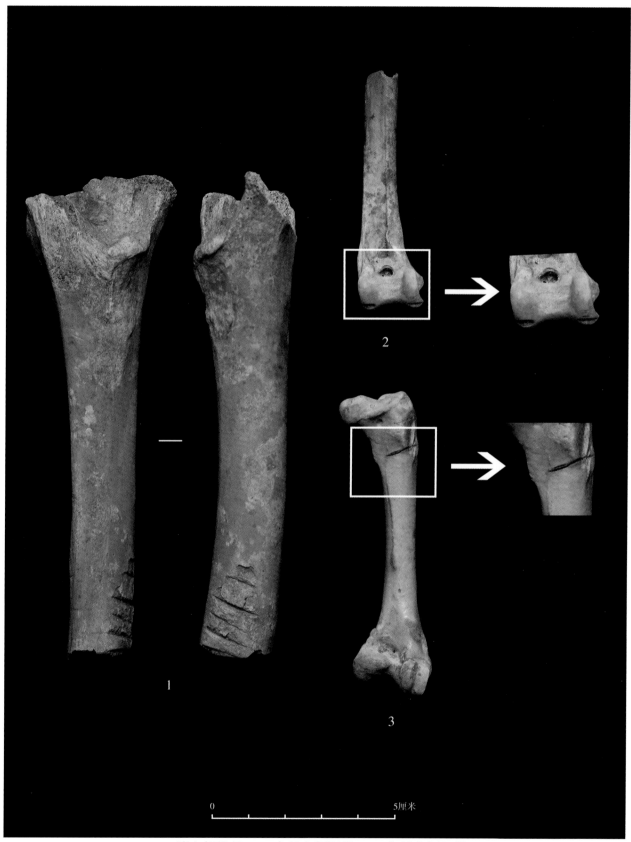

1. 猪左侧股骨　2. 家鹅右侧胫骨　3. 家鹅右侧股骨

动物骨骼砍痕

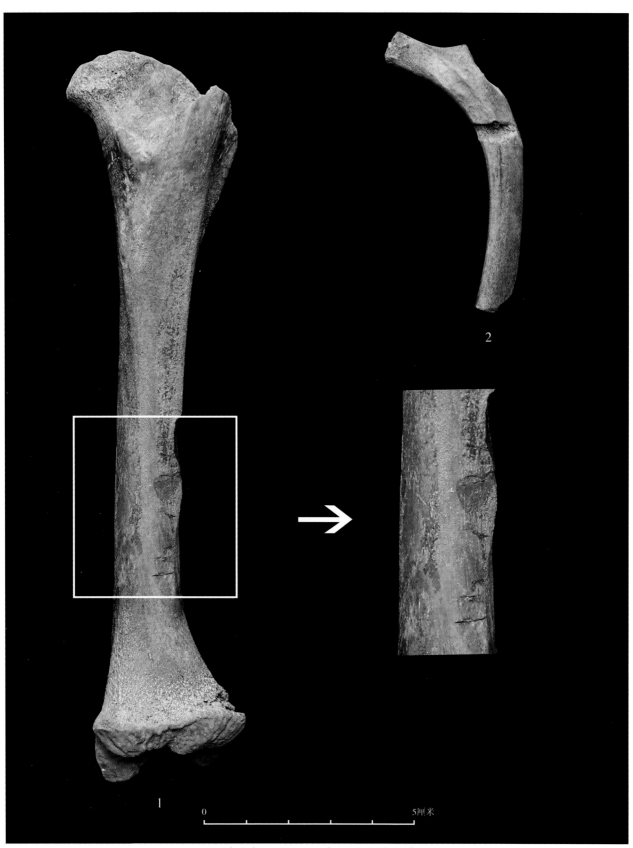

1. 猪右侧股骨　2. 中型哺乳动物肋骨

动物骨骼砍痕

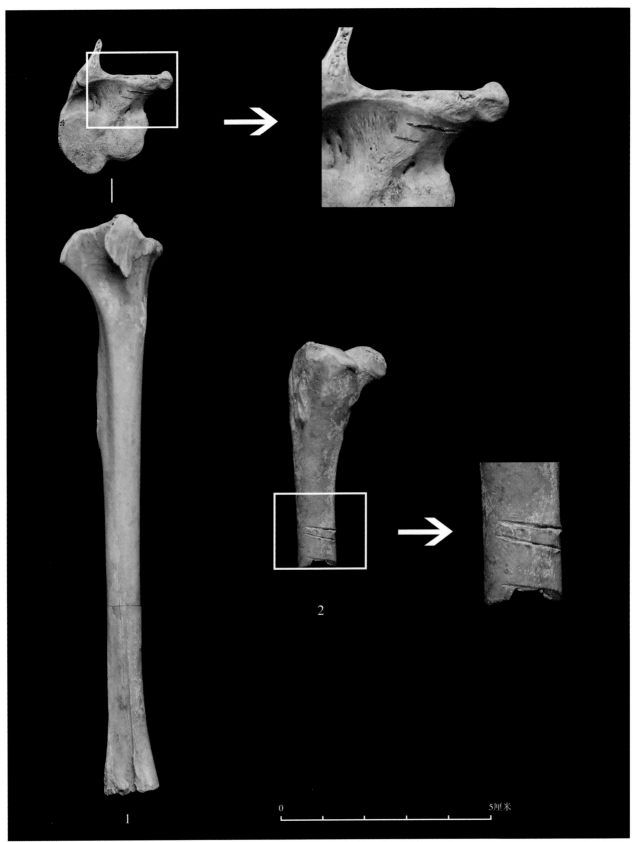

1. 家鹅右侧胫骨   2. 家鹅左侧股骨

动物骨骼砍痕

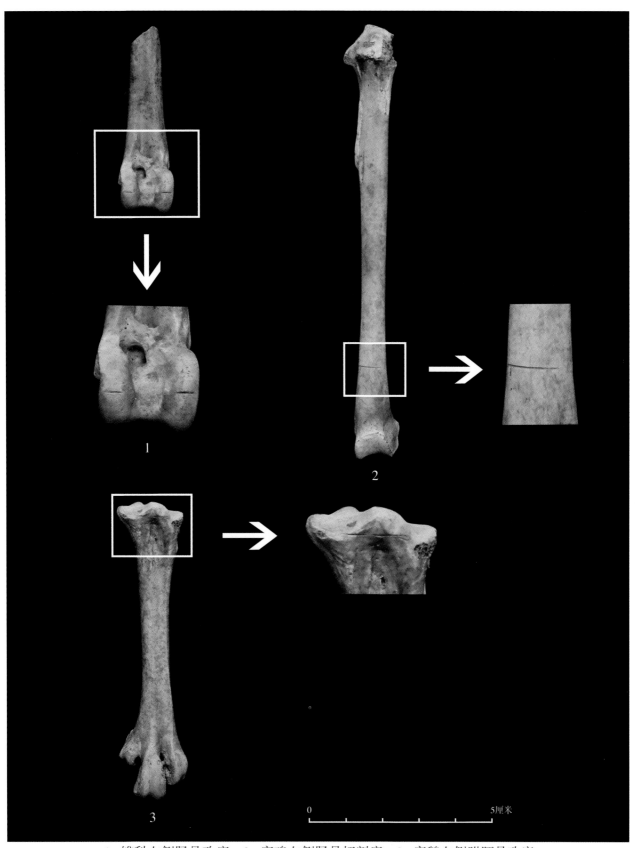

1. 雉科左侧胫骨砍痕　2. 家鸡左侧胫骨切割痕　3. 家鹅左侧跗跖骨砍痕

动物骨骼砍痕、切割痕

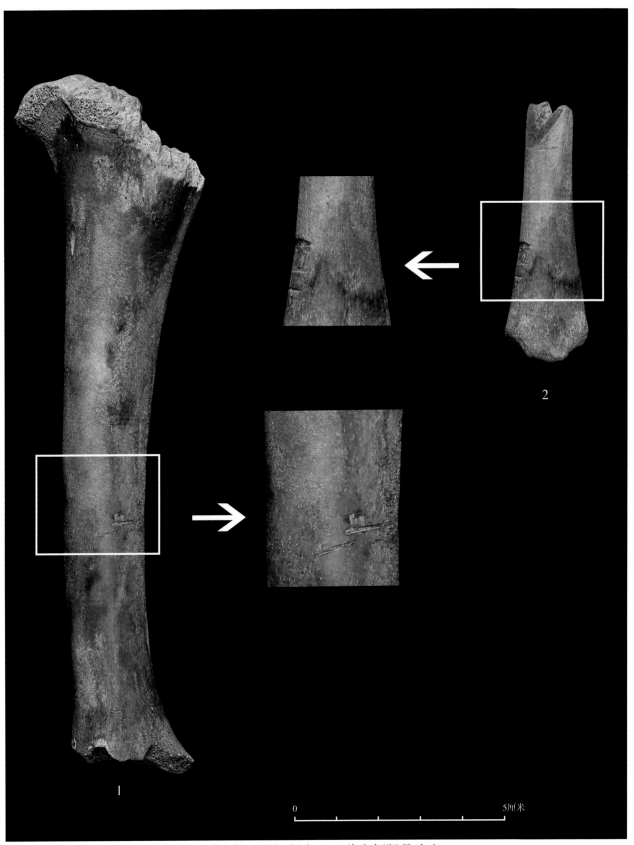

1. 猪左侧股骨切割痕　2. 猪右侧胫骨砍痕

动物骨骼砍痕、切割痕

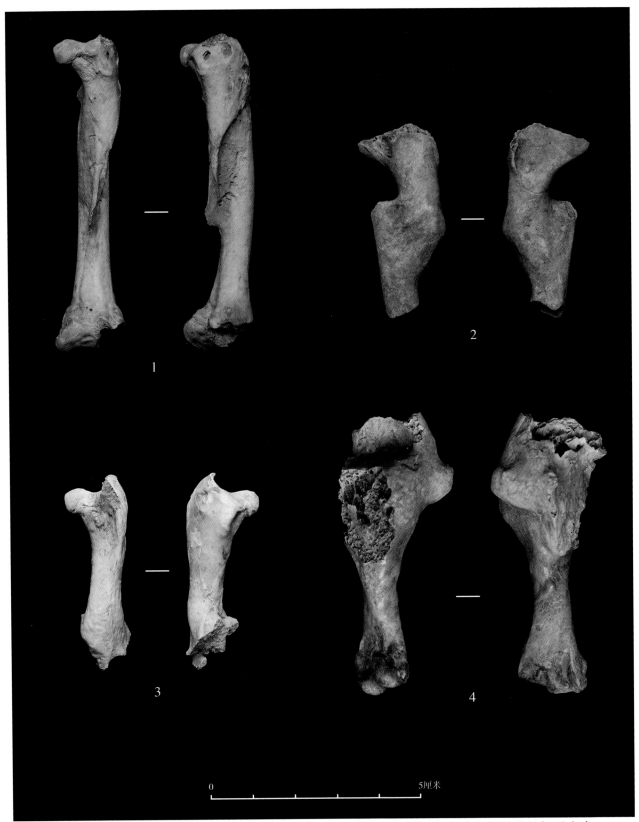

1. 家鸡右侧股骨骨折后愈合　　2. 中型鸟右侧肱骨骨折后愈合　　3. 家鸡左侧股骨骨折后愈合
4. 家鸡左侧肱骨骨折后关节肿大形变

动物骨折后愈合、骨折后关节肿大形变

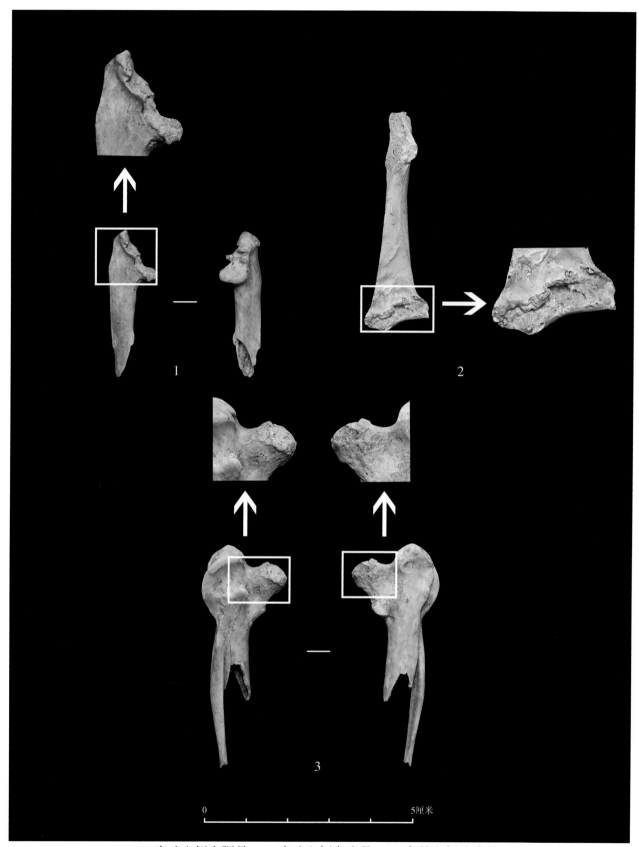

1. 家鸡左侧肩胛骨　2. 家鸡左侧乌喙骨　3. 家鹅左侧腕掌骨

动物骨骼关节炎

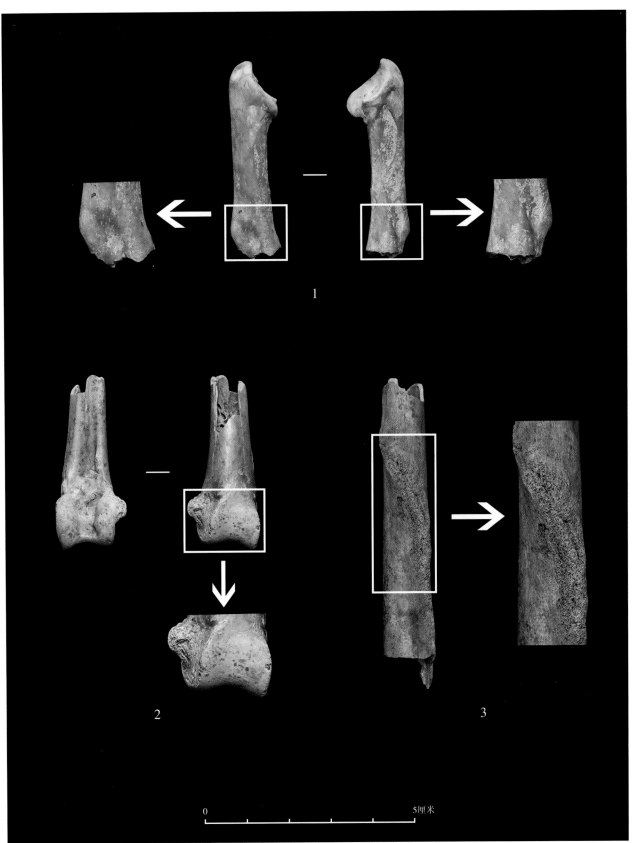

0   5厘米

1. 家鸡右侧尺骨弯曲形变　2. 家鸡右侧胫骨骨质增生　3. 大型鸟肢骨残段血肿

动物骨骼弯曲形变、骨质增生、血肿